三维
创意设计

主　编　郭　畅　马连霞
副主编　周长凤　李宏柏
参　编　王洪梅　李　森　宋艳华　吴艳侠
　　　　李　怡　齐　喆　高　鹏　李澄澄

北京希望电子出版社
Beijing Hope Electronic Press
www.bhp.com.cn

内 容 简 介

本书以 3D One 设计工具为平台，通过知识讲解与实例教学相结合的方式，以三维模型的设计为核心内容，系统介绍了三维创意设计的开发理念与实现过程。

本书内容包括 25 个教学项目，每个教学项目都由详细的设计思路和命令操作构成，结合数学、物理、生物、化学、地理、信息科技、通用技术等基础学科，设计与学科知识紧密联系的相关模型，系统讲解了相关的基础理论及 3D 建模的方法和技巧。通过情景设计提出任务，引导读者逐步学习创作步骤，从而形成与学科融合的创意设计。

本书可作为三维设计教学用书，也可作为自学者提升计算机设计能力的参考用书。

图书在版编目（CIP）数据

三维创意设计 / 郭畅，马连霞主编. -- 北京：

北京希望电子出版社，2024. 6. -- ISBN 978-7-83002-869-5

Ⅰ．TB4

中国国家版本馆 CIP 数据核字第 2024J7C549 号

出版：北京希望电子出版社	封面：汉字风
地址：北京市海淀区中关村大街 22 号	编辑：祁 兵
中科大厦 A 座 10 层	校对：龙景楠
邮编：100190	开本：787mm×1092mm　1/16
网址：www.bhp.com.cn	印张：20
电话：010-82626227	字数：474 千字
010-82620818（总机）转发行部	印刷：北京昌联印刷有限公司
经销：各地新华书店	版次：2024 年 11 月 1 版 1 次印刷

定价：69.00 元

前 言
Preface

　　三维创意设计是一种数字化、虚拟化和智能化的设计方法，以二维设计为基础，使设计目标更立体化和形象化。凭借其强大的表现力和广泛的应用前景，三维创意设计成为当代设计领域不可或缺的一部分，无论是在专业设计还是在日常教育中都展现出巨大的潜力。教育部印发的《中小学综合实践活动课程指导纲要》中提到，"增强创意设计、动手操作、技术应用和物化能力。形成在实践操作中学习的意识，提高综合解决问题的能力。"中央网络安全和信息化委员会印发的《"十四五"国家信息化规划》中指出，"在大中小学设置常态化、场景化数字技能课程，激发数字创新潜能。"在此背景下，三维创意设计课程应运而生，旨在培养学生的创造性思维和提升学生的艺术创新能力。

　　三维创意设计课程以培养创新人才为目标，采用新方法、新技术、新材料，通过多种教学方法，综合多学科知识与技能，培养学生的创新思维和创新能力。在课程内容方面，深度融合现代设计理念与技术，采用项目导向、协作式等教学方式，系统讲解创意基础知识，并通过案例教学激发学生的主动探索精神和团队协作能力。在技术应用方面，通过引入3D打印等技术，使学生体验从构思到实物完整创作的全过程。此外，通过跨学科的知识融合，将艺术、工程学、计算机科学和心理学等领域的知识融会贯通，在提升专业技能的同时，注重创新思维的培养。

　　本书共包括25个教学项目。项目1至项目2主要介绍3D One及项目式学习的基础理论；项目3至项目8通过选取生活、学习中的案例，引导学生制作简单模型，学习3D One的命令与工具，积累3D建模技巧；项目9至项目25主要结合基础学科，设计与学科知识紧密联系的相关模型，引导学生创作较复杂的3D模型，实现学科知识与创意设计的融合。

　　本书通过项目导向和协作式教学，致力于打造一个多元化、实践性强、前瞻性的学习平台，为学生提供展示创新能力的机会，培养其适应变化和应对挑战的能力。本书由具有丰富教学经验的一线教师编写，内容严谨、条理清晰、实例丰富、形式活泼，基础知识与项目案例相结合，突出实用性与操作性，帮助学生更好地理解和掌握相关知识。每个项目课后配有评价标准，适合教师授课参考使用。

由于编者水平有限，书中难免存在不妥之处，欢迎广大读者批评指正。

编　者

2024 年 6 月

目　录
Contents

项目 1 准备学习三维创意课程 ………………………………………… 001

　　任务 1　认识界面 …………………………………………………… 002
　　任务 2　视图操作 …………………………………………………… 006
　　任务 3　多角度观察模型 …………………………………………… 007
　　任务 4　保存与导出文件 …………………………………………… 011
　　任务 5　项目评价 …………………………………………………… 012
　　【知识链接】………………………………………………………… 013

项目 2 3D 打印嘟嘟鼠模型 …………………………………………… 014

　　任务 1　切片处理 …………………………………………………… 015
　　任务 2　打印准备 …………………………………………………… 017
　　任务 3　打印模型 …………………………………………………… 022
　　任务 4　后处理 ……………………………………………………… 023
　　任务 5　评价量表 …………………………………………………… 026
　　【知识链接】………………………………………………………… 027

项目 3　骰子 ·········· 028
　　任务1　分析 ·········· 029
　　任务2　三维建模 ·········· 030
　　任务3　项目评价 ·········· 038
　　【知识链接】·········· 039

项目 4　花瓶 ·········· 040
　　任务1　分析 ·········· 041
　　任务2　三维建模 ·········· 042
　　任务3　项目评价 ·········· 047
　　【知识链接】·········· 048

项目 5　花盆 ·········· 049
　　任务1　分析 ·········· 050
　　任务2　三维建模 ·········· 051
　　任务3　项目评价 ·········· 061
　　知识链接 ·········· 062

项目 6　金元宝 ·········· 063
　　任务1　分析 ·········· 064
　　任务2　三维建模 ·········· 065
　　任务3　项目评价 ·········· 073
　　知识链接 ·········· 074

项目 7　卜卜熊 ·········· 075
　　任务1　分析 ·········· 076
　　任务2　三维建模 ·········· 077
　　任务3　项目评价 ·········· 081
　　知识链接 ·········· 082

项目 8　旋转盖 083

- 任务 1　分析 084
- 任务 2　三维建模 085
- 任务 3　项目评价 089
- 知识链接 090

项目 9　三维设计与数学——连接件 091

- 任务 1　分析 092
- 任务 2　三维建模 093
- 任务 3　项目评价 099
- 【知识链接】 100

项目 10　三维设计与数学——轴承架 101

- 任务 1　分析 102
- 任务 2　三维建模 103
- 任务 3　项目评价 112
- 知识链接 113

项目 11　三维设计与数学——箱体 114

- 任务 1　分析 115
- 任务 2　三维建模 116
- 任务 3　项目评价 123
- 【知识链接】 124

项目 12　三维设计与数学——毕达哥拉斯树 125

- 任务 1　分析 126
- 任务 2　三维建模 127
- 任务 3　项目评价 135
- 【知识链接】 136

项目 13　三维设计与物理——望远镜 ············ 138
任务 1　分析 ············ 139
任务 2　三维建模 ············ 140
任务 3　项目评价 ············ 150
【知识链接】 ············ 151

项目 14　三维设计与物理——制作平衡鸟 ············ 152
任务 1　分析 ············ 153
任务 2　三维建模 ············ 154
任务 3　项目评价 ············ 162
【知识链接】 ············ 163

项目 15　三维设计与物理——牛顿摆 ············ 165
任务 1　分析 ············ 166
任务 2　三维建模 ············ 167
任务 3　项目评价 ············ 182
【知识链接】 ············ 183

项目 16　三维设计与物理——滚摆 ············ 184
任务 1　项目分析 ············ 185
任务 2　三维建模 ············ 186
任务 3　项目评价 ············ 194
【知识链接】 ············ 195

项目 17　三维设计与物理——曲轴 ············ 196
任务 1　项目分析 ············ 197
任务 1　三维建模 ············ 198
任务 3　项目评价 ············ 202
【知识链接】 ············ 203

项目 18　三维设计与生物——病毒模型 204

　　任务 1　制作分析 205
　　任务 2　三维建模 206
　　任务 3　项目评价 212
　　【知识链接】 213

项目 19　三维设计与生物——植物细胞模型 214

　　任务 1　制作分析 215
　　任务 2　三维建模 216
　　任务 3　项目评价 222
　　【知识链接】 223

项目 20　三维设计与化学——碳原子结构模型 224

　　任务 1　分析 225
　　任务 2　三维建模 226
　　任务 3　项目评价 232
　　【知识链接】 233

项目 21　三维设计与化学——青蒿素分子结构模型 235

　　任务 1　分析 236
　　任务 2　三维建模 237
　　任务 3　项目评价 244
　　【知识链接】 245

项目 22　三维设计与地理——星座灯 247

　　任务 1　分析 248
　　任务 2　三维建模 249
　　任务 3　项目评价 262
　　【知识链接】 263

项目 23　三维设计与信息技术——二进制计数器 ………………………… 265

　　任务1　项目分析 …………………………………………………………… 266
　　任务2　三维建模 …………………………………………………………… 267
　　任务3　项目评价 …………………………………………………………… 275
　　【知识链接】……………………………………………………………………… 276

项目 24　三维设计与通用技术——多功能桌面收纳盒 ………………… 278

　　任务1　分析 ………………………………………………………………… 279
　　任务2　三维建模 …………………………………………………………… 280
　　任务3　项目评价 …………………………………………………………… 288
　　【知识链接】……………………………………………………………………… 289

项目 25　三维设计与通用技术——桁架桥 ……………………………… 291

　　任务1　项目分析 …………………………………………………………… 292
　　任务1　三维建模 …………………………………………………………… 293
　　任务3　项目评价 …………………………………………………………… 308
　　【知识链接】……………………………………………………………………… 309

项目 1

准备学习三维创意课程

项目背景

期末，学校组织了一场富有创新精神的科技节活动，小磊被吸引到了3D打印模型展位前，那里展示着栩栩如生的金元宝、花瓶和卜卜熊等三维模型，让他流连忘返。看着这些精美的作品，小磊心生向往：如果我也能掌握三维设计技巧，就能按照自己的想法创建出独一无二的三维模型，再借助3D打印机将其呈现出来，那该有多么有趣啊！于是，他毅然决定学习3D One设计软件。

项目目标

◎ 掌握3D One三维设计软件的启动方法
◎ 认识3D One的操作界面，掌握其基本的操作方法
◎ 掌握鼠标的用法，学习视图操作的方法
◎ 能调用创意模型库中的模型，学习模型的查看和保存方法
◎ 通过体验三维软件，初步建立三维空间感

效果欣赏

在3D One操作界面中的创意模型库中调用一个模型，如"笔盒"模型，效果如下图所示。多角度观察模型，对文件进行保存。

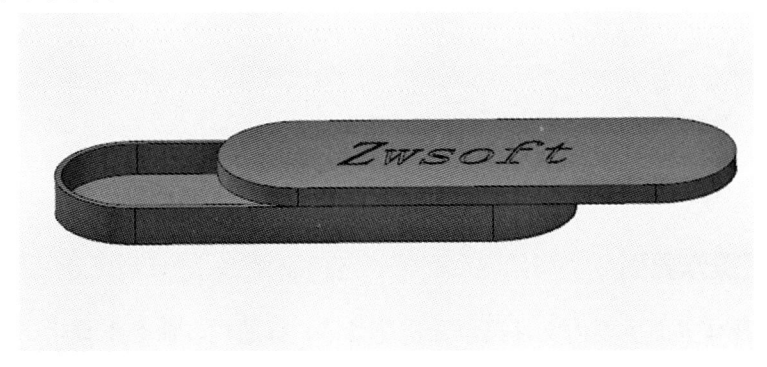

注：书中单位未注明均为mm。

任务 1　认识界面

步骤 1　启动 3D One

方法1：选择"开始⊞"→" ZWSOFT"→" 3D One 教育版(x64)"命令（本书介绍的软件版本为3D One教育版），如图1-1所示。

图 1-1　启动位置

方法2：在计算机桌面上找到并用鼠标双击3D One软件图标，打开的软件界面如图1-2所示。

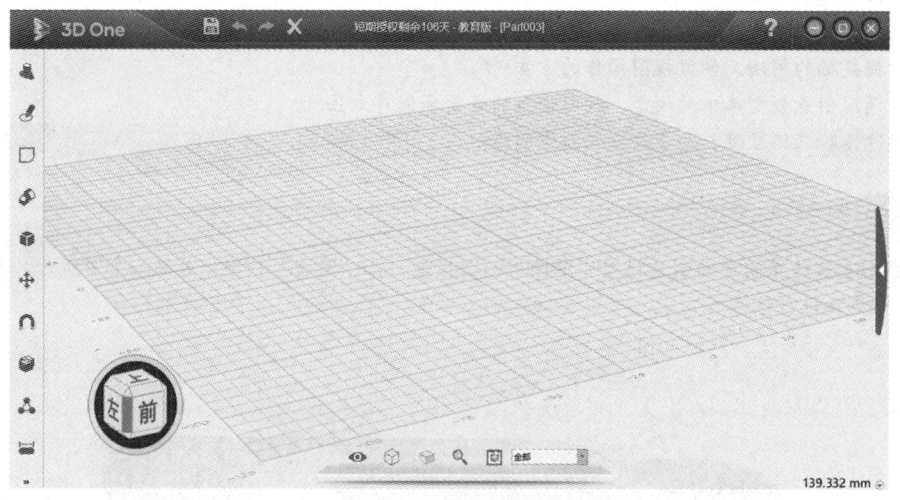

图 1-2　软件界面

步骤 2　认识操作界面

3D One的操作界面主要由文件菜单、快捷菜单、标题栏、命令工具栏、视图导航、浮动工具栏、资源库、xy平面网格（工作区）、坐标值和单位展示框等部分组成，如图1-3所示。

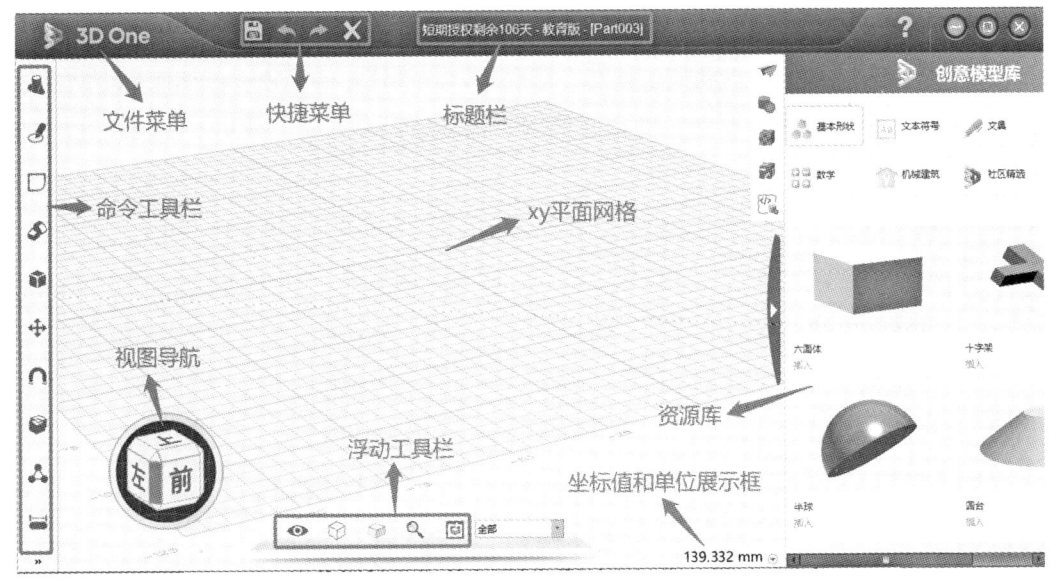

图 1-3　操作界面

步骤3　认识部分功能

1. 文件菜单（图1-4）

（1）新建：单击"新建"按钮，建立一个案例进行设计。

（2）导入：导入第三方格式，包括Z3PRT、IGES、STP、STL等多种格式。

（3）导入Obj：导入Obj格式的模型文件。

（4）本地磁盘：用于打开存储在本地磁盘中的模型，其默认格式是Z1。

（5）另存为：把模型另存为另一个文件，其默认格式是Z1。

（6）导出：导出模型，导出格式支持IGES、STP、STL、JPEG等多种格式。

（7）3D打印：将模型生成切片，导出Gcode文件，即可打印的文件。

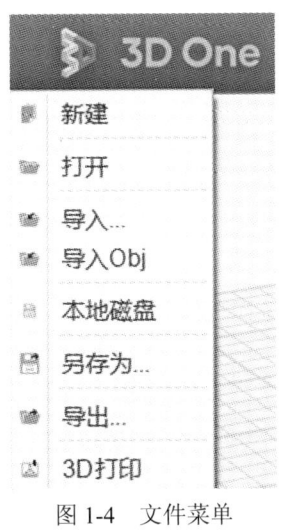

图 1-4　文件菜单

2. 命令工具栏

（1）基本实体🔧：如六面体、球体、圆柱体、圆锥体、椭球体等，如图1-5所示。

（2）绘制草图✏️：如矩形、圆形、椭圆、正多边形、直线、圆弧、多段线等，如图1-6所示。

（3）编辑草图▱：如圆角、倒角、单击裁剪、修剪/延伸等，如图1-7所示。

（4）特征造型🔩：如拉伸、拔模、扫掠、圆角、倒角等，如图1-8所示。

（5）特殊功能📦：如曲线分割、实体分割、抽壳、圆柱折弯等，如图1-9所示。

（6）基本编辑✣：如移动、缩放、阵列、镜像等，如图1-10所示。

（7）自动吸附⌒：将不同的实体吸附到一起，如图1-10所示。

（8）组⚛：将不同实体组合成组，或将组炸开，如图1-10所示。

（9）测量距离📏：测量两点之间的距离。如图1-10所示。

（10）组合编辑🍥：将不同的形状进行组合，如图1-11所示。

（11）颜色🎨：为实体添加不同的颜色，如图1-12所示。

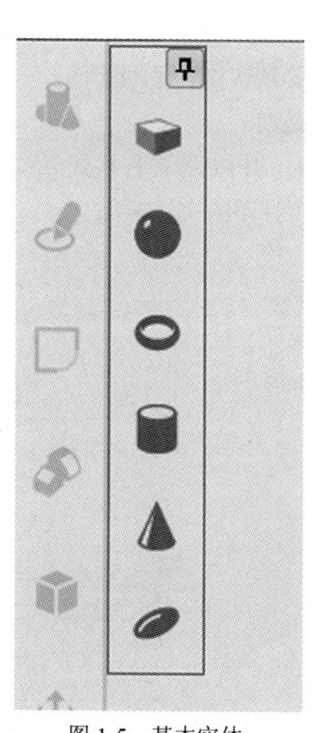

图1-5　基本实体 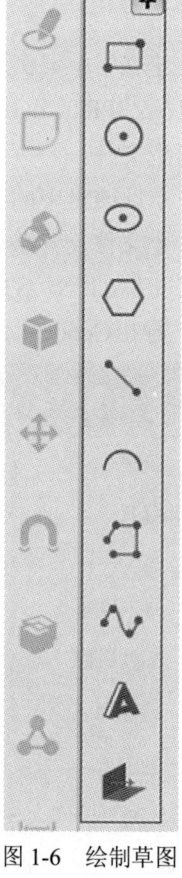　　图1-6　绘制草图 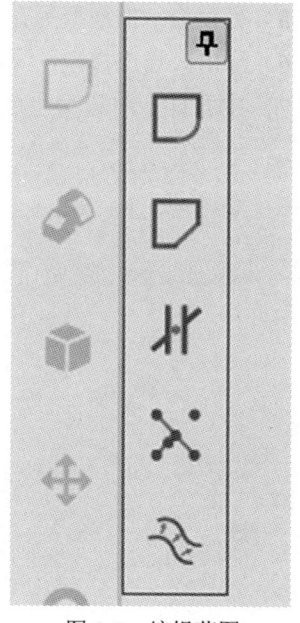　　图1-7　编辑草图

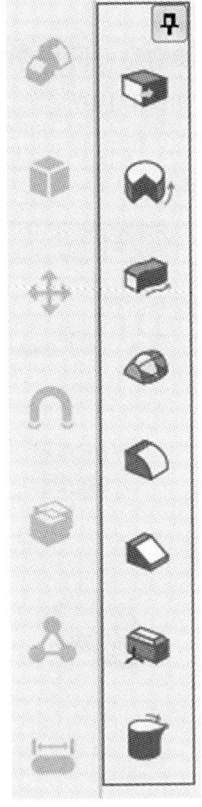

图 1-8　特征造型 　　　图 1-9　特殊功能 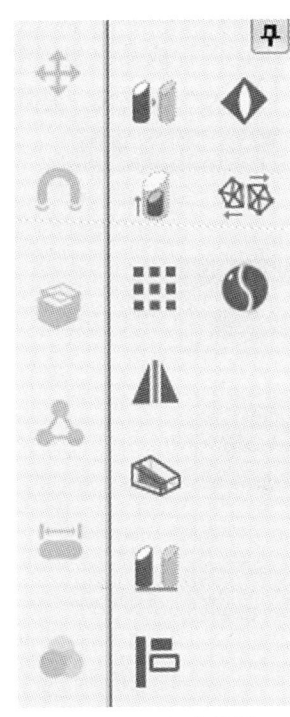　　　图 1-10　基本编辑

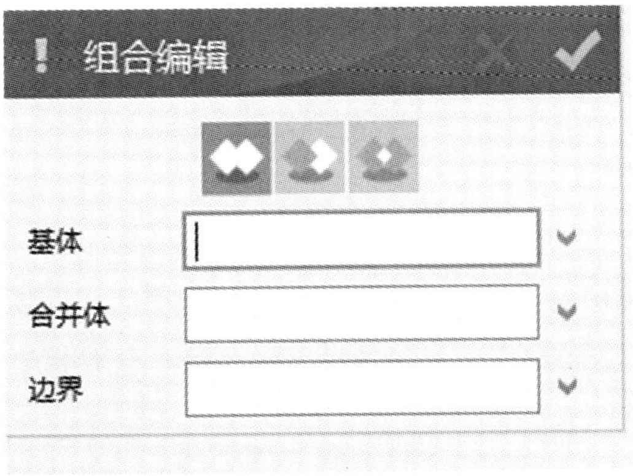

图 1-11　组合编辑 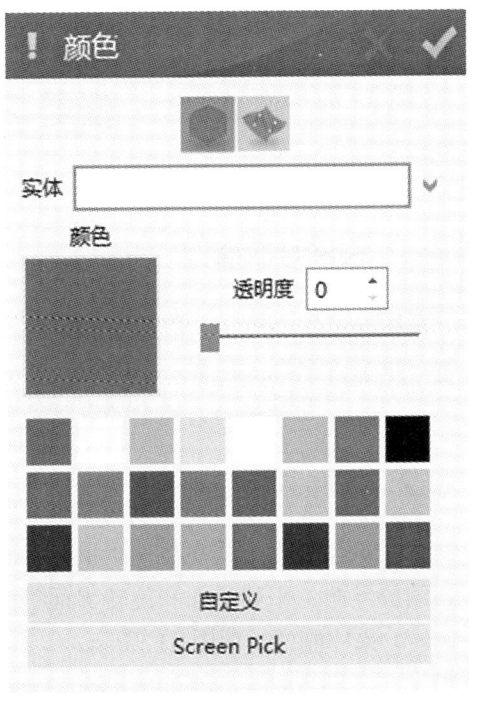　　　图 1-12　颜色

3. 资源库

在资源库中，单击"社区管理"✈，如图1-13所示，可在三维创意社区中学习多种设计课程及查看3D模型竞赛的相关信息。单击"创意模型库"🖌，如图1-14所示，可直接调用模型库中的各种成品模型。单击"视觉样式"📷，如图1-15所示，可将设计好的模型渲染出个性材质及纹理效果。另外资源库还有电子件管理及趣味编程功能。

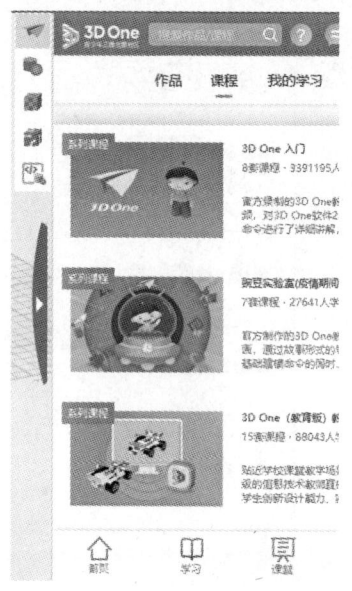

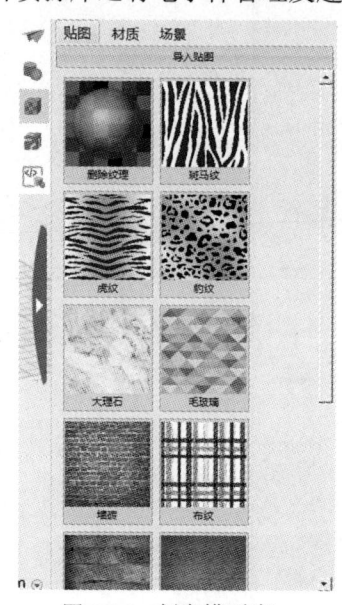

| 图 1-13 三维创意社区 | 图 1-14 创意模型库 | 图 1-15 视觉样式 |

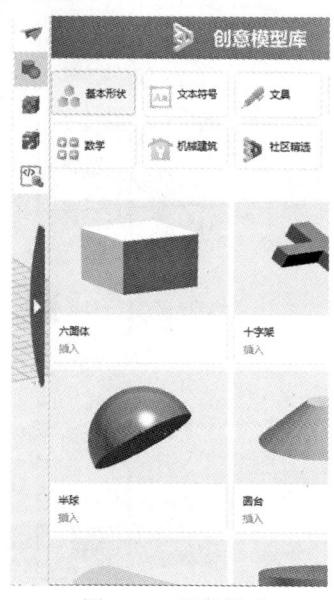

任务 2　视图操作

步骤 1　视图导航操作

视图导航用于指示当前视图的朝向，如图1-16所示。3D One可实现对多面骰子的26个面进行单击，当单击任意一个面时，就会立即将视图对正该面的位置。单击多面骰子左边的小房子⌂，可快速查看模型的立体轴测图。

步骤 2　掌握鼠标控制

3D One的建模方式主要使用鼠标。通过鼠标对视图的操作主要有选择、移动、重复操作、缩放界面、平移界面和旋转界面等6种，这些操作主要是通过鼠标左键、右键和中键（滚轮）来控制的，如图1-17所示。

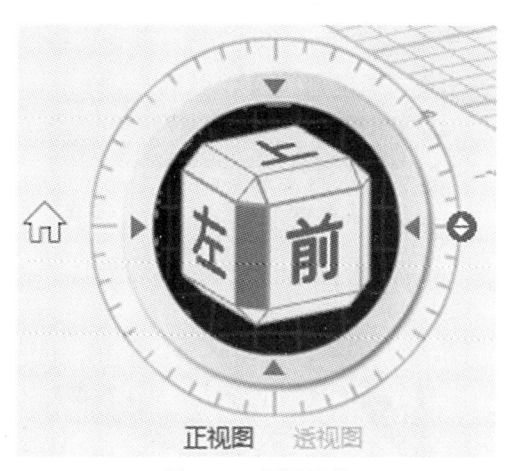

图 1-16 视图导航

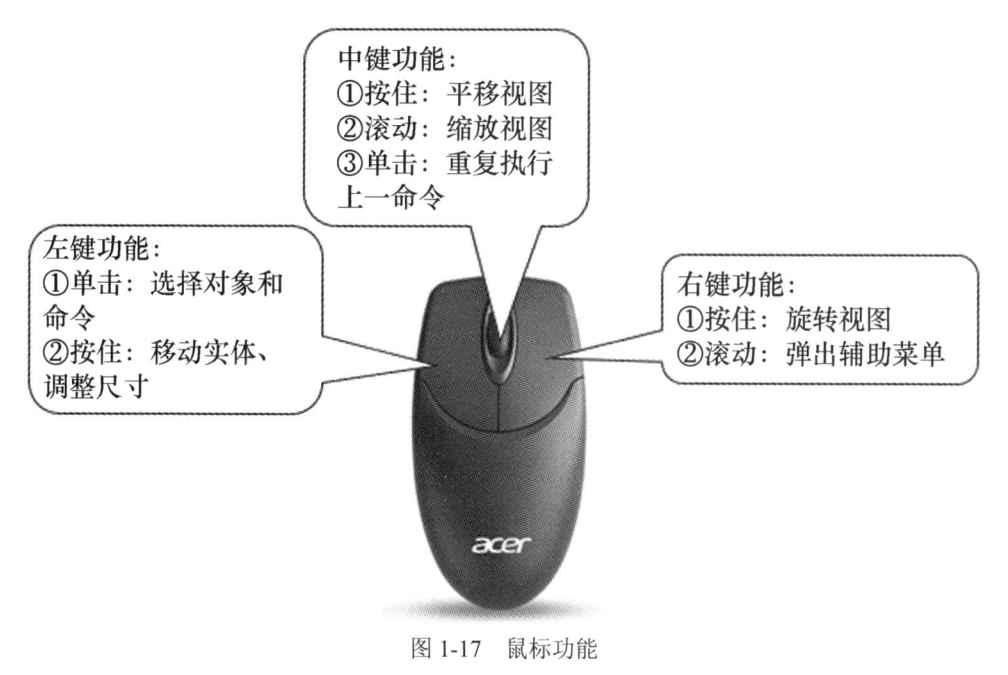

图 1-17 鼠标功能

任务 3　多角度观察模型

步骤 1　调用模型

（1）单击资源库中的"创意模型库"，在"文具"菜单下选择"笔盒"模型，如图1-18所示。

（2）单击"插入"命令，系统会弹出"创建参数化建模"命令对话框，如图1-19所

三维创意设计

示。在对话框中的"原点"中输入"-80，-20，0"，其他内容保持默认，然后按回车键或单击✓按钮，平面网格中便出现了"笔盒"模型。

图 1-18　文具菜单

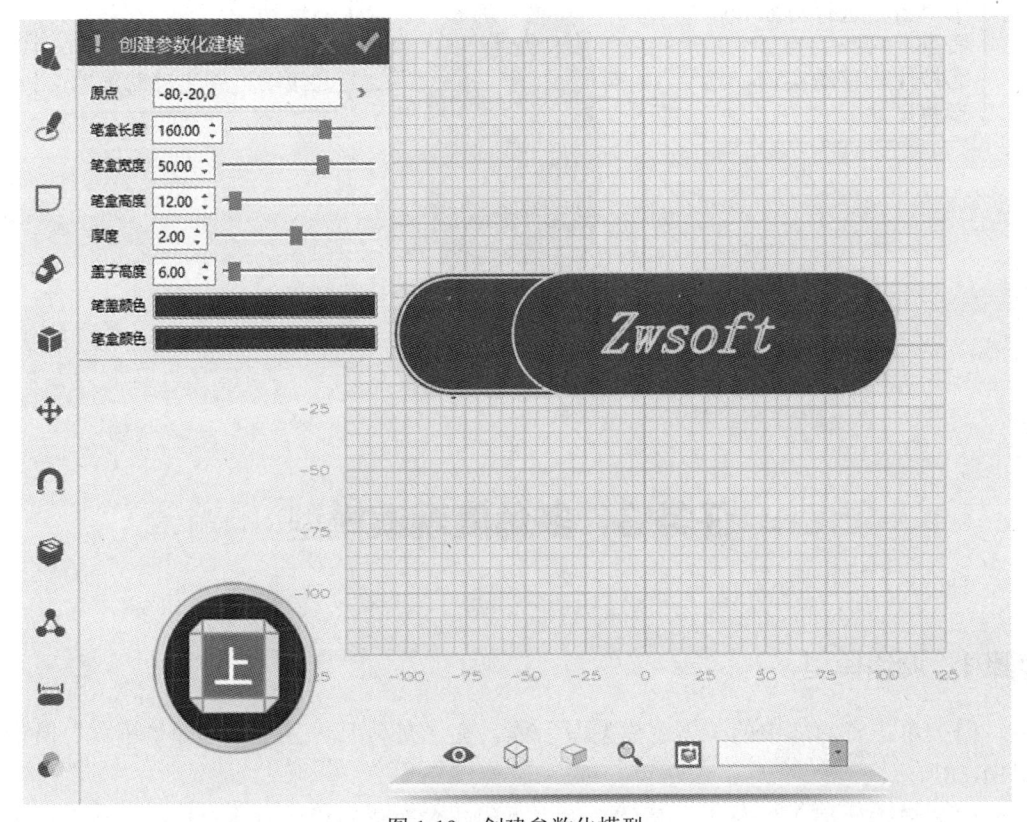

图 1-19　创建参数化模型

步骤2 观察模型

（1）查看视图导航中的多面骰子，单击多面骰子中的上面"上"，如图1-20所示，观察笔盒的俯视图。单击多面骰子中的前面"前"，如图1-21所示，观察笔盒的主视图。单击多面骰子的左面"左"，如图1-22所示，观察笔盒的左视图。以此类推，按照以上方法观察笔盒的下、后、右三个视图。

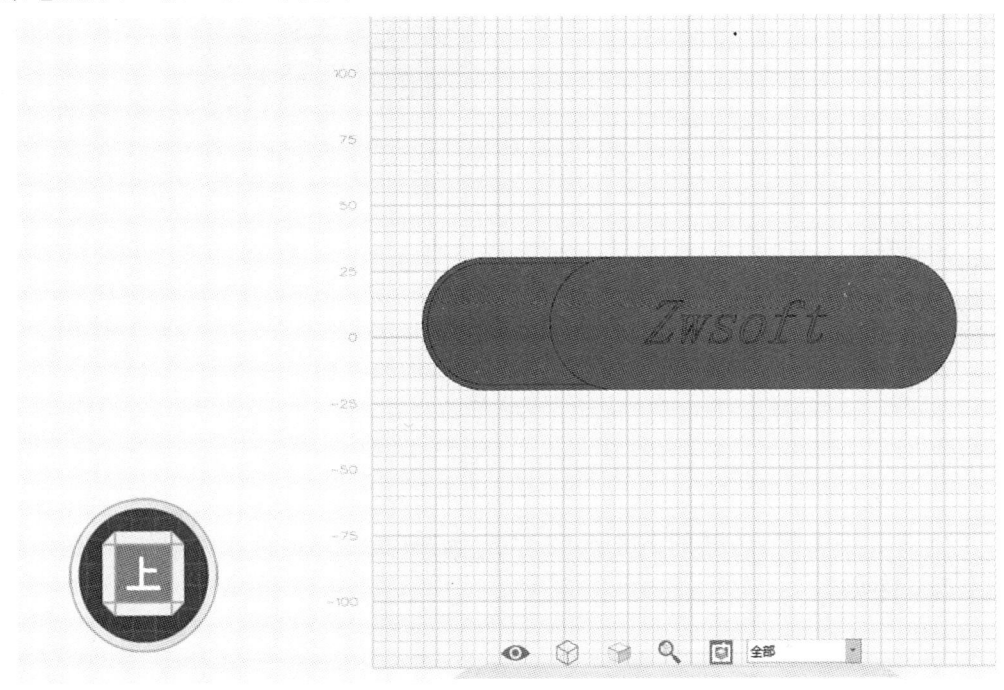

图1-20 上面

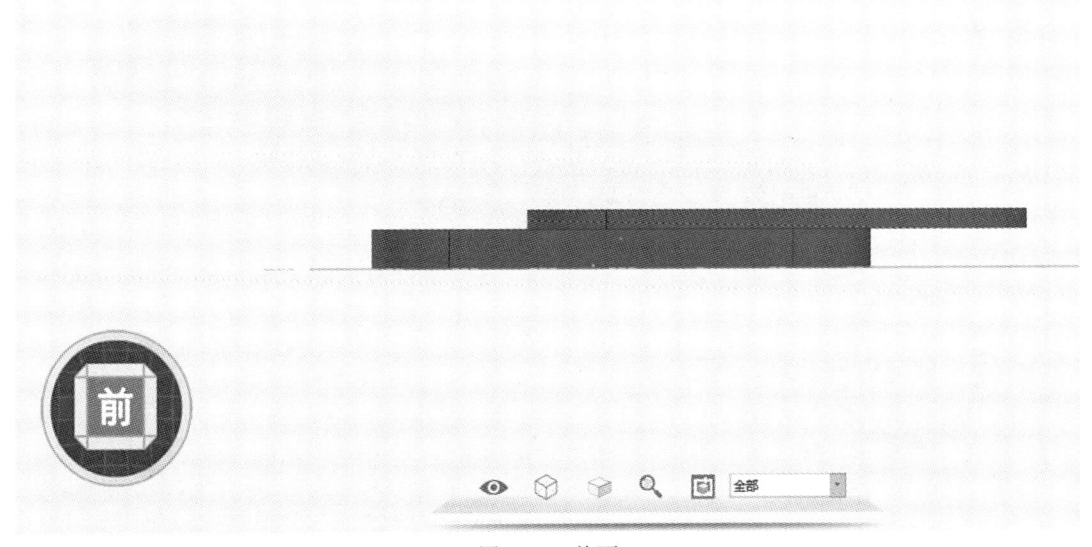

图1-21 前面

图 1-22　左面

（2）单击多面骰子左边的小房子"⌂"，如图1-23所示，查看笔盒的轴测图，显示出笔盒的立体模型。

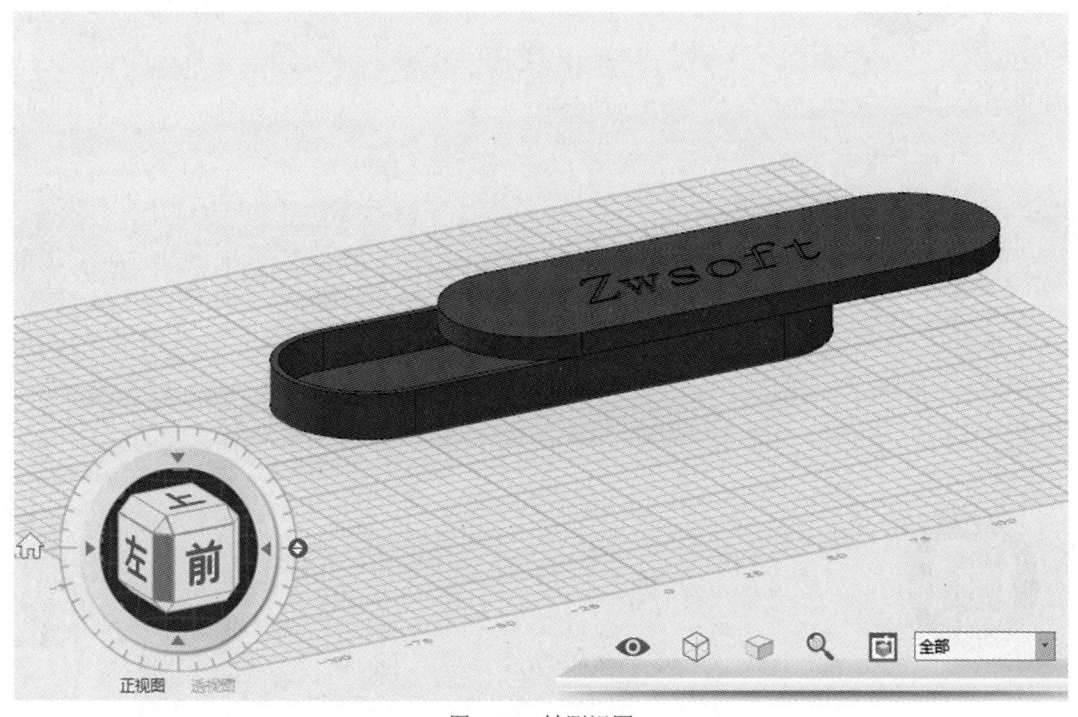

图 1-23　轴测视图

任务4　保存与导出文件

步骤1　保存"Z1"文件

单击快捷菜单中的"本地磁盘"💾，系统弹出"另存为"对话框，如图1-24所示。将文件名修改为"笔盒"，保存类型选择"Z1"，单击"保存"按钮，保存成"Z1"格式。再次打开文件后，可对模型进行再编辑。

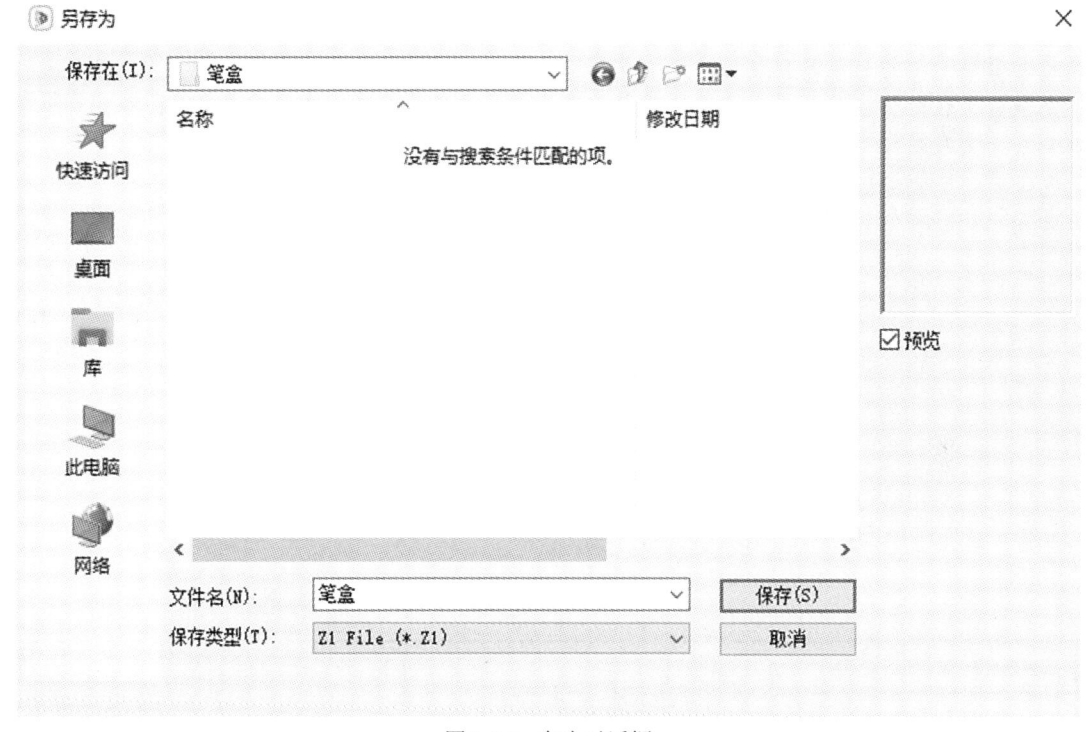

图1-24　存为对话框

步骤2　导出"STL"文件

单击图标 3D One，系统弹出"选择输出文件"对话框，如图1-25所示。单击"导出"按钮，在"保存类型"文本框中选择"STL"，然后单击"保存"按钮。"STL"格式文件适用于导入专业的软件中对模型进行切片处理，以便于后期进行模型的打印。当再次打开文件后，不可对模型进行再编辑。

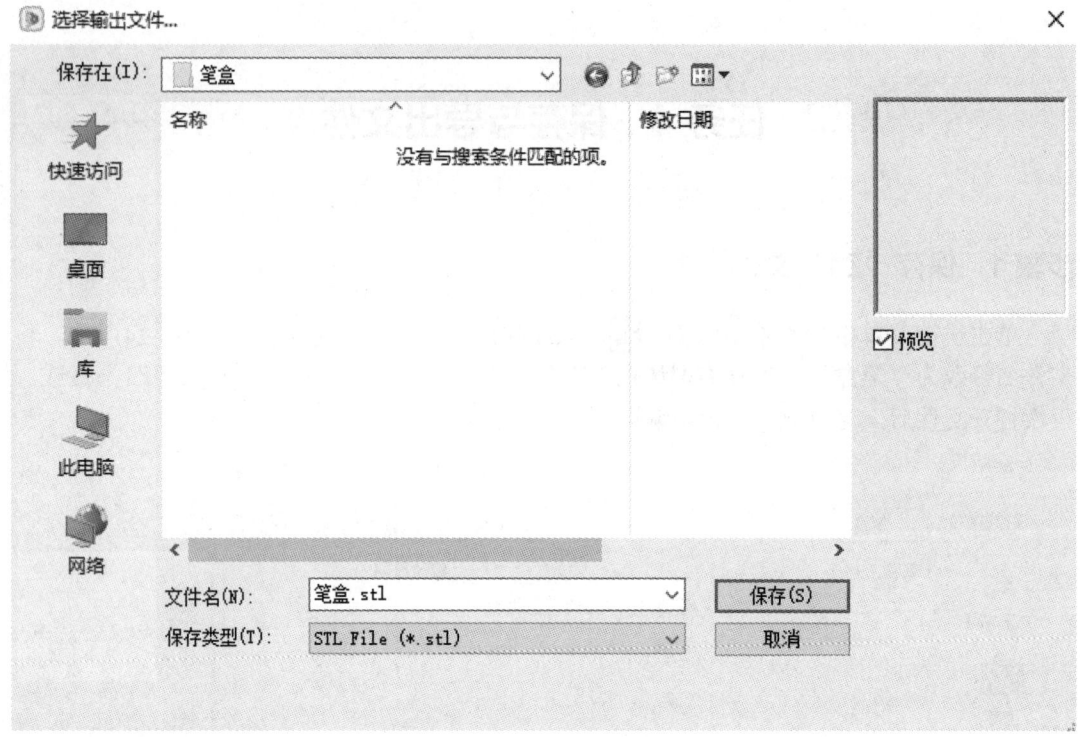

图 1-25 输出文件

:::::::: 任务 5　项目评价 ::::::::

项目评价量表

项目名称				评价日期		
姓名		班级				
		学号				
评价项目	考核内容	考核标准		配分	小组评分	教师评分	总评
任务完成情况评定（60分）	认识界面	正确　　　15分 基本正确　10分 不正确　　0分		15分			
	视图操作	合理　　　15分 基本合理　10分 不合理　　0分		15分			

012

续表

评价项目	考核内容	考核标准		配分	小组评分	教师评分	总评
任务完成情况评定（60分）	多角度观察模型	正确 基本正确 不正确	15分 10分 0分	15分			
	调用模型 保存与导出文件	正确 基本正确 不正确	15分 10分 0分	15分			
学习素养（40分）	知识掌握	认识3D One的操作界面，掌握基本操作方法。	熟练 10 比较熟练 6分 不熟练 0分	10分			
		能调用创意模型库中的模型，学习模型的查看及保存方法	掌握 10分 基本掌握 6分 未掌握 0分	10分			
	情感态度	遵守课堂纪律，服从指导教师和组长的安排	遵守 5分 基本遵守 3分 不遵守 0分	5分			
		课堂参与度高，讨论积极主动	参与度高 5分 参与度一般 3分 参与度不高 0分	5分			
		组内互相配合，团队协作	配合度高 10分 配合度一般 6分 配合度不高 0分	10分			
总评成绩							

【知识链接】

1. 3D One设计软件

3D One是一款专为中小学素质教育开发的3D设计软件。该软件的界面简洁、功能强大、操作简单且易于上手。它整合了常用的实体造型和草图绘制命令，简化了操作界面和工具栏，实现了3D设计软件与3D打印软件的直接连接。这为中小学生提供了一个简单易用、自由畅想的3D设计平台。

2. 创意设计

创意设计是一种将简单或普通的想法不断延伸并赋予另一种表现形式的过程。它包括工业设计、建筑设计、包装设计、平面设计、服装设计以及个人创意特区等多个领域。创意设计不仅需要具备初级设计和次级设计的因素，还需融入与众不同的设计理念——创意。简而言之，创意设计与设计两部分相结合，是将富有创造性的思想和理念通过设计的方式进行延伸、呈现和诠释的过程或结果。

项目 2

3D 打印嘟嘟鼠模型

项目背景

通过学习3D One设计软件，小磊已经掌握了基本的操作技巧。在三维创意网站上，他下载了一个可爱的嘟嘟鼠模型。然而，如何将这个模型3D打印成可以放在手中把玩的小物件呢？为解决这个问题，小磊决定向学校的科技老师请教方法。

项目目标

◎ 掌握模型文件的切片处理方法
◎ 能够将3D打印机与计算机连接，为打印材料做好准备
◎ 能正确操作3D打印机进行模型打印
◎ 能在打印后对模型进行处理
◎ 掌握3D打印机的日常清理方法

效果欣赏

3D打印嘟嘟鼠模型，效果如下图所示。

任务 1　切片处理

步骤 1　UP Studio 软件处理

UP Studio软件是使用UP BOX+打印机的配套软件，其操作简单便捷，可配合打印机快速完成打印工作。打开UP Studio软件，单击【UP】→【添加】→【添加模型】命令，选择"嘟嘟鼠玩具"模型文件导入，如图2-1所示。

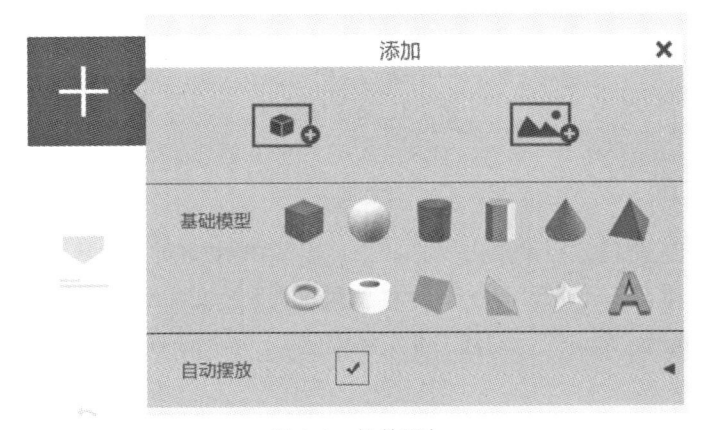

图 2-1　软件添加

步骤 2　摆放位置

单击【自动摆放】，如图2-2所示，软件自动将"嘟嘟鼠玩具"模型摆放至合适位置，也可在3D One设计软件中提前对模型进行位置摆放。

图 2-2　自动摆放

对于嘟嘟鼠模型，可以将模型沿着"Y"轴旋转45°，如图2-3所示。

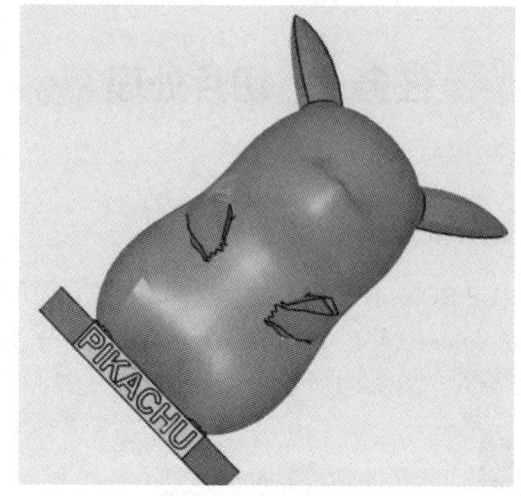

图 2-3　嘟嘟鼠模型

步骤3　参数设置

在软件界面的左侧任务栏中单击"打印"，出现如图2-4所示的界面，可设置"层片厚度""填充方式"和"打印质量"。打印"嘟嘟鼠玩具"模型可设置层片厚度为0.3 mm，填充方式为13%，质量选择"较好"，勾选"非实体模型"，以提高打印速度，减少打印耗材。

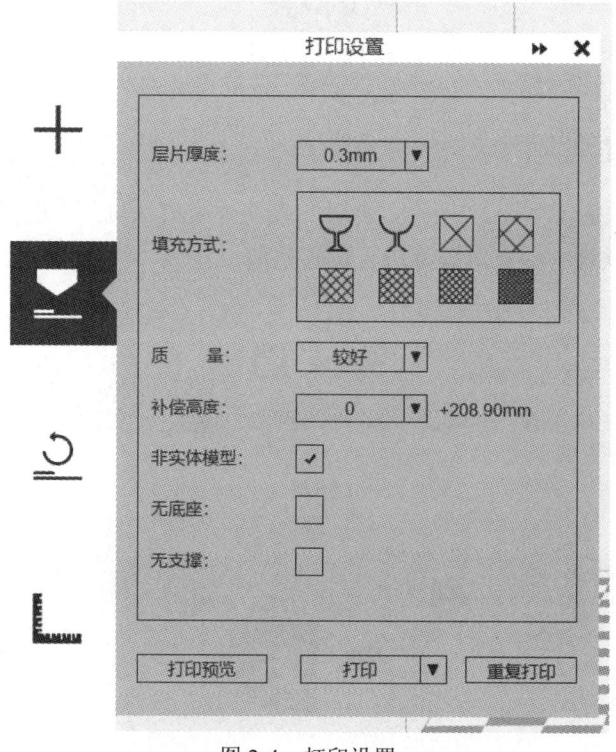

图 2-4　打印设置

步骤 4　生成支撑

设置好切片参数等数据,单击"打印预览",出现如图2-5所示的界面,软件会根据所设置的模型参数计算出打印时间和打印所需要的耗材。

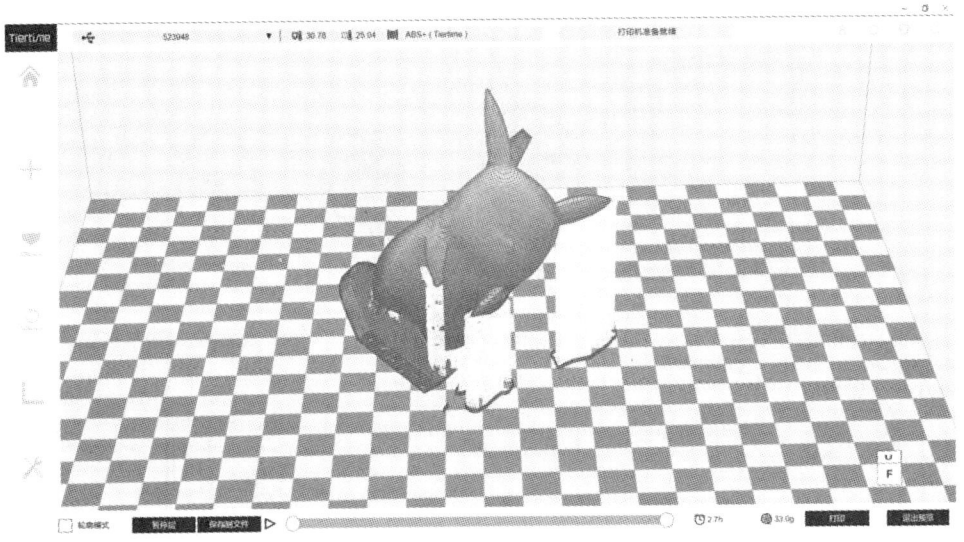

图 2-5　打印模型预览

任务 2　打印准备

步骤 1　认识 3D 打印机

太尔时代研发的3D打印机UP BOX+如图2-6所示,其拥有超大打印尺寸、精细的打印精度和智能支撑技术,具有易剥离、易操作等特点。可打印的材料有ABS和PLA,适合打印一些精度不高的塑料模型。图2-7为打印机图解。

图 2-6　3D 打印机

图 2-7　打印机图解

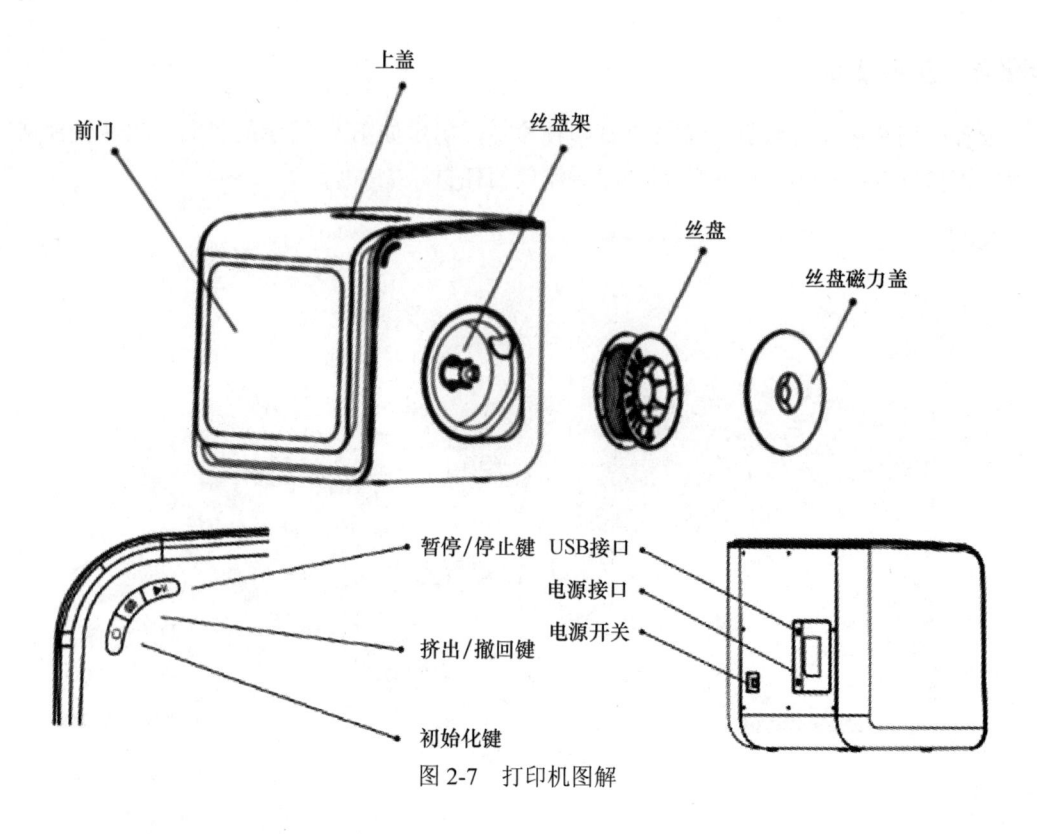

步骤2　3D打印机与计算机连接

将3D打印机和处理模型的计算机进行连接，每次机器打开时都需要进行初始化。在初始化期间，打印头和打印平台会缓慢移动，并接触到X、Y、Z轴限位开关。这一步非常重要，因为打印机需要确定每个轴的起始位置。只有在完成初始化后，软件的其他选项才会亮起供选择使用。

初始化的两种方式：一种是在软件安装中体现。当打印机空闲时，长按打印机上的"初始化"按钮会触发初始化。"初始化"按钮的其他功能：（1）停止当前的打印工作（具体操作为在打印期间按下并保持按钮）；（2）重新打印上一项工作（具体操作为双击该按钮）。另一种是在软件中单击"初始化打印机"进行设备的初始化操作，如图2-8所示。

(a)

(b)

图 2-8　初始化打印机

步骤3　3D打印机平台校准

平台校准是成功打印最重要的步骤，需确保打印时的第一层粘附，如图2-9所示。

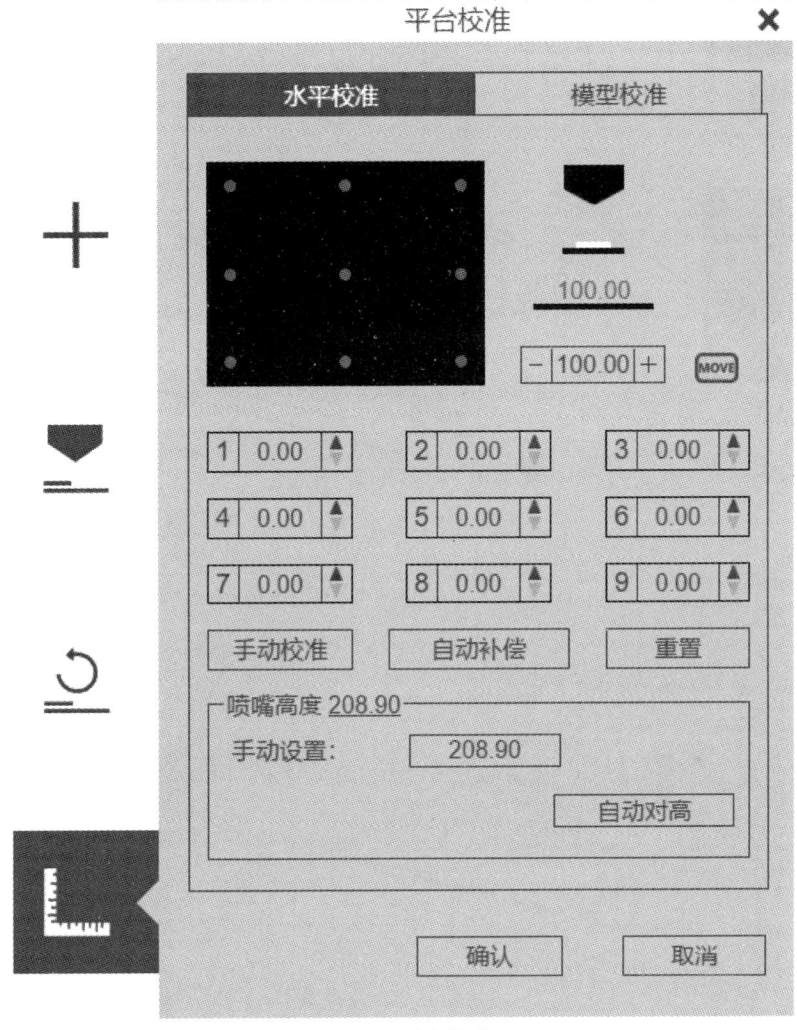

图 2-9　平台校准

理想情况下，喷嘴和平台之间的距离应该是恒定的。实际上由于各种原因，距离在不同位置上可能会有所不同，这可能会导致打印出的成品出现翘边等现象。因此，在使用UP BOX+打印机时，可以单击图2-10中的"自动对高"选项来校准探头。此时，探头将被放下并开始自动探测平台位置。探测完成后，调平数据将被更新并储存在机器内，同时调平探头也会自动缩回。

也可使用如图2-11所示的"手动校准"对打印机进行9点校准，使用校准片放在喷嘴和平台之间，调整平台高度，感受到校准片有轻微阻力时表示该点调整完毕，同样的操作重复9次，完成手动校准操作。（平台下有四个手调螺母，如图2-12所示，可调节平台的水平和细微高度，在进行手动调节时可配合使用。）

三维创意设计

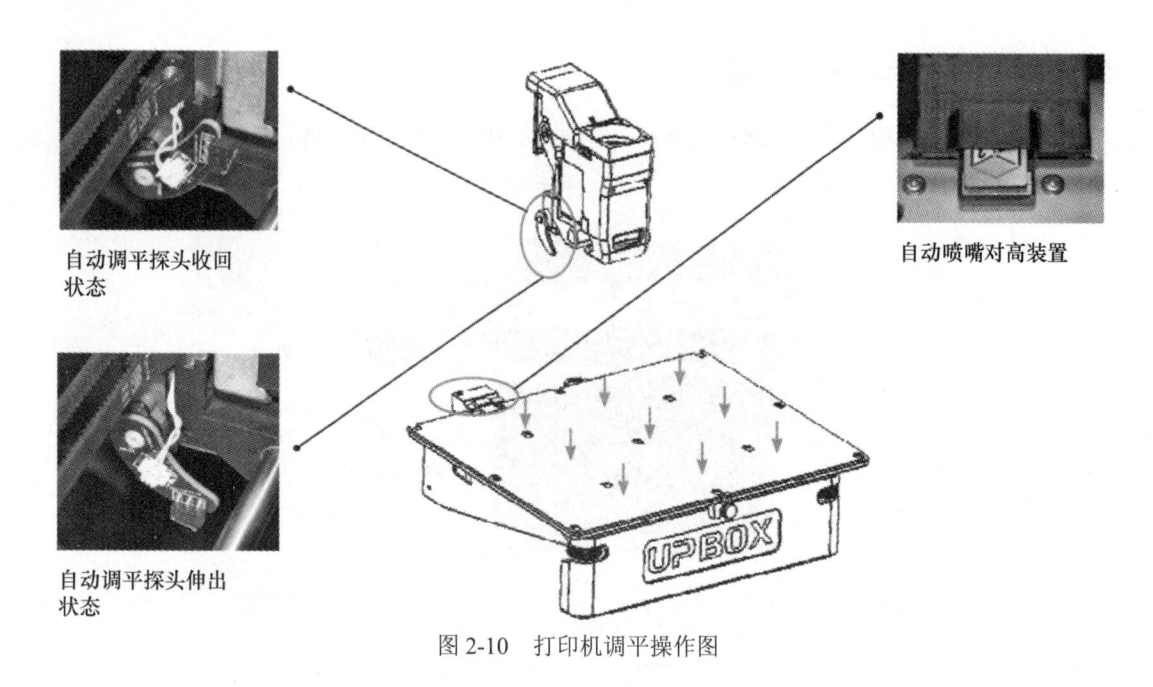

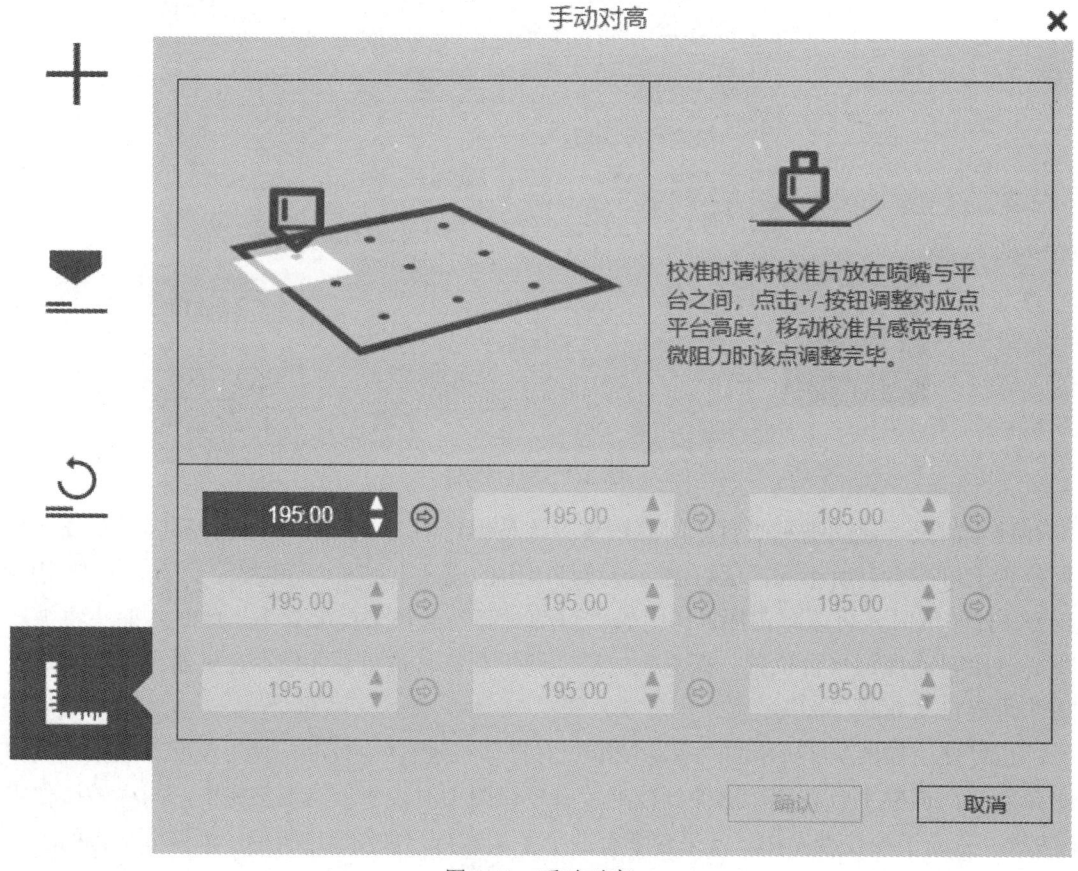

自动调平探头收回状态

自动调平探头伸出状态

自动喷嘴对高装置

图 2-10　打印机调平操作图

手动对高

校准时请将校准片放在喷嘴与平台之间，点击+/-按钮调整对应点平台高度，移动校准片感觉有轻微阻力时该点调整完毕。

图 2-11　手动对高

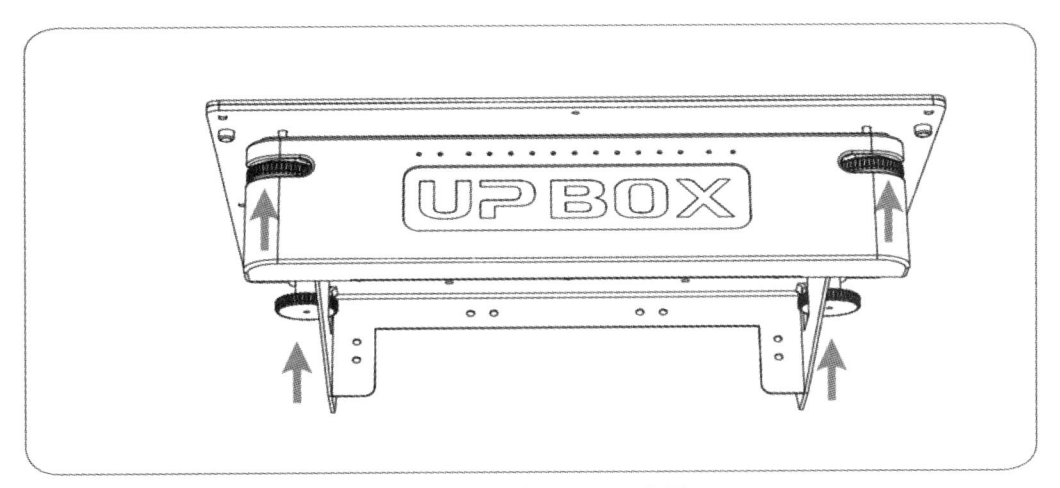

图 2-12　手调螺母位置示意图

注意事项：

1. 在喷嘴未被加热时进行校准；

2. 在校准之前清除喷嘴上残留的塑料；

3. 在校准之前，请把多孔板装在平台上；

4. 平台自动校准和喷头对高只能在喷嘴温度低于80℃状态下进行，喷嘴温度高于80℃时无法启动这两项功能。

步骤4　材料预热

在开始打印之前，要先操作"维护"→"挤出"命令，将使用的PLA材料进行预热并确定喷头的工作状态，如图2-13所示。

打印底板根据打印机的具体配置进行选择。喷嘴直径根据喷嘴的型号大小进行选择，一般为0.6 mm。加热是对平台进行加热，15 min即可。一般材料类型为ABS或PLA材料，打印温度为190～210℃。

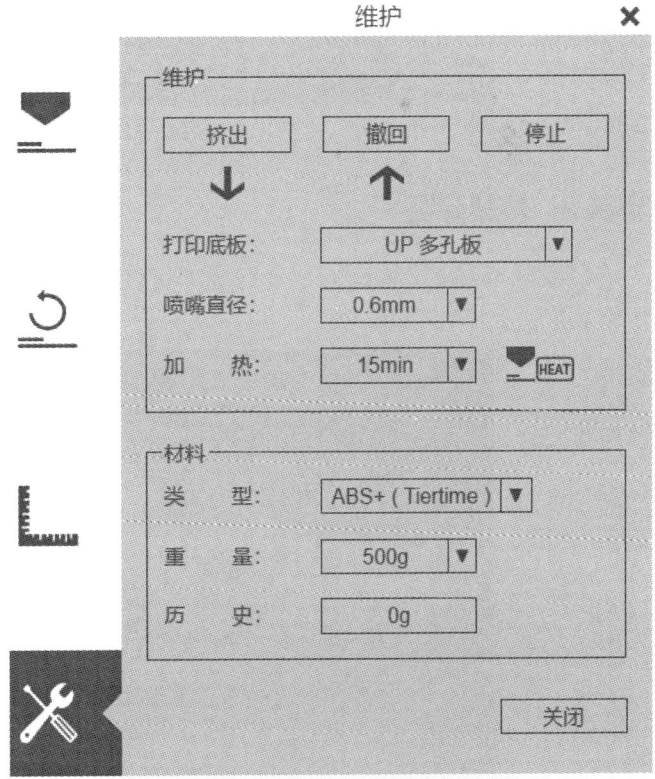

图 2-13　维护

任务 3　打印模型

步骤 1　开始打印

在 UP Studio 软件中单击"打印设置"→"打印"命令,开始"嘟嘟鼠"的打印工作,如图 2-14 所示。

图 2-14　3D 打印机工作

步骤 2　冷却降温

打印完成后,Z 轴回到起始位置后,打开打印机的前门进行冷却降温,如图 2-15 所示。

图 2-15　3D 打印机打印完成

步骤 3　解决问题

在打印过程中会遇到一些常见问题，其对应解决办法如下表所示。

问题	解决方法
打印头和平台无法加热至目标温度	初始化打印机
	加热模块损坏，更换加热模块
	加热线损坏，更换加热线
丝材不能挤出	从打印头抽出丝材，切断融化的末端，然后将其重新装到打印头上
	塑料堵塞喷嘴，替换新的喷嘴，或移除堵塞物
	丝材过粗。通常在使用质量不佳的丝材时会发生这种情况，建议使用大品牌的丝材
	对于某些模型，如果PLA不断出现问题，切换到ABS
不能检测打印机	确保打印机驱动程序安装正确
	检查USB电缆是否有缺陷
	重启打印机和计算机

任务 4　后处理

步骤 1　取零件

待打印机通风冷却内部降温后，将打印平台上的多孔板拆下，用如图2-16所示的小铲刀将模型慢慢从多孔板上剥离，注意从底部铲出，避免损伤模型表面。

图 2-16　铲刀

步骤 2　拆除零件支撑

如图2-17所示的剪钳，钳头比普通的剪子更小、更厚，是制作模型或电子材料时经常使用的工具，用来剪断塑料或金属的连接部位，比用手拧省时省力。

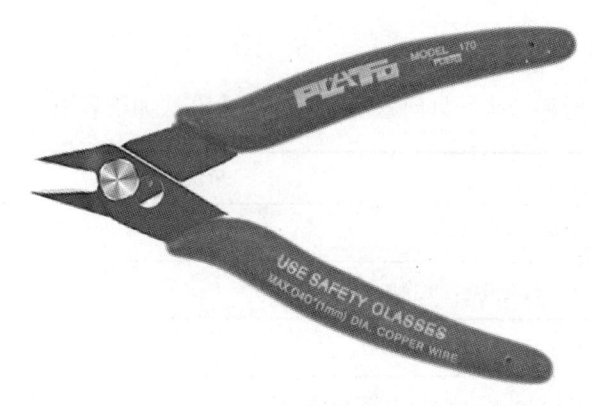

图 2-17 剪钳

使用剪钳去除模型上的支撑时，对一些比较脆弱的地方应该格外小心，嘟嘟鼠模型的耳朵和手部分的支撑，应慢慢剪下，不可用蛮力去除，如图2-18所示。

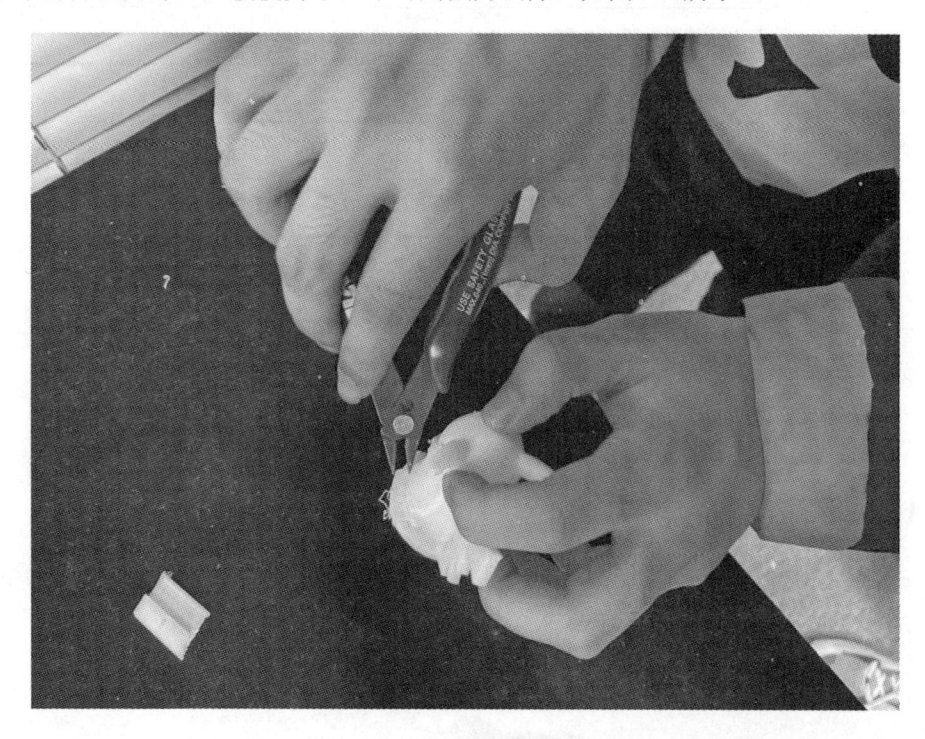

图 2-18 使用剪钳去除支撑

步骤 3 打磨

砂纸打磨，如图2-19所示。砂纸打磨处理起来是比较快的，一般用熔融、沉积、快速成型技术FDM打印出来的对象往往有一圈圈的纹路，用砂纸打磨来消除嘟嘟鼠玩具上的纹路只需要几分钟。

海绵砂打磨，如图2-20所示。海绵砂的优点就是可以随物体起伏不平的表面进行打磨，如飞机机体的弧形表面和其他带弧度的物体表面。海绵砂本身是软的，可以反复多次使用，醮水或是干磨都可以。

图 2-19　砂纸

图 2-20　海绵砂

步骤 4　清理打印机

（1）将多孔板铲除干净后装回打印机平台上，如图2-21所示。
（2）将打印机内部用小刷子清理干净。
（3）将实验室场地清扫干净，要求桌面、地面无残渣，并关闭电源，如图2-22所示。

图 2-21　清理打印机多孔板

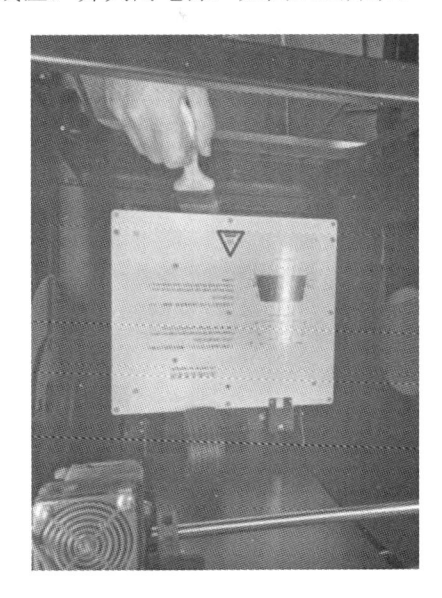

图 2-22　打印机内部除尘

任务5 评价量表

项目评价量表

项目名称					评价日期		
姓名			班级				
			学号				
评价项目	考核内容		考核标准		配分	小组评分	教师评分	总评

评价项目	考核内容	考核标准		配分	小组评分	教师评分	总评
任务完成情况评定（60分）	模型文件的切片处理	正确 基本正确 不正确	15分 10分 0分	15分			
	打印机的连接及材料准备	合理 基本合理 不合理	15分 10分 0分	15分			
	打印模型的正确操作	正确 基本正确 不正确	15分 10分 0分	15分			
	打印后的模型处理及打印机的清理	正确 基本正确 不正确	15分 10分 0分	15分			
学习素养（40分）	知识掌握	认识切片软件的操作界面	熟练 比较熟练 不熟练	10 6分 0分	10分		
		根据模型的打印需要在软件中正确摆放模型	掌握 基本掌握 未掌握	10分 6分 0分	10分		
	情感态度	遵守课堂纪律，服从指导教师和组长的安排	遵守 基本遵守 不遵守	5分 3分 0分	5分		
		课堂参与度高，讨论积极主动	参与度高 参与度一般 参与度不高	5分 3分 0分	5分		
		组内互相配合，团队协作	配合度高 配合度一般 配合度不高	10分 6分 0分	10分		
总评成绩							

【知识链接】

熔融沉积快速成型技术（FDM）

近年来，3D打印产业发展迅猛，不断涌现出新机器、新技术、新材料、新应用。基于焰融沉积快速成型技术（Fused Deposition Modeling，简称FDM），这种三维打印快速成型技术是当今世界上最具活力的技术之一。该技术最初由美国学者Scott Crump于1988年提出，并在1991年开发了第一台商业机型。该技术的应用领域包括政府、学术机构、建筑、航天、医疗、工商业等各个领域，这当然与该技术的多种特点及应用潜力和广阔前景密不可分。随着全球FDM打印市场在个性化定制、家庭化和娱乐化等领域发展趋势的增强，FDM打印工艺将得到快速普及。因此，加大力度开展对熔融沉积快速成型技术的研究，使其更好地服务于人类、造福于社会具有相当重要的战略意义和现实意义。

项目 3

骰 子

项目背景

新学期伊始，学校要组织学生进行体能训练。为了增添活动的趣味性，激发学生的参与热情，郭老师想让同学们通过掷骰子来决定参与哪项体育运动。请同学们帮助郭老师设计一个体育锻炼的骰子，并使用3D打印机将其打印出来。

项目目标

◎ 能熟练完成3D One软件新建和保存文件的操作
◎ 能根据任务要求完成体育锻炼骰子的手绘草图
◎ 能合理分析并制定设计体育锻炼骰子模型的步骤
◎ 能正确使用软件中的球体、六面体、加运算、预制文字、拉伸、移动等命令
◎ 能根据所学的知识操作软件完成体育锻炼骰子的三维模型设计
◎ 培养小组同学之间协同合作的意识和认真完成学习任务的态度，提升学习过程中的自信和成就感

效果欣赏

设计一个体育锻炼的骰子，并使用3D打印机将其打印出来，效果如下图所示。

任务 1 分析

步骤 1 信息搜集

1. 认识常见的骰子

骰子在日常生活中十分常见，其应用范围广泛。例如，做家务掷骰子，比赛前掷骰子决定顺序，等等。如果要设计一个用于体育锻炼的骰子，同学们需要进行调研，了解现有成熟的产品。然后，同学们可以依靠自己的想象力和经验，使用设计软件将脑海中的构思转化为三维模型。最后，通过3D打印机将三维模型变成实物。这个过程需要同学们综合运用多种技能，包括设计、制图、建模和打印等。通过这样的实践，同学们可以提高自己的创造力和实践能力，同时也可以为未来的学习和工作打下坚实的基础。

2. 设计体育锻炼的骰子需要具备的能力

需要具备相关的体育知识和技能，并能够熟练运用三维设计软件。在设计过程中，应注重考虑功能的实用性和使用的便捷性。

步骤 2 方案制定

各小组同学讨论交流，确定体育锻炼骰子的设计思路和呈现方式

设计思路（如形状、尺寸等）	呈现方式（如材料、颜色等）

步骤 3 内容选择

采用白色PLA（聚乳酸）材料作为3D打印材料。根据科学锻炼、适量适度的原则确定6项体育活动分别为"俯卧撑12个""匀速跑400米""跳绳150个""全蹲起30个""蛙跳50米""仰卧起坐45个"。

步骤 4 手绘草图

根据决策要求，请各位同学手绘"骰子模型"草图，确定体育锻炼骰子的形状和

尺寸。

草图

任务 2　三维建模

步骤 1　新建文件

（1）双击桌面上的3D One软件图标，打开软件。

（2）单击软件左上角的图标 3D One，系统弹出"文件基本操作"对话框。

（3）单击"另存为"按钮，输入文件名"骰子"并选择文件保存的位置，如图3-1所示，单击"保存"按钮，进入3D设计环境。

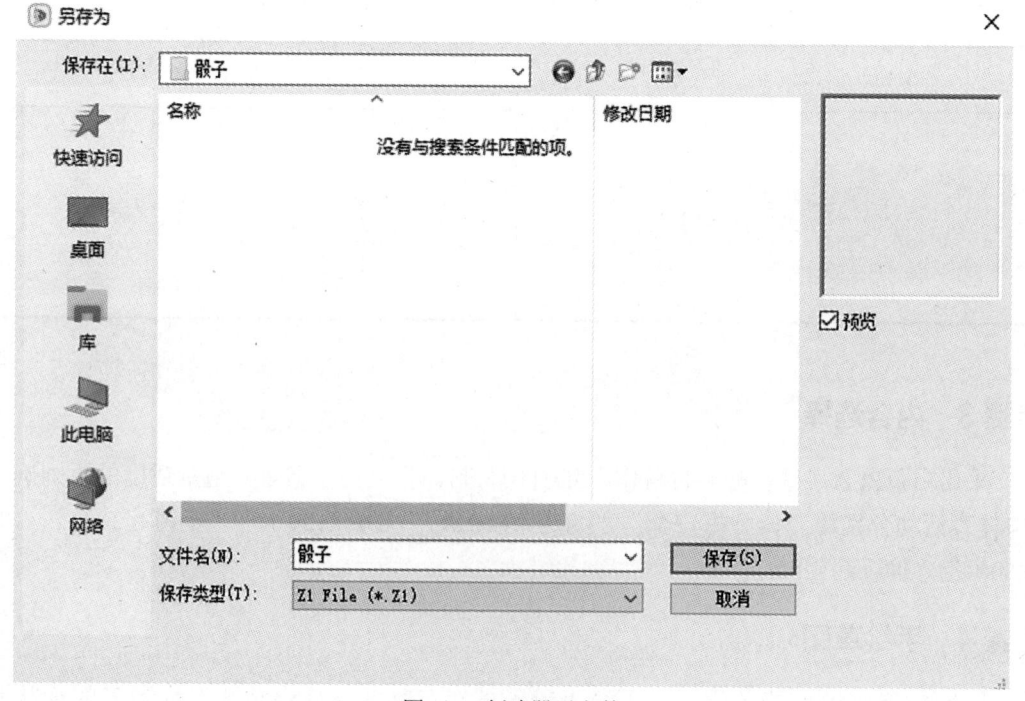

图 3-1　创建骰子文件

步骤2　创建"骰子"模型

（1）单击命令工具栏中的"基本实体"命令组，选择"球体"命令，系统弹出"球体"命令对话框，将鼠标移动到工作区，在"中心"框中输入"0，0，0"，按回车键或单击按钮，确定球体中心，如图3-2所示。

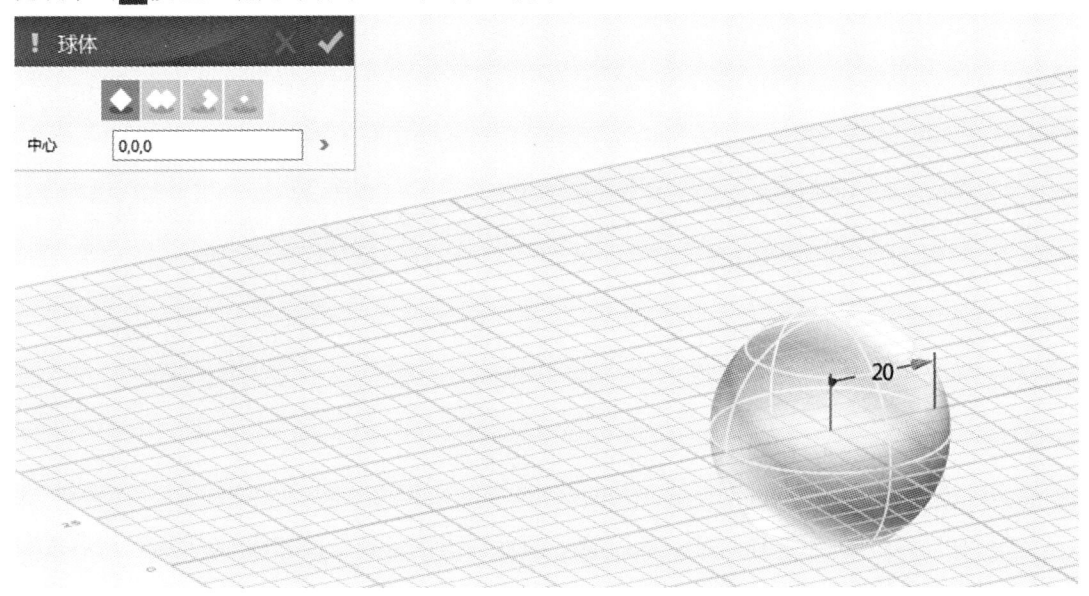

图3-2　生成球体

（2）单击默认的球体半径尺寸，输入"32"，如图3-3所示。然后按回车键，完成球体的创建，如图3-4所示。

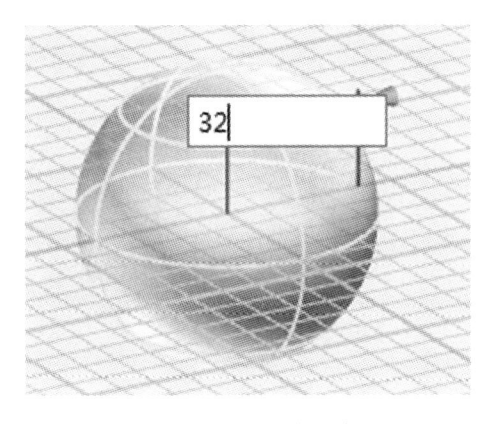

图3-3　输入球体尺寸　　　　　　图3-4　生成后的实体

（3）单击命令工具栏中的"基本实体"命令组，选择"六面体"命令，系统弹出"六面体"命令对话框，将鼠标移动到工作区，在"中心"框中输入"0，0，-22.5"，按回车键或单击按钮，确定六面体中心，如图3-5所示。

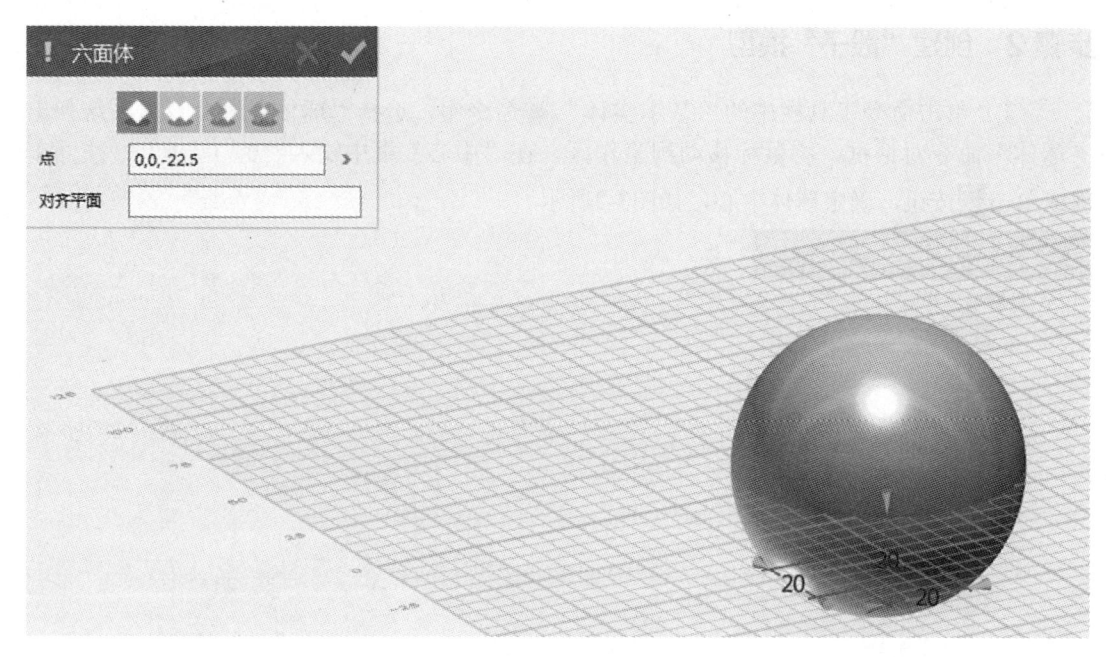

图 3-5　生成六面体

（4）单击默认的六面体尺寸，长、宽、高分别输入"45"，如图3-6所示。然后按回车键，完成正方体的创建，如图3-7所示。

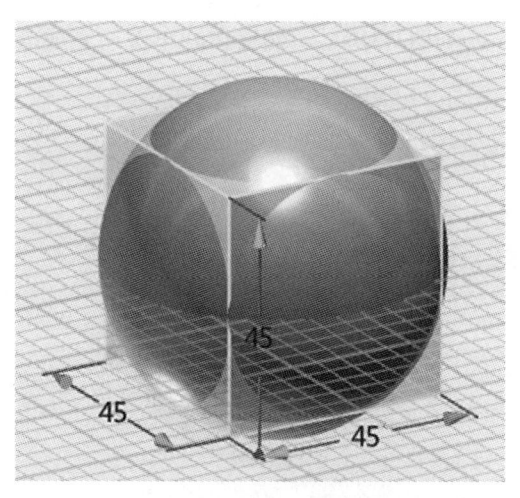

图 3-6　输入六面体尺寸　　　　　　　　　　图 3-7　生成后的实体

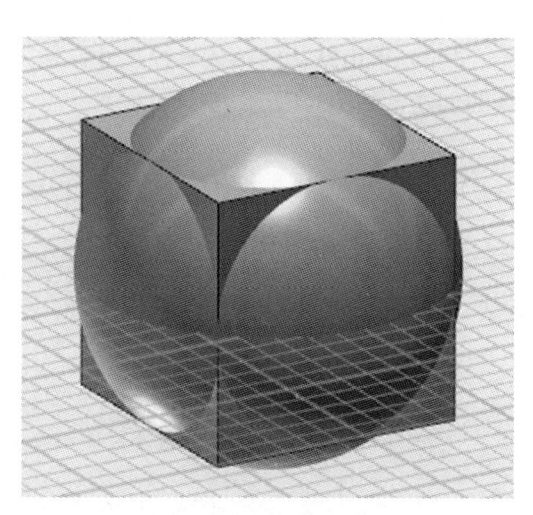

（5）单击命令工具栏中的"组合编辑"命令，系统弹出"组合编辑"命令对话框，单击"交运算"按钮，基体通过单击选择球体，合并体通过单击选择正方体，如图3-8所示。然后按回车键或单击按钮，完成骰子模型的创建，如图3-9所示。

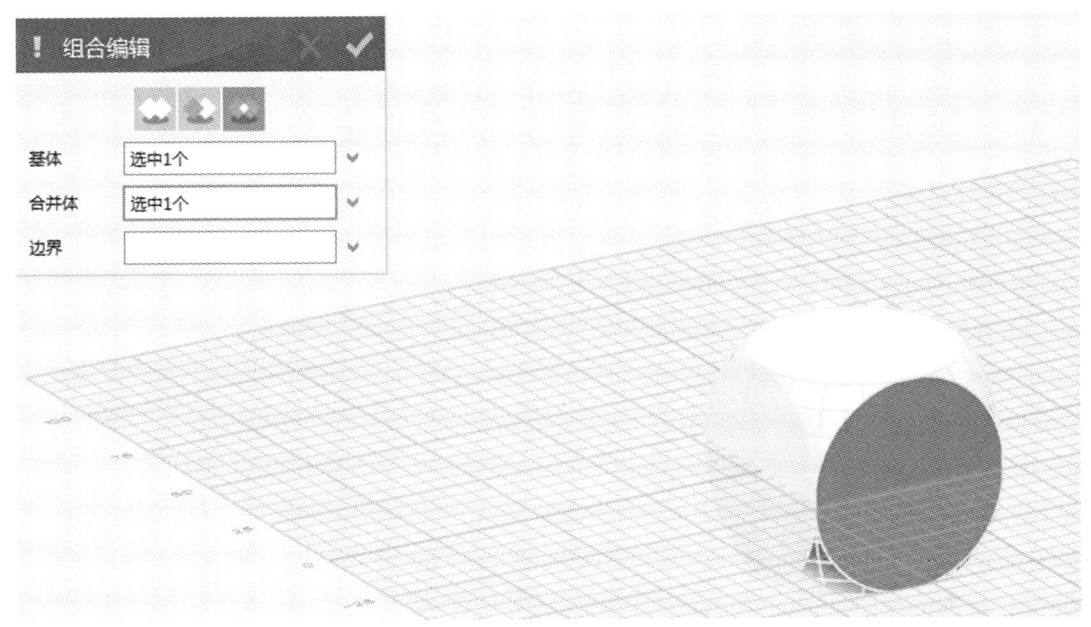

图 3-8　组合编辑

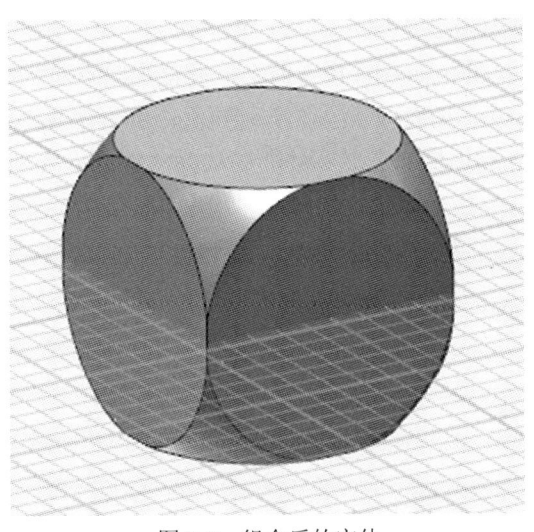

图 3-9　组合后的实体

步骤 3　创建文字

（1）单击命令工具栏中的"草图绘制" 命令组，选择"预制文字" 命令，此时移动鼠标，单击选择骰子的一个面作为文字的放置面，此时系统弹出"预制文字"对话框。在"原点"中的坐标值中输入"0"（也可在任意处单击选择）；在"文字"中输入"俯卧撑12个"，单击"文字"中文本框右侧的符号 ，对文字位置进行编辑；在"字体"中通过单击右侧的符号 选择"幼圆"；在"样式"中通过单击右侧的符号 选择"常规"，在"大小"中输入"8"，如图3-10所示。

三维创意设计

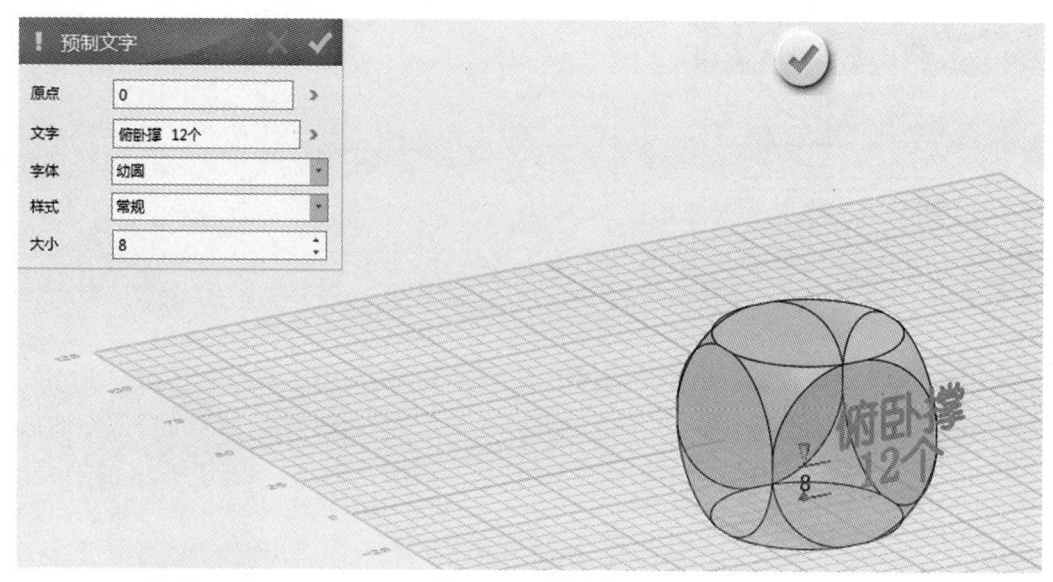

图 3-10 预制文字

（2）编辑完文字后，按回车键或单击✓按钮，完成文字的创建。然后单击"完成"✓按钮，完成草图的绘制。

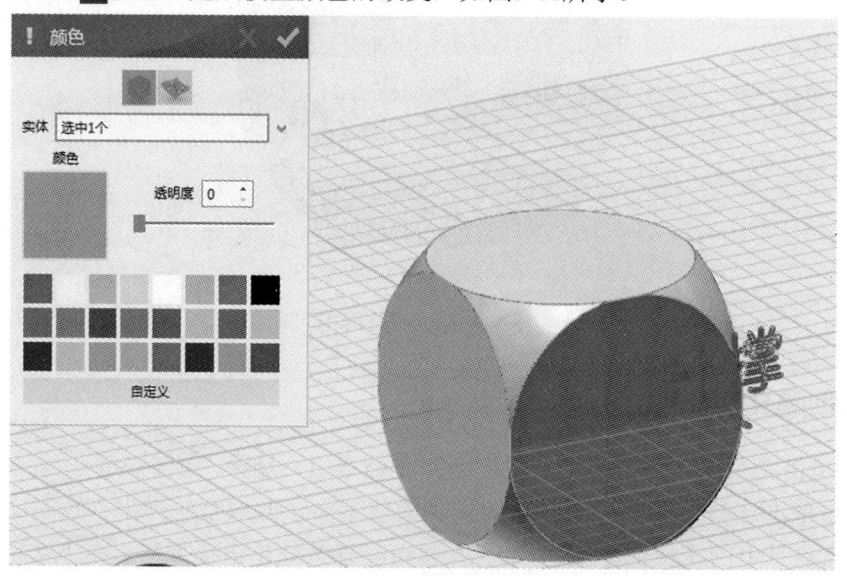

（3）单击左下角的视图导航□选择"前"，调整视图方向。

（4）为了使显示清晰，我们可以改变模型颜色。单击命令工具栏中的"颜色"●命令，系统即弹出"颜色"对话框，在"实体"中选择"骰子"模型，颜色选择橘色，然后按回车键或单击✓按钮，完成模型颜色的改变，如图3-11所示。

图 3-11 颜色更改

（5）单击命令工具栏中的"基本编辑"✚命令组，选择"移动"命令，系统弹出"移动"命令对话框。单击"点到点移动"按钮，在"实体"中单击选择创建的文字，

034

在"起始点"中单击选择一点，然后移动鼠标，将文字移动到合适位置，单击确定目标点，如图3-12所示。然后按回车键或单击✓按钮，完成文字的移动，如图3-13所示。

图 3-12　移动文字

图 3-13　移动后的文字

步骤 4　拉伸文字

（1）单击命令工具栏中的"特征造型"命令组，选择"拉伸"命令，系统弹出"拉伸"命令对话框。单击"减运算"按钮，在"轮廓P"中选择创建的文字，在"拉伸类型"中通过单击右侧的符号选择"1边"；在"方向"中输入"0，1，0"（也可以通过鼠标单击选择）；单击默认的拉伸尺寸，输入"3"，如图3-14所示。然后按回车键或单击 ✓ 按钮，完成文字拉伸，如图3-15所示。

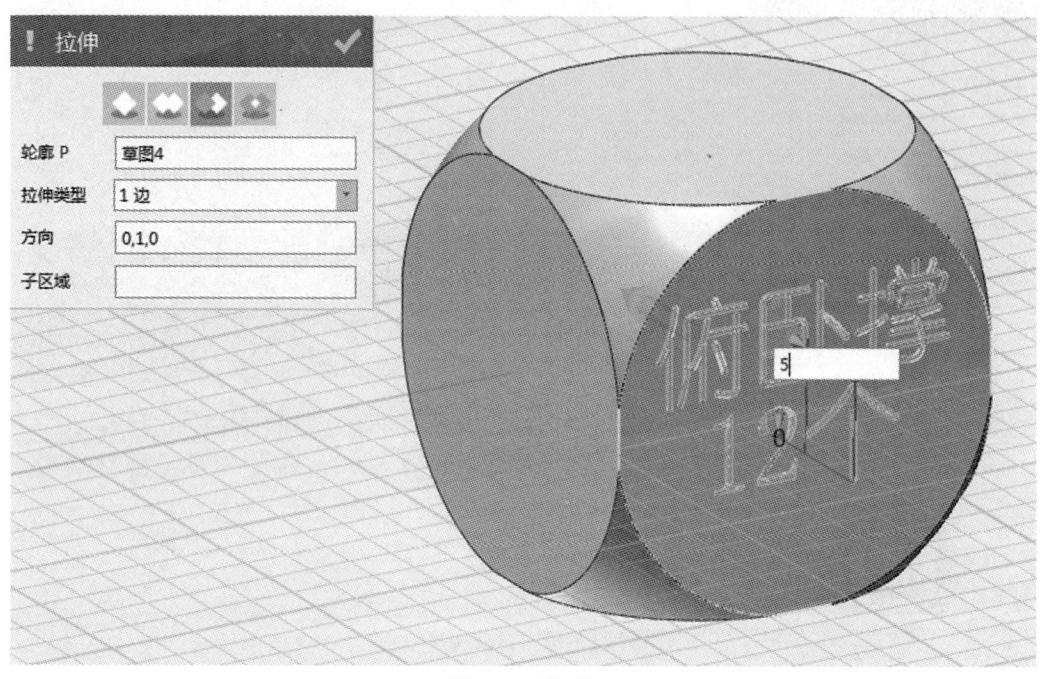

图 3-14　拉伸

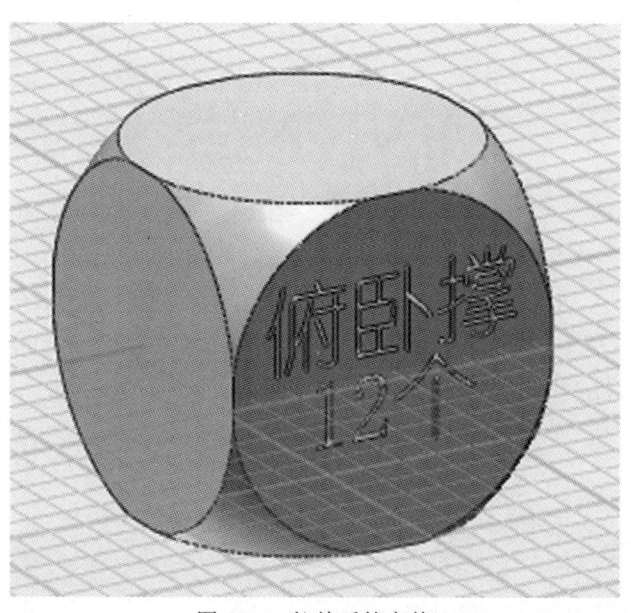

图 3-15　拉伸后的实体

（2）重复上述步骤创建文字，在骰子模型其余的五个面中分别创建"匀速跑400米""跳绳150个""全蹲起30个""蛙跳50米""仰卧起坐45个"，如图3-16所示。

图 3-16　筛子

步骤 5　导出"STL"文件

单击软件左上角的图标 3D One，系统弹出"文件基本操作"对话框，单击"导出"按钮，在"保存类型"文本框中选择"STL"，如图 3-17 所示，并单击"保存"按钮。

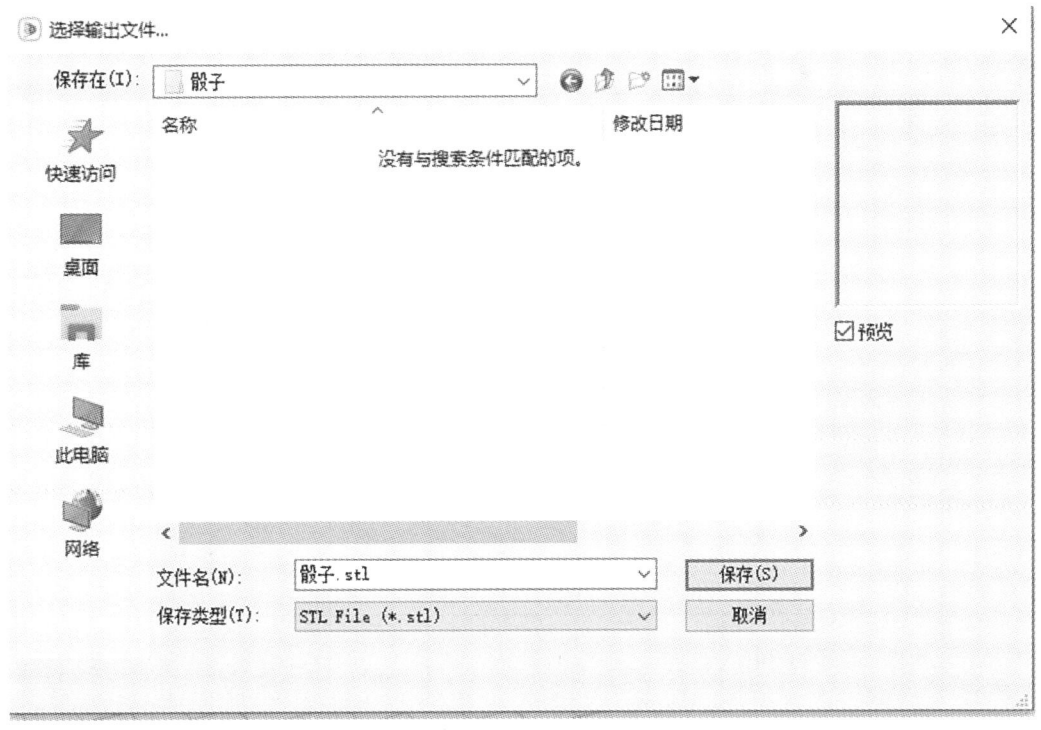

图 3-17　文件保存

037

任务 3　项目评价

项目评价量表

项目名称							
姓名		班级		评价日期			
		学号					
评价项目	考核内容		考核标准		配分	小组评分	教师评分	总评
任务完成情况评定（70分）	任务分析	信息搜索	正确 基本正确 不正确	10分 6分 0分	10分			
		方案制定	合理 基本合理 不合理	10分 6分 0分	10分			
		手绘草图	正确 基本正确 不正确	10分 6分 0分	10分			
	三维建模	命令使用	正确 基本正确 不正确	10分 6分 0分	10分			
		参数设置	正确 基本正确 不正确	10分 6分 0分	10分			
		模型设计	完成 基本完成 未完成	20分 15分 0分	20分			
情感态度评定（30分）	遵守课堂纪律，服从指导教师和组长的安排		遵守 基本遵守 不遵守	10分 6分 0分	10分			
	课堂参与度高，讨论积极主动		参与度高 参与度一般 参与度不高	10分 6分 0分	10分			
	组内互相配合，团队协作		配合度高 配合度一般 配合度不高	10分 6分 0分	10分			
总评成绩								

【知识链接】

骰子

骰子，又称色子，是中国传统民间娱乐用具。早在战国时期就有骰子，通常作为桌上游戏的小道具。最常见的骰子是六面骰，它是一个正立方体，上面分别有一到六个孔（或数字），其相对两面之数字和必为七。中国的骰子习惯在一点和四点漆上红色。骰子是一种容易制作和获取的乱数产生器。它是许多娱乐棋牌游戏中不可缺少的工具之一，如飞行棋、蛇棋、大富翁、跳棋、冒险棋、历险棋等。

项目 4

花　瓶

项目背景

本周五,学校组织八年级(1)班全体师生去附近的智慧农场春游。智慧农场的工作人员送给了同学们几束鲜花作为纪念。为了防止鲜花枯萎,需要同学们尽快设计几个花瓶,并使用3D打印机打印出来,倒入水和营养液,将鲜花插入到花瓶中。

项目目标

◎ 能根据任务要求完成花瓶的手绘草图
◎ 掌握草图绘制命令组中直线、通过点绘制曲线的使用方法
◎ 掌握特征造型命令组中旋转、圆角的使用方法
◎ 掌握特殊功能命令组中抽壳的使用方法
◎ 能根据所学的知识操作软件完成花瓶的三维模型设计
◎ 培养学生对模型特点的分析能力,引导学生善于观察和认真思考的意识

效果欣赏

设计一个花瓶,并使用3D打印机将其打印出来,效果如下图所示。

任务 1　分析

步骤 1　信息搜集

1. 常见花瓶的设计方式

大部分的花瓶都是对称结构，在设计前需要确定花瓶的尺寸和草图形状。在使用三维设计软件设计花瓶时，需要同学们调研市场上的成熟产品，依靠自己的想象力和经验，借助设计软件，将自己脑海中构思的花瓶设计成三维模型，并利用3D打印机将三维模型变成实物。

2. 设计花瓶需要具备的能力

需要掌握草图相关知识，并能熟练使用三维设计软件等。

3. 设计花瓶需遵循的原则

主要考虑功能性和实用性。

步骤 2　方案制定

各小组同学讨论交流，确定花瓶的设计思路和呈现方式。

设计思路（如形状、尺寸等）	呈现方式（如材料、颜色等）

步骤 3　内容选择

采用红色PLA（聚乳酸）材料作为3D打印材料。根据花瓶的尺寸和形状进行创新设计，要求形状美观、结构合理。

步骤 4　手绘草图

根据决策要求，请各位同学手绘"花瓶"草图，并确定花瓶的形状和尺寸。

草图

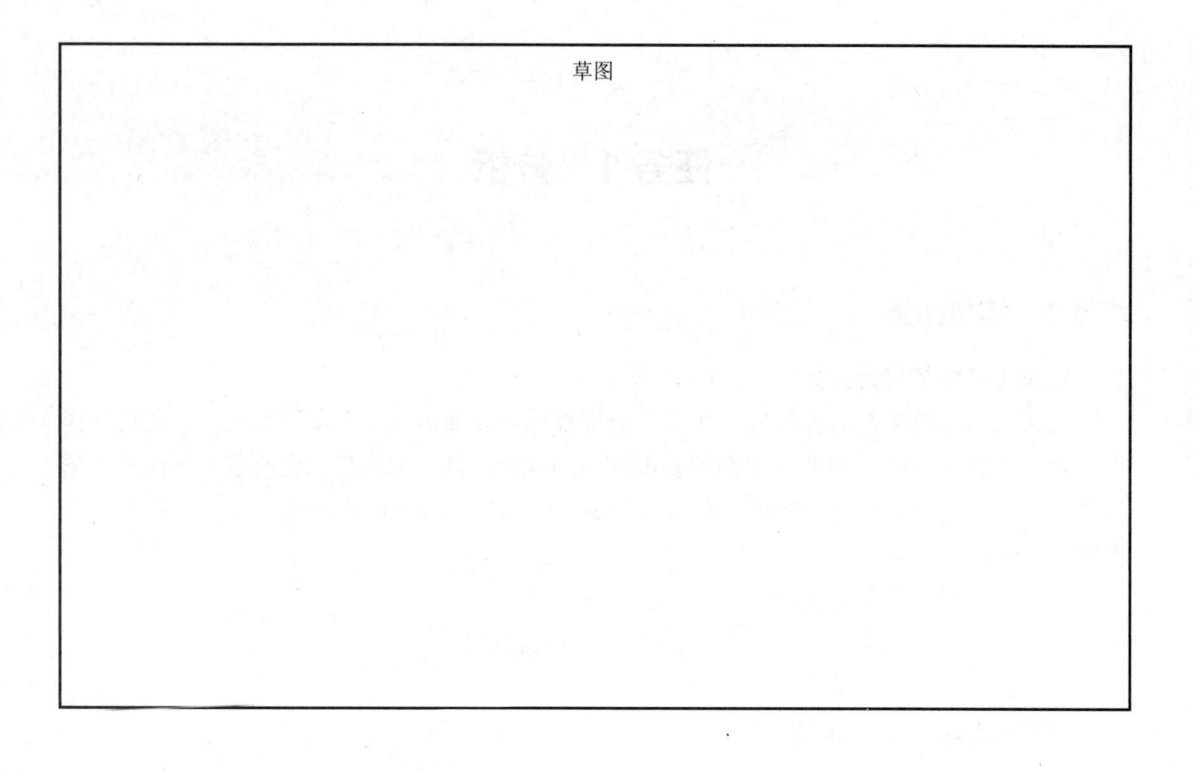

任务2 三维建模

步骤1 新建文件

（1）双击桌面上的3D One软件图标，打开软件。

（2）单击"另存为"按钮，输入文件名"花瓶"，并选择文件保存的位置，单击"保存"按钮，进入3D设计环境。

步骤2 创建"花瓶"草图

（1）单击左下角的"视图导航"，选择"上"，调整视图方向。

（2）单击命令工具栏中的"草图绘制"命令组，选择"直线"命令，系统弹出"直线"命令对话框，在"点1"文本框中输入"0，0"（也可以鼠标单击原点选择），在"点2"文本框中输入"22，0"，按回车键或单击按钮，完成第一条直线的绘制，如图4-1所示。

（3）继续使用"直线"命令绘制直线，绘制结果如图4-2所示。

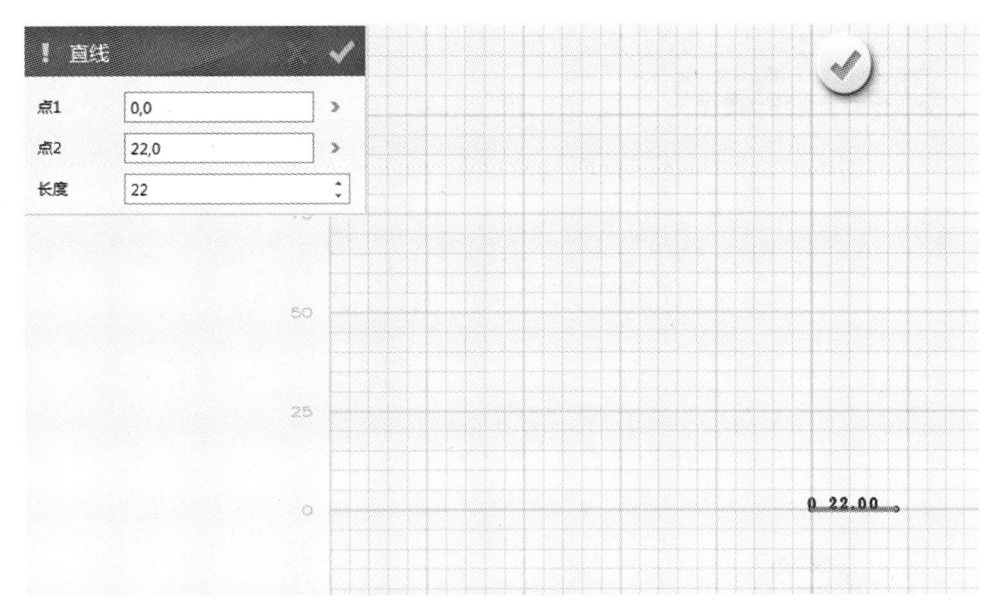

图 4-1 直线绘制

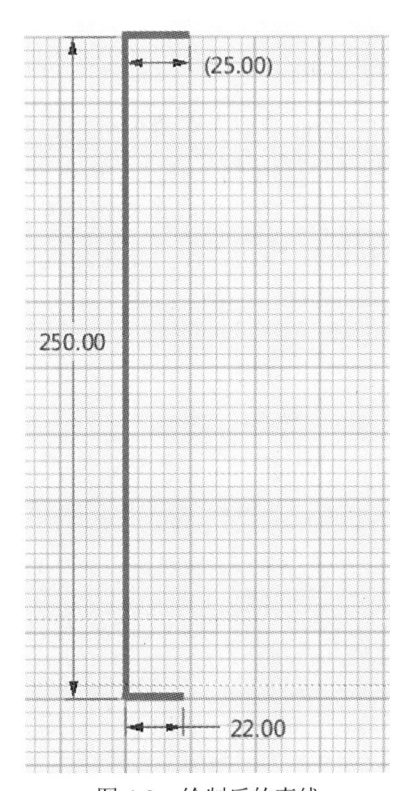

图 4-2 绘制后的直线

（4）单击命令工具栏中的"草图绘制" 命令组，选择"通过点绘制曲线" 命令，系统弹出"通过点绘制曲线"命令对话框，在"点"文本框中依次输入"22，0""50，100""18，200""25，250"，如图4-3所示，单击 按钮，完成曲线的绘制，

三维创意设计

然后单击"完成" ✓ 按钮，完成花瓶三维模型草图的绘制，结果如图4-4所示。

图 4-3　通过点绘制曲线

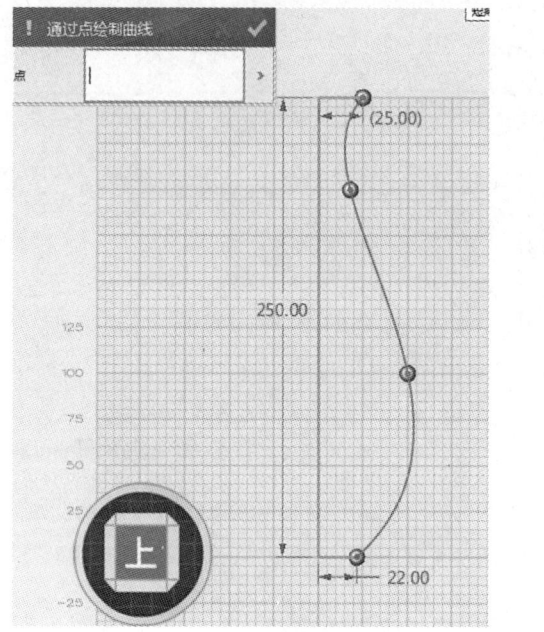

图 4-4　草图绘制完成

（5）单击命令工具栏中的"特征造型" 命令组，选择"旋转" 命令，系统弹出"旋转"命令对话框。单击"基体"按钮，在"轮廓P"文本框中选择花瓶三维模型草图，在"轴A"文本框中输入"0，1，0"（或单击选择草图竖直的直线），预览结果如图4-5所示。"旋转类型"选择默认的"1边"，"结束角度"选择默认的"360"，然后按回车键或单击 ✓ 按钮，完成草图的旋转，如图4-6所示。

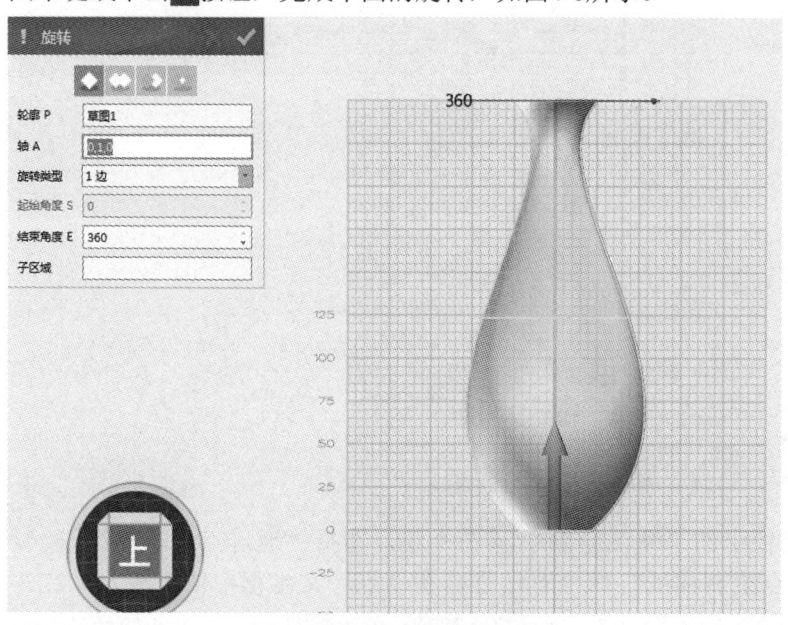

图 4-5　旋转

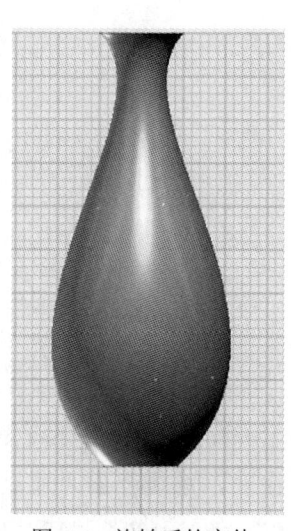

图 4-6　旋转后的实体

044

步骤3　倒圆角、抽壳

（1）单击命令工具栏中的"特征造型" 命令组，选择"圆角" 命令，系统弹出"圆角"命令对话框。"边E"选择图4-7所示的底边，单击默认的圆角尺寸5，输入圆角尺寸"10"，然后按回车键，预览正确后单击 按钮，结果如图4-8所示。

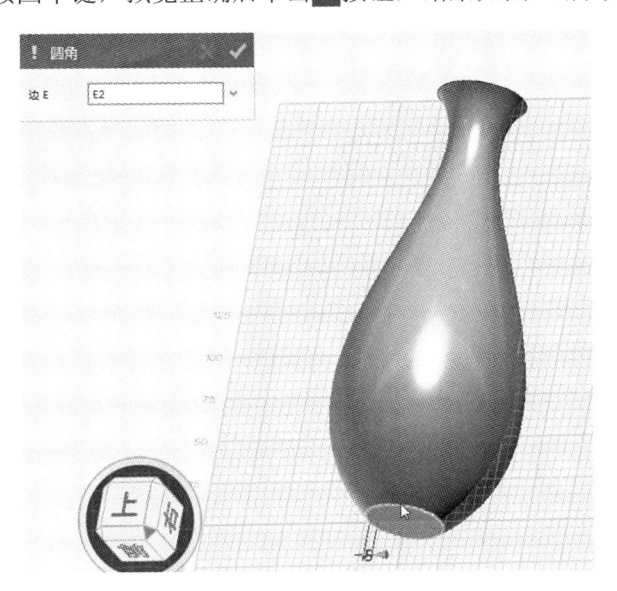

图 4-7　圆角

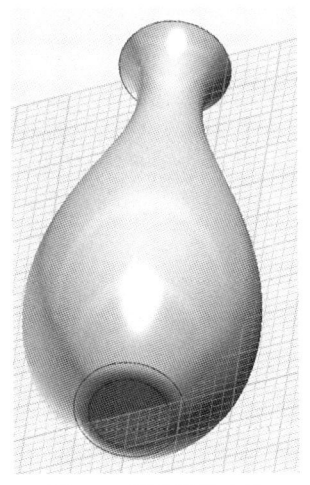

图 4-8　圆角后的实体

（2）单击命令工具栏中的"特殊功能" 命令组，选择"抽壳" 命令，系统弹出"抽壳"命令对话框。在"造型S"文本框中选择花瓶模型，在"厚度T"文本框中输入"-5"，在"开方面O"文本框中选择上表面，如图4-9所示，然后按回车键，预览正确后单击 按钮，结果如图4-10所示。

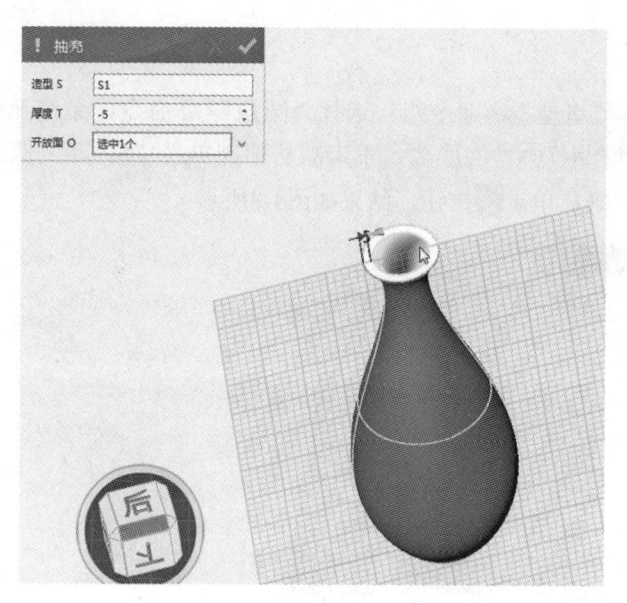

图 4-9　抽壳

图 4-10　抽壳后的实体

（3）重复"圆角"命令，对瓶口进行倒圆角，瓶口外边圆角尺寸设置为"2"，结果如图4-11所示。

图 4-11　圆角后的实体

步骤 4　导出"STL"文件

单击软件左上角的图标 3D One，系统弹出"文件基本操作"对话框，单击"导出"按钮，在"保存类型"文本框中选择"STL"，单击"保存"按钮。

任务 3　项目评价

项目评价量表

项目名称							
姓名		班级		评价日期			
		学号					
评价项目	考核内容		考核标准		配分	小组评分	教师评分	总评
任务完成情况评定（70分）	任务分析	信息搜索	正确 基本正确 不正确	10分 6分 0分	10分			
		方案制定	合理 基本合理 不合理	10分 6分 0分	10分			
		手绘草图	正确 基本正确 不正确	10分 6分 0分	10分			
	三维建模	命令使用	正确 基本正确 不正确	10分 6分 0分	10分			
		参数设置	正确 基本正确 不正确	10分 6分 0分	10分			
		模型设计	完成 基本完成 未完成	20分 15分 0分	20分			
情感态度评定（30分）	遵守课堂纪律，服从指导教师和组长的安排		遵守 基本遵守 不遵守	10分 6分 0分	10分			
	课堂参与度高，讨论积极主动		参与度高 参与度一般 参与度不高	10分 6分 0分	10分			
	组内互相配合，团队协作		配合度高 配合度一般 配合度不高	10分 6分 0分	10分			
总评成绩								

【知识链接】

花瓶

　　花瓶是一种常见器皿，通常由陶瓷或玻璃制成，外表美观光滑。一些名贵的花瓶使用水晶等昂贵材料制成，用来盛放鲜花和植物，使它们保持生命和美丽。花瓶内部通常盛水，以便让植物得到足够的水分。

　　根据材质的不同，花瓶可以分为多种类型，包括陶瓷花瓶、玻璃花瓶、塑料花瓶、木质花瓶、金属花瓶、橡胶花瓶、石膏花瓶、竹艺花瓶和树脂花瓶等。根据大小的不同，花瓶也可以分为小花瓶、落地花瓶和超大花瓶等类型。此外，花瓶还可以按照用途进行分类，包括观赏花瓶、收藏花瓶和实用花瓶等。最后，花瓶的颜色也是多种多样的，如红瓷花瓶、青花瓷花瓶和粉彩花瓶等。

项目 5

花 盆

项目背景

在"智慧农场"春游的过程中,师生们充分学习了农业科普知识,了解到关于科技、生态、环保、节能的新"智慧"。智慧农场的工作人员送给同学们一些花种,希望让同学们感受到原生态的播种、耕作、收获的乐趣。请同学们设计一个花盆用于种植这些花种,并用3D打印机打印出来。

项目目标

◎ 能根据任务要求完成花盆的手绘草图
◎ 掌握草图绘制命令组中圆形、正多边形、参考几何体的使用方法
◎ 掌握特征造型命令组中拔模的使用方法
◎ 掌握草图编辑命令组中偏移曲线的使用方法
◎ 掌握基本编辑命令组中阵列的使用方法
◎ 能根据所学的知识操作软件完成花盆的三维模型设计

效果欣赏

设计一个带托盘的花盆,并使用3D打印机将其打印出来,效果如下图所示。

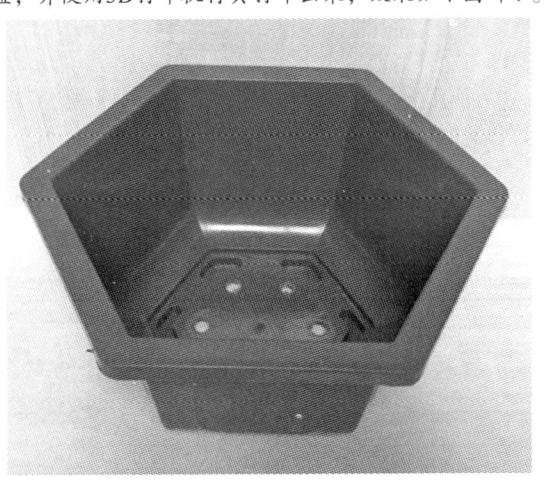

任务1　分析

步骤1　信息搜集

1. 常见的花盆设计方式

大部分花盆都是对称结构，在设计前需要确定花瓶的尺寸和草图形状。在使用三维设计软件设计花盆时，同学们需要搜集调研市场上的成熟花盆与托盘产品，并依靠自己的想象力和经验，借助设计软件，将自己脑海中构思的花盆设计成三维模型。最后，利用3D打印机将三维模型变成实物。

2. 设计花盆需要具备的能力

学生需要掌握草图相关知识，并能熟练使用三维设计软件等。

3. 设计花盆需遵循的原则

主要考虑功能性和实用性。

步骤2　方案制定

各小组同学讨论交流，确定花盆的设计思路和呈现方式。

设计思路（如形状、尺寸等）	呈现方式（如材料、颜色等）

步骤3　内容选择

采用黄色或红色PLA（聚乳酸）材料作为3D打印材料。根据花盆的尺寸和形状进行创新设计，要求形状美观，结构合理。

步骤4　手绘草图

根据决策要求，请各位同学手绘"花盆"草图，并确定花盆的形状和尺寸。

草图

任务 2 三维建模

步骤 1 新建文件

（1）双击桌面上的3D One软件图标，打开软件。

（2）单击"另存为"按钮，输入文件名"花盆"，并选择文件保存的位置，单击"保存"按钮，进入3D设计环境。

步骤 2 设计花盆基体

（1）单击左下角的视图导航选择"上"，调整视图方向。

（2）单击命令工具栏中的"草图绘制"命令组，选择"正多边形"命令，系统弹出"正多边形"命令对话框，在"中心"文本框中输入"0，0"（也可以鼠标单击原点选择），在"边数"文本框中输入"6"，在"角度"文本框中输入"0"，移动鼠标，单击默认的正六边形的外接圆半径尺寸，输入半径尺寸"90"，如图5-1所示，按回车键或单击按钮，完成正六边形的绘制，然后单击"完成"按钮，完成草图的绘制。

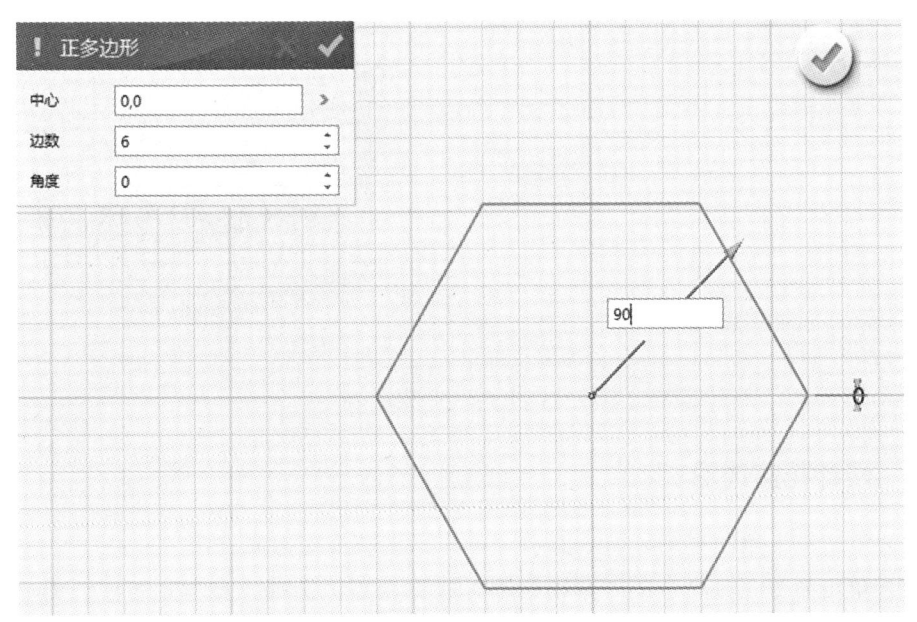

图5-1 正多边形

（3）使用"拉伸"命令拉伸正六边形，拉伸高度设置为"100"，结果如图5-2所示。

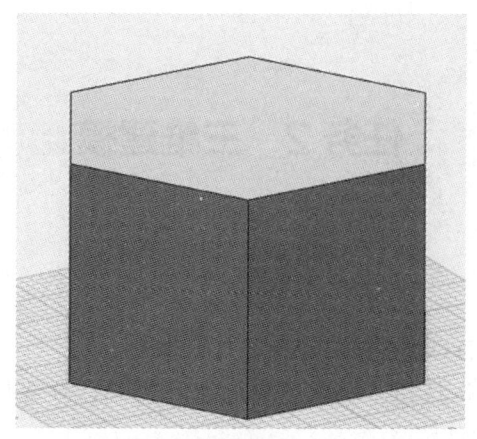

图 5-2　拉伸后的实体

（4）单击命令工具栏中的"特征造型"命令组，选择"拔模"命令，系统弹出"拔模"命令对话框。在"拔模体D"文本框中选择几何体的上表面，在"角度A"文本框中输入"6"，在"方向P"文本框中输入"0，0，1"（或单击后面的图标，选择Z轴），预览结果如图5-3所示。然后按回车键或单击按钮，完成"拔模"操作。

图 5-3　拔模

步骤3　设计花盆边沿

（1）单击左下角的视图导航选择"上"，调整视图方向。

（2）单击命令工具栏中的"草图绘制"命令组，选择"参考几何体"命令，单击原点确定草图绘制平面，系统弹出"参考几何体"命令对话框，单击"曲线"按钮，依次单击选择几何体上表面的6条边，如图5-4所示，然后按回车键或单击按钮，完成参考几何体曲线的创建。

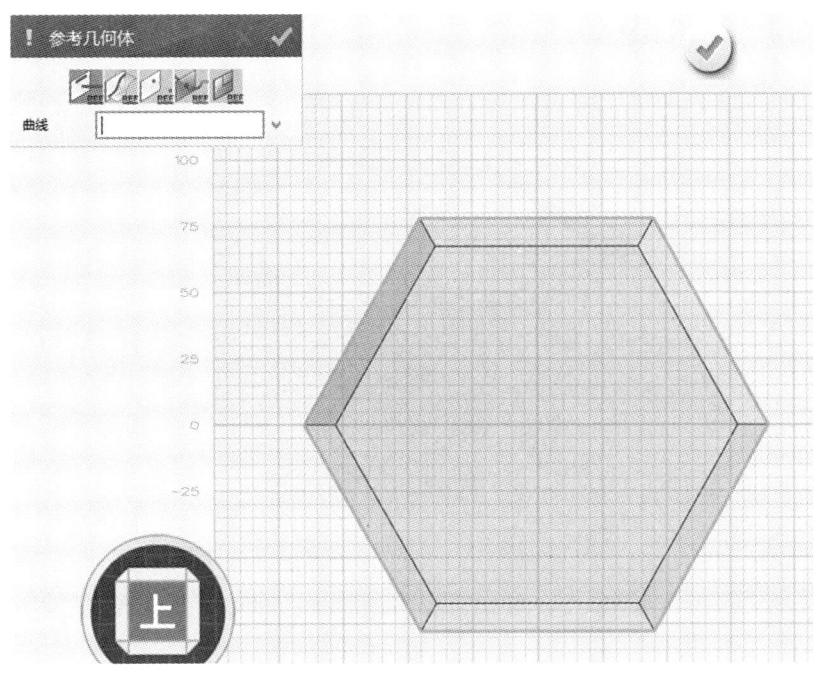

图 5-4 参考几何体

（3）单击命令工具栏中的"草图编辑" 命令组，选择"偏移曲线" 命令，系统弹出"偏移曲线"命令对话框，依次单击创建的6条"曲线"，在"距离"文本框中输入"13"，如图5-5所示。接下来，按回车键或单击 按钮，完成曲线的偏移，然后单击"完成" 按钮，完成花盆边沿草图的创建。

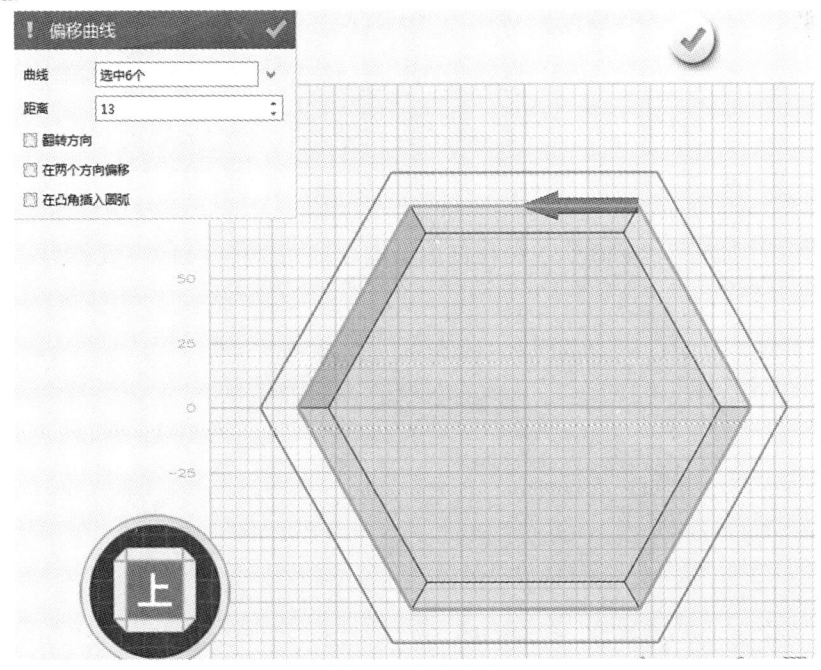

图 5-5 偏移曲线

三维创意设计

（4）使用"拉伸"命令拉伸花盆边沿草图，拉伸高度设置为"6"，结果如图5-6所示。

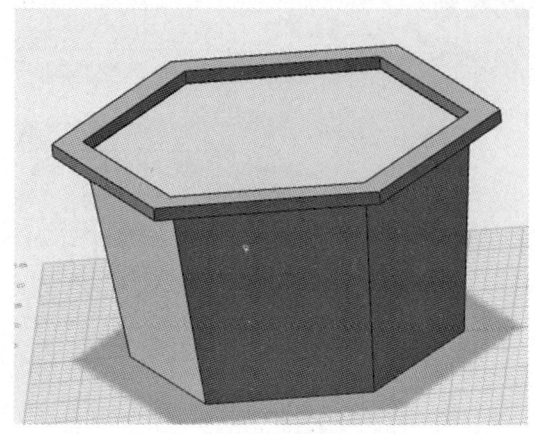

图 5-6　拉伸后的实体

（5）使用"圆角"命令，对花盆边沿倒圆角，圆角尺寸设置为"2"，结果如图5-7所示。

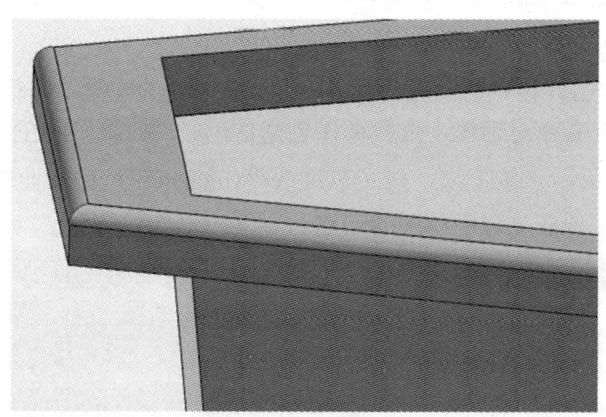

图 5-7　圆角后的实体

（6）使用"抽壳"命令，对花盆边沿进行抽壳操作，厚度T设置为"-2"，结果如图5-8所示。

图 5-8　抽壳后的实体

步骤4　对花盆基体倒圆角、抽壳

（1）使用"圆角"命令，对花盆底面倒圆角，圆角尺寸设置为"20"；对花盆侧棱倒圆角，圆角尺寸设置为"2"，结果如图5-9所示。

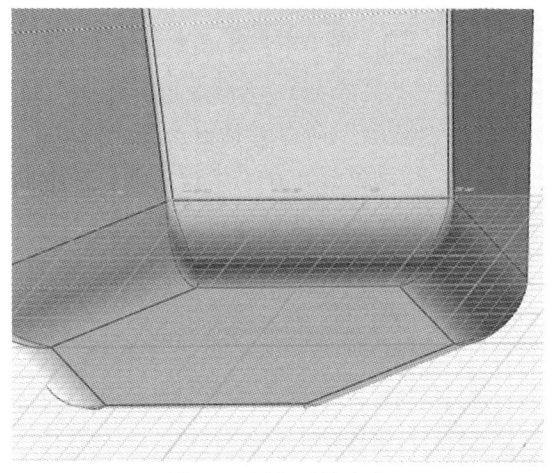

图5-9　圆角后的实体

（2）使用"抽壳"命令，对花盆基体进行抽壳操作，厚度T设置为"-2"，结果如图5-10所示。

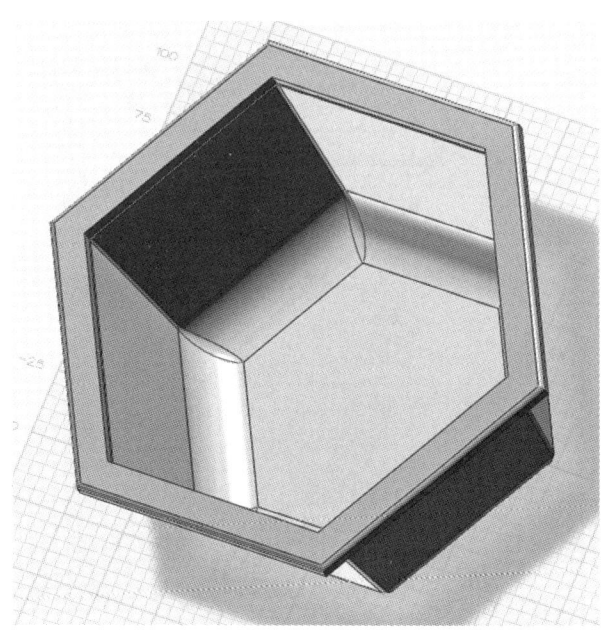

图5-10　抽壳后的实体

步骤5　设计花盆盆底

（1）单击左下角的视图导航选择"下"，调整视图方向。

（2）使用"参考几何体"命令，以几何体底面的正六边形作参考，创建曲线，结果如图5-11所示。

（3）使用"拉伸"命令拉伸创建的曲线，拉伸高度设置为"10"。

（4）使用"圆角"命令倒圆角，圆角尺寸设置为"5"，结果如图5-12所示。

（5）单击左下角的视图导航选择"下"，调整视图方向。

（6）单击命令工具栏中的"草图绘制"命令组，选择"圆形"命令，单击原点确定草图绘制平面，系统弹出"圆形"命令对话框，在"圆心"文本框中输入"0，0"（也可以鼠标单击原点选择），移动鼠标，在"半径尺寸"文本框中输入"48"，然后按回车键或单击按钮，完成圆形的绘制，结果如图5-13所示。

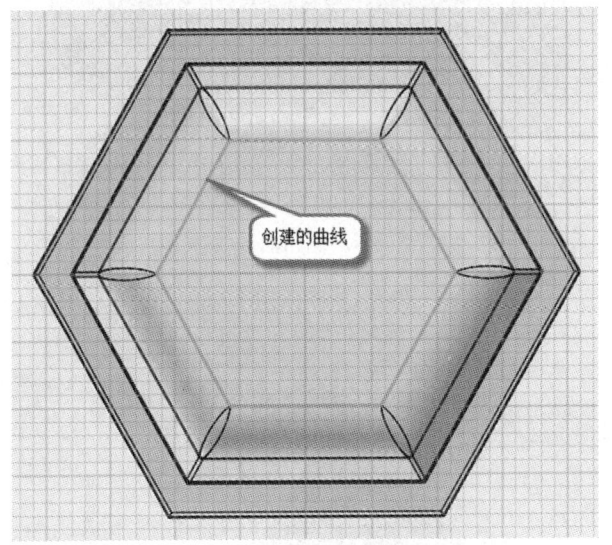

图 5-11　创建后的曲线

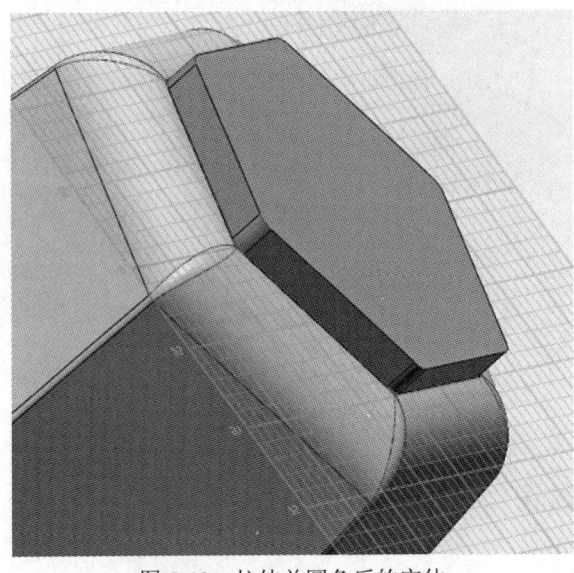

图 5-12　拉伸并圆角后的实体

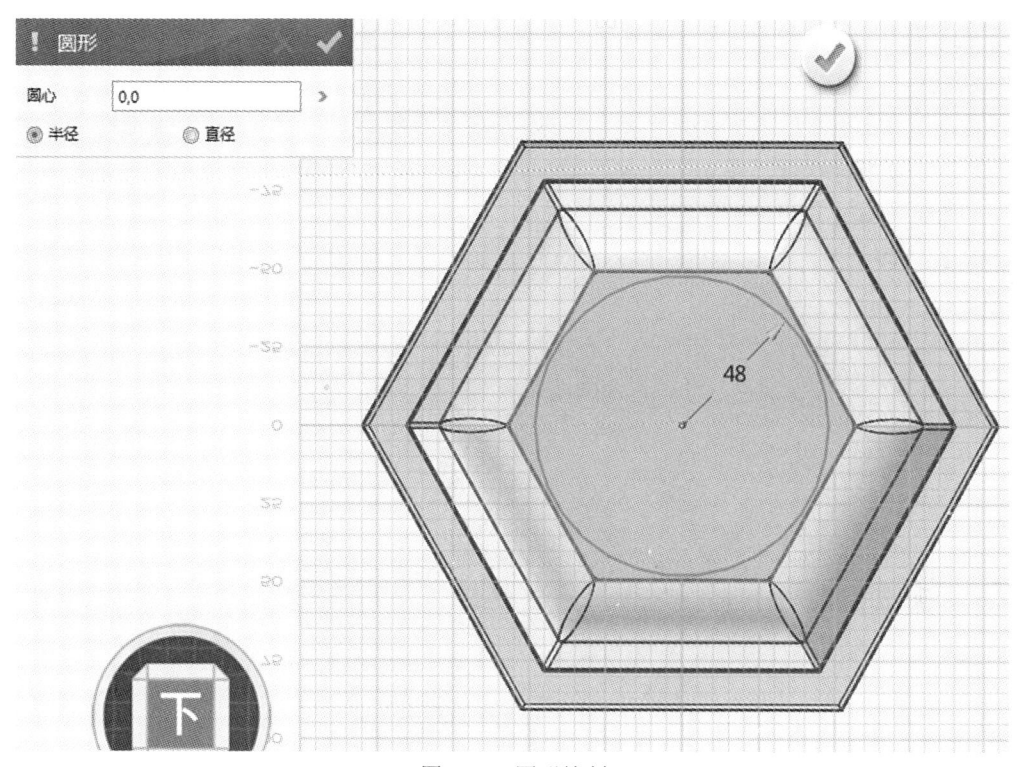

图 5-13 圆形绘制

（7）使用"拉伸" 命令拉伸绘制的圆形，选择"减运算"，拉伸高度设置为"-8"，结果如图5-14所示。

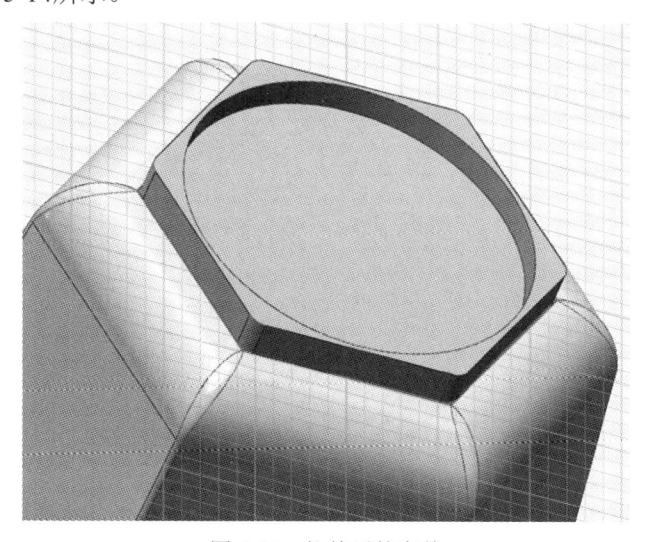

图 5-14 拉伸后的实体

步骤6 设计排水孔

（1）单击左下角的视图导航 选择"下"，调整视图方向。

三维创意设计

（2）使用"圆形" ⊙ 命令绘制圆，设置圆心为（-20，30），半径为"6"，结果如图5-15所示。

（3）单击命令工具栏中的"基本编辑" ✛ 命令组，选择"阵列" ▦ 命令，系统弹出"阵列"命令对话框。单击"圆形"■按钮，在"基体"中单击选择绘制的圆，在"圆心"文本框中输入"0，0"（也可以鼠标单击原点选择），在"数目"文本框中输入"6"，在"间距角度"文本框中输入"60"，预览结果如图5-16所示。然后按回车键或单击✓按钮，完成阵列操作。

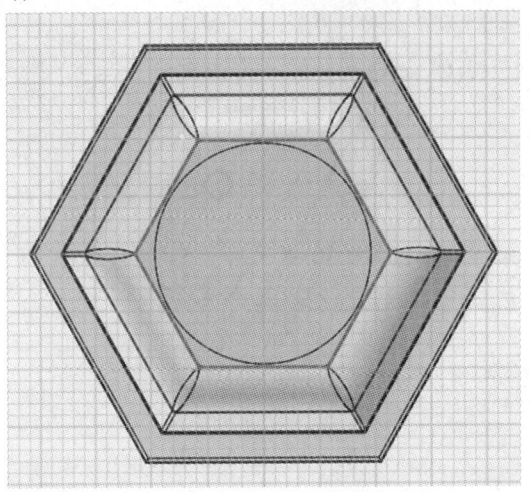

图 5-15　绘制后的圆形

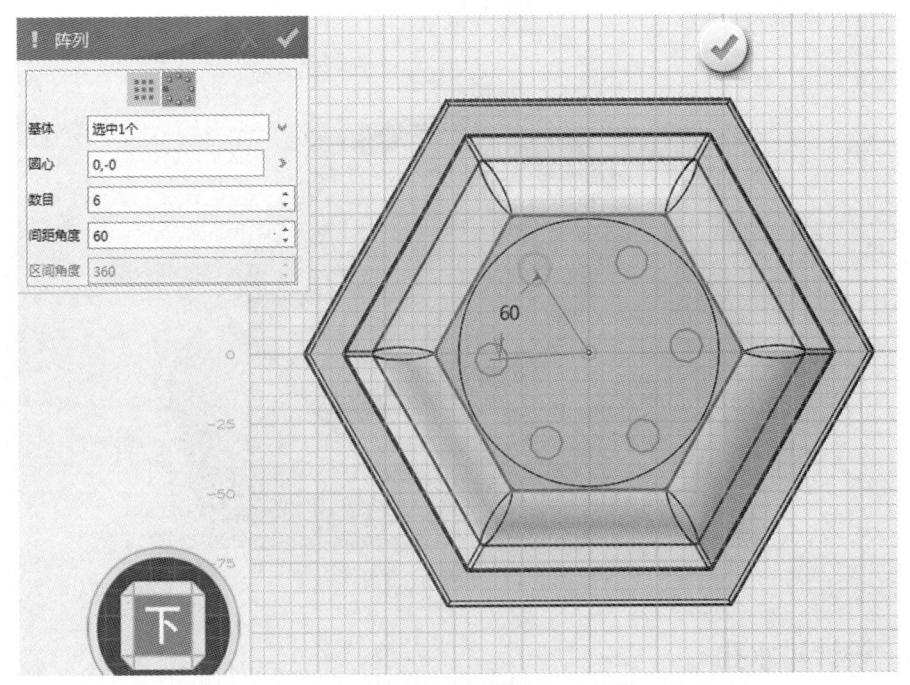

图 5-16　阵列

058

（4）使用"拉伸" 命令拉伸6个圆形，选择"减运算"，拉伸高度设置为"-15"（高度大于15，保证通孔即可），结果如图5-17所示。保存设计的"六角花盆"文件。

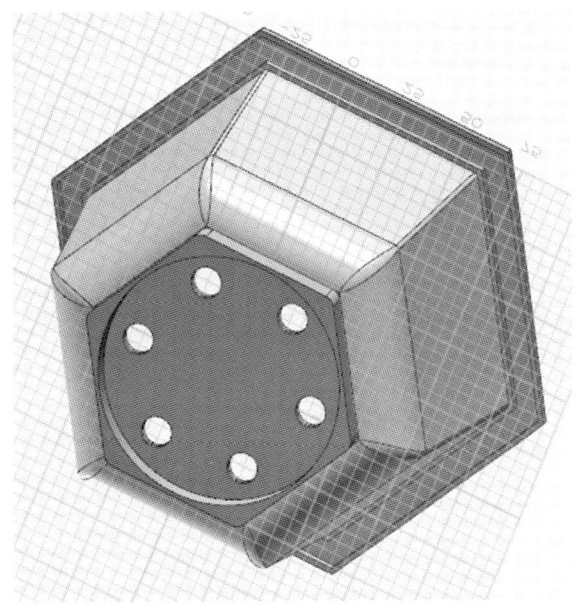

图 5-17 拉伸后的实体

步骤 7 设计花盆底托

（1）新建文件，单击"另存为"按钮，输入文件名"六角花盆底托"并选择文件保存的位置，单击"保存"按钮，进入3D设计环境。

（2）单击左下角的视图导航 选择"上"，调整视图方向。

（3）使用"圆形" 命令绘制圆，半径尺寸设置为"90"。

（4）使用"拉伸" 命令拉伸圆形，拉伸高度设置为"20"。

（5）使用"拔模" 命令进行拔模操作，拔模角度A输入"10"，结果如图5-18所示。

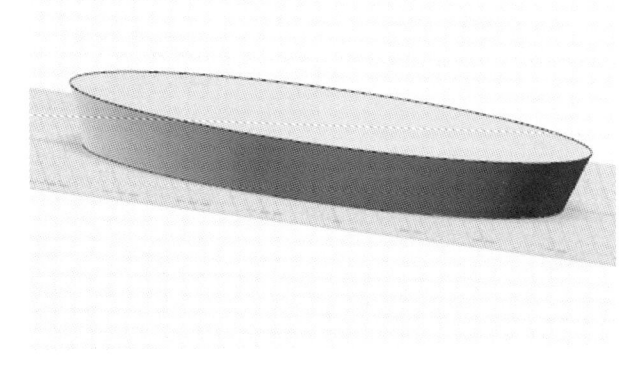

图 5-18 拔模后的实体

（6）单击左下角的视图导航 选择"上"，调整视图方向。

（7）使用"圆形" 命令绘制圆，半径尺寸设置为"100"。

（8）使用"拉伸" 命令拉伸圆形，选择"加运算"，拉伸高度设置为"3"，结果如图5-19所示。

（9）使用"抽壳" 命令，进行抽壳操作，厚度T设置为"-2"，结果如图5-20所示。

图 5-19　拉伸后的实体

图 5-20　抽壳后的实体

步骤 8　导出"STL"文件

单击软件左上角的图标 3D One，系统弹出"文件基本操作"对话框，单击"导出"按钮，在"保存类型"文本框中选择"STL"，单击"保存"按钮。

任务 3　项目评价

项目评价量表

项目名称						评价日期		
姓名		班级						
		学号						
评价项目	考核内容		考核标准		配分	小组评分	教师评分	总评
任务完成情况评定（70分）	任务分析	信息搜索	正确 基本正确 不正确	10分 6分 0分	10分			
		方案制定	合理 基本合理 不合理	10分 6分 0分	10分			
		手绘草图	正确 基本正确 不正确	10分 6分 0分	10分			
	三维建模	命令使用	正确 基本正确 不正确	10分 6分 0分	10分			
		参数设置	正确 基本正确 不正确	10分 6分 0分	10分			
		模型设计	完成 基本完成 未完成	20分 15分 0分	20分			
情感态度评定（30分）	遵守课堂纪律，服从指导教师和组长的安排		遵守 基本遵守 不遵守	10分 6分 0分	10分			
	课堂参与度高，讨论积极主动		参与度高 参与度一般 参与度不高	10分 6分 0分	10分			
	组内互相配合，团队协作		配合度高 配合度一般 配合度不高	10分 6分 0分	10分			
总评成绩								

知识链接

　　花盆是一种广泛用于园林绿化和景观工程的容器，其中以陶盆类花盆最有艺术效果。它们被广泛应用于园林绿化、景观绿化、私家园林、小区绿化等领域。花盆通常由泥、瓷、塑料、石以及木制品等材料制成。

　　不同种类的花盆具有不同的特点和用途。例如，塑料花盆材质轻巧、色彩丰富，但透气性和透水性较差；瓷盆外观洁净素雅，但排水性和透气性较差；大理石盆色彩艳丽，但材质较重；砂岩花盆颜色多样，材质为上品；紫砂盆外形古朴大方，但透水性和透气性较差；瓦盆便宜实用，透气性和渗水性好。因此，在选择花盆时需要考虑其材质、颜色和形状等因素，以便更好地满足植物生长的需要。

项目 6

金元宝

项目背景

小磊同学在历史课上学到了很多关于货币的知识,但像金元宝这样的古代货币平时不太常见,于是他想要设计一个金元宝,并使用3D打印机将其打印出来。

项目目标

◎ 理解金元宝模型设计的步骤思路。
◎ 理解椭圆长轴和短轴的作用。
◎ 能正确使用软件中的椭圆形、圆弧、缩放、放样等命令。
◎ 能合理分析并制定金元宝设计模型的步骤。
◎ 能根据所学的知识操作软件完成金元宝的三维模型设计。

效果欣赏

设计一个金元宝,并使用3D打印机将其打印出来,效果如下图所示。

任务 1 　分析

步骤 1　信息搜集

1. 搜集关于金元宝的知识

了解不同时期金元宝的常见样式，并依照金元宝的常见样式，根据自己的设计，利用3D打印机将三维模型变成实物。

2. 设计金元宝需要具备的能力与原则

需要掌握金元宝的相关知识、常见样式，并能熟练使用三维设计软件等。设计过程中要考虑符合历史事实，并具美观性。

步骤 2　方案制定

各小组同学讨论交流，确定金元宝的设计思路和呈现方式。

设计思路（如形状、尺寸等）	呈现方式（如材料、颜色等）

步骤 3　内容选择

采用金黄色PLA（聚乳酸）材料作为3D打印材料。根据金元宝的尺寸和形状进行设计，要求形状美观、结构合理。

步骤 4　手绘草图

根据小组讨论，请各位同学手绘"金元宝"草图，确定金元宝的形状和尺寸。

草图

任务2 三维建模

步骤1 新建文件

(1) 双击桌面上的3D One软件图标，打开软件。

(2) 单击"另存为"按钮，输入文件名"金元宝"并选择文件保存的位置，单击"保存"按钮，进入3D设计环境。

步骤2 设计模型

(1) 单击左下角的视图导航选择"上"，调整视图方向。

(2) 单击命令工具栏中的"草图绘制"命令组，选择"椭圆形"命令，系统弹出"椭圆形"命令对话框，在"点1"文本框中输入"0，0"（也可以鼠标单击原点选择），移动鼠标，"点2"在任意位置单击，设置"角度"为默认值"0"，如图6-1所示。

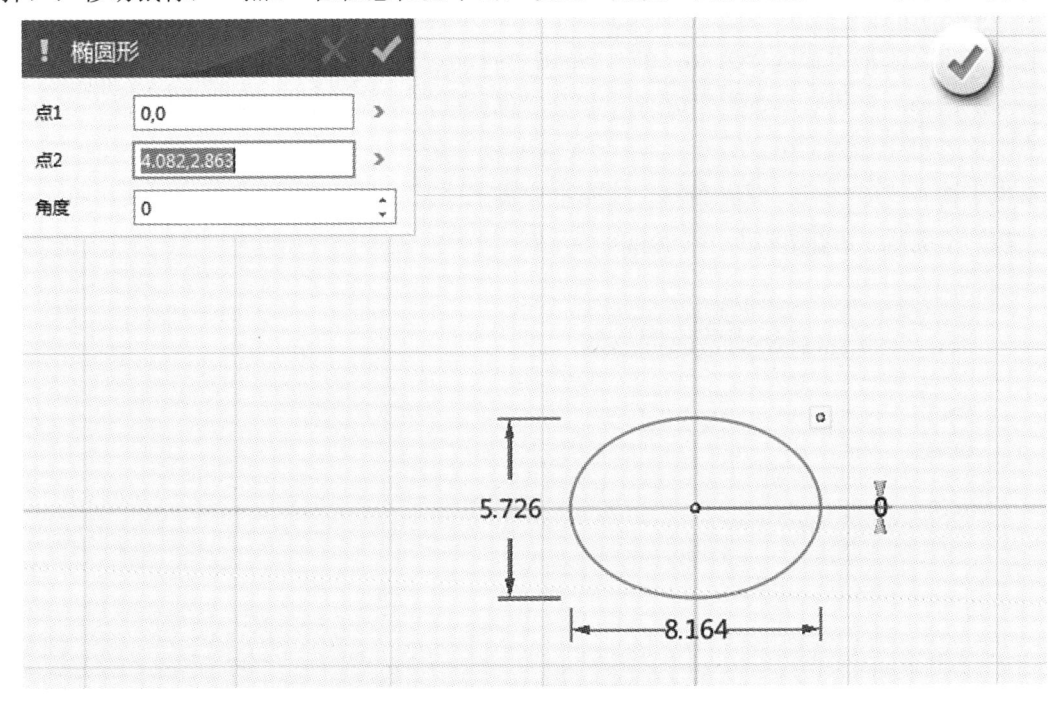

图6-1 椭圆绘制

(3) 单击椭圆尺寸，长轴输入"16"，短轴输入"10"，如图6-2所示，按回车键或单击按钮，完成椭圆的绘制，然后单击"完成"按钮。

三维创意设计

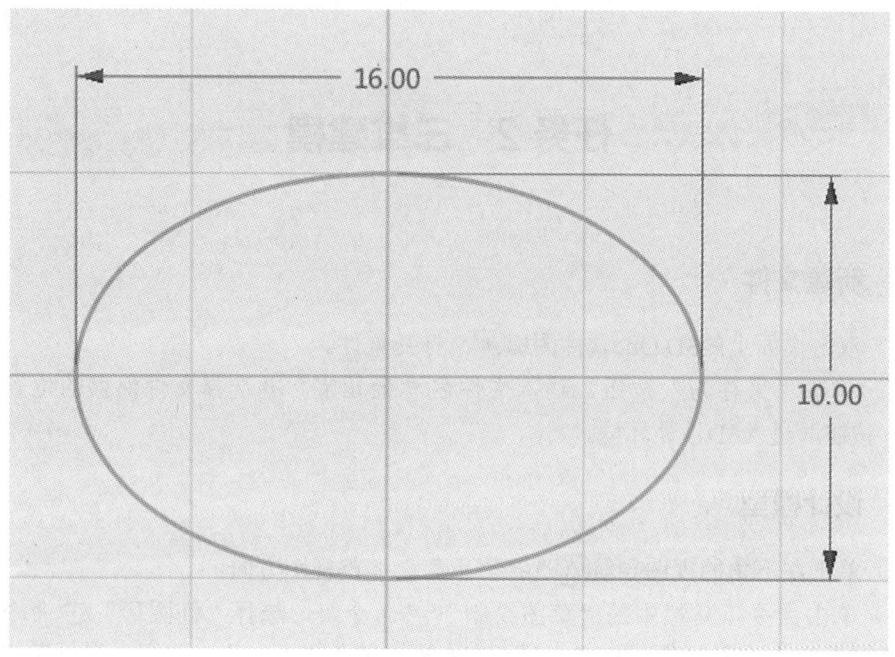

图 6-2　绘制后的椭圆

（4）单击选中椭圆，按"Ctrl+C"键，系统弹出"复制"对话框，如图6-3所示。在"起始点"文本框中输入"0，0，0"，单击"目标点"文本框右侧的符号，系统弹出"目标点选择"对话框，如图6-4所示。选择"偏移"，系统弹出"偏移"对话框，在"参考点"文本框中输入"0，0，0"，在"X轴偏移"文本框中输入"0"，在"Y轴偏移"文本框中输入"0"，在"Z轴偏移"文本框中输入"3"，按回车键，预览结果如图6-5所示。按回车键或单击按钮，完成椭圆的复制。

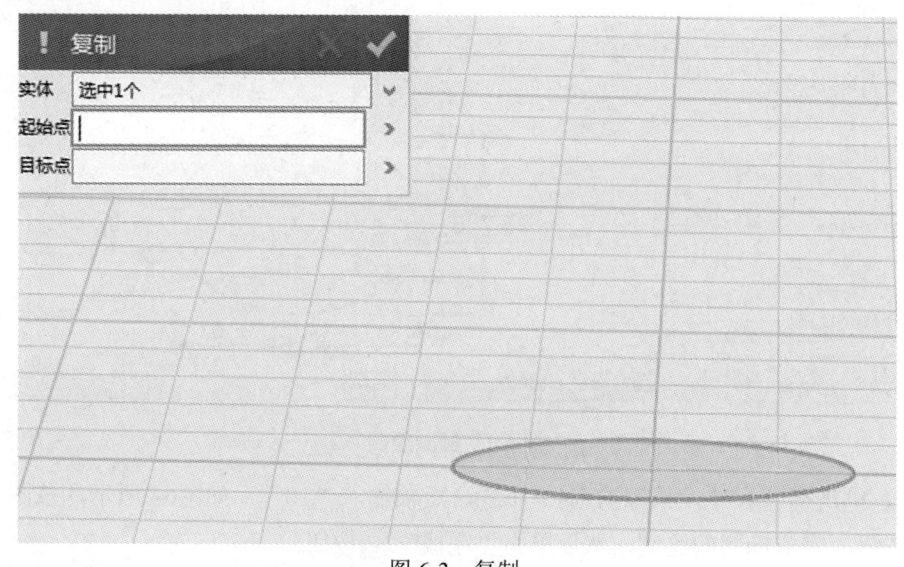

图 6-3　复制

066

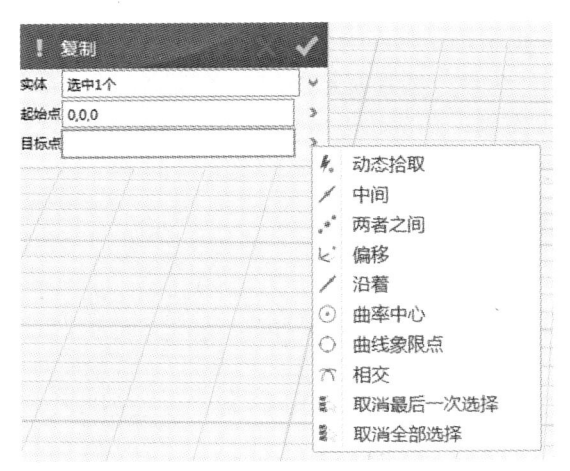

图 6-4 目标点选择菜单

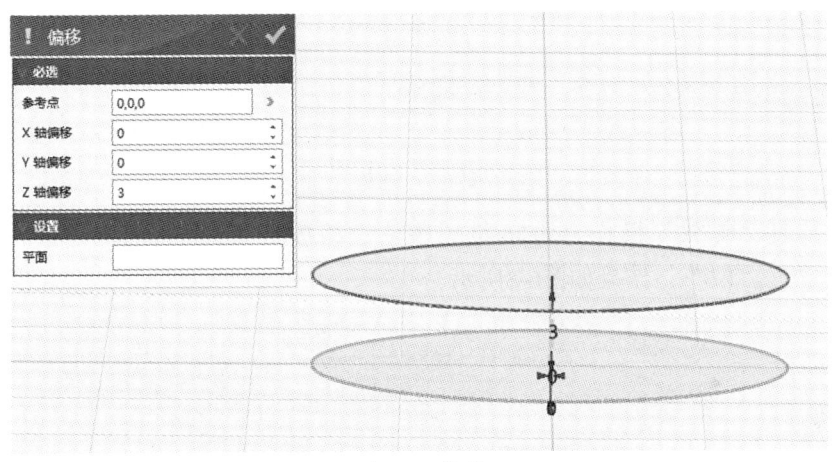

图 6-5 偏移

(5)重复"复制"操作,依次复制3个椭圆,Z轴方向椭圆间的距离均是3,结果如图6-6所示。

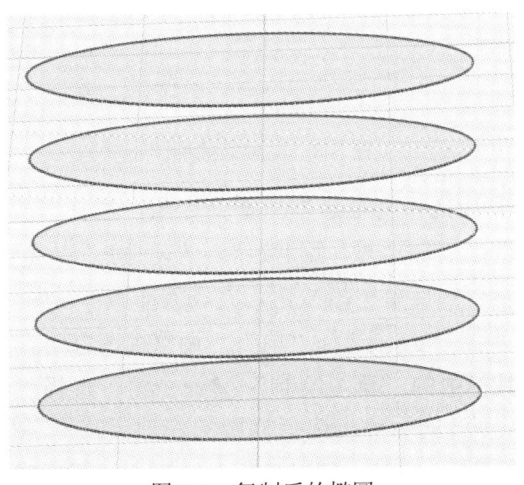

图 6-6 复制后的椭圆

三维创意设计

（6）单击命令工具栏中的"基本编辑" ✥ 命令组，选择"缩放" 命令，系统弹出"缩放"命令对话框。"实体"选择复制的第一个椭圆，"方法"选择"均匀"，"比例"输入"1.15"，按回车键，预览结果如图6-7所示。然后按回车键或单击✓按钮，完成缩放操作。

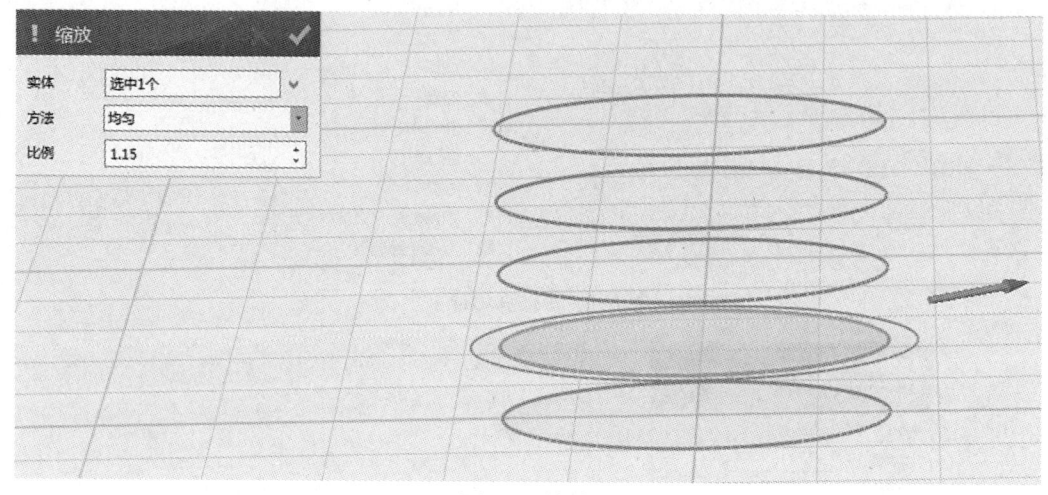

图 6-7　缩放

（7）重复"缩放"操作，再按照顺序依次缩放其余3个椭圆，缩放比例依次为"1.3""1.45""1.6"，结果如图6-8所示。

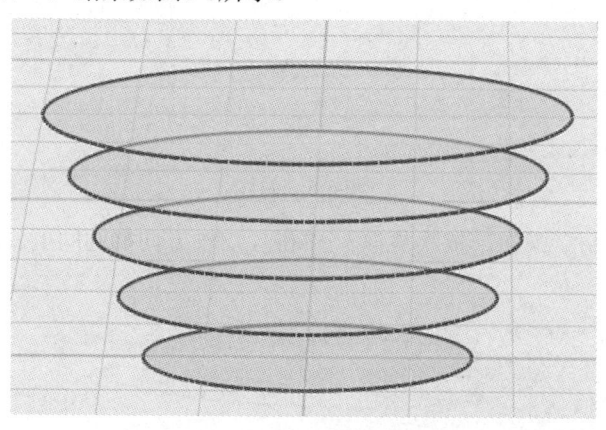

图 6-8　缩放后的椭圆

（8）单击命令工具栏中的"特征造型" 命令组，选择"放样" 命令，系统弹出"放样"命令对话框。单击"加运算" 按钮，"轮廓P"从下至上依次单击选择5个椭圆，预览结果如图6-9所示，然后单击✓按钮，完成放样操作，如图6-10所示。

（9）单击左下角的视图导航 选择"前"，调整视图方向。

（10）单击命令工具栏中的"草图绘制" 命令组，选择"圆弧" 命令，系统弹出"圆弧"命令对话框，点1鼠标单击选择椭圆的左顶点，点2鼠标单击选择椭圆的右顶点，半径输入"40"，如图6-11所示，然后按回车键或单击✓按钮，完成圆弧的绘制。

068

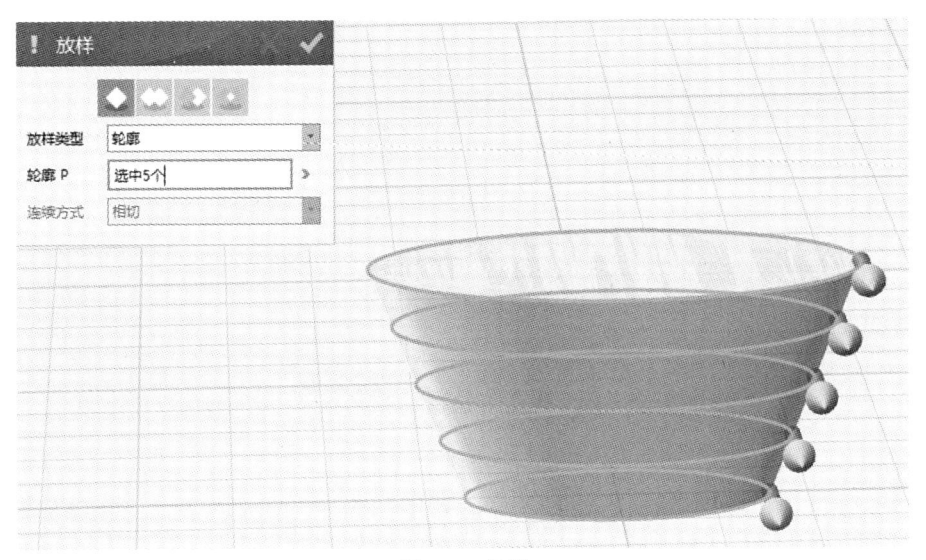

图 6-9 放样

图 6-10 放样后的实体

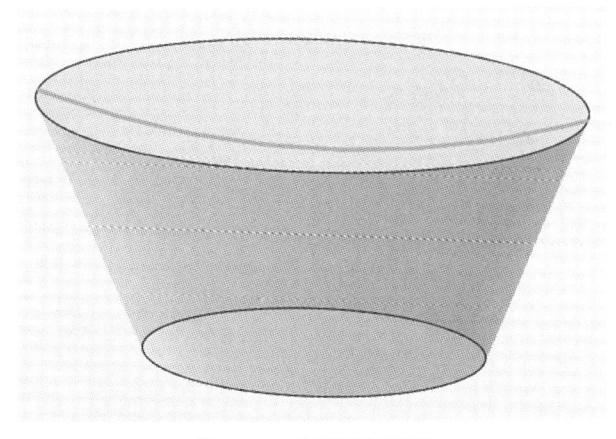

图 6-11 绘制后的圆弧

（11）使用"直线" 命令绘制直线，绘制结果如图6-12所示。

069

图 6-12 绘制后的直线

（12）使用"拉伸" 命令拉伸绘制的草图，选择"减运算"，"拉伸类型"选择"对称"，拉伸值设置为默认的10即可，结果如图6-13所示。

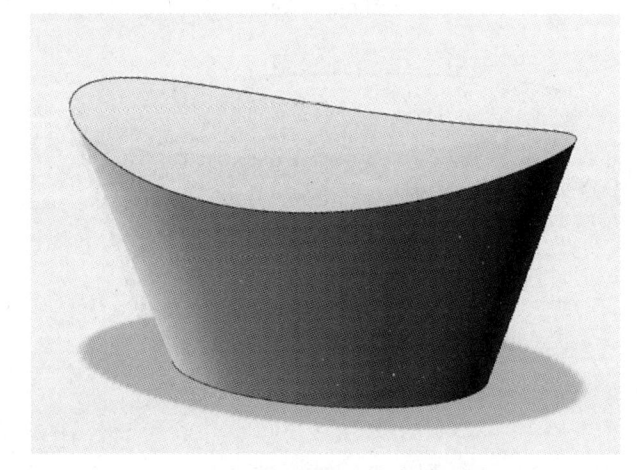

图 6-13 拉伸后的实体

（13）使用"直线" 命令绘制辅助直线，找到绘制椭圆的中心，如图6-14所示。

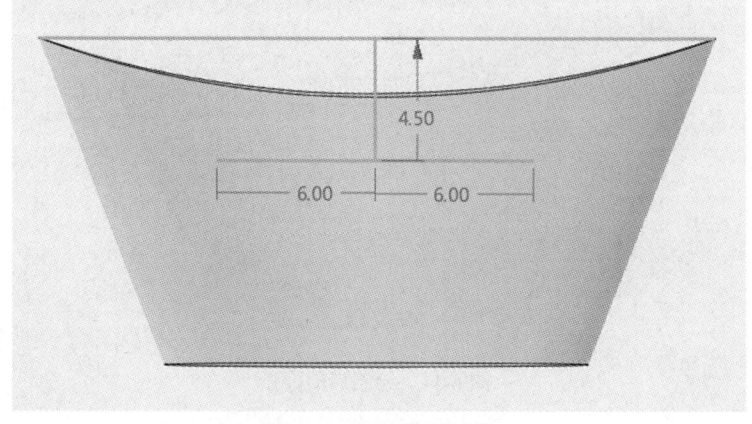

图 6-14 直线绘制示意

（14）使用"椭圆形"⊙命令绘制椭圆，长轴长输入"12"，短轴长输入"8"，如图6-15所示。

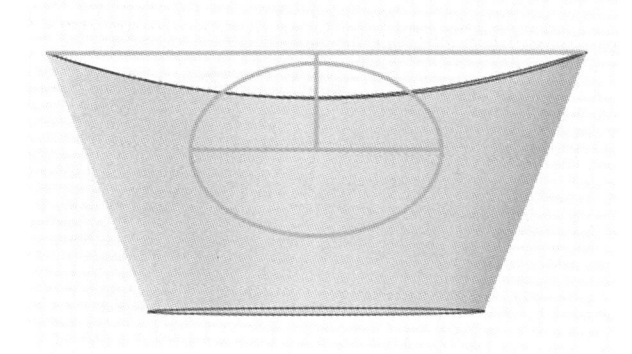

图 6-15　椭圆绘制示意

（15）使用"单击修剪"命令修剪多余的图线，结果如图6-16所示。

图 6-16　修剪后的草图

（16）使用"旋转"命令旋转草图，选择"加运算"，结果如图6-17所示。

图 6-17　旋转后的实体

（17）单击左下角的视图导航图选择"下"，调整视图方向。

（18）使用"椭圆形"⊙命令绘制椭圆，长轴长输入"6"，短轴长输入"4"，如图6-18所示。

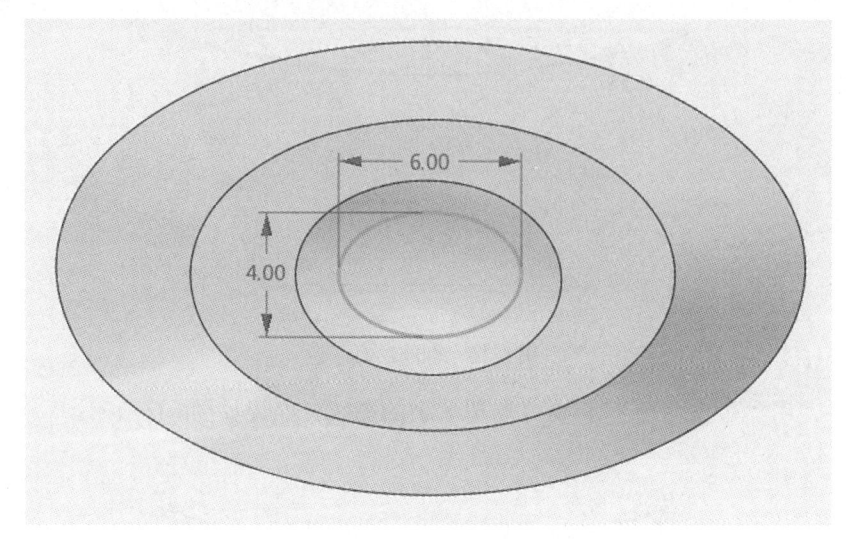

图 6-18　绘制后的椭圆

（19）使用"拉伸"命令拉伸绘制的草图，选择"减运算"，拉伸类型选择"1边"，拉伸高度输入"-1"，结果如图6-19所示。

（20）使用"圆角"命令，进行倒圆角操作，圆角尺寸均设置为"0.3"，结果如图6-20所示。

图 6-19　拉伸后的实体

图 6-20　圆角后的实体

步骤3　导出"STL"文件

单击软件左上角的图标 3D One，系统弹出"文件基本操作"对话框，单击"导出"按钮，在"保存类型"文本框中选择"STL"，单击"保存"按钮。

任务 3 项目评价

项目评价量表

项目名称						评价日期		
姓名		班级						
		学号						
评价项目	考核内容		考核标准		配分	小组评分	教师评分	总评
任务完成情况评定（70分）	任务分析	信息搜索	正确 基本正确 不正确	10分 6分 0分	10分			
		方案制定	合理 基本合理 不合理	10分 6分 0分	10分			
		手绘草图	正确 基本正确 不正确	10分 6分 0分	10分			
	三维建模	命令使用	正确 基本正确 不正确	10分 6分 0分	10分			
		参数设置	正确 基本正确 不正确	10分 6分 0分	10分			
		模型设计	完成 基本完成 未完成	20分 15分 0分	20分			
情感态度评定（30分）	遵守课堂纪律，服从指导教师和组长的安排		遵守 基本遵守 不遵守	10分 6分 0分	10分			
	课堂参与度高，讨论积极主动		参与度高 参与度一般 参与度不高	10分 6分 0分	10分			
	组内互相配合，团队协作		配合度高 配合度一般 配合度不高	10分 6分 0分	10分			
总评成绩								

知识链接

中国古代货币

中国的货币历史悠久，种类繁多，形成了独具特色的货币文化。先秦时期，各诸侯国采用不同的货币制度，使用形制各异的刀币、布币和环钱等。秦朝统一中国后，中国货币主要以环钱为主要形制。

到了北宋时期，世界上最早的纸币——交子出现了。此外，正式把金银称为"元宝"始于元代。不过，早在唐初开元通宝行世时，民间就有取硕大、贵重的意思，旋读为"开通元宝"。而元代呼金银钱为"元宝"，则是元朝之宝的意思。黄金叫作金元宝，银锭叫作银元宝。这些称呼既有政治含义，也是对金银货币约定俗成的通称。

项目 7

卜卜熊

项目背景

小磊的妹妹要过生日了,她很喜欢卜卜熊,但是小磊找了很多地方没有买到,于是他决定设计一个卜卜熊,并使用3D打印机将其打印出来。

项目目标

◎ 理解卜卜熊模型设计的步骤思路
◎ 能根据任务要求完成卜卜熊的手绘草图
◎ 能合理分析并制定卜卜熊设计模型的步骤
◎ 能正确使用软件中的球体、圆柱体、椭球体、圆角、镜像等命令
◎ 能根据所学的知识操作软件完成卜卜熊的三维模型设计
◎ 通过设计卜卜熊的学习中培养善于思考的能力,充分发挥学生的想象空间,引导自主创新意识

效果欣赏

设计一个卜卜熊,并使用3D打印机将其打印出来,效果如下图所示。

任务 1 分析

步骤 1 信息搜集

1. 了解卜卜熊

要想设计一个卜卜熊,同学们可上网或到图书馆查找卜卜熊的相关资料,依靠自己的想象力和经验,并借助设计软件,将自己脑海中构思的卜卜熊设计成三维模型,最终利用3D打印机将三维模型变成实物。

2. 设计卜卜熊需要具备的能力与原则

需要了解卜卜熊的形象特点,并能熟练使用三维设计软件等。设计过程中需考虑卜卜熊的美观性和实用性。

步骤 2 方案制定

各小组同学讨论交流,确定卜卜熊的设计思路和呈现方式。

设计思路(如形状、尺寸等)	呈现方式(如材料、颜色等)

步骤 3 内容选择

采用棕色PLA(聚乳酸)材料作为3D打印材料,根据自己的设计打印出来。

步骤 4 手绘草图

根据决策要求,请各位同学手绘"卜卜熊"草图,确定卜卜熊的外形和尺寸。

草图

任务2 三维建模

步骤1 新建文件

（1）双击桌面上的3D One软件图标，打开软件。

（2）单击"另存为"按钮，输入文件名"卜卜熊"并选择文件保存的位置，单击"保存"按钮，进入3D设计环境。

步骤2 设计"卜卜熊"

（1）单击左下角的视图导航选择"上"，调整视图方向。

（2）使用"球体"命令在中心处绘制一个球体，直径设置为"25"，结果如图7-1所示。

（3）使用"圆柱体"命令在球的左上角适当位置绘制圆柱（卜卜熊的耳朵），直径设置为"13"，高度为"10"。同理在该圆柱右下方向再做一个小圆柱体，直径设置为"10"，高度为"5"（尺寸也可自己设定，大小、位置自定，美观即可），结果如图7-2所示。

图 7-1 球体

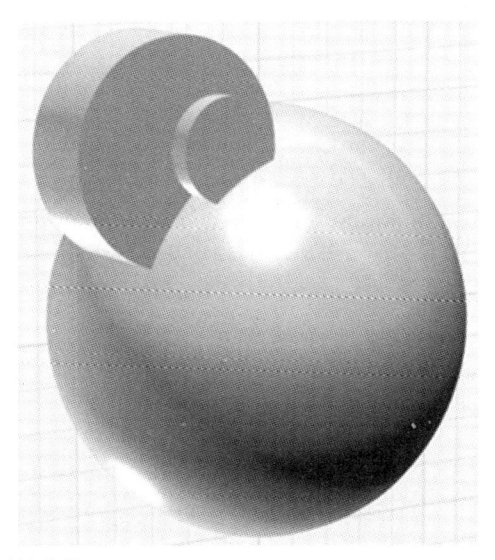

图 7-2 绘制后的实体

三维创意设计

（4）使用"圆角"命令将做好的两个圆柱倒圆角，半径自定即可。

（5）使用"镜像"命令将做好的两个圆柱以球体的中心线镜像，使用"椭球体"命令在球体的球面中心做一个椭球体（卜卜熊的鼻子），长轴为竖直方向，尺寸自定，美观即可。同理，使用"椭球体"命令在上一步骤已做好的椭球体的球面上部位置中心再做一个椭球体（卜卜熊的鼻子），长轴为水平方向，尺寸自定，美观即可，结果如图7-3所示。

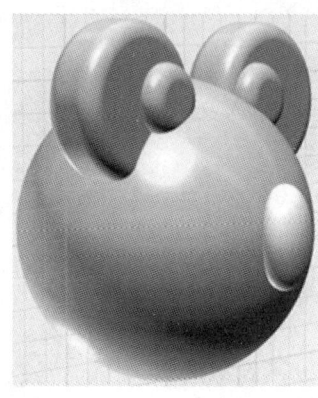

图7-3 绘制后的实体

（6）使用"球体"命令在鼻子左上角位置处绘制一个球体（卜卜熊的眼睛），直径自定，美观即可，结果如图7-4所示。

（7）使用"镜像"命令将做好的球体镜像，结果如图7-5所示。

图7-4 绘制后的实体　　　　　　图7-5 镜像后的实体

（8）使用"多线段"命令在鼻子的平面绘制轮廓（卜卜熊的嘴），位置居中，尺寸自定，美观即可，结果如图7-6所示。

（9）使用"拉伸"命令将卜卜熊嘴的轮廓拉伸，与鼻子相交即可，美观为宜，结果如图7-7所示。

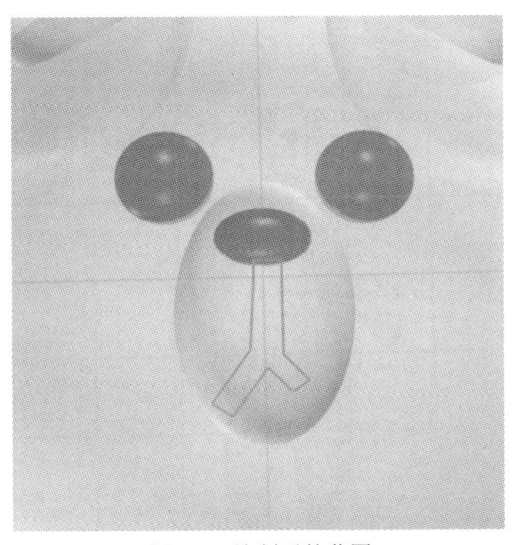

图 7-6 绘制后的草图 　　　　　　　　　图 7-7 拉伸后的实体

（10）使用"椭球体"⬬命令在卜卜熊的头的下面做一个椭球体（卜卜熊的身体），长轴为竖直方向，尺寸自定，美观即可，结果如图7-8所示。

（11）使用"椭球体"⬬命令在卜卜熊身体两侧分别做出胳膊，尺寸自定。使用"移动"命令适当调整胳膊的角度，美观即可，如图7-9所示。

图 7-8 绘制身体 　　　　　　　　　图 7-9 绘制胳膊

（12）使用"镜像"命令将绘制好的胳膊镜像，结果如图7-10所示。
（13）同理，使用"椭球体"⬬命令和"镜像"命令在卜卜熊身体下侧做出腿，尺寸自定，美观即可，结果如图7-11所示。
（14）使用"球体"●命令在卜卜熊身体背面绘制一个球体（卜卜熊的尾巴），直径自定，美观即可，结果如图7-12所示。

079

图 7-10　镜像后的实体　　　　　图 7-11　绘制后的实体

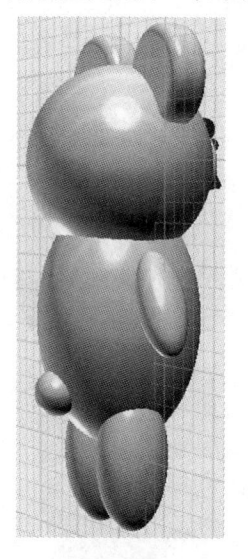

（15）使用"颜色"　命令给卜卜熊进行涂色。发挥你的想象力，涂上你喜欢的颜色，可爱的卜卜熊模型完成了，如图7-13所示。

图 7-12　绘制卜卜熊尾巴　　　　图 7-13　涂色后的实体

步骤 3　导出"STL"文件

单击软件左上角的图标 3D One，系统弹出"文件基本操作"对话框，单击"导出"按钮，在"保存类型"文本框中选择"STL"，单击"保存"按钮。

任务 3　项目评价

项目评价量表

项目名称							
姓名		班级		评价日期			
		学号					
评价项目	考核内容		考核标准		配分	小组评分	教师评分	总评
任务完成情况评定（70分）	任务分析	信息搜索	正确　10分 基本正确　6分 不正确　0分		10分			
		方案制定	合理　10分 基本合理　6分 不合理　0分		10分			
		手绘草图	正确　10分 基本正确　6分 不正确　0分		10分			
	三维建模	命令使用	正确　10分 基本正确　6分 不正确　0分		10分			
		参数设置	正确　10分 基本正确　6分 不正确　0分		10分			
		模型设计	完成　20分 基本完成　15分 未完成　0分		20分			
情感态度评定（30分）	遵守课堂纪律，服从指导教师和组长的安排		遵守　10分 基本遵守　6分 不遵守　0分		10分			
	课堂参与度高，讨论积极主动		参与度高　10分 参与度一般　6分 参与度不高　0分		10分			
	组内互相配合，团队协作		配合度高　10分 配合度一般　6分 配合度不高　0分		10分			
总评成绩							

知识链接

手办

手办一般指所有没有着色的树脂模型组件，也称为"首办"，英文为"garage kits"，缩写为GK，意思是kit model。然而，由于翻译原因，手办在中国被广泛用于指代人形玩偶的收藏，其中大部分是动画外设或游戏角色。

在市场上，手办通常分为三种类型：PVC人偶、可动人偶和扭蛋。

（1）PVC人偶：这种图形主要由PVC胶制成，简称PF。由于其价格低廉、表现力强，能够将人物的褶皱和表情表现得淋漓尽致，因此受到众多厂商的青睐。目前市场上大部分手办都是PF材质制成的。

（2）可动人偶：它也是由聚氯乙烯制成的。其最大的特点是关节可以移动，有些零件可以随意更换。然而，这种手办往往粗糙、没有细节，而且开模线条明显。

（3）扭蛋：这是一种透明的胶囊型玩具，通常通过硬币提取获得。打开扭曲的鸡蛋后，会有各种各样的模型，其中一些是手办的人偶。由于空间小，需要自行组合，具有很高的可玩性。此外，还有盒装鸡蛋和美食游戏，这些都是比较精致的盒装玩具。

项目 8

旋转盖

项目背景

周末学校组织同学们到工厂参观，小磊发现很多机器上都有旋转盖，应用十分广泛，于是小磊决定自己设计一个旋转盖，并使用3D打印机将其打印出来。

项目目标

◎ 理解旋转盖模型设计的步骤思路
◎ 能根据任务要求完成旋转盖的手绘草图
◎ 能合理分析并制定旋转盖设计模型的步骤
◎ 能正确使用软件中的圆形、正多边形、圆弧、拉伸、旋转、阵列等命令
◎ 能根据所学的知识操作软件完成旋转盖的三维模型设计

效果欣赏

设计一个旋转盖，并使用3D打印机将其打印出来，效果如下图所示。

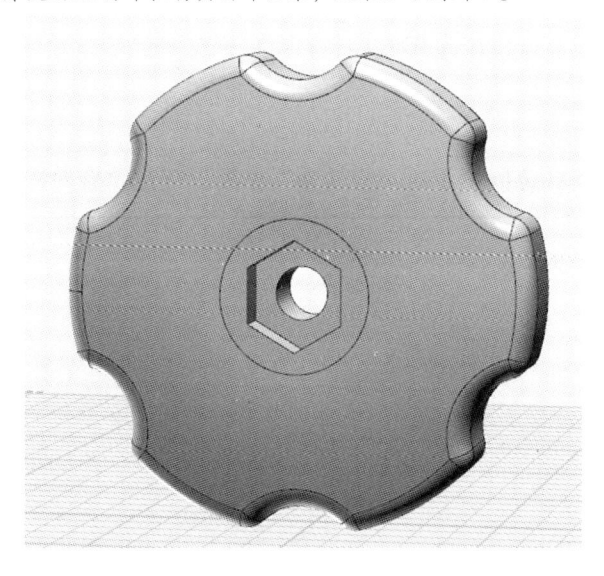

任务1　分析

步骤1　信息搜集

1. 调查旋转盖的合适尺寸

旋转盖是一个非常实用的机器零件，要想设计一款符合使用要求的旋转盖，需要了解旋转盖的尺寸、形状，最终利用3D打印机将三维模型变成实物。

2. 设计"旋转盖"需要具备的能力与原则

掌握"旋转盖"的结构，并能熟练使用三维设计软件等。设计过程中需考虑功能性和实用性。

步骤2　方案制定

各小组同学讨论交流，确定"旋转盖"的设计思路和呈现方式。

设计思路（如形状、尺寸等）	呈现方式（如材料、颜色等）

步骤3　内容选择

采用PLA（聚乳酸）材料作为3D打印材料，可根据自己的喜好选择颜色。

步骤4　手绘草图

根据决策要求，请各位同学手绘"旋转盖"草图，确定"旋转盖"的形状和尺寸。

草图

任务 2　三维建模

步骤 1　新建文件

（1）双击桌面上的3D One软件图标，打开软件。

（2）单击"另存为"按钮，输入文件名"旋转盖"并选择文件保存的位置，单击"保存"按钮，进入3D设计环境。

步骤 2　设计"旋转盖"

（1）单击左下角的视图导航选择"上"，调整视图方向。使用"直线"、"圆弧"命令绘制草图，如图8-1所示。

（2）使用"旋转"命令旋转草图，结果如图8-2所示。

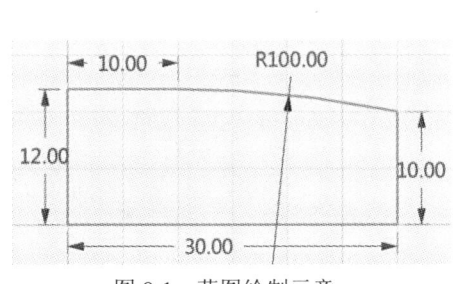

图 8-1　草图绘制示意

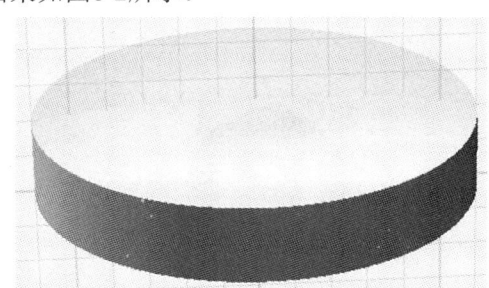

图 8-2　旋转后的实体

（3）单击左下角的视图导航选择"后"，调整视图方向。使用"圆形"命令绘制草图，结果如图8-3所示。

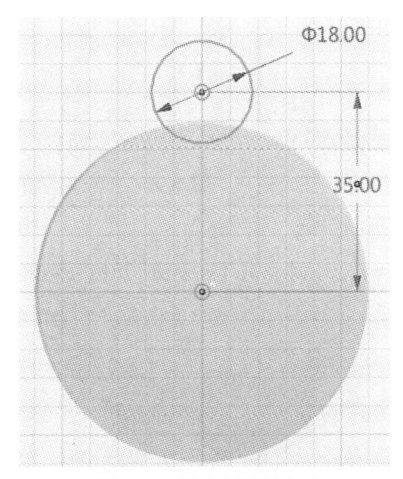

图 8-3　绘制后的圆形

（4）单击命令工具栏中的"基本编辑"✥命令组，选择"阵列"命令，系统弹出"阵列"命令对话框，选择"圆形"阵列，基体选择绘制的"φ18圆"，"圆心"选择"圆盖模型的圆心"，"数目"设置为"6"，"间距角度"设置为"60"。按回车键或单击✓按钮，结果如图8-4所示。

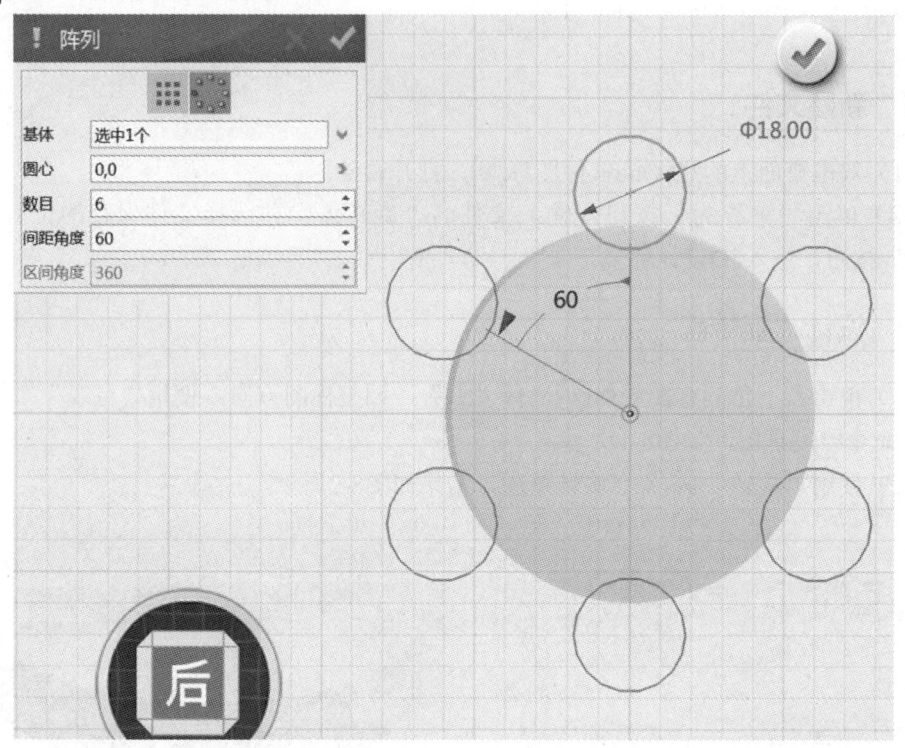

图 8-4　阵列后的圆形

（5）使用"拉伸"命令，拉伸阵列的圆形，拉伸距离要求贯穿模型，注意选择"减运算"，结果如图8-5所示。

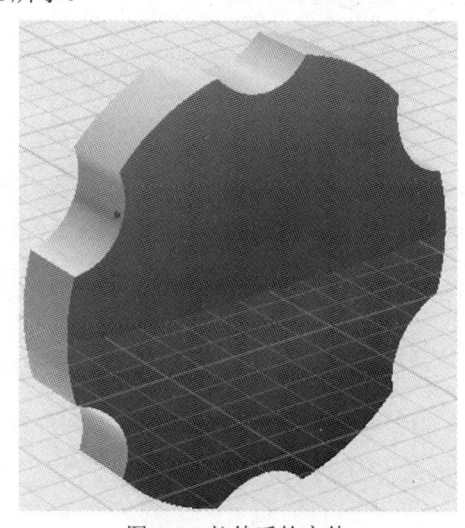

图 8-5　拉伸后的实体

（6）单击左下角的视图导航图标选择"后"，调整视图方向。使用"正多边形"⬡命令绘制草图，中心为圆盖的圆心，外接圆直径设置为"18"，边数设置为"6"，角度设置为"30"，结果如图8-6所示。

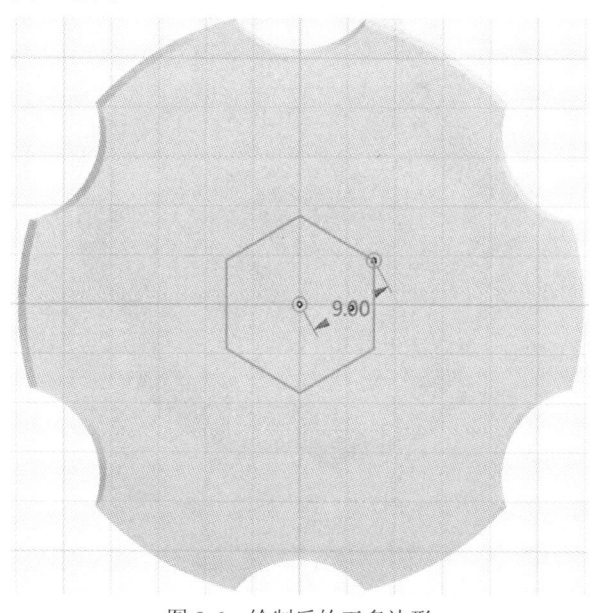

图8-6　绘制后的正多边形

（7）使用"拉伸"命令，拉伸六边形，拉伸距离设置为"5"，选择"减运算"，结果如图8-7所示。

（8）单击左下角的视图导航图标选择"后"，调整视图方向。使用"圆形"⊙命令绘制草图，中心为圆盖的圆心，绘制φ10的圆。使用"拉伸"命令，拉伸φ10的圆，拉伸距离要求贯穿模型，选择"减运算"，结果如图8-8所示。

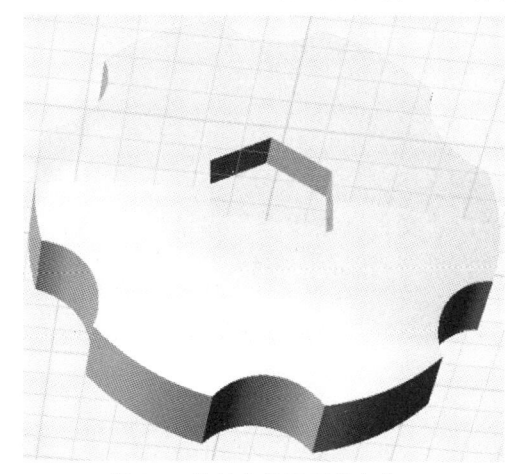

图8-7　拉伸六边形后的实体　　　　　图8-8　拉伸圆形后的实体

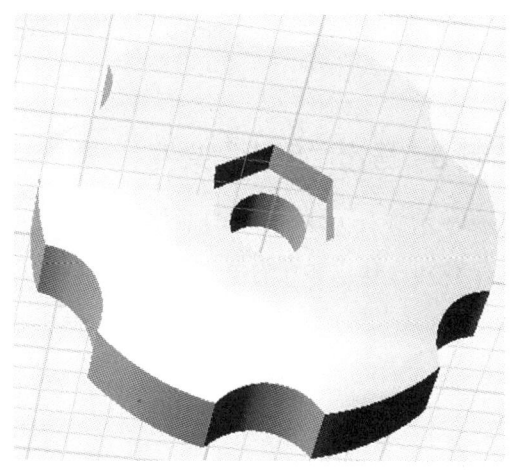

（9）使用"抽壳"命令，抽壳厚度设置为1.5mm，开放面为模型的平底面，结果如图8-9所示。

（10）使用"圆角" 命令，圆角半径设置为"3"，将模型上表面和侧面的尖锐处进行倒角，结果如图8-10所示。

图 8-9　抽壳后的实体

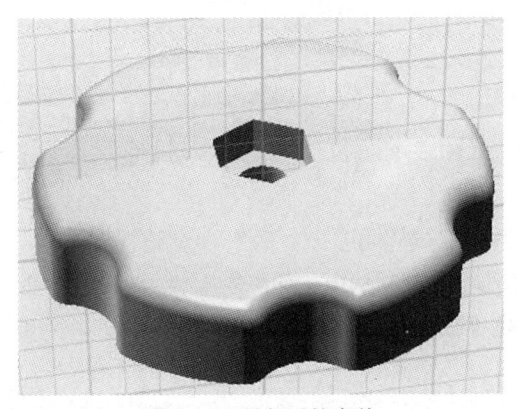

图 8-10　圆角后的实体

步骤3　导出"STL"文件

单击软件左上角的图标 3D One，系统弹出"文件基本操作"对话框，单击"导出"按钮，在"保存类型"文本框中选择"STL"，单击"保存"按钮。

任务3 项目评价

项目评价量表

项目名称					评价日期		
姓名		班级					
		学号					
评价项目	考核内容		考核标准		配分	小组评分	教师评分	总评
任务完成情况评定（70分）	任务分析	信息搜索	正确 基本正确 不正确	10分 6分 0分	10分			
		方案制定	合理 基本合理 不合理	10分 6分 0分	10分			
		手绘草图	正确 基本正确 不正确	10分 6分 0分	10分			
	三维建模	命令使用	正确 基本正确 不正确	10分 6分 0分	10分			
		参数设置	正确 基本正确 不正确	10分 6分 0分	10分			
		模型设计	完成 基本完成 未完成	20分 15分 0分	20分			
情感态度评定（30分）	遵守课堂纪律，服从指导教师和组长的安排		遵守 基本遵守 不遵守	10分 6分 0分	10分			
	课堂参与度高，讨论积极主动		参与度高 参与度一般 参与度不高	10分 6分 0分	10分			
	组内互相配合，团队协作		配合度高 配合度一般 配合度不高	10分 6分 0分	10分			
总评成绩								

知识链接

机器零件的分类

零件的种类繁多，结构形状也各不相同。通常根据结构和用途相似的特点以及加工制造方面的特性，将一般零件分为以下几类：

（1）轴套：轴套是一种筒状机械零件，用于套在转轴上，是滑动轴承的一个组成部分。一般来说，轴套与轴承座采用过盈配合，而与轴采用间隙配合；

（2）轮盘：轮盘零件的直径大于长度，其加工表面多为端面。端面的轮廓可以是直线、斜线、圆弧、曲线或端面螺纹、锥面螺纹等；

（3）叉架：叉架的主要特征在于该衔接部件是由两个管件以一体结构的连接体相连结所构成。叉杆装置则是直接由铝挤型管材加工折制成型所构成。由于其衔接部是由两个管件以一体结构的连接体相连结；

（4）箱体：箱体一般是指传动零件的基座，应具有足够的强度和刚度。

项目 9

三维设计与数学——连接件

项目背景

近期,学校在进行管路维修时遇上一个难题。有一种管路连接零件需要向厂家专门定制,并由厂家使用专门的3D打印机将其打印出来。但是,由于保管不善,这种管路连接零件的三维模型文件已经遗失,现只保留有该零件的三视图。因此学校委托3D打印社团的同学,请他们根据该零件的三视图还原出三维模型,并使用3D打印机将其打印出来。

项目目标

◎ 通过读该零件三视图,结合绘制三视图的方法,巩固学生对三视图的认识
◎ 通过将该零件三视图还原成三维模型,培养学生的空间想象能力
◎ 能根据任务要求完成该零件手绘草图
◎ 能合理分析并制定设计该零件模型的步骤
◎ 能根据所学的知识,操作软件完成零件的三维模型设计
◎ 能根据打印效果,调整模型参数,不断迭代使该零件更适用

效果欣赏

根据三视图,综合使用各种读图方法,使用软件还原出该零件的三维模型,效果如下图所示。

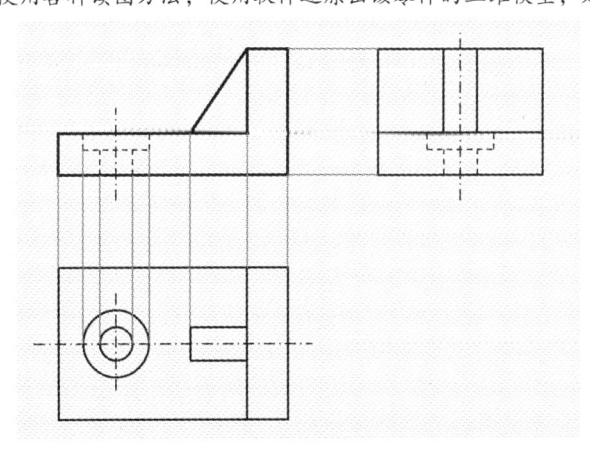

任务1 分析

步骤1 信息收集

1. 依据三视图还原几何体的一般方法

（1）看视图抓特征

看视图——以主视图为主，配合其他视图，进行初步的投影分析和空间分析。

抓特征——找出反映物体重要特征较多的视图，在较短的时间里，对物体有全面的了解。

（2）分解形体对投影（形体分析法）

分解形体——参照特征视图，分解形体。

对投影——利用"投影特性"，找出每一部分的三个投影，想象出它们的形状。

（3）综合起来想整体

在看懂视图的基础上，进一步分析它们之间的组合方式和相对位置关系，从而想象出整体的形状。

（4）线面分析攻难点

一般情况下，对于形体清晰的零件，用上述形体分析法看图就可以解决。但对于一些较复杂的零件，特别是由切割体组成的零件，只用形体分析法还不够，需采用线面分析法。

2. 制作零件需要具备的能力与原则

需要熟练掌握三视图相关知识、形体分析法和线面分析法，并能熟练使用三维设计软件等。

步骤2 方案制定

各小组同学讨论交流，确定制作零件的设计思路和呈现方式。

设计思路（如分解形体、综合整体形状、线面关系等）	呈现方式（如材料、颜色等）

步骤3　内容选择

采用白色PLA（聚乳酸）材料作为3D打印材料，依据三视图还原几何体的一般方法还原出三维模型。

步骤4　手绘草图

根据决策要求，请各位同学手绘"零部件模型"草图，确定零部件的几何形状和尺寸。

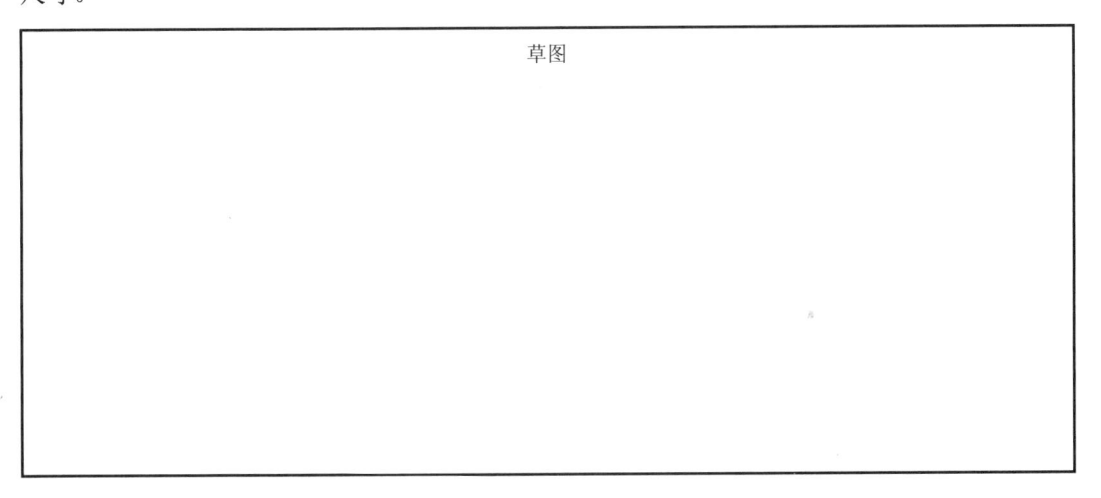

草图

任务2　三维建模

步骤1　新建文件

（1）双击桌面上的3D One软件图标，打开软件。

（2）单击"另存为"按钮，输入文件名"连接件"并选择文件保存的位置，单击"保存"按钮，进入3D设计环境。

步骤2　创建底板模型

（1）单击命令工具栏中的"基本实体"命令组，选择"六面体"命令，系统弹出"六面体"命令对话框，将鼠标移动到工作区，在"点"文本框中输入"0，0，0"，按回车键或单击按钮，确定六面体中心，如图9-1所示。

（2）单击默认的六面体长、宽、高尺寸，依次输入"40，25，5"，如图9-1所示，然后按回车键，完成六面体的创建。

三维创意设计

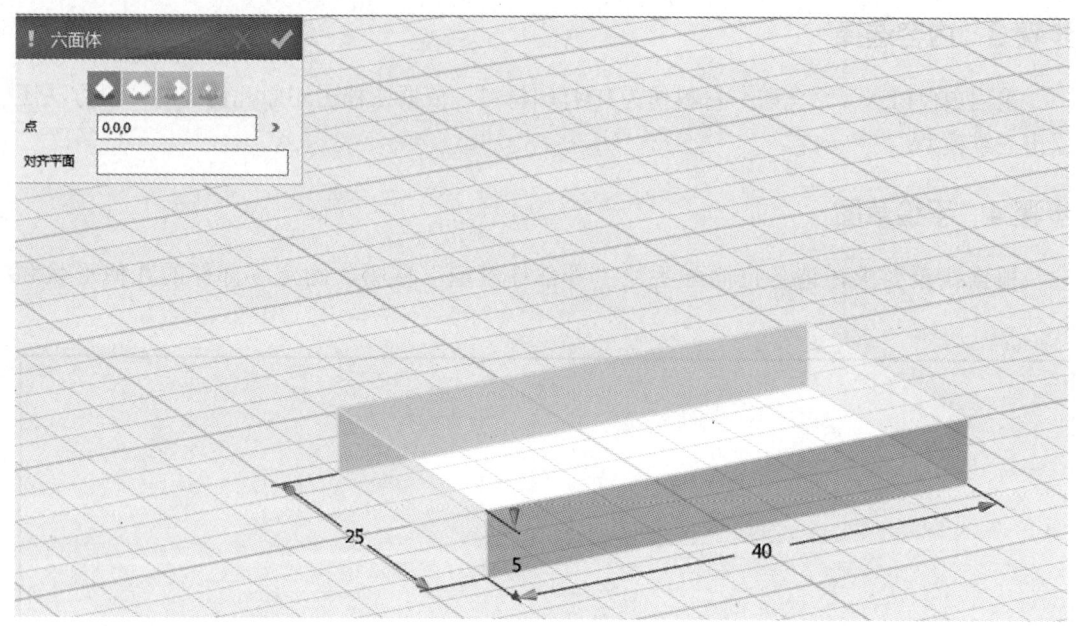

图 9-1 绘制底板

（3）单击命令工具栏中的"基本实体"命令组，选择"圆柱体"命令，系统弹出"圆柱体"命令对话框，将鼠标移动到工作区，在"中心"文本框中输入"-11，0，5"，按回车键或单击✓按钮，确定圆柱体中心，如图9-2所示。

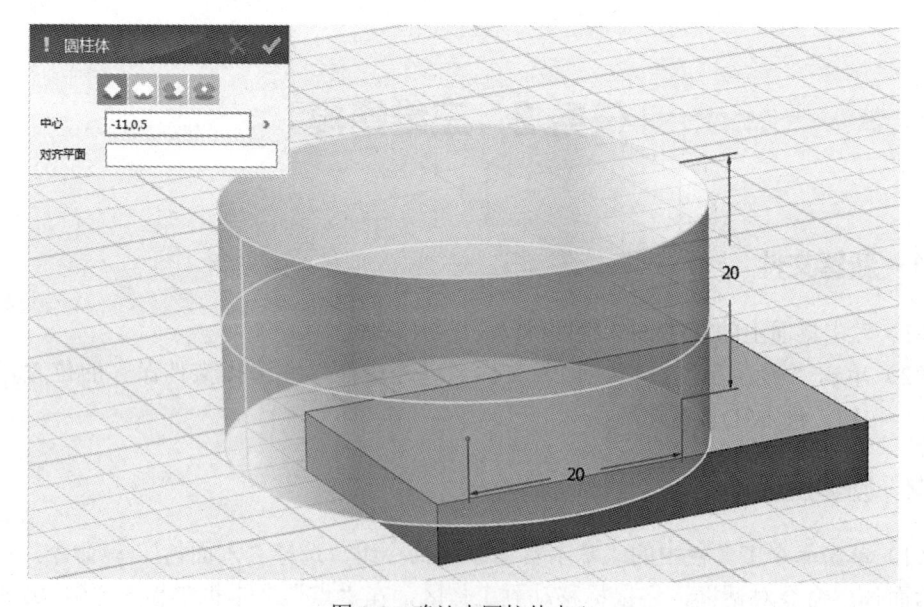

图 9-2 确认大圆柱体中心

（4）单击默认的圆柱体尺寸，半径分别设置为"6"，高设置为"-2.5"，然后按回车键，完成圆柱体的创建，如图9-3所示。

三维设计与数学——连接件 | 项目 9

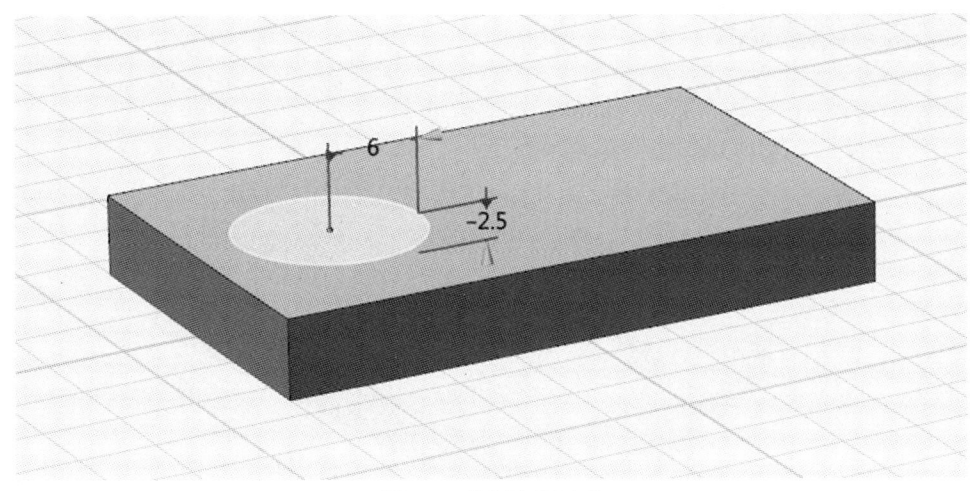

图 9-3 绘制大圆柱体

（5）单击选择"减运算"，在底板上减去大圆柱体，如图9-4所示。

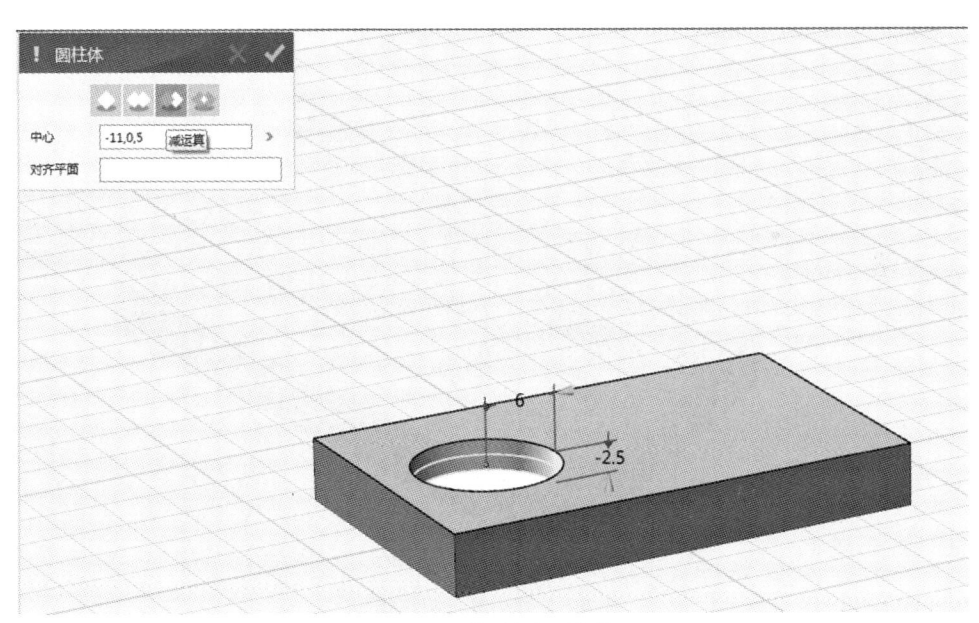

图 9-4 减运算大圆柱体

（6）单击命令工具栏中的"基本实体"命令组，选择"圆柱体"命令，系统弹出"圆柱体"命令对话框，将鼠标移动到工作区，在"中心"文本框中输入"-11，0，2.5"，按回车键或单击按钮，确定小圆柱体中心。单击默认的圆柱体尺寸，半径分别设置为"3"，高设置为"-2.5"，选择"减运算"，如图9-5、图9-6所示，然后按回车键，完成底板模型的创建。

095

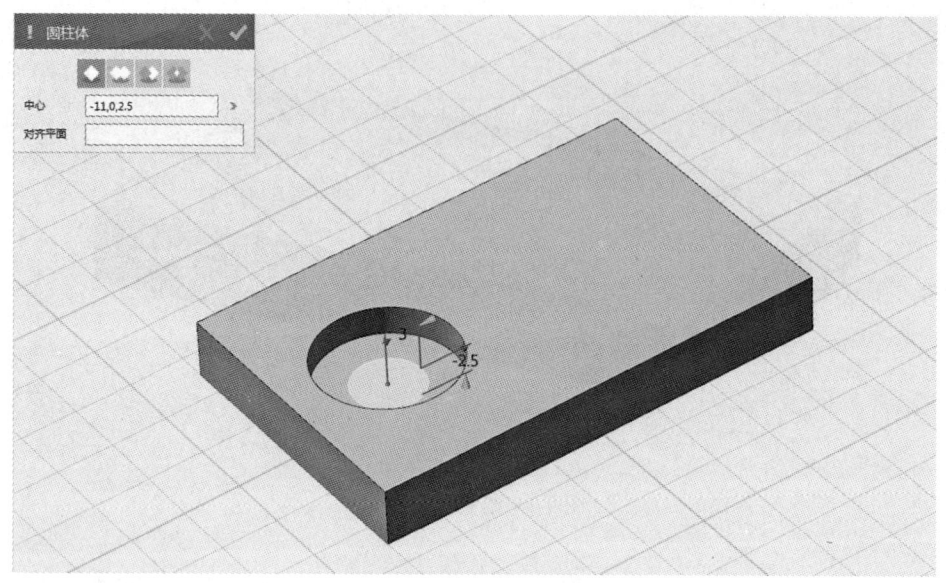

图 9-5 绘制小圆柱体

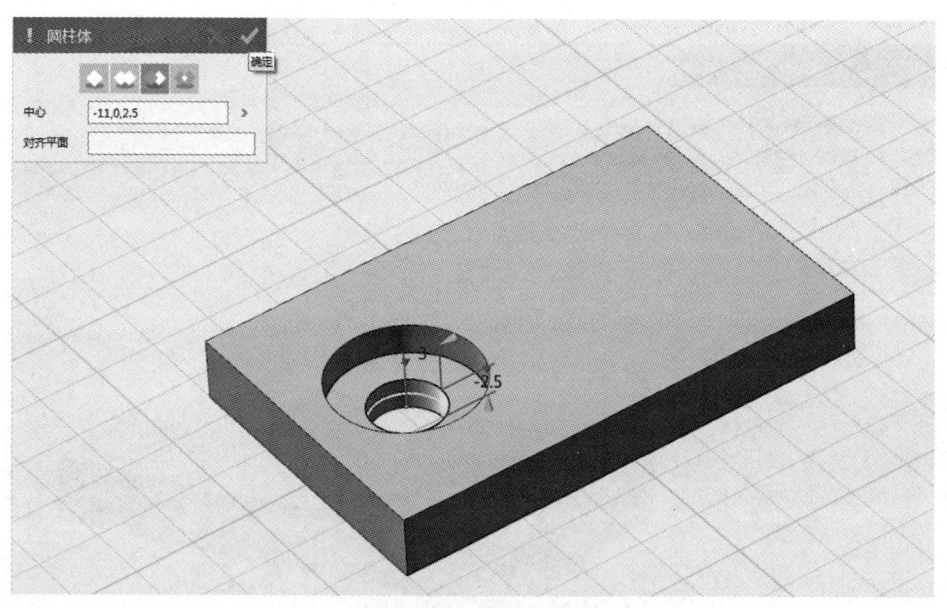

图 9-6 减运算小圆柱体

步骤 3 创建侧板模型

（1）单击命令工具栏中的"基本实体"命令组，选择"六面体"命令，系统弹出"六面体"命令对话框，将鼠标移动到工作区，在"点"文本框中输入"17.5，0，0"，按回车键或单击☑按钮，确定侧板中心。

（2）单击默认的六面体长、宽、高尺寸，设置为"25，5，25"，然后按回车键，完成侧板的创建，如图9-7所示。

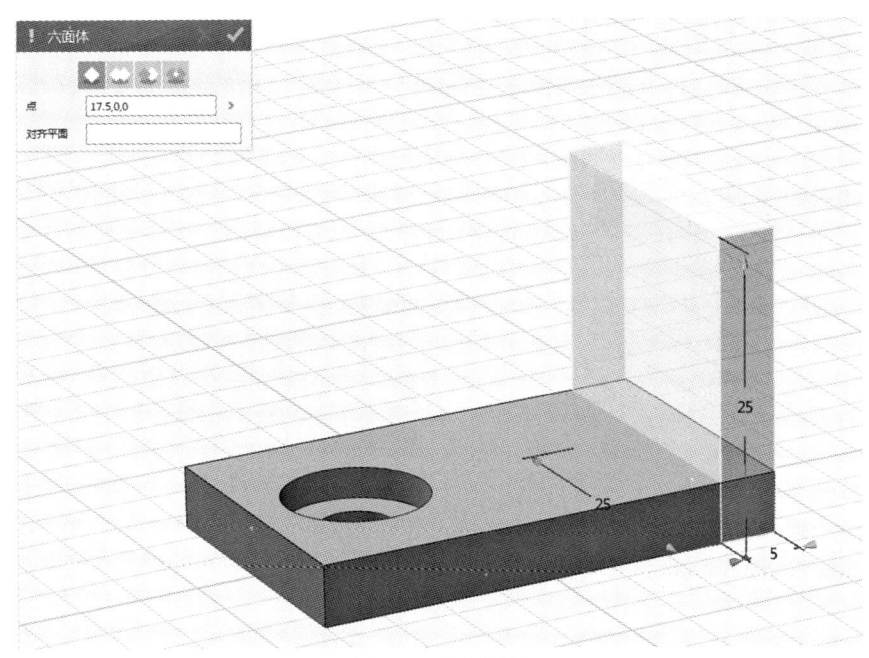

图 9-7 绘制侧板

步骤 4　创建三角形筋板

（1）调整当前视图为左视图，单击命令工具栏中的"草图绘制" 命令组，选择"直线" 命令，系统弹出"直线"命令对话框，将鼠标移动到工作区，选择左视图中心为坐标原点。

绘制如图9-8所示的三条直线。单击"完成"按钮，完成三角形筋板平面图形的绘制，如图9-8所示。

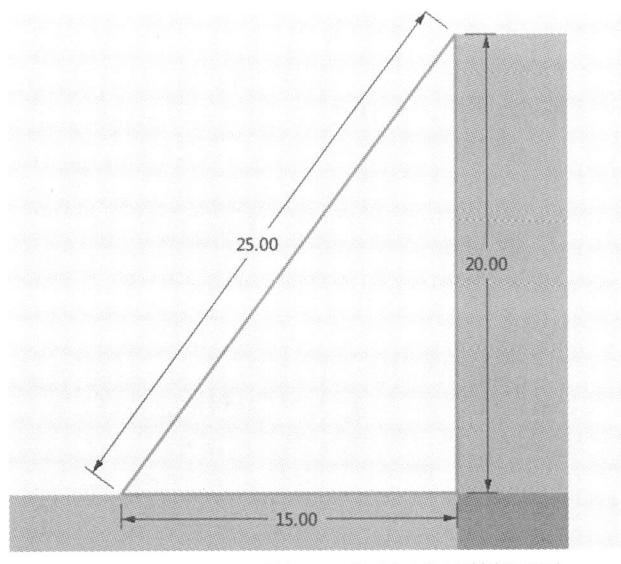

图 9-8 绘制三角形筋板平面

097

（2）选中三角形筋板，单击命令菜单"特征造型"命令组，选择"拉伸"命令，拉伸长度选择"5"，按回车键或单击✓按钮，完成三角形筋板的拉伸操作，如图9-9所示。

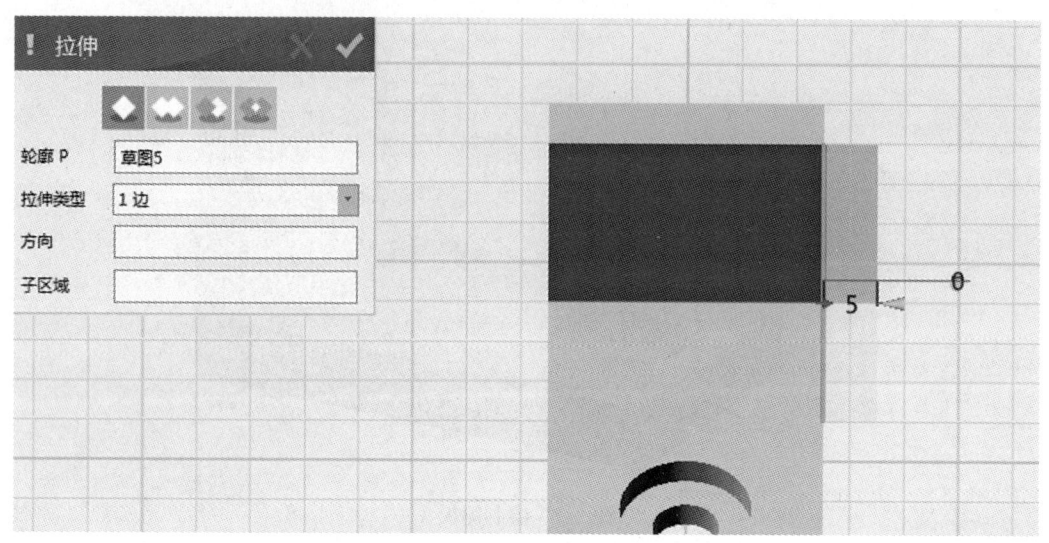

图9-9　拉伸三角形筋板

（3）继续选中三角板，单击命令菜单"基本编辑"命令组，选择"移动"命令，系统弹出"移动"命令对话框，在"起始点"文本框中输入"15，-12.5，25"，在"目标点"文本框中输入"15，2.5，25"，按回车键或单击✓按钮，完成三角板的移动操作，最终效果如图9-10所示。

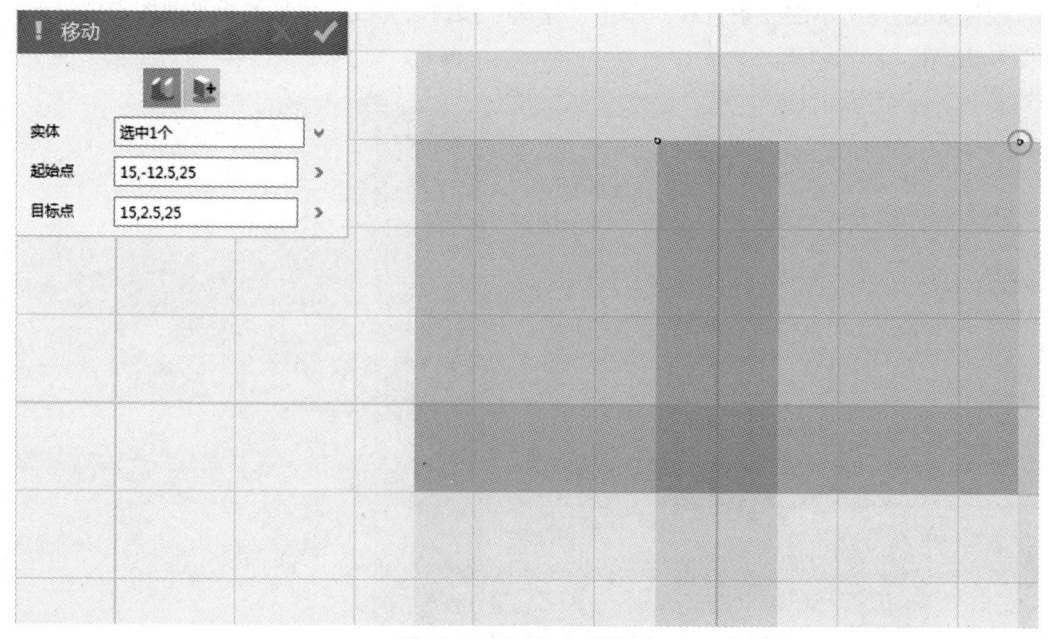

图9-10　移动三角形筋板

步骤 5　导出"STL"文件

单击软件左上角的图标 3D One，系统弹出"文件基本操作"对话框，单击"导出"按钮，在"保存类型"文本框中选择"STL",单击"保存"按钮。

任务 3　项目评价

项目评价量表

项目名称							
姓名		班级		评价日期			
		学号					
评价项目	考核内容		考核标准		配分	小组评分	教师评分	总评
任务完成情况评定（70分）	任务分析	信息搜索	正确 基本正确 不正确	10分 6分 0分	10分			
		方案制定	合理 基本合理 不合理	10分 6分 0分	10分			
		手绘草图	正确 基本正确 不正确	10分 6分 0分	10分			
	三维建模	命令使用	正确 基本正确 不正确	10分 6分 0分	10分			
		参数设置	正确 基本正确 不正确	10分 6分 0分	10分			
		模型设计	完成 基本完成 未完成	20分 15分 0分	20分			
情感态度评定（30分）	遵守课堂纪律，服从指导教师和组长的安排		遵守 基本遵守 不遵守	10分 6分 0分	10分			
	课堂参与度高，讨论积极主动		参与度高 参与度一般 参与度不高	10分 6分 0分	10分			

续表

评价项目	考核内容	考核标准		配分	小组评分	教师评分	总评
情感态度评定（30分）	组内互相配合，团队协作	配合度高 配合度一般 配合度不高	10分 6分 0分	10分			
总评成绩							

【知识链接】

三视图

三视图是指从上面、左面、正面三个不同角度投影同一个空间几何体而生成的图形。将人的视线规定为平行投影线，然后正对着物体看过去，将所见物体的轮廓用正投影法绘制出来的图形称为视图。

一个物体通常有六个视图，包括主视图（正视图）、俯视图、左视图（侧视图）等。其中，主视图能反映物体的前面形状，俯视图能反映物体的上面形状，左视图（侧视图）能反映物体的左面形状。其他三个视图不是很常用。因此，三视图就是主视图（正视图）、俯视图、左视图（侧视图）的总称。

项目 10

三维设计与数学——轴承架

项目背景

在成功帮助学校完成管路连接零件三维模型制作后，3D打印社团的学生受到学校的高度赞扬，他们的能力受到老师们的一致认可。现在，后勤部门又遇到了一个难题——制作轴承架三维模型。轴承架的三视图和最终效果图已经绘制完成，现需要根据三视图还原该轴承架的三维模型。请同学们根据轴承架的三视图还原出三维模型，并使用3D打印机打印出该模型。

项目目标

◎ 了解轴承架的功能和应用
◎ 熟练掌握识读轴承架零件图的方法，分析出零件的结构尺寸要求
◎ 理解主视图、俯视图、半剖视图的视图关系和表达内容
◎ 理解轴承架模型设计的步骤思路，分析并制定轴承架设计模型的步骤
◎ 熟练掌握拉伸命令中加运算、减运算的功能
◎ 能根据所学的知识操作软件完成轴承架的三维模型设计

效果欣赏

根据三视图，使用软件还原出该物体的三维模型，效果如下图所示。

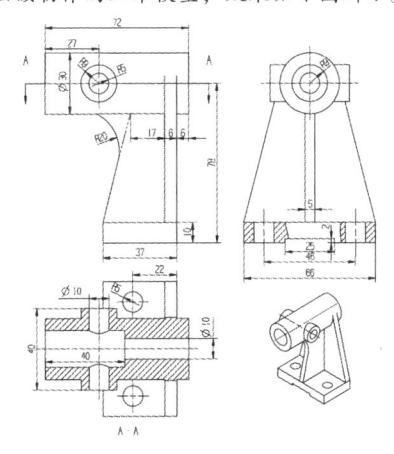

任务1　分析

步骤1　信息收集

1. 依据三视图还原几何体的一般方法

（1）看视图抓特征

看视图——以主视图为主，配合其他视图，进行初步的投影分析和空间分析。

抓特征——找出反映物体重要特征较多的视图，在较短的时间里，对物体有全面的了解。

（2）分解形体对投影（形体分析法）

分解形体——参照特征视图，分解形体。

对投影　——利用"投影特性"，找出每一部分的三个投影，想象出它们的形状。

（3）综合起来想整体

在看懂视图的基础上，进一步分析它们之间的组合方式和相对位置关系，从而想象出整体的形状。

（4）线面分析攻难点

一般情况下，对于形体清晰的零件，用上述形体分析法看图就可以解决。但对于一些较复杂的零件，特别是由切割体组成的零件，只用形体分析法还不够，还需采用线面分析法。

2. 制作零件需要具备的能力与原则

掌握3D One软件的"草图绘制"命令组中"直线""矩形""圆形"的操作方法；掌握3D One软件的"特征造型"命令组中"拉伸"的操作方法；掌握3D One软件的"特殊功能"命令组中"实体分割"的操作方法。掌握形体分析法和线面分析法，并能熟练使用三维设计软件等。

步骤2　方案制定

各小组同学讨论交流，确定制作的设计思路和呈现方式。

设计思路（如读图、理解表达关系、制作步骤等）	呈现方式（如尺寸、材料等）

步骤 3 内容选择

采用白色PLA（聚乳酸）材料作为3D打印材料。

步骤 4 手绘草图

根据决策要求，请各位同学手绘"零部件模型"草图，确定零部件的几何形状和尺寸。

草图

任务 2 三维建模

步骤 1 新建文件

（1）双击桌面上的3D One软件图标，打开软件。

（2）单击"另存为"按钮，输入文件名"轴承架"并选择文件保存的位置，单击"保存"按钮，进入3D设计环境。

步骤 2 设计轴承座底架

（1）单击左下角的视图导航选择"上"，调整视图方向。使用"矩形"命令，在"点1"文本框中输入"-33，18.5"，在"点2"文本框中输入"33，-18.5"，此时矩形长和宽为"66，-37"，绘制结果如图10-1所示。

三维创意设计

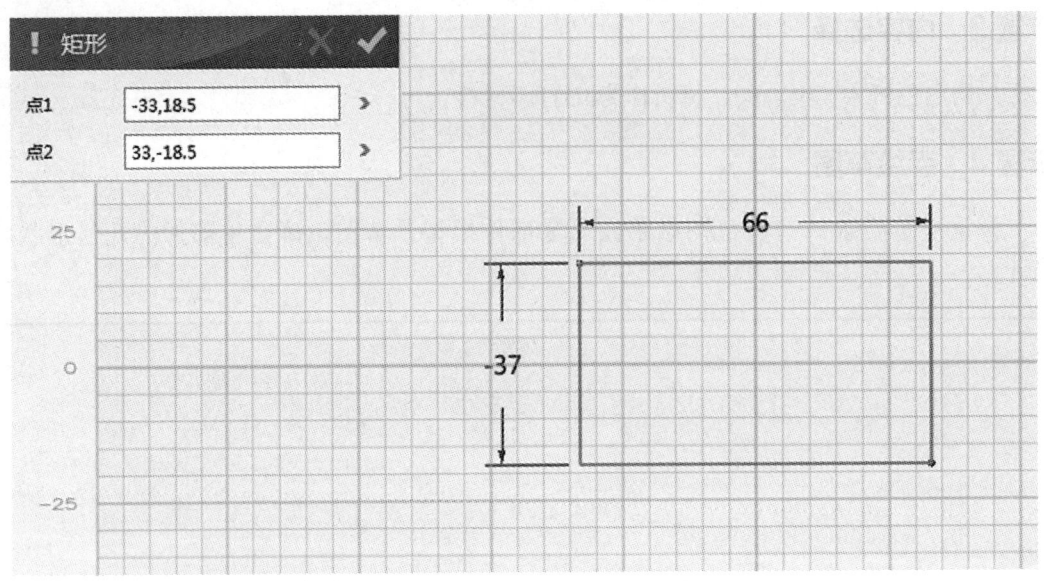

图 10-1 绘制矩形

（2）使用"拉伸" 命令拉伸矩形，拉伸高度设置为"10"，结果如图10-2所示。

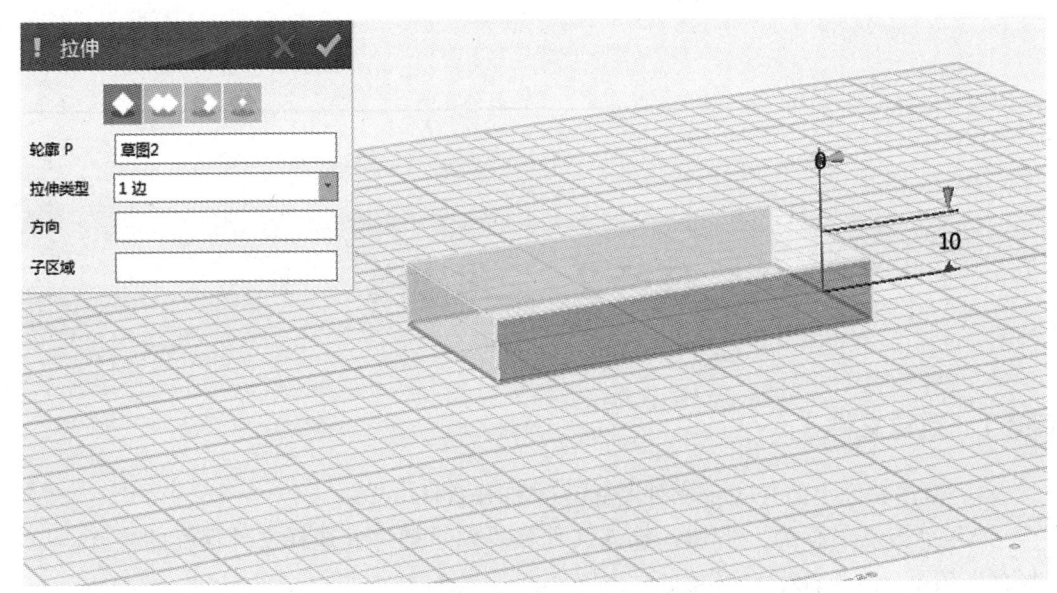

图 10-2 拉伸矩形

（3）以矩形块的上表面中心作为绘制基准，使用"圆形" 命令，在"圆心"文本框中分别输入"-23，-3.5"和"23，-3.5"，半径设置为"5"，如图10-3所示。

（4）使用"拉伸" 命令，选择"减运算" ，拉伸距离设置为"-10"，结果如图10-4所示。

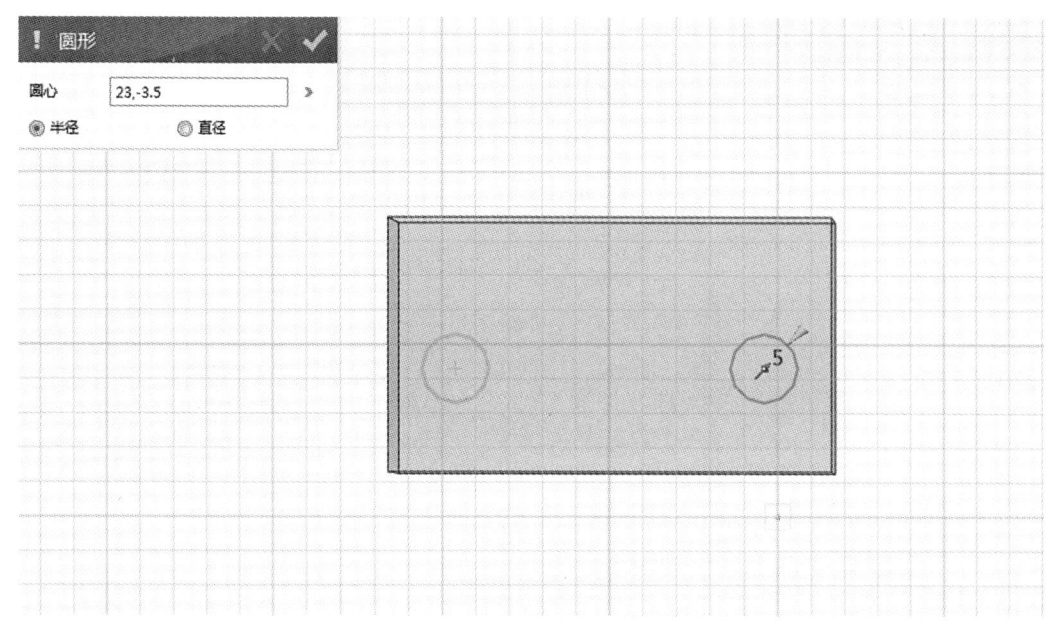

图 10-3　绘制圆形

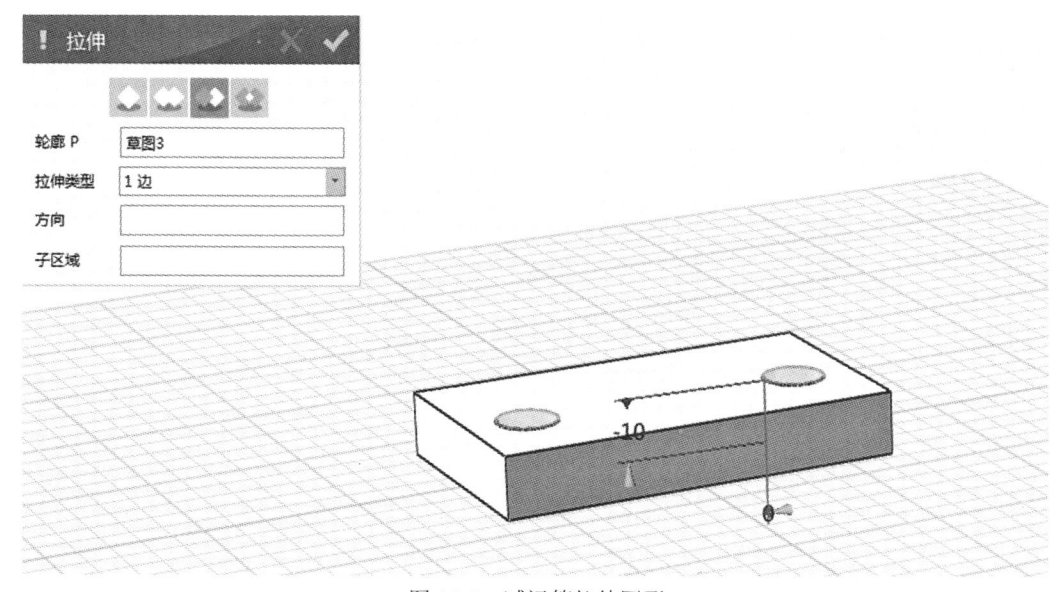

图 10-4　减运算拉伸圆形

（5）单击左下角的视图导航 选择"下"，调整视图方向。以矩形块的下表面中心作为绘制基准，使用"正多边形" 命令，在"点1"文本框中输入"-12.5，18.5"，在"点2"文本框中输入"12.5，-18.5"，绘制结果如图10-5所示。

（6）使用"拉伸" 命令，选择"减运算" ，拉伸距离设置为"-2"，做底面的凹槽，结果如图10-6所示。

三维创意设计

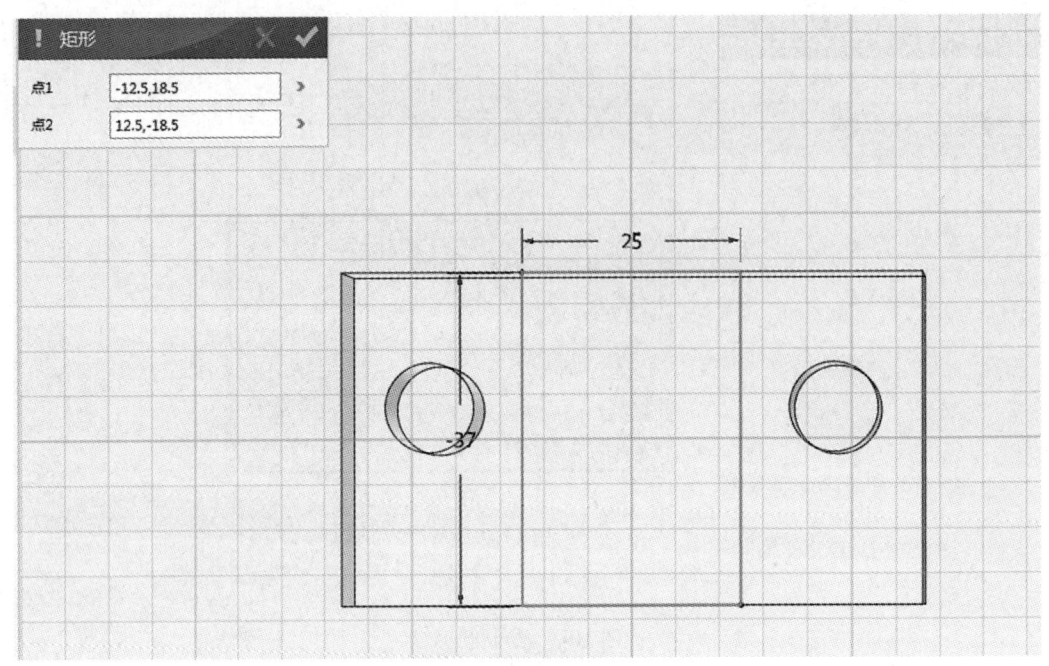

图 10-5　绘制矩形

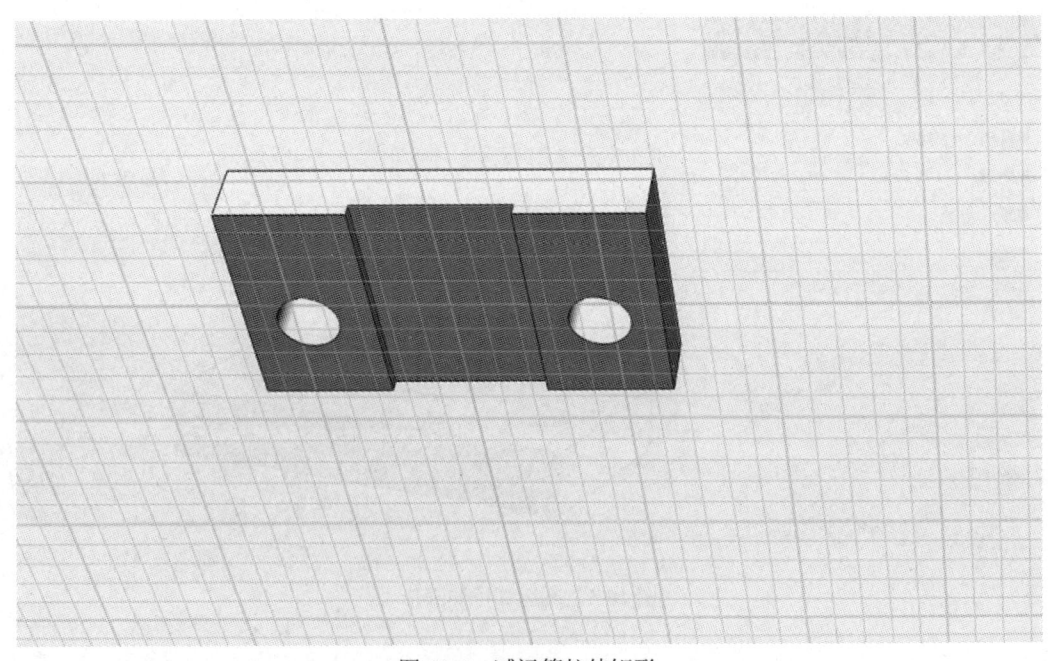

图 10-6　减运算拉伸矩形

步骤 3　设计绘制轴承座两个套筒

（1）单击左下角的视图导航 选择"后"，调整视图方向。使用"圆形" 命令绘制圆，确定参考坐标系坐标原点为底板正中心，圆心设置为"0，73"，半径设置为

106

"15",结果如图10-7所示。

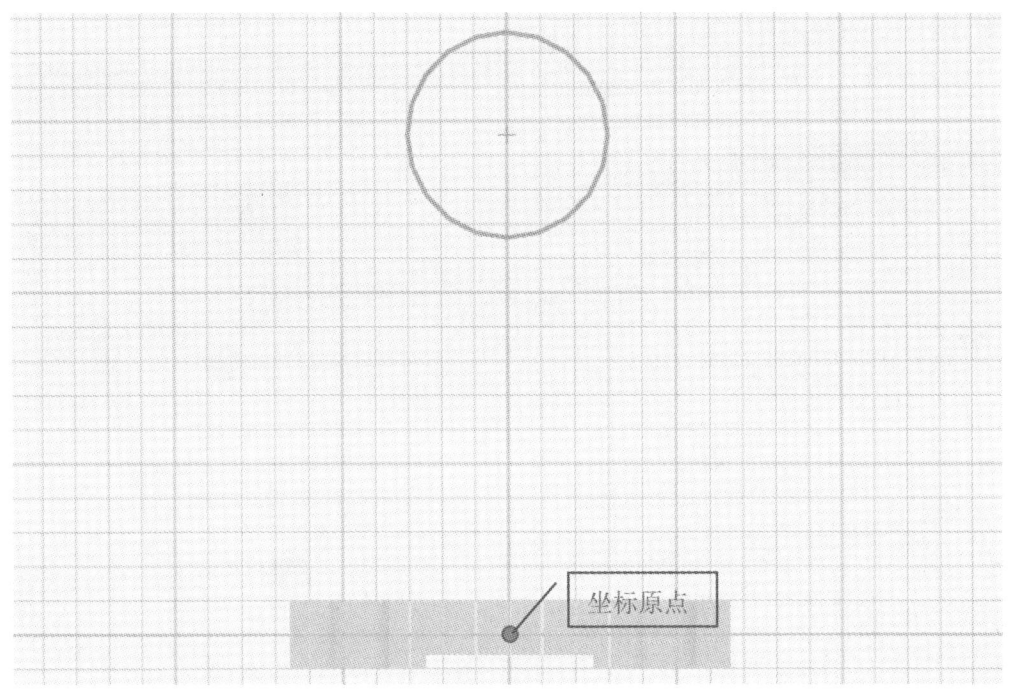

图10-7 绘制圆形

(2)使用"拉伸"命令,"拉伸类型"设置为"2边",向左拉伸设置为"-66",向右拉伸设置为"6",结果如图10-8所示。

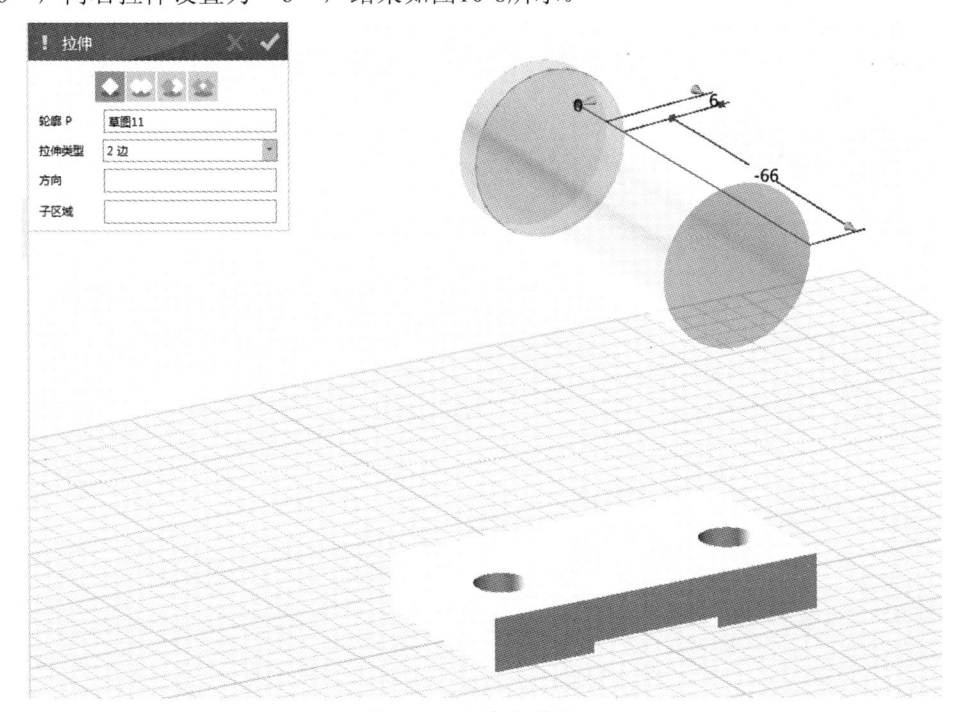

图10-8 双向拉伸圆形

（3）单击左下角的视图导航 选择"后"，调整视图方向。使用"圆形" 命令绘制圆，圆心定位在φ30的圆柱后端面的圆心处，半径设置为"5"。

（4）使用"拉伸" —"减运算"，拉伸距离设置为"-32"，结果如图10-9所示。

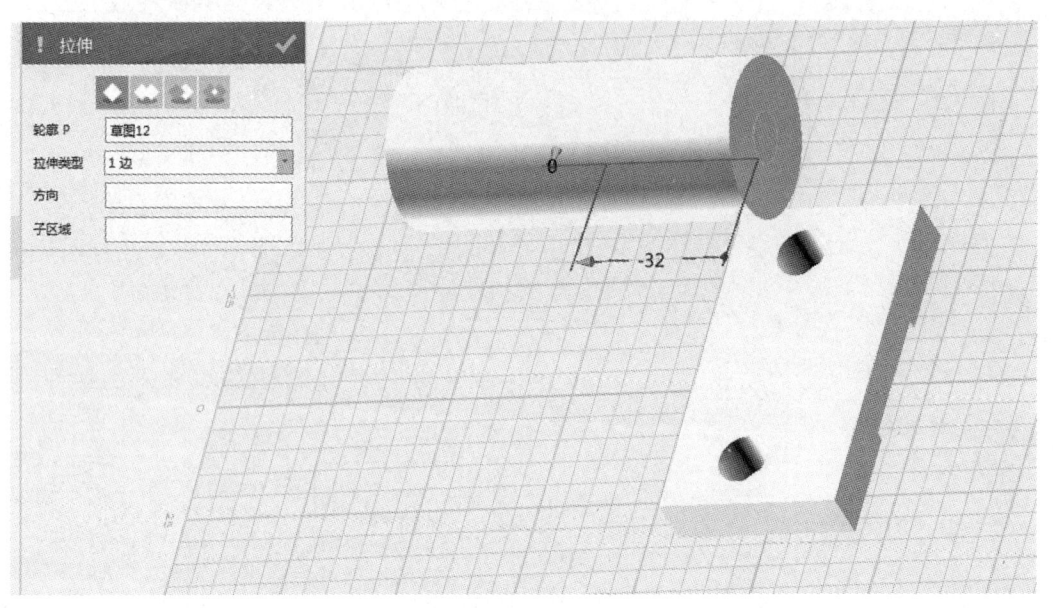

图10-9 减运算拉伸圆形

（5）单击左下角的视图导航 选择"右"，调整视图方向。重复上述两个步骤，以圆柱中心位置为坐标原点，在圆柱左端绘制φ18的圆，结果如图10-10所示。同样"拉伸"—"加运算"—输入拉伸距离，使φ18的圆左右两侧各突出"5"，如图10-11所示。

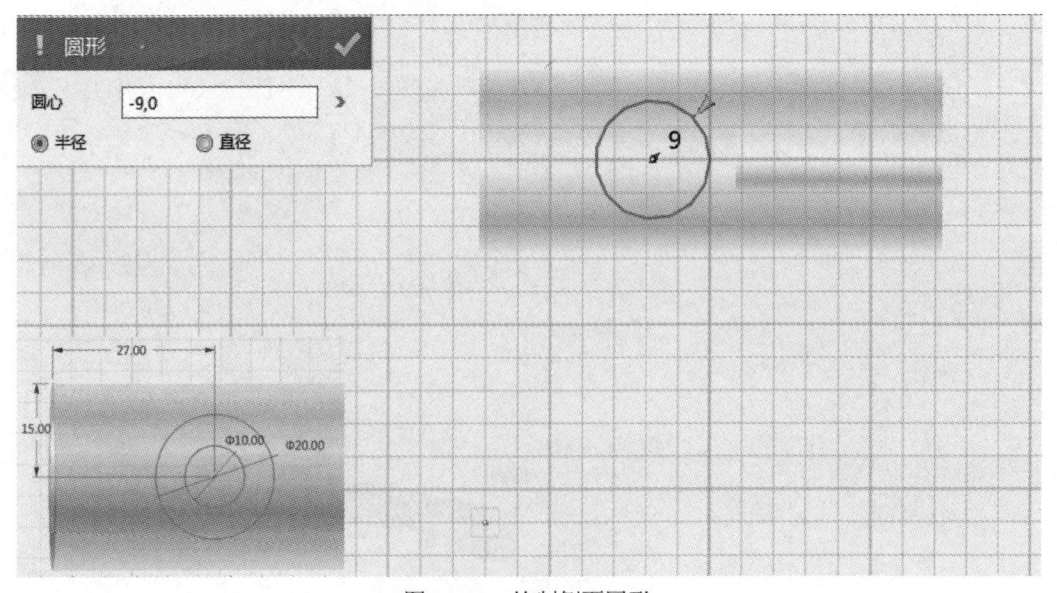

图10-10 绘制侧面圆形

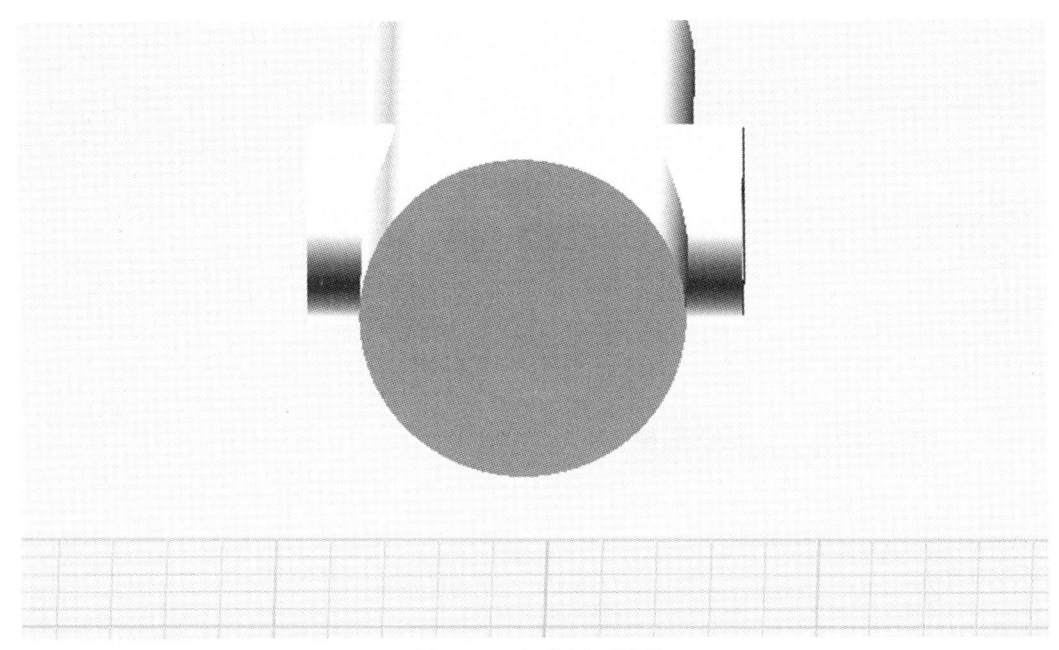

图 10-11　拉伸侧面圆形

（6）使用"圆形" ⊙ 命令，在圆柱左端绘制ϕ10的圆，圆心ϕ18相同。同样"拉伸"—"减运算"—设置拉伸距离为"-40"，结果如图10-12所示。

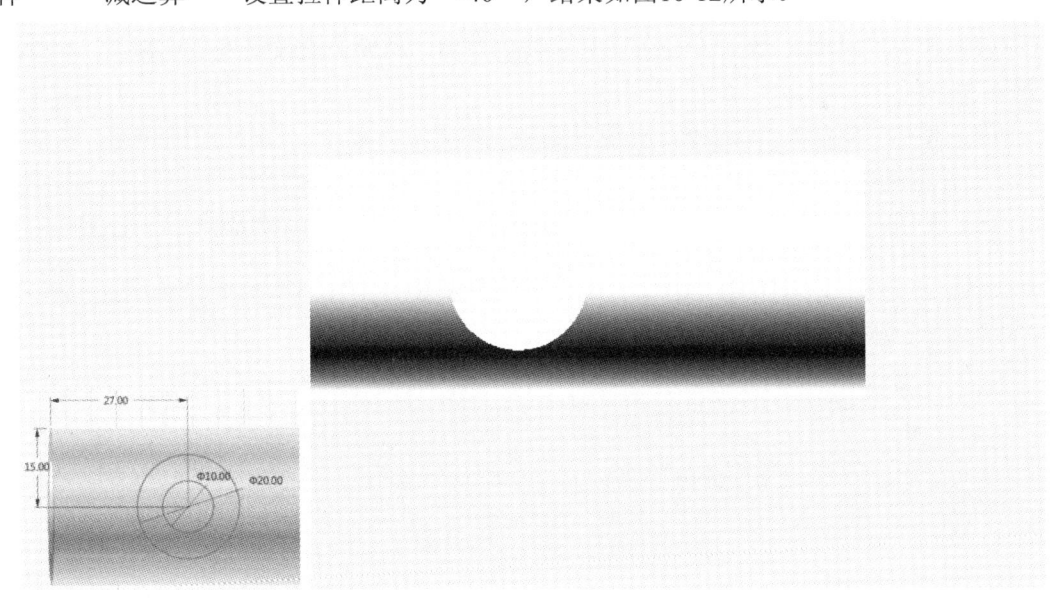

图 10-12　绘制侧面圆形

（7）单击左下角的视图导航 选择"前"，调整视图方向。使用"圆形" ⊙ 命令绘制圆，圆心定位在ϕ30的圆柱前端面的圆心处，半径设置为"10"。使用"拉伸" 命令，圆拉伸距离设置为"-40"，结果如图10-13所示。

图 10-13 减运算拉伸正面圆形

步骤 4　设计两个肋板

（1）使用"直线"命令，绘制肋板轮廓，结果如图10-14所示。

（2）使用"单击修剪"命令，修剪多余线条，结果如图10-15所示。

（3）使用"拉伸"命令拉伸上述步骤的草图，拉伸类型设置为"对称"，拉伸距离设置为"2.5"。

（4）使用"直线"命令，直线以底座左端端点为起点，与$\phi 30$的圆相切，右端直线同理，结果如图10-16所示。

（5）使用"单击修剪"命令，修剪多余线条，结果如图10-17所示。

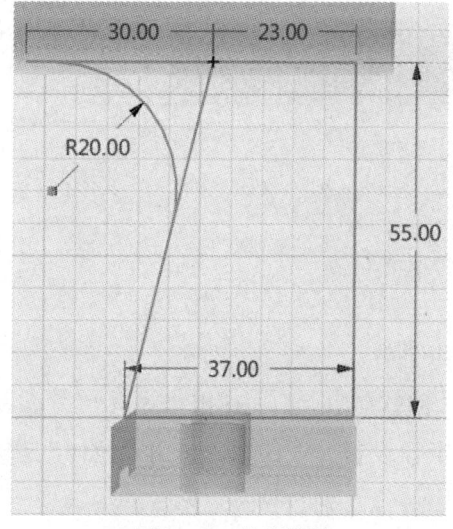

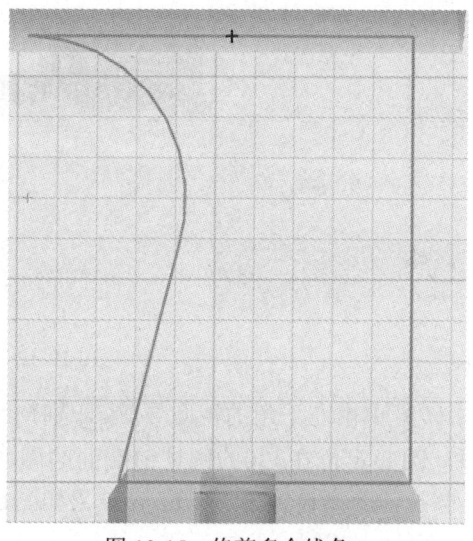

图 10-14　绘制肋板　　　　　　图 10-15　修剪多余线条

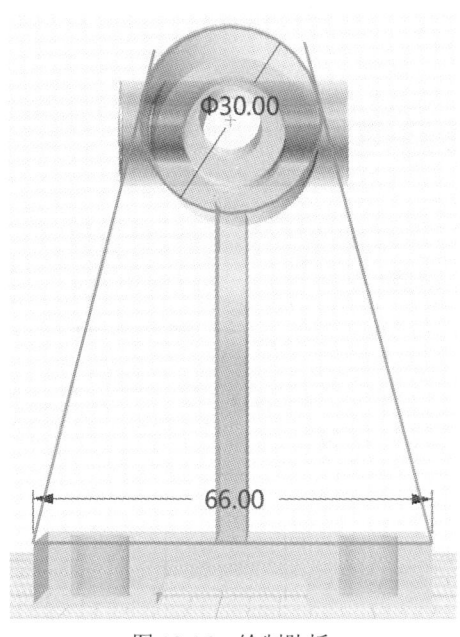

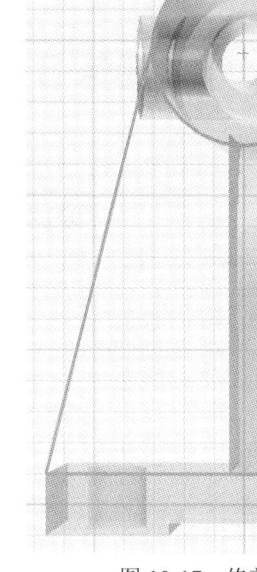

图 10-16 绘制肋板　　　　　　　　图 10-17 修剪多余线条

（6）使用"拉伸"命令拉伸上述步骤草图，拉伸距离设置为"-6"，使用"组合编辑"—"加运算"将轴承架变为一个整体，结果如图10-18所示。

图 10-18 轴承架三维模型

步骤5　导出"STL"文件

单击软件左上角的图标 3D One，系统弹出"文件基本操作"对话框，单击"导出"按钮，在"保存类型"文本框中选择"STL"，单击"保存"按钮。

111

任务3　项目评价

项目评价量表

项目名称							
姓名		班级		评价日期			
		学号					
评价项目	考核内容	考核标准		配分	小组评分	教师评分	总评
任务完成情况评定（70分）	任务分析	信息搜索	正确 10分 基本正确 6分 不正确 0分	10分			
		方案制定	合理 10分 基本合理 6分 不合理 0分	10分			
		手绘草图	正确 10分 基本正确 6分 不正确 0分	10分			
	三维建模	命令使用	正确 10分 基本正确 6分 不正确 0分	10分			
		参数设置	正确 10分 基本正确 6分 不正确 0分	10分			
		模型设计	完成 20分 基本完成 15分 未完成 0分	20分			
情感态度评定（30分）	遵守课堂纪律，服从指导教师和组长的安排		遵守 10分 基本遵守 6分 不遵守 0分	10分			
	课堂参与度高，讨论积极主动		参与度高 10分 参与度一般 6分 参与度不高 0分	10分			
	组内互相配合，团队协作		配合度高 10分 配合度一般 6分 配合度不高 0分	10分			
总评成绩							

知识链接

轴承是一种支承轴的部件，主要用于引导轴的旋转运动，并承受由轴传递给机架的载荷。轴承在机械工业中被广泛使用，是各种机械的旋转轴或可动部位的支承元件，也是依靠滚动体的滚动实现对主机旋转的支承元件。因此，轴承也被称为机械的关节。

项目 11

三维设计与数学——箱体

项目背景

在帮助学校解决连接零件和定制轴承架的问题后,3D社团的实力得到了进一步认可。现在新的挑战又出现了,学校计划定制一批分度头箱体,但厂家需要分度头箱体的三维模型文件才能进行生产。请你根据老师提供的分度头箱体三视图、半剖视图、局部剖视图等材料,还原出分度头箱体三维模型,并使用3D打印机打印出该模型。

项目目标

◎ 掌握识读分度头箱体零件图的方法,正确识读分度头箱体零件图,分析零件的结构尺寸要求
◎ 理解半剖视图、局部剖视图表达的信息内容,根据要求完成分度头箱体的手绘草图
◎ 掌握草图绘制命令组中直线、圆形的使用方法,掌握草图编辑命令组中偏移曲线的使用方法
◎ 能根据所学的知识操作软件完成分度头箱体的三维模型设计
◎ 能将所学习的半剖视图、局部剖视图的相关知识应用于生活,培养学生积极探索、学以致用的意识

效果欣赏

根据三视图、半剖视图、局部剖视图,综合读图方法,使用软件还原箱体的三维模型,效果如下图所示。

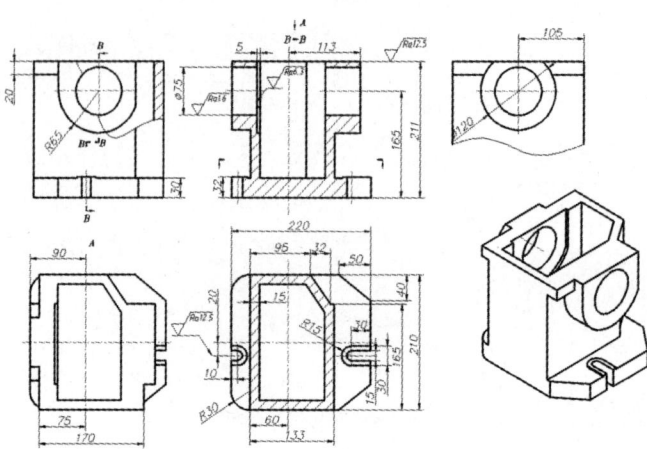

任务 1　分析

步骤 1　信息收集

1. 读图方法

读零件的内、外形状和结构，这是读零件图的重点。从基本视图看出零件的大体内、外形状。结合局部视图、斜视图以及剖面等表达方法，读懂零件的局部或斜面的形状。同时，根据设计和加工方面的要求，了解零件一些结构的作用，了解零件各部分的定形、定位尺寸和零件的总体尺寸，以及标注尺寸时所用的基准，把读懂的结构形状、尺寸标注和技术要求等内容综合起来，就能比较全面地读懂这张零件图。

2. 制作分度头箱体需要具备的能力与原则

掌握3D One软件的"草图绘制"命令组中"直线""矩形""圆形"的操作方法；掌握3D One软件的"特征造型"命令组中"拉伸"的操作方法；掌握3D One软件的"特殊功能"命令组中"实体分割"的操作方法。掌握形体分析法和线面分析法，并能熟练使用三维设计软件等。

步骤 2　方案制定

各小组同学讨论交流，确定制作的设计思路和呈现方式。

设计思路（如读图、理解零部件关系、模型制作步骤等）	呈现方式（如尺寸、材料等）

步骤 3　内容选择

采用白色PLA（聚乳酸）材料作为3D打印材料。

步骤 4　手绘草图

根据决策要求，请各位同学手绘"分度头箱体"草图，确定零部件的几何形状和尺寸。

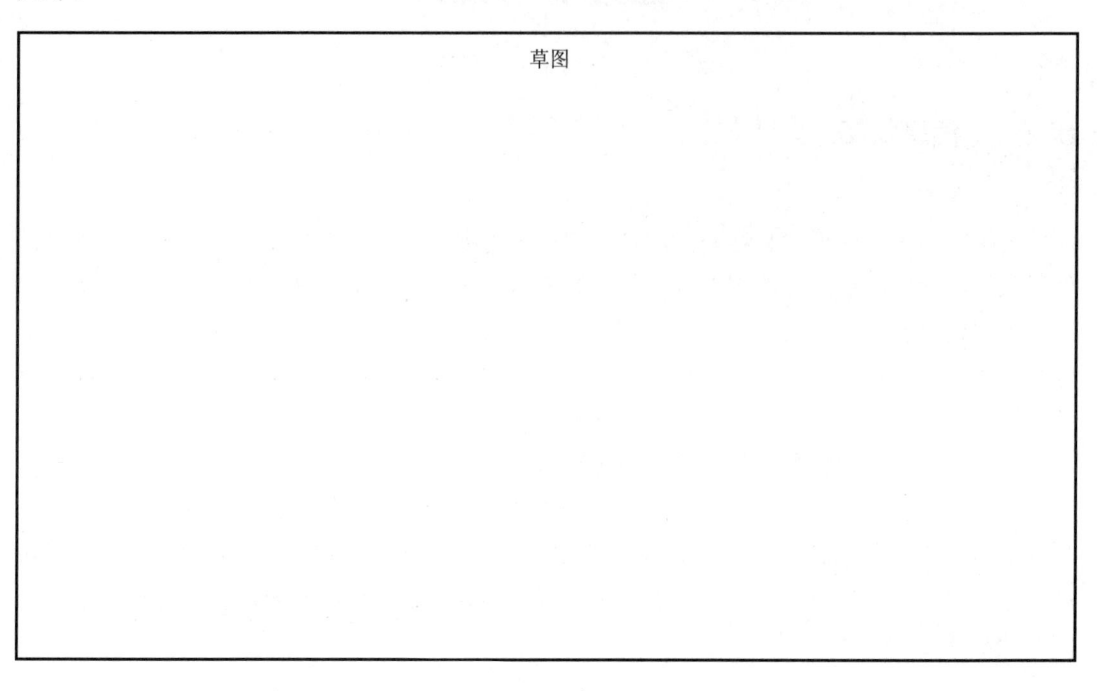

草图

任务 2　三维建模

步骤 1　新建文件

（1）双击桌面上的3D One软件图标，打开软件。

（2）单击"另存为"按钮，输入文件名"箱体"并选择文件保存的位置，单击"保存"按钮，进入3D设计环境。

步骤 2　设计底架

（1）单击左下角的视图导航选择"上"，调整视图方向。使用"矩形"命令、"直线"命令和"链状圆角"完成底板的草图绘制，结果如图11-1所示。

（2）使用"拉伸"命令拉伸该草图，高度设置为"30"，结果如图11-2所示。

（3）使用"直线"命令和"圆形"命令，在底板的上表面完成草图的绘制，绘制坐标原点为底板中点，结果如图11-3所示。

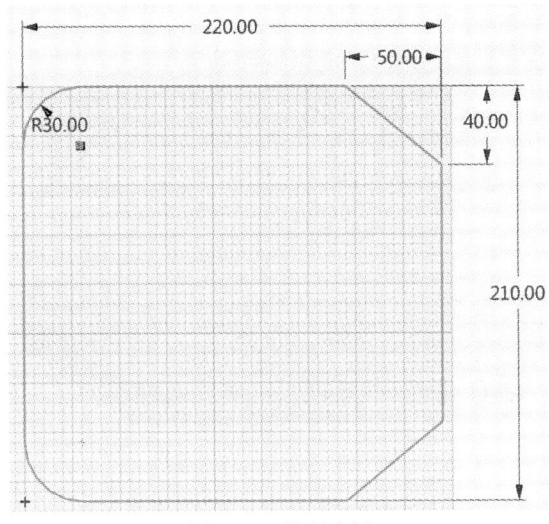

图 11-1　绘制底板

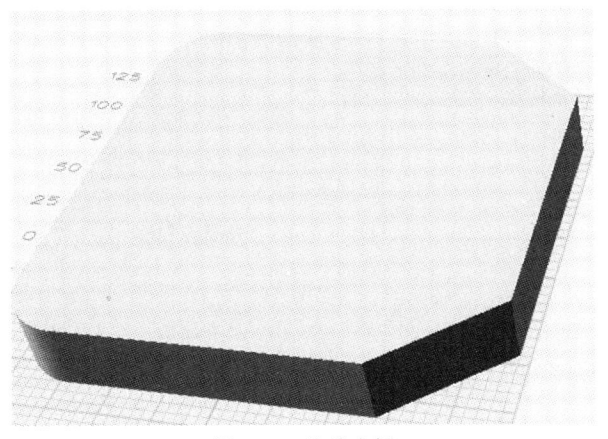

图 11-2　拉伸底板

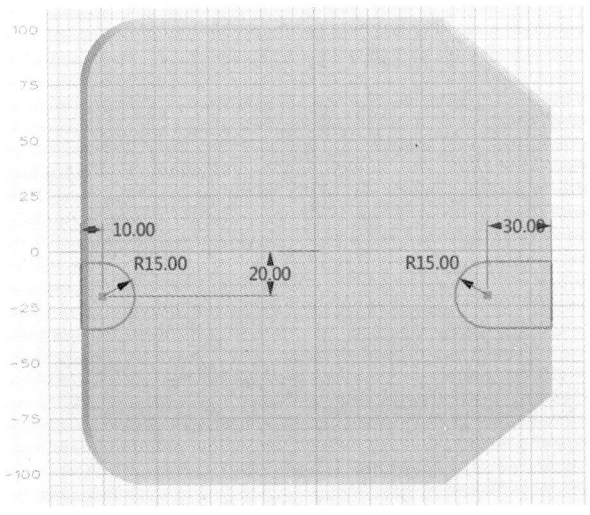

图 11-3　绘制不规则图形

（4）使用"拉伸" 命令拉伸该草图，高度设置为"2"，结果如图11-4所示。

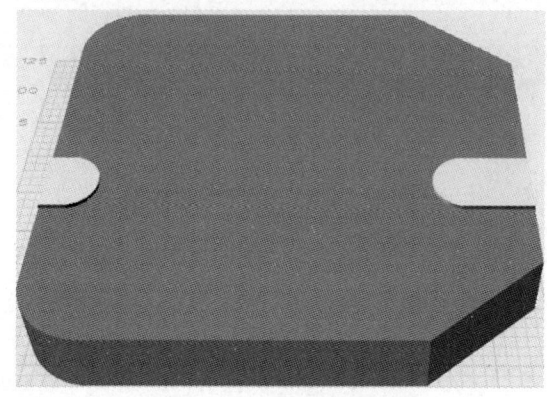

图11-4 拉伸不规则图形

（5）使用"偏移曲线" 命令，将上述步骤的草图向内侧偏移"7.5"，使用"直线" 命令封闭该轮廓（左右两处操作方法一样）。使用"拉伸" 中的"减运算" 命令，完成该草图的拉伸，结果如图11-5、图11-6所示。

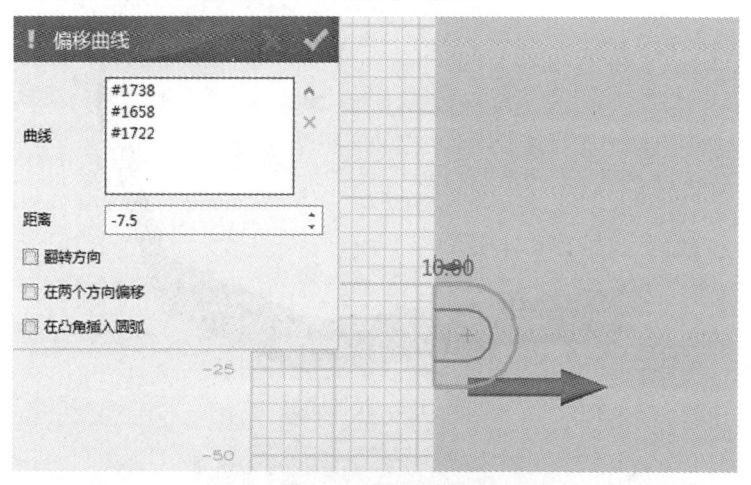

图11-5 偏移图形

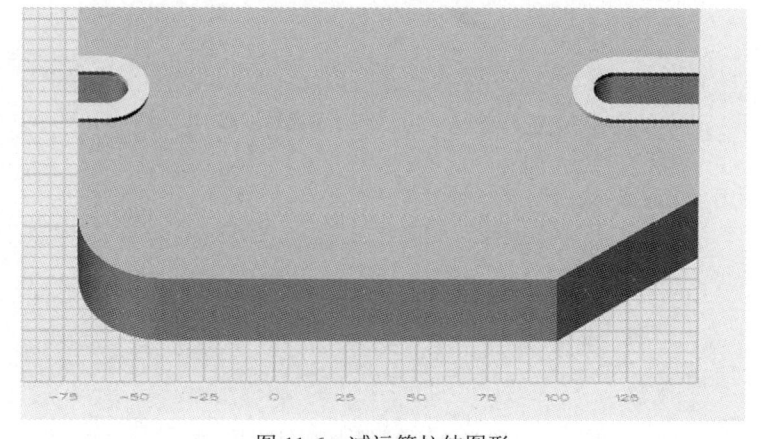

图11-6 减运算拉伸图形

步骤3 设计中间部件

（1）使用"直线" ╲ 和"偏移曲线" ╰ 命令，在底板的上表面绘制草图，结果如图11-7所示。

（2）使用"拉伸" ▣ 命令拉伸该草图，高度设置为"181"，结果如图11-8所示。

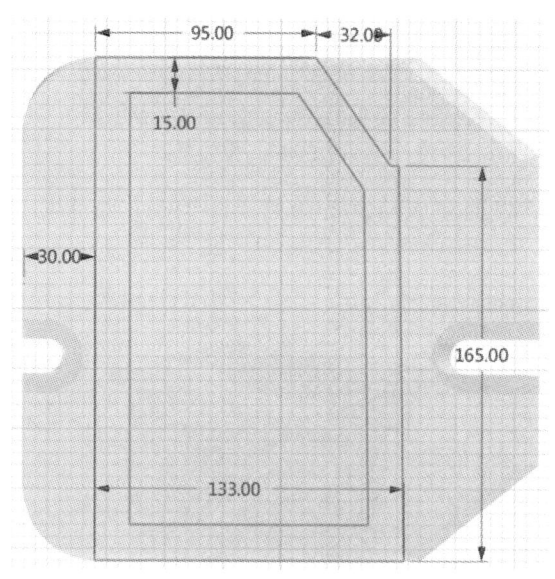

图 11-7 绘制侧板

图 11-8 拉伸侧板

（3）使用"直线" ╲ 命令，在上述步骤拉伸的前表面顶端处绘制草图，结果如图11-9所示。

（4）使用"拉伸" ▣ 命令拉伸该草图，高度设置为"22"，结果如图11-10所示。

（5）同上，在箱体的后表面绘制草图，使用"拉伸"命令，高度设置为"15"，如图11-11所示、结果如图11-12所示。

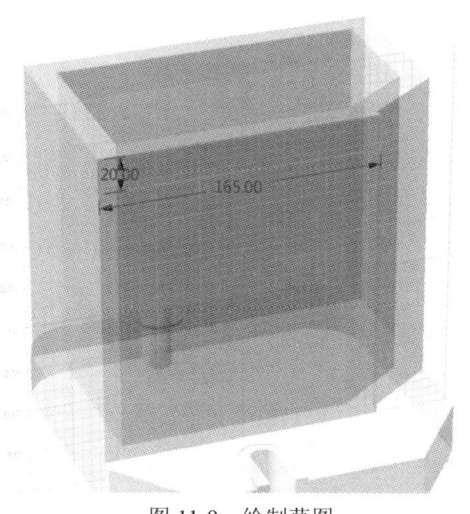

图 11-9 绘制草图

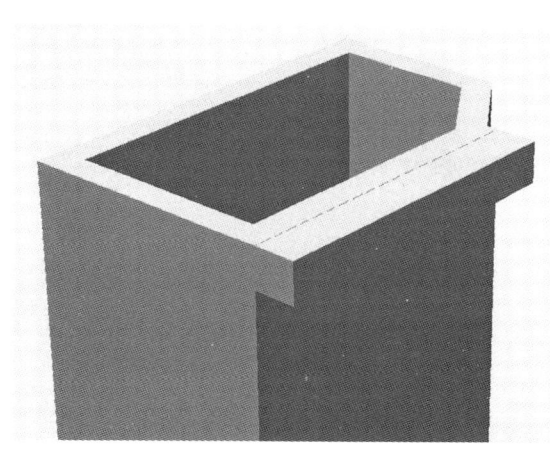

图 11-10 拉伸草图

三维创意设计

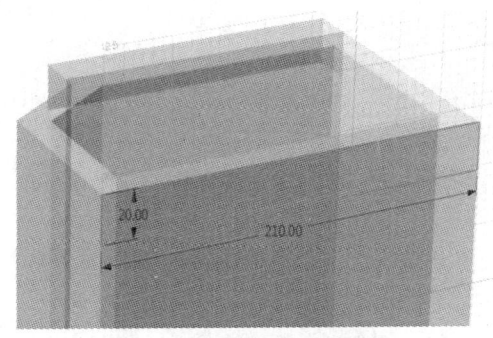

图 11-11　绘制草图

图 11-12　拉伸草图

（6）使用"圆形" ⊙ 命令，在箱体的后表面完成φ120的圆的草图绘制，结果如图11-13所示。

（7）使用"拉伸" 命令拉伸该草图，高度设置为"30"，结果如图11-14所示。

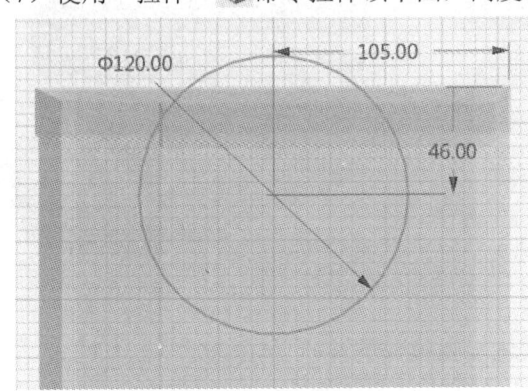

图 11-13　绘制圆形

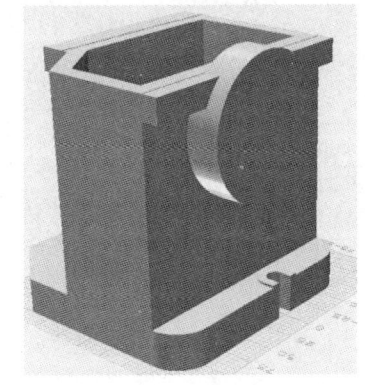

图 11-14　拉伸圆形

（8）使用"圆形" ⊙ 和"直线" 命令，在箱体的前表面完成草图的绘制，结果如图11-15所示。

（9）使用"拉伸" 命令拉伸该草图，高度设置为"40"，结果如图11-16所示。

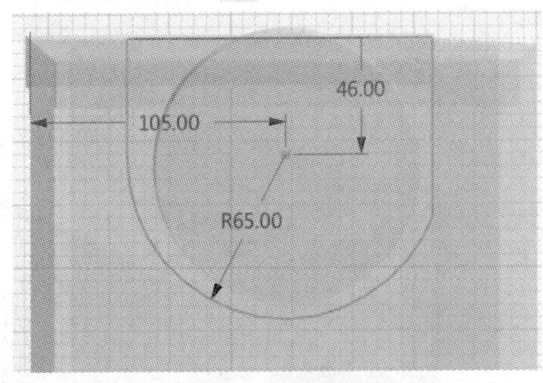

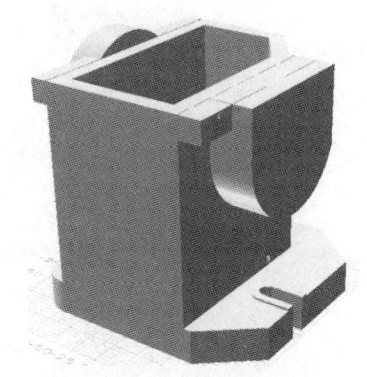

图 11-16　绘制草图

图 11-16　拉伸草图

（10）将图11-17所示的草图绘制在箱体内侧后部的平面上（位置均相同），使用"拉伸"—"减运算"命令，距离设置为"5"（注意选择方向），结果如图11-18所示。

120

图 11-17　绘制草图　　　　　　　图 11-18　拉伸草图

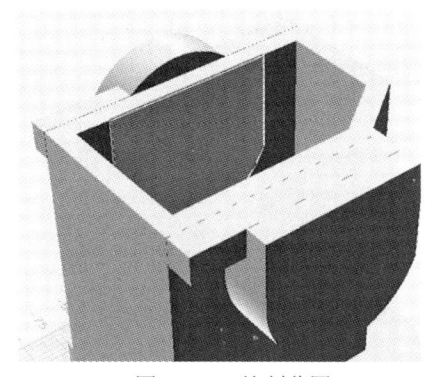

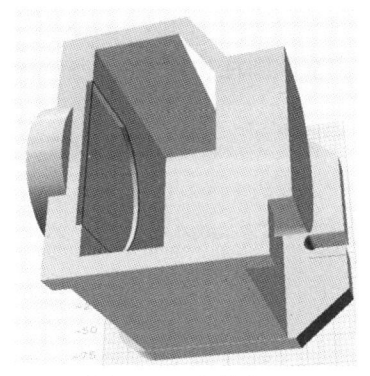

（11）使用"圆形" ⊙ 命令在箱体后表面绘制ϕ75的圆，使用"拉伸"—"减运算"命令，距离设置为"300"（做能打通箱体前后表面的通孔），结果如图11-19、图11-20所示。

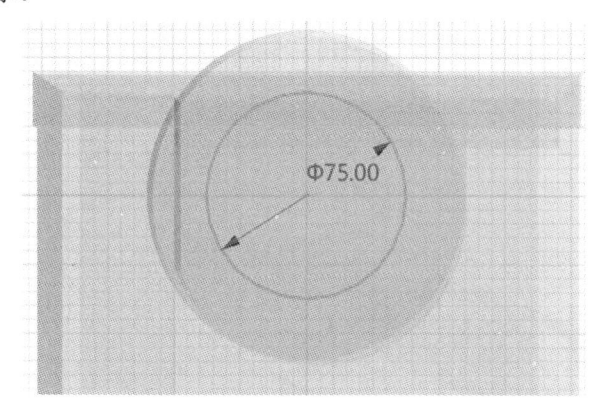

图 11-19　绘制圆形　　　　　　　图 11-20　打通通孔

（12）使用"拉伸" 命令拉伸箱体后面的上侧轮廓直线，拉伸为片体，选择拉伸方向，拉伸的距离超过孔的厚度即可，结果如图11-21所示。

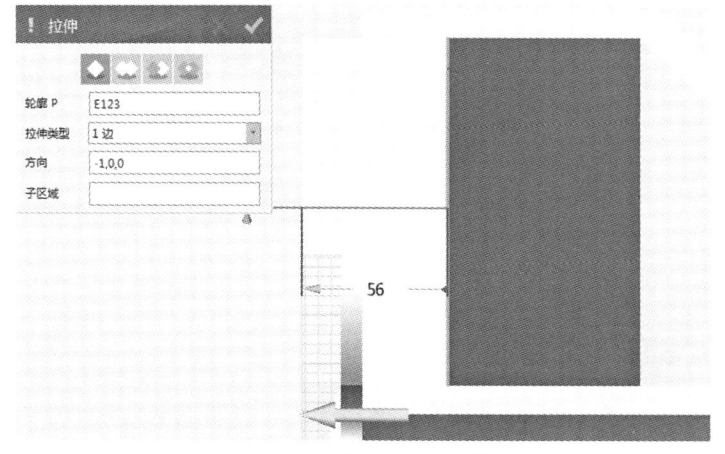

图 11-21　拉伸上轮廓直线

121

（13）使用"实体分割" 命令将圆柱以片体为界分割，基体选择圆，分割选择片体，删除上部分的圆柱和片体，结果如图11-22所示。

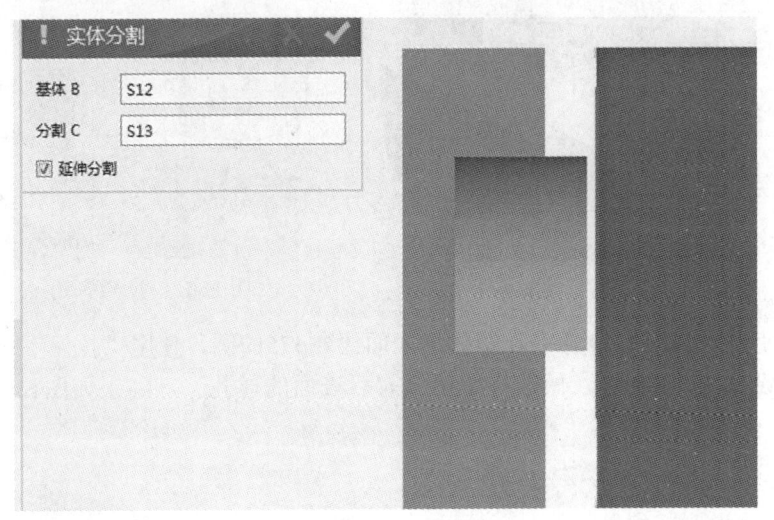

图 11-22　分割圆柱

（14）使用"组合编辑"—"加运算"命令，将箱体变为一个整体，结果如图11-23所示。

图 11-23　箱体三维模型

步骤4　导出"STL"文件

单击软件左上角的图标 3D One，系统弹出"文件基本操作"对话框，单击"导出"按钮，在"保存类型"文本框中选择"STL"，单击"保存"按钮。

任务3 项目评价

项目评价量表

项目名称								
姓名		班级			评价日期			
		学号						
评价项目	考核内容		考核标准		配分	小组评分	教师评分	总评
任务完成情况评定（70分）	任务分析	信息搜索	正确 基本正确 不正确	10分 6分 0分	10分			
		方案制定	合理 基本合理 不合理	10分 6分 0分	10分			
		手绘草图	正确 基本正确 不正确	10分 6分 0分	10分			
	三维建模	命令使用	正确 基本正确 不正确	10分 6分 0分	10分			
		参数设置	正确 基本正确 不正确	10分 6分 0分	10分			
		模型设计	完成 基本完成 未完成	20分 15分 0分	20分			
情感态度评定（30分）	遵守课堂纪律，服从指导教师和组长的安排		遵守 基本遵守 不遵守	10分 6分 0分	10分			
	课堂参与度高，讨论积极主动		参与度高 参与度一般 参与度不高	10分 6分 0分	10分			
	组内互相配合，团队协作		配合度高 配合度一般 配合度不高	10分 6分 0分	10分			
总评成绩								

【知识链接】

箱体一般是指传动零件的基座,应具有足够的强度和刚度。通常情况下,箱体采用灰铸铁制造,因为灰铸铁具有很好的铸造性能和减振性能。对于重载或有冲击载荷的减速器,也可以采用铸钢箱体。

在单件生产的减速器中,为了简化工艺、降低成本,可以采用钢板焊接的箱体。此外,为了便于轴系部件的安装和拆卸,箱体制成沿轴心线水平剖分式,上箱盖和下箱体用螺栓连接成一体。

项目 12

三维设计与数学——毕达哥拉斯树

项目背景

勾股定理是一个基本的几何定理,是数形结合的纽带之一。勾股定理目前已经发现有600种证法。同时,勾股定理也是数学中应用最广泛的定理之一。为了帮助同学们更加深入理解勾股定理,郭老师布置给同学们一个任务——使用3D软件制作毕达哥拉斯树。

项目目标

◎ 通过制作毕达哥拉斯树,进一步巩固对于勾股定理的认识,验证勾股定理
◎ 能根据任务要求完成毕达哥拉斯树的手绘草图
◎ 能合理分析并制定创建毕达哥拉斯树模型的步骤
◎ 能正确使用软件中的草图绘制、拉伸、镜像、更改颜色等命令
◎ 能根据所学的知识操作软件完成毕达哥拉斯树的三维模型设计

效果欣赏

使用3D软件制作毕达哥拉斯树模型,并使用3D打印设备将其打印出来,如下图所示。

任务1　分析

步骤1　信息收集

1. 认识毕达哥拉斯树

毕达哥拉斯树是由古希腊数学家毕达哥拉斯根据勾股定理所画出来的一个可以无限重复的图形，当重复的次数足够多时，就会形成树的形状，也称之为"勾股树"。

2. 设计毕达哥拉斯树需要具备的能力与原则

熟练掌握勾股定理相关知识，并能熟练使用三维设计软件等。

步骤2　方案制定

各小组同学讨论交流，确定设计思路和呈现方式。

设计思路（如形状、尺寸、操作便利等）	呈现方式（如材料、颜色等）

步骤3　内容选择

采用白色PLA（聚乳酸）材料作为3D打印材料。

步骤4　手绘草图

根据决策要求，请各位同学手绘"毕达哥拉斯树模型"草图，确定形状和尺寸。

草图

任务 2　三维建模

步骤 1　新建文件

（1）双击桌面上的3D One软件图标，打开软件。

（2）单击"另存为"按钮，输入文件名"毕达哥拉斯树"并选择文件保存的位置，单击"保存"按钮，进入3D设计环境。

步骤 2　创建毕达哥拉斯树模型

（1）将视图调整为俯视图，单击命令工具栏中的"草图绘制"命令组，选择"矩形"命令，系统弹出"矩形"命令对话框，将鼠标光标移动到工作区，在"点1"文本框中输入"-10，-25"，在"点2"文本框中输入"10，-45"，按回车键或单击按钮，创建毕达哥拉斯树的根部矩形，如图12-1所示。

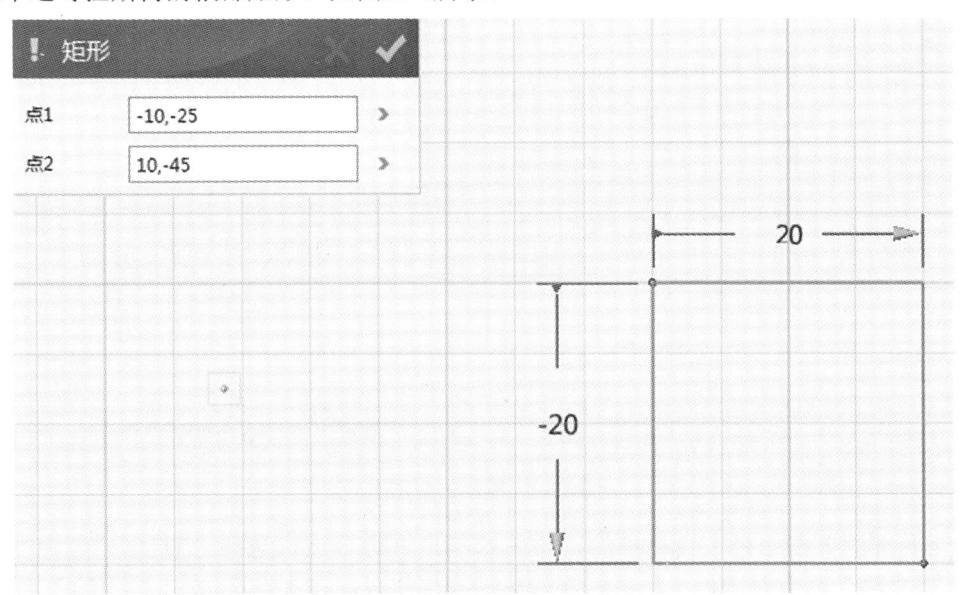

图 12-1　绘制矩形

（2）单击工作区的"完成"按钮，完成平面矩形的创建，如图12-2所示。

（3）单击命令工具栏中的"草图绘制"命令组，选择"直线"命令，系统弹出"直线"命令对话框，将鼠标光标移动到工作区，在"点1"文本框中输入"-10，-25"，在"点2"文本框中输入"0，-15"，按回车键或单击按钮，确定直角三角形的第一条直线，如图12-3所示。

三维创意设计

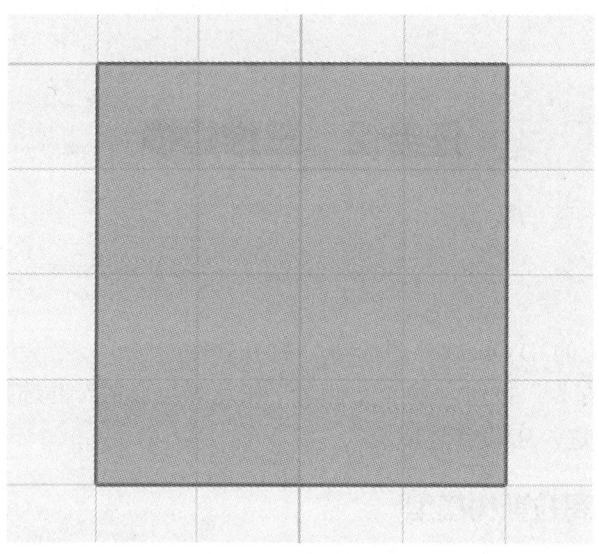

图 12-2　完成创建

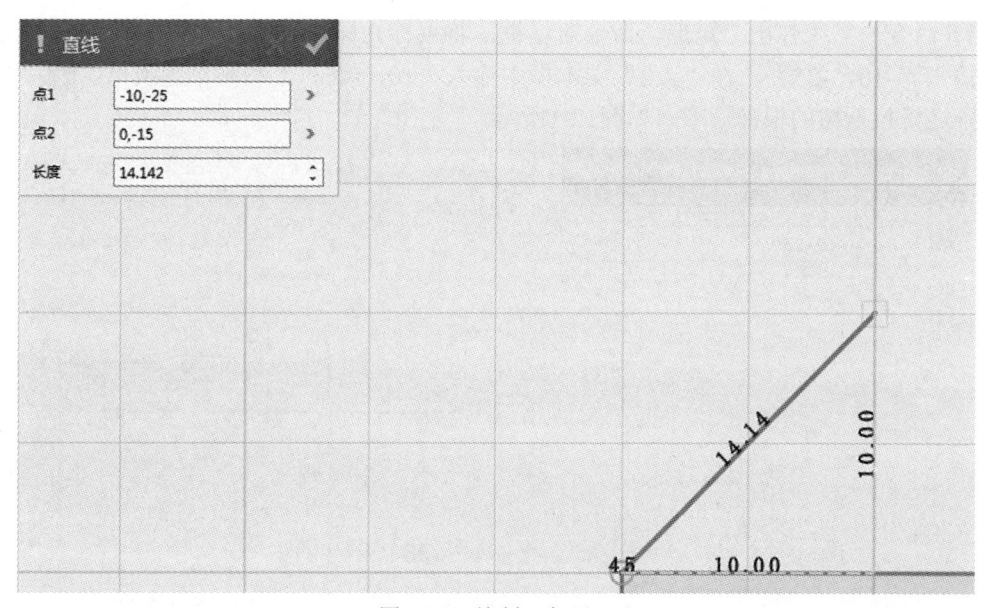

图 12-3　绘制三角形 1

（4）继续单击命令工具栏中的"草图绘制" 命令组，选择"直线" 命令，系统弹出"直线"命令对话框，将鼠标光标移动到工作区，在"点1"文本框中输入"-10，-25"，在"点2"文本框中输入"10，-25"，按回车键或单击 按钮，确定第二条直线，如图12-4所示。

（5）继续单击命令工具栏中的"草图绘制" 命令组，选择"直线" 命令，系统弹出"直线"命令对话框，将鼠标光标移动到工作区，在"点1"文本框中输入"10，-25"，在"点2"文本框中输入"0，-15"，按回车键或单击 按钮，确定第三条直线，如图12-5所示。

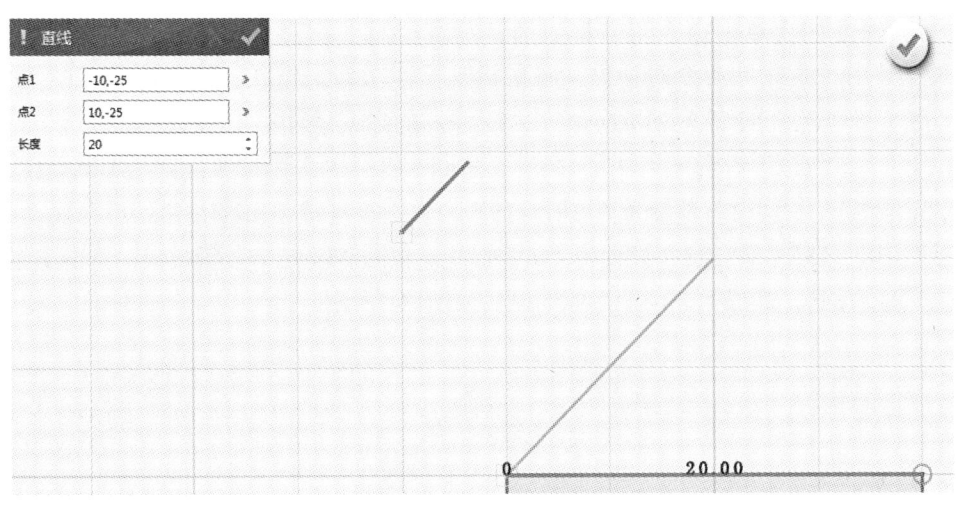

图 12-4　绘制三角形 2

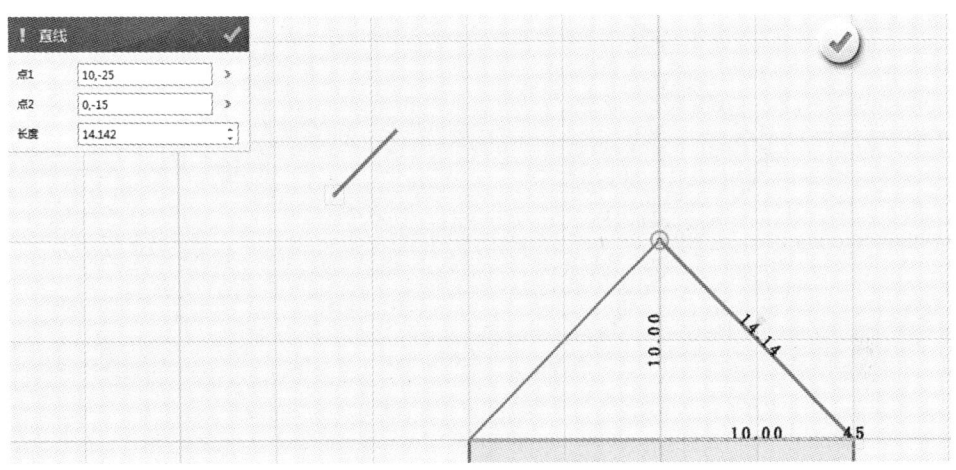

图 12-5　绘制三角形 3

（6）单击工作区的"完成" 按钮，完成三角形平面的创建，如图12-6所示。

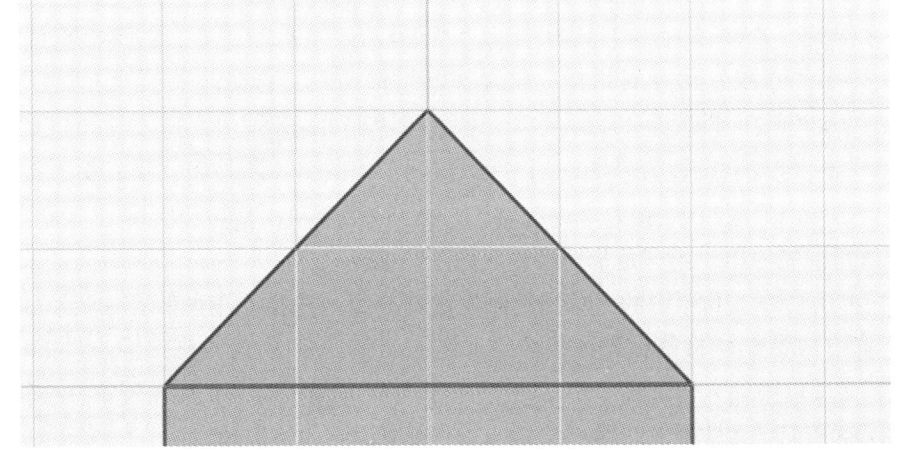

图 12-6　完成创建

（7）继续四次单击命令工具栏中的"草图绘制" ✎命令组，选择"直线" ╲命令，系统弹出"直线"命令对话框，将鼠标光标移动到工作区。第一次"点1"设置为"0，-15"，"点2"设置为"-10，-5"，按回车键或单击✓按钮；第二次"点1"设置为"-10，-5"，"点2"设置为"-20，-15"，按回车键或单击✓按钮；第三次"点1"设置为"-20，-15"，"点2"设置为"-10，-15"，按回车键或单击✓按钮；第四次"点1"设置为"-10，-15"，"点2"设置为"0，-15"，按回车键或单击✓按钮，单击工作区的"完成" ✓按钮，完成第二个矩形的绘制，如图12-7所示。

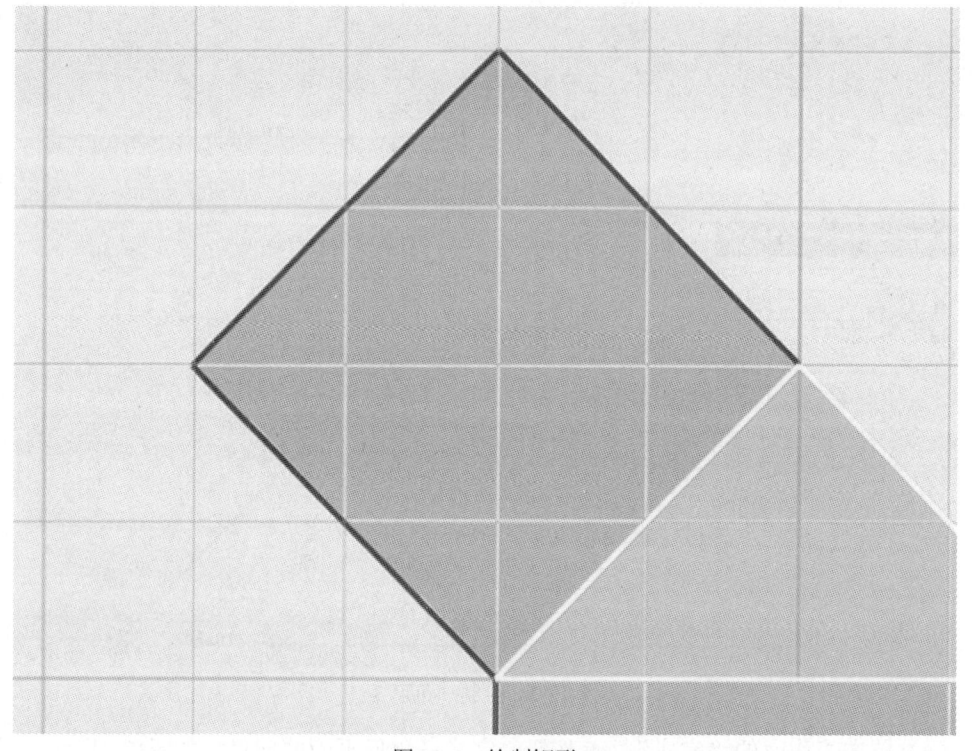

图 12-7　绘制矩形

（8）继续三次单击命令工具栏中的"草图绘制" ✎命令组，选择"直线" ╲命令，系统弹出"直线"命令对话框，将鼠标光标移动到工作区。第一次"点1"设置为"-10，-5"，"点2"设置为"-20，-5"，按回车键或单击✓按钮；第二次"点1"设置为"-20，-5"，"点2"设置为"-20，-15"，按回车键或单击✓按钮；第三次"点1"设置为"-20，-15"，"点2"设置为"-10，-5"，按回车键或单击✓按钮；单击工作区的"完成" ✓按钮，完成第二个三角形的绘制，如图12-8所示。

（9）单击命令工具栏中的"草图绘制" ✎命令组，选择"矩形" ▭命令，系统弹出"矩形"命令对话框，将鼠标光标移动到工作区，在"点1"文本框中输入"-20，5"，在"点2"文本框中输入"-10，-5"，按回车键或单击✓按钮，完成左侧第三个矩形的绘制，如图12-9所示。单击工作区的"完成" ✓按钮，完成矩形填充。

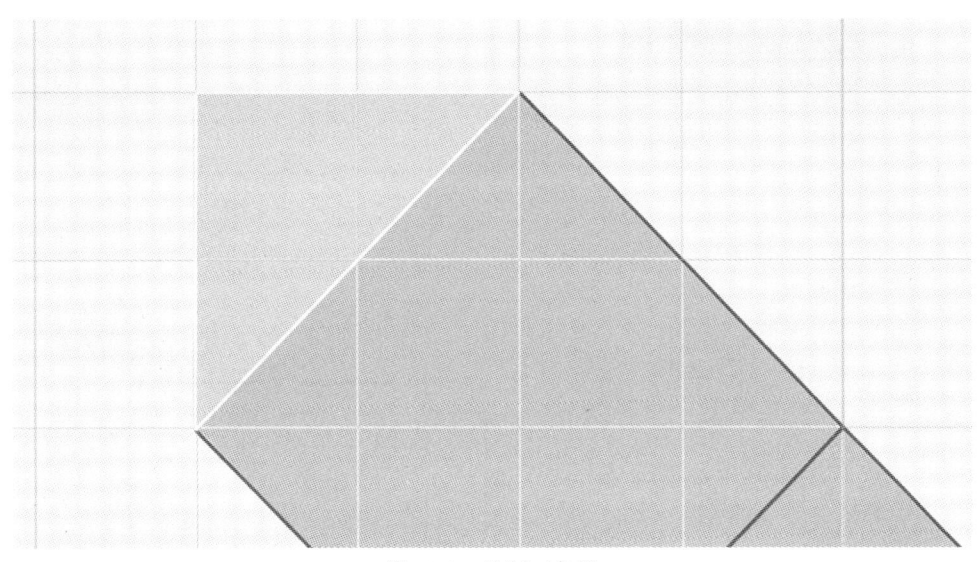

图 12-8 绘制三角形

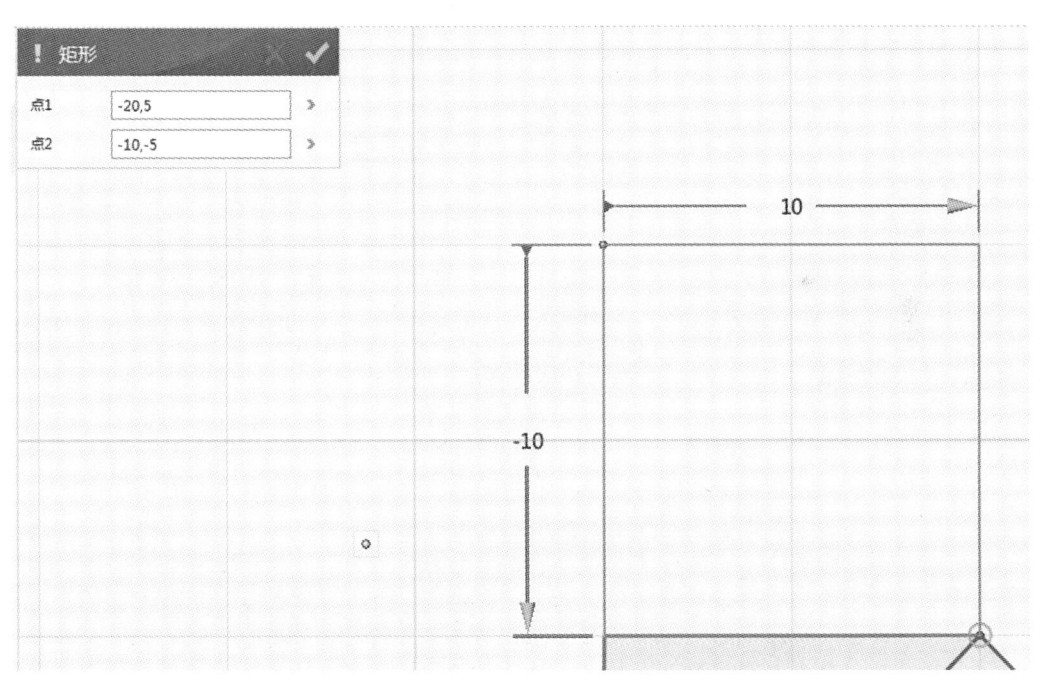

图 12-9 绘制矩形

（10）单击命令工具栏中的"草图绘制"命令组，选择"矩形"命令，系统弹出"矩形"命令对话框，将鼠标光标移动到工作区，在"点1"文本框中输入"-30，-5"，在"点2"文本框中输入"-20，-15"，按回车键或单击按钮，确定矩形，如图12-10所示。单击工作区的"完成"按钮，完成矩形填充。

（11）依照以上步骤在模型左侧继续创建三角形和正方形，直到矩形边长为1时停止。如图12-11所示。

131

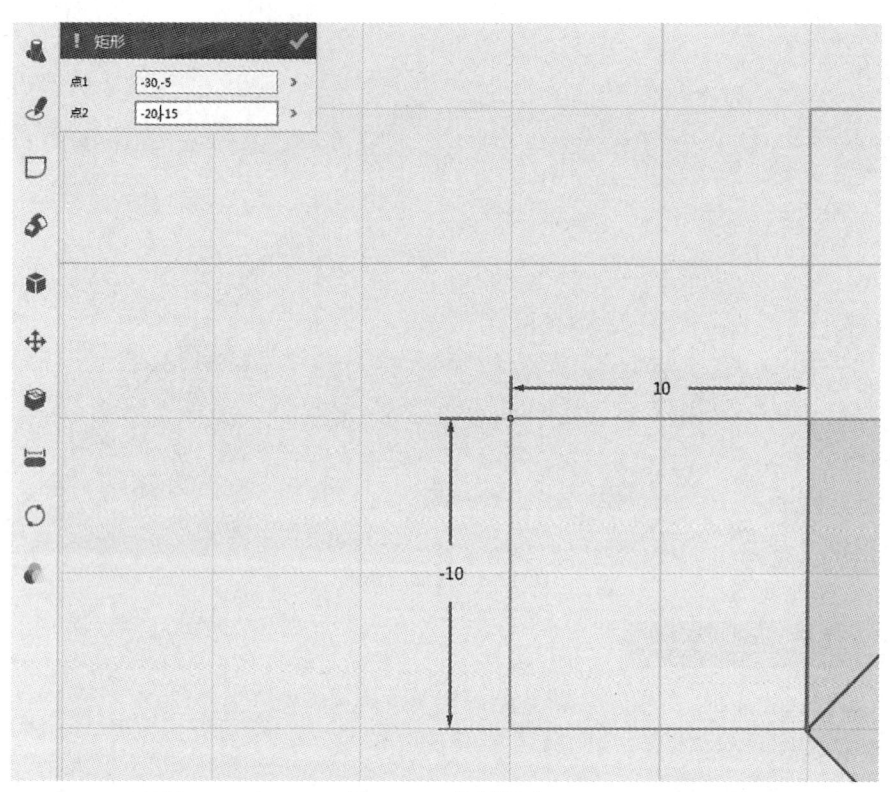

图 12-10　绘制矩形

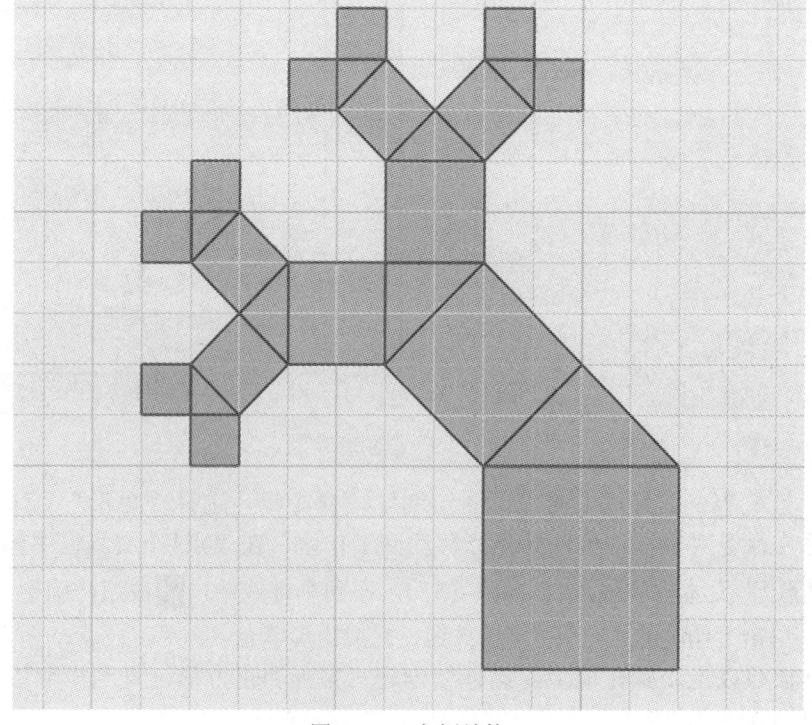

图 12-11　左侧结构

（12）选中根部矩形，在弹出的菜单中选择"拉伸" 命令，系统弹出"拉伸"命令对话框，选择拉伸长度为"3"。按回车键或单击 按钮，完成根部矩形的拉伸。依次选中左侧三角形和矩形，在弹出的菜单中选择"拉伸" 命令，系统弹出"拉伸"命令对话框，选择拉伸长度为3。按回车键或单击 按钮，完成左侧毕达哥拉斯树的拉伸，如图12-12所示。

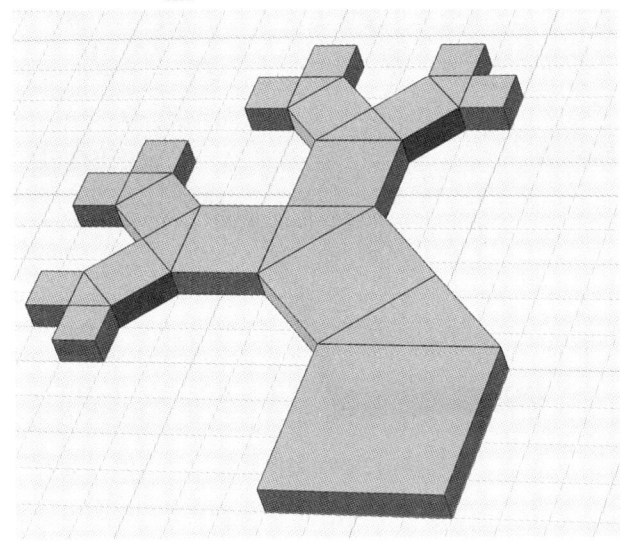

图 12-12　拉伸左侧

（13）选中如图12-13所示的几何体，单击命令工具栏中的"基本编辑" ，在弹出的菜单中选择"镜像" 命令，系统弹出"镜像"命令对话框，选择方式为"平面"，选择图中圈出平面。按回车键或单击 按钮，完成镜像命令，创建完整的毕达哥拉斯树，如图12-14所示。

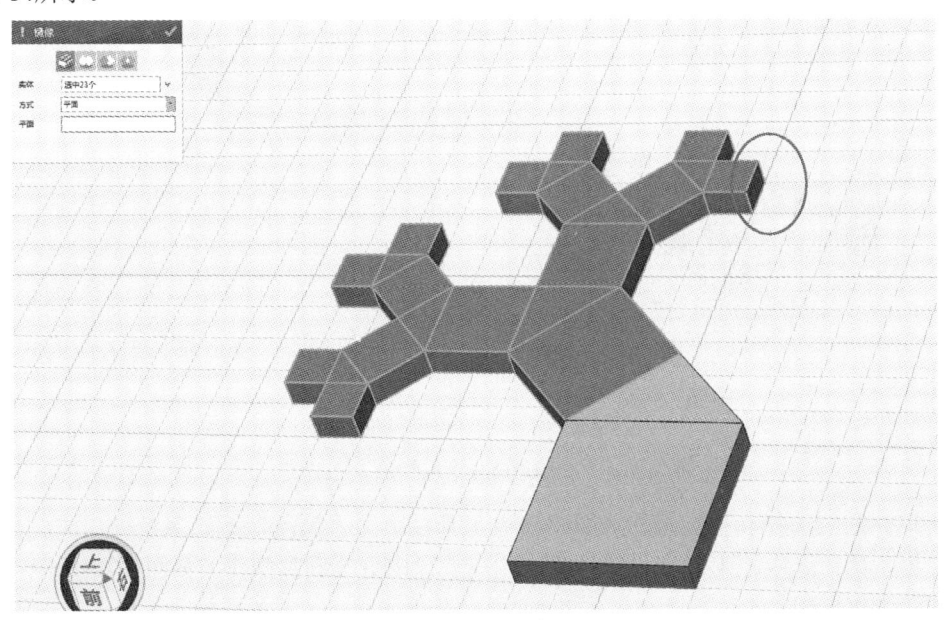

图 12-13　选择镜像平面

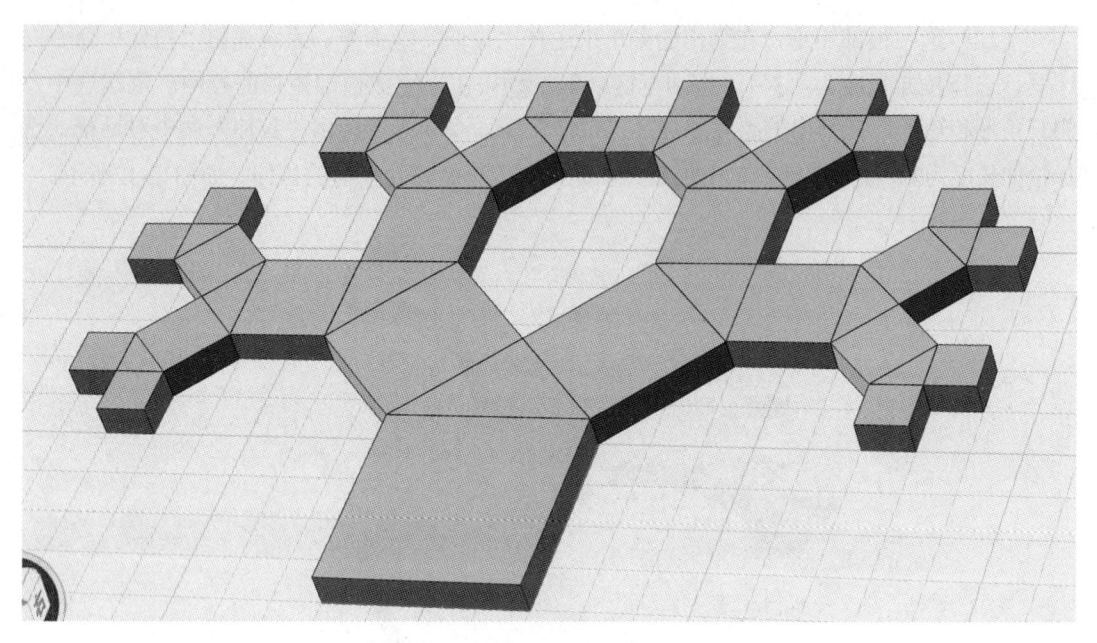

图 12-14 镜像效果

（14）选中矩形，并单击命令工具栏中的"颜色" ，系统弹出"颜色"命令对话框，选中一个颜色，单击根部矩形，完成更改颜色操作，如图12-15所示。

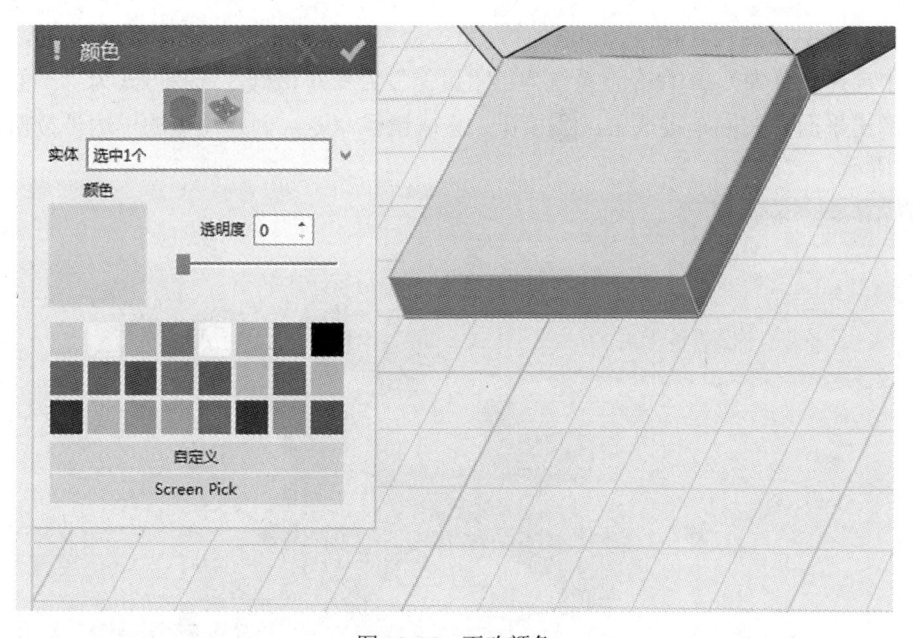

图 12-15 更改颜色

（15）继续选择其他矩形，并单击命令工具栏中的"颜色" ，系统弹出"颜色"命令对话框，为所选中矩形选择一种颜色，完成整棵树更改颜色操作，如图12-16所示。

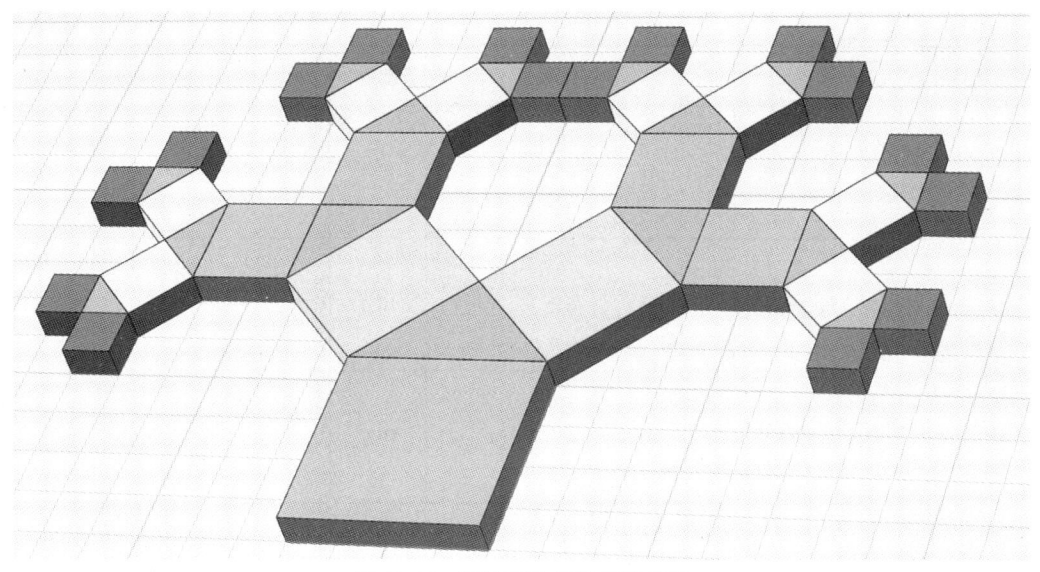

图 12-16　毕达哥拉斯树三维模型

步骤 3　导出 "STL" 文件

单击软件左上角的图标 3D One，系统弹出"文件基本操作"对话框，单击"导出"按钮，在"保存类型"文本框中选择"STL"，单击"保存"按钮。

任务 3　项目评价

项目评价量表

项目名称								
姓名			班级			评价日期		
			学号					
评价项目	考核内容		考核标准		配分	小组评分	教师评分	总评
任务完成情况评定（70分）	任务分析	信息搜索	正确 基本正确 不正确	10分 6分 0分	10分			
		方案制定	合理 基本合理 不合理	10分 6分 0分	10分			

续表

评价项目	考核内容		考核标准		配分	小组评分	教师评分	总评
任务完成情况评定（70分）	任务分析	手绘草图	正确 基本正确 不正确	10分 6分 0分	10分			
	三维建模	命令使用	正确 基本正确 不正确	10分 6分 0分	10分			
		参数设置	正确 基本正确 不正确	10分 6分 0分	10分			
		模型设计	完成 基本完成 未完成	20分 15分 0分	20分			
情感态度评定（30分）	遵守课堂纪律，服从指导教师和组长的安排		遵守 基本遵守 不遵守	10分 6分 0分	10分			
	课堂参与度高，讨论积极主动		参与度高 参与度一般 参与度不高	10分 6分 0分	10分			
	组内互相配合，团队协作		配合度高 配合度一般 配合度不高	10分 6分 0分	10分			
总评成绩								

【知识链接】

勾股定理的两种证明方法

1. 赵爽"弦图"证法

大正方形可以看成边长为c的正方形，也可以看成4个全等的直角三角形与一个小正方形的和，且小正方形的边长为$(a-b)$，由大正方形面积等于四个直角三角形加小正方形，整理可得$a^2+b^2=c^2$。

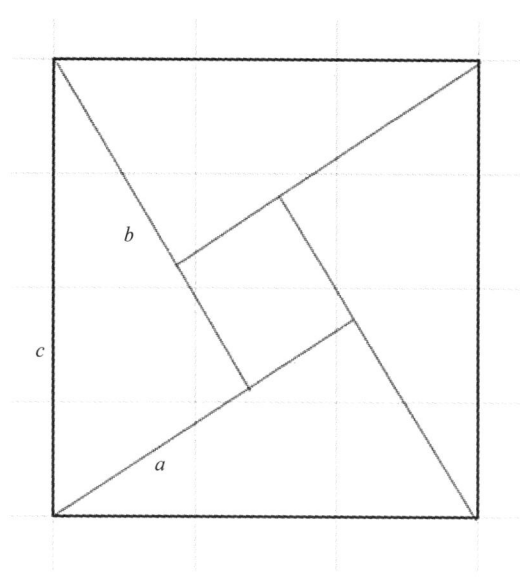

图 12-17 赵爽"弦图"证法

2. "总统"证法

∵ $S_{梯形ABCD} = \frac{1}{2}(a+b)^2 = \frac{1}{2}(a^2+2ab+b^2)$,

又∵ $S_{梯形ABCD} = S_{\triangle AED} + S_{\triangle EBC} + S_{\triangle DEC} = \frac{1}{2}ab + \frac{1}{2}ba + \frac{1}{2}c^2 = \frac{1}{2}(2ab+c^2)$

∴ $a^2+b^2=c^2$

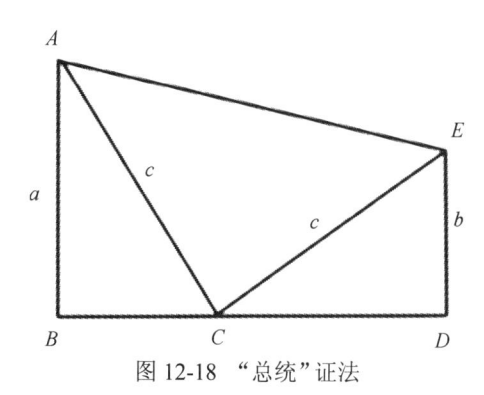

图 12-18 "总统"证法

项目 13

三维设计与物理——望远镜

项目背景

本学期为了激发学生学习物理的热情，更好地学习光学知识，促进学生对凸透镜成像原理和应用有更深的认识，从而对望远镜的构造有更深刻的理解，请同学们自己设计一个三维望远镜模型并使用3D打印机将其打印出来。通过观察和分析望远镜的结构，同学们可以将原本生活中的实例以3D模型的方式复现出来，进一步加深对物理实验器材的理解和掌握。

项目目标

◎ 能根据任务要求完成望远镜的草图绘制
◎ 能合理分析并制定望远镜的模型设计步骤
◎ 能正确使用软件中的圆柱体、椭球体、拉伸、抽壳等命令
◎ 能根据所学的知识操作软件完成望远镜的3D模型设计

效果欣赏

设计一个望远镜，并使用3D打印机将其打印出来，效果如下图所示。

任务 1　分析

步骤 1　信息收集

1. 认识望远镜

望远镜在生活中很常见，用途广泛，如双筒望远镜、单筒望远镜、天文望远镜等。如何设计一个望远镜，需要同学们搜集、调研市场上的成熟产品，依靠自己的想象力和经验，借助设计软件，将自己脑海中构思的望远镜设计成三维模型，并利用3D打印机将三维模型变成实物。

2. 设计望远镜需要具备的能力与原则

掌握凸透镜成像相关知识，并能熟练使用三维设计软件等。设计过程中需考虑功能性和实用性。

步骤 2　方案制定

各小组同学讨论交流，确定望远镜的设计思路和呈现方式。

设计思路（如形状、尺寸等）	呈现方式（如材料、颜色等）

步骤 3　内容选择

采用白色PLA（聚乳酸）材料作为3D打印材料，选择单筒望远镜作为制作模型。

步骤 4　手绘草图

根据决策要求，请各位同学手绘"望远镜"草图，确定望远镜的形状和尺寸。

草图

任务 2　三维建模

步骤 1　新建文件

（1）双击桌面上的3D One软件图标 ，打开软件。

（2）单击"另存为"按钮，输入文件名"望远镜"并选择文件保存的位置，单击"保存"按钮，进入3D设计环境。

步骤 2　创建"望远镜"模型

（1）单击命令工具栏中的"草图绘制" 命令组，选择"圆形" 命令，视图选择正上方 ，"中心"设置为"0，0，0"，按回车键或单击 按钮，确定圆心位置，设定圆的半径为"40"，单击上方确认符号 ，如图13-1所示。

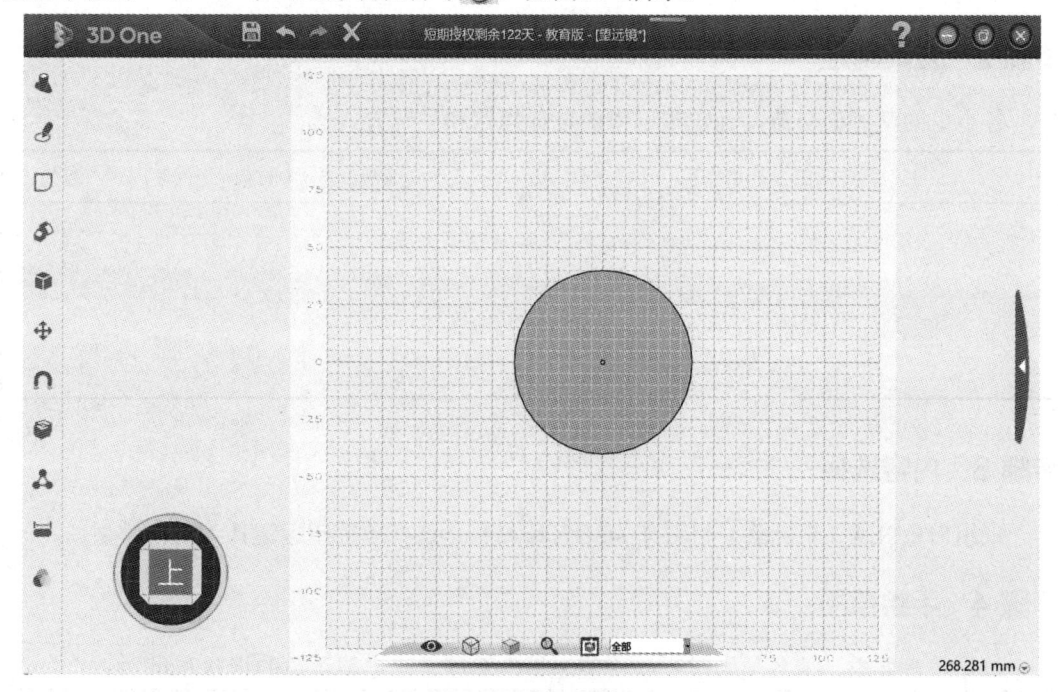

图 13-1　绘制草图圆

（2）单击"草图编辑" 中的"偏移曲线" 工具，对已画圆形进行曲线偏移，偏移距离设置为"5"，最后单击确认符号，结果如图13-2所示。

（3）单击"特征造型" 按钮选择拉伸工具 ，轮廓选择图13-3中的草图，拉伸距离设置为"40"，如图13-3所示，最后单击确认结果。

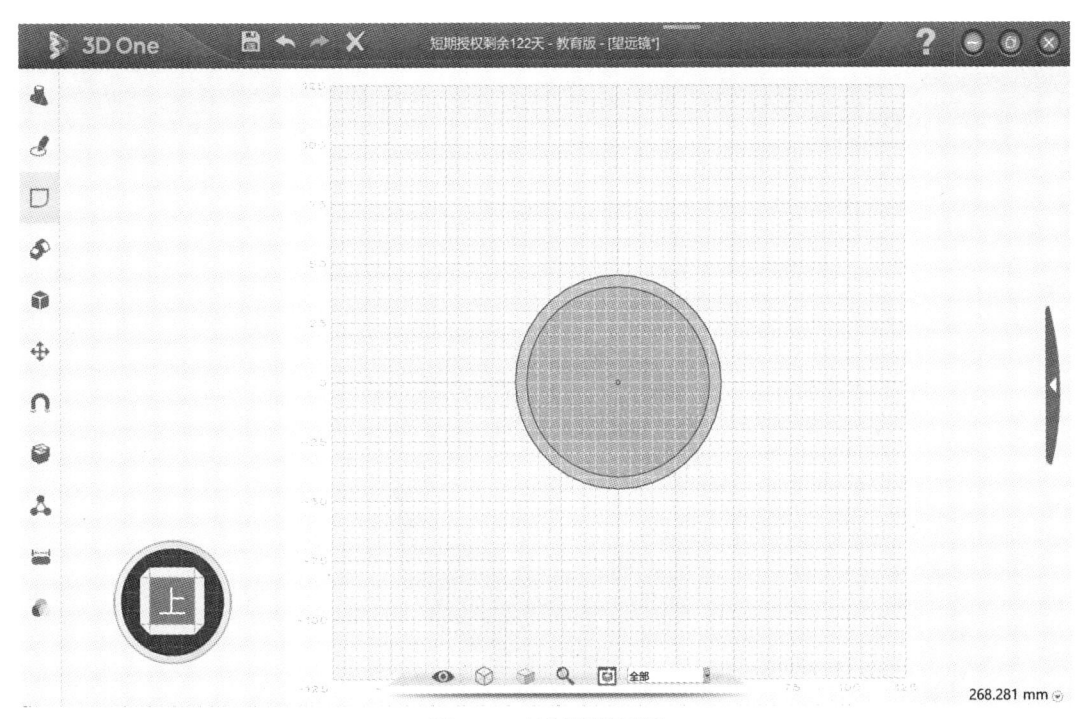

图 13-2 绘制草图圆环

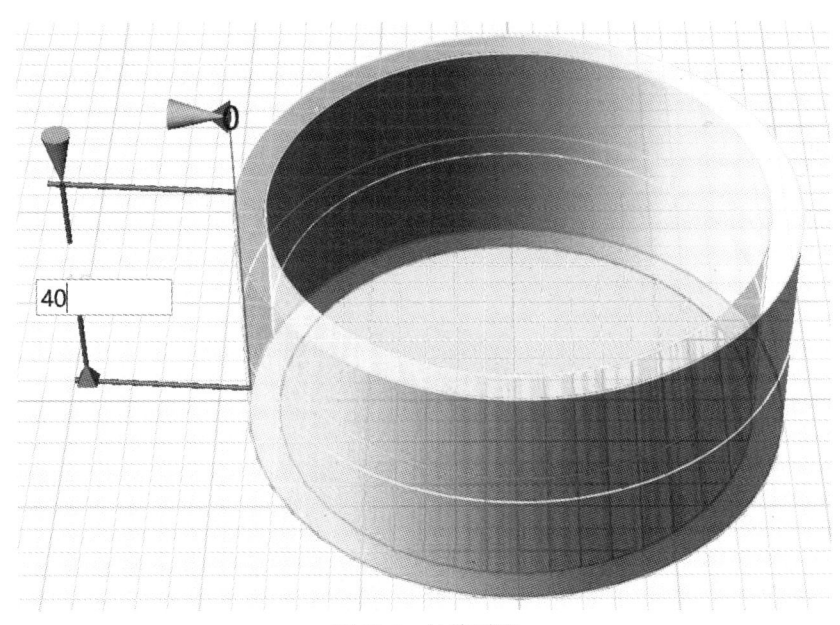

图 13-3 拉伸圆环

（4）单击"特征造型"按钮选择拉伸工具，轮廓选择最顶端的边，如图13-4所示，拉伸数值设置为"-60"，单击确认。

（5）把视图调到"前"视图，单击"特征造型"按钮，选择"圆角"工具，选择两个圆柱体的接缝处的边进行圆角处理，数值设置为"2.5"，并单击确认，结果如图13-5

所示。

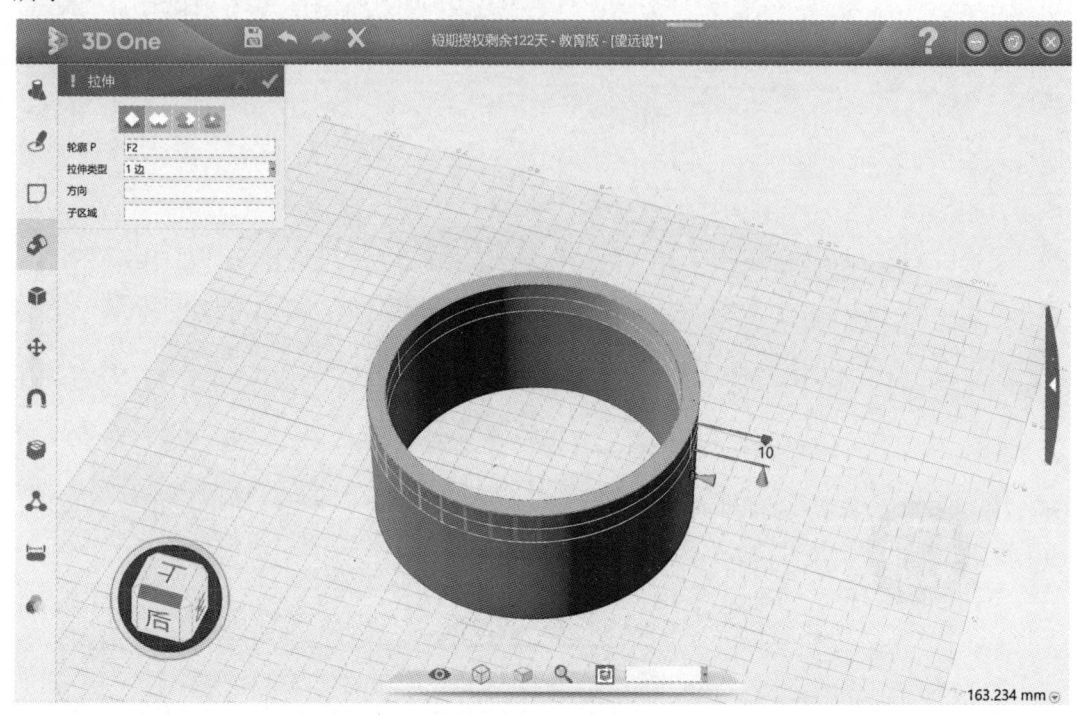

图 13-4　拉伸圆环

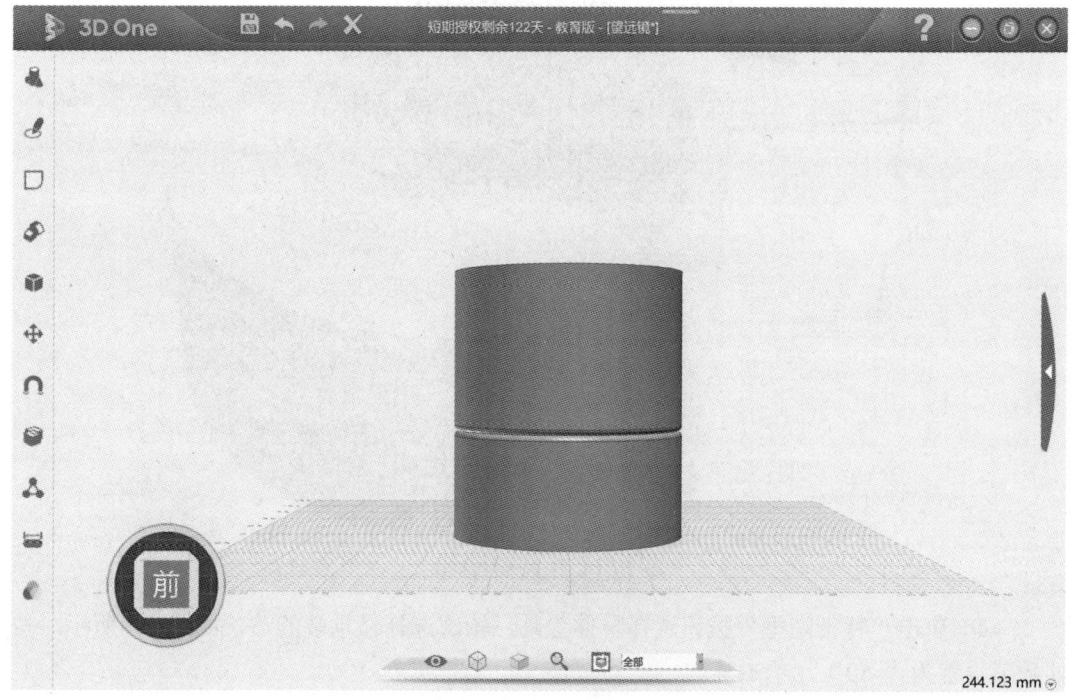

图 13-5　圆环圆角处理

（6）相同方式对圆柱底部进行圆角处理，数值设置为"2.5"，结果如图13-6所示。

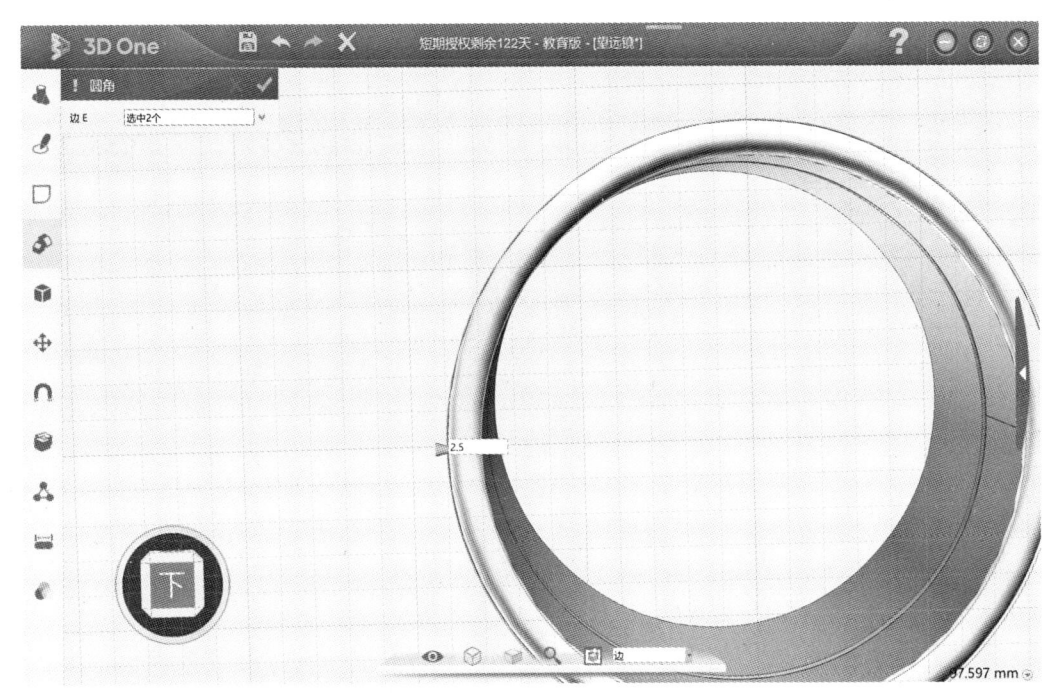

图 13-6　圆环底部的圆角处理

（7）把视图调到"前"并按住鼠标右键调整视角，单击"草图绘制"按钮选择参考几何体工具，选择圆柱体顶端的最内侧边作为参考平面，如图13-7所示，最后单击上方确认符号。

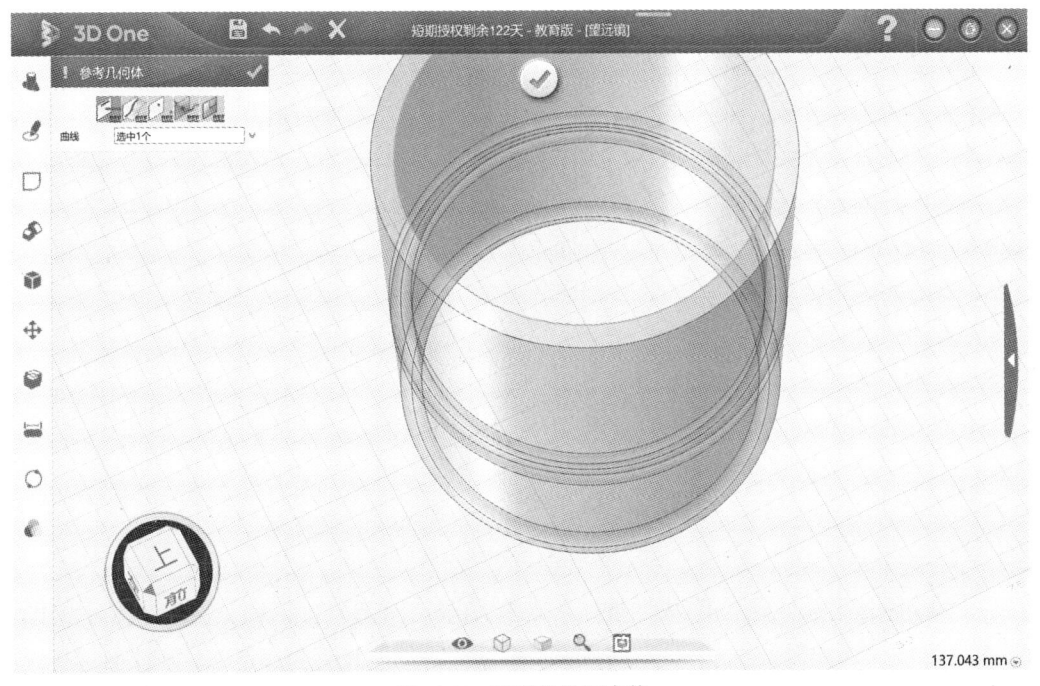

图 13-7　圆环的位置变换

三维创意设计

（8）鼠标左键单击参考的曲面，再点击"特征造型"按钮选择拉伸工具，将圆柱体拉伸到200，如图13-8所示，并单击确认。

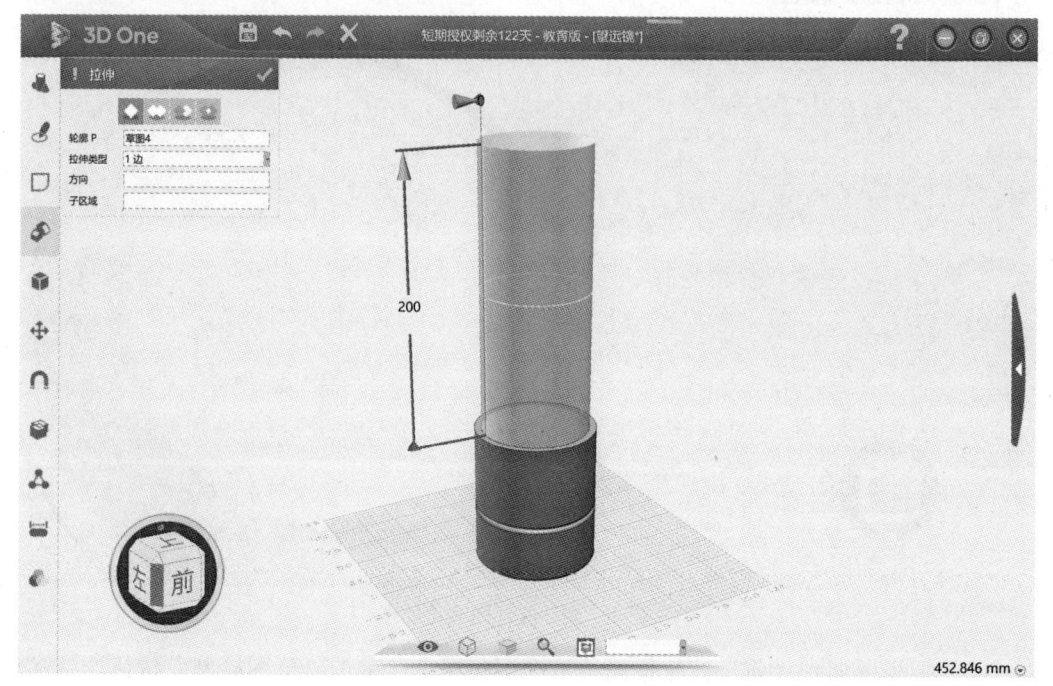

图13-8 镜筒拉伸

（9）选中底下两个部分，如图13-9所示。

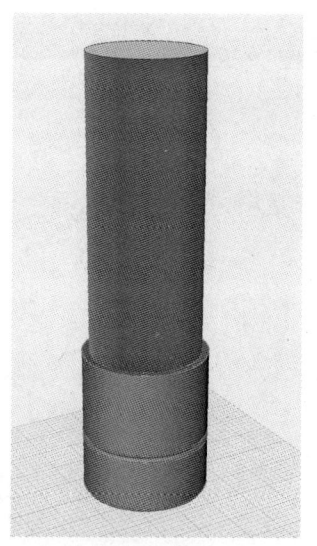

图13-9 选择望远镜底部

（10）单击下方"显示/隐藏"按钮，选择隐藏这两部分，鼠标左键选中显示的圆柱体，单击"特殊功能" 按钮选择"抽壳" 功能，厚度设置为"-5"，开放面选择圆柱体上、下两个底面，如图13-10所示，并单击确认。

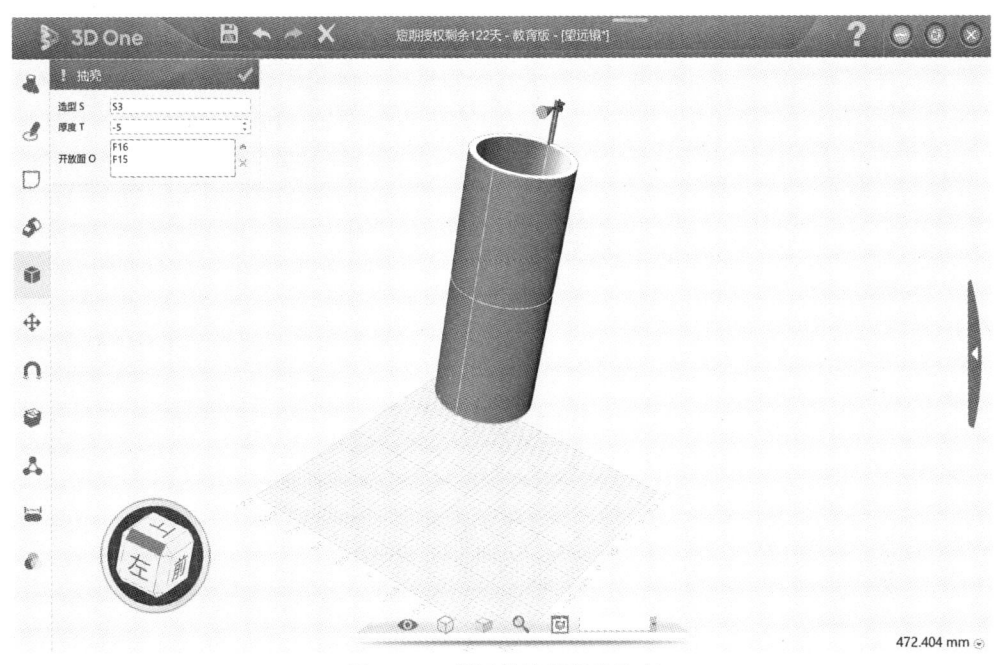

图 13-10　望远镜镜筒部分抽壳

（11）按上步操作选择"显示全部"按钮 ，将所有图形都显现，示图调整到斜上方，在最顶端添加一个圆柱体，单击"基础实体"按钮，选择"圆柱体"，中心设置为"-0，0，300"，厚度设置为"10"，半径设置为"40"，并单击确认。使用"抽壳"功能对新创建的圆柱体进行抽壳处理，厚度设置为"-20"。使用"圆角"工具对顶面进行圆角处理，圆角半径设置为"8"，最后结果如图13-11所示。

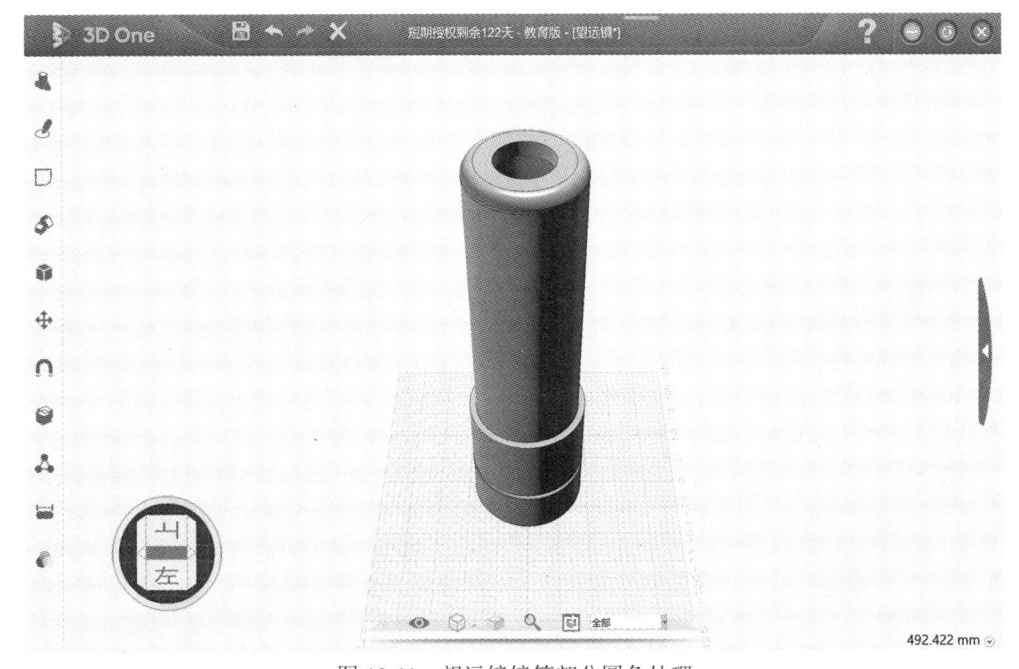

图 13-11　望远镜镜筒部分圆角处理

145

（12）重复上述步骤在顶端建一个圆柱体，设置高为"40"，半径为"20"，并进行抽壳处理，厚度设置为"-5"，再对顶端进行圆角处理，圆角半径设置为"2.5"，最后结果如图13-12所示。

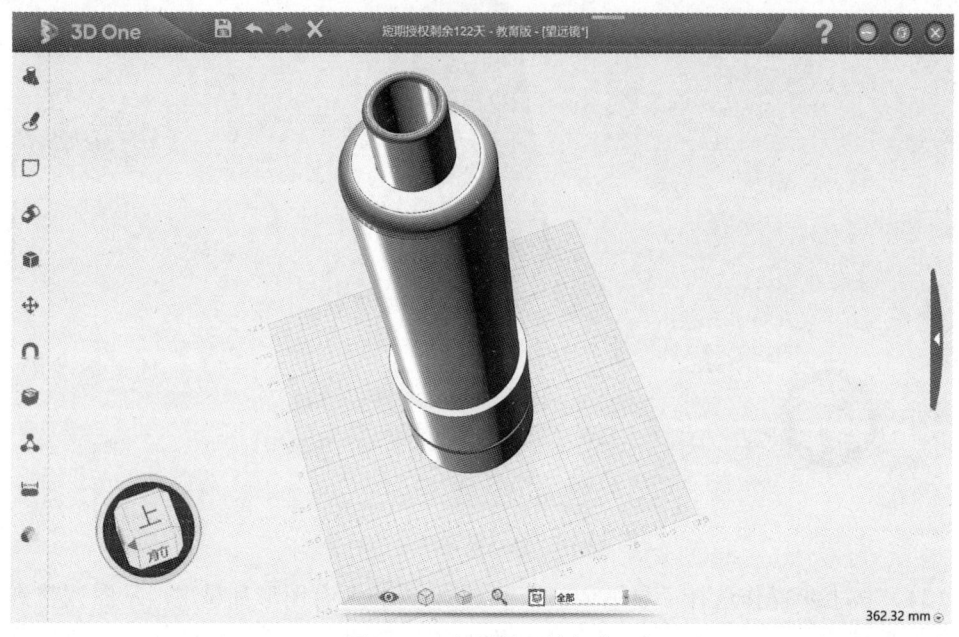

图 13-12　望远镜目镜部分

（13）再重复上述步骤在顶端建一个圆柱体，设置高为"20"，半径为"25"，单击"基本编辑"按钮，选择"移动"功能，单击刚刚创建的圆柱体，向下移动"12"，如图13-13所示。再进行抽壳处理，厚度设置为"2.5"，并单击确认。

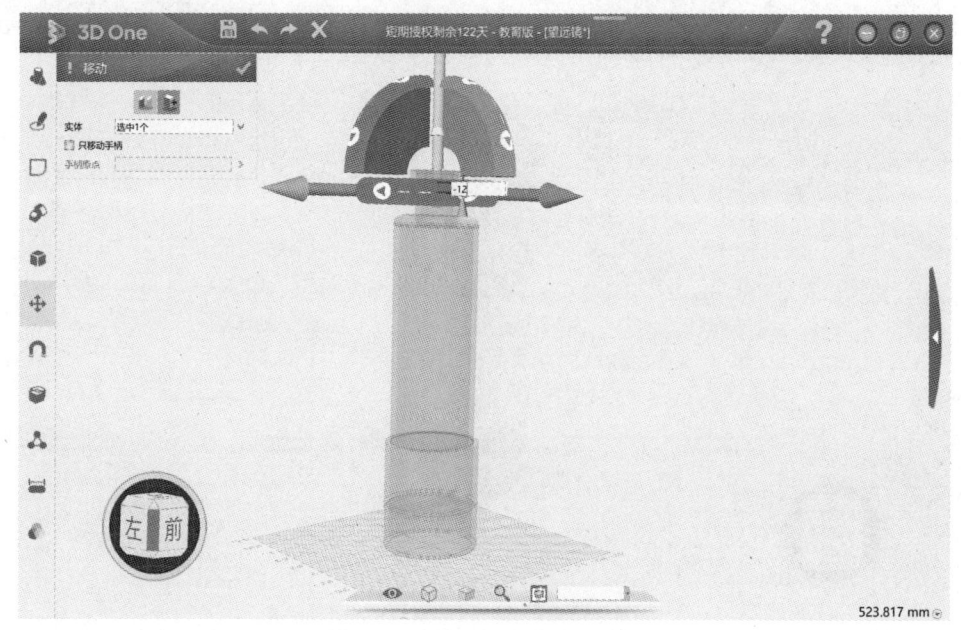

图 13-13　望远镜目镜部分加装

（14）对新建圆柱体上下进行圆角处理，圆角半径设置为"2.5"，如图13-14所示。

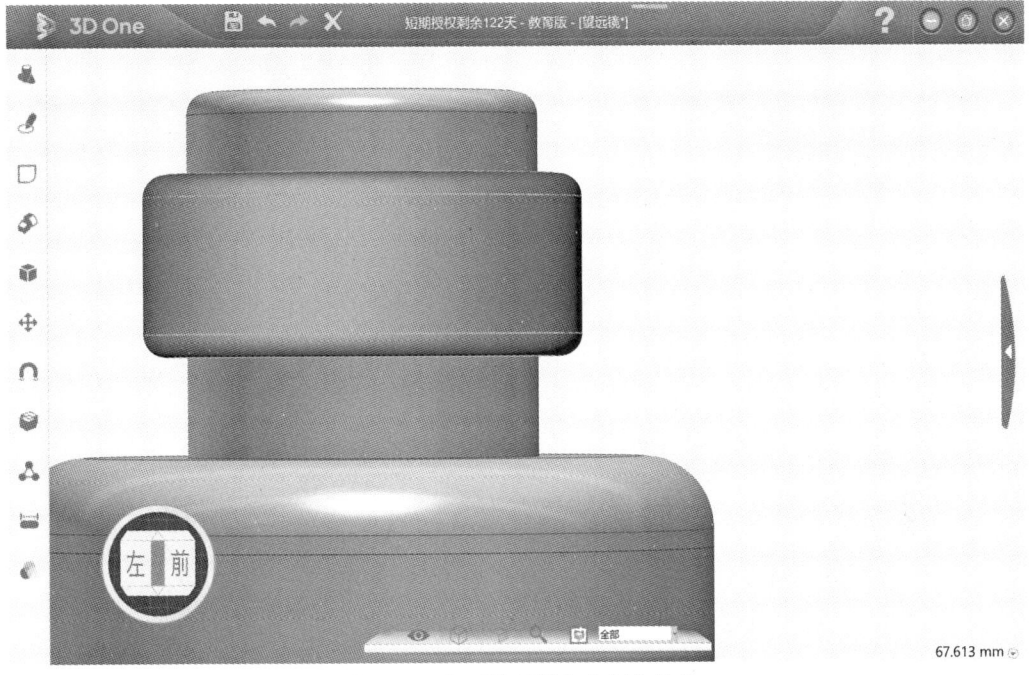

图 13-14　望远镜目镜部分圆角处理

（15）创建一个六面体，设置高为"12"，宽为"4"，厚为"4"，并进行圆角处理，圆角半径设置为"2"，如图13-15所示。

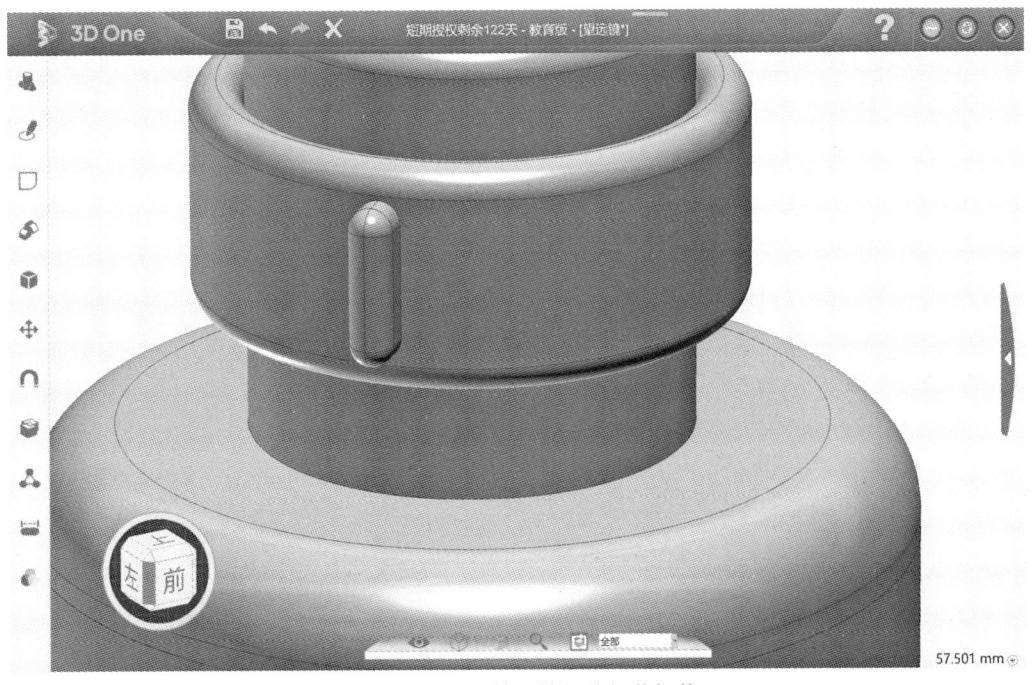

图 13-15　望远镜目镜部分细节加装

三维创意设计

（16）鼠标左键单击小突起部分，选中整个实体，单击"基本编辑"按钮，选择列阵功能，列阵方式选择圆形，方向设置为"0，0，0"，数量选择"10"，如图13-16，并单击确认。

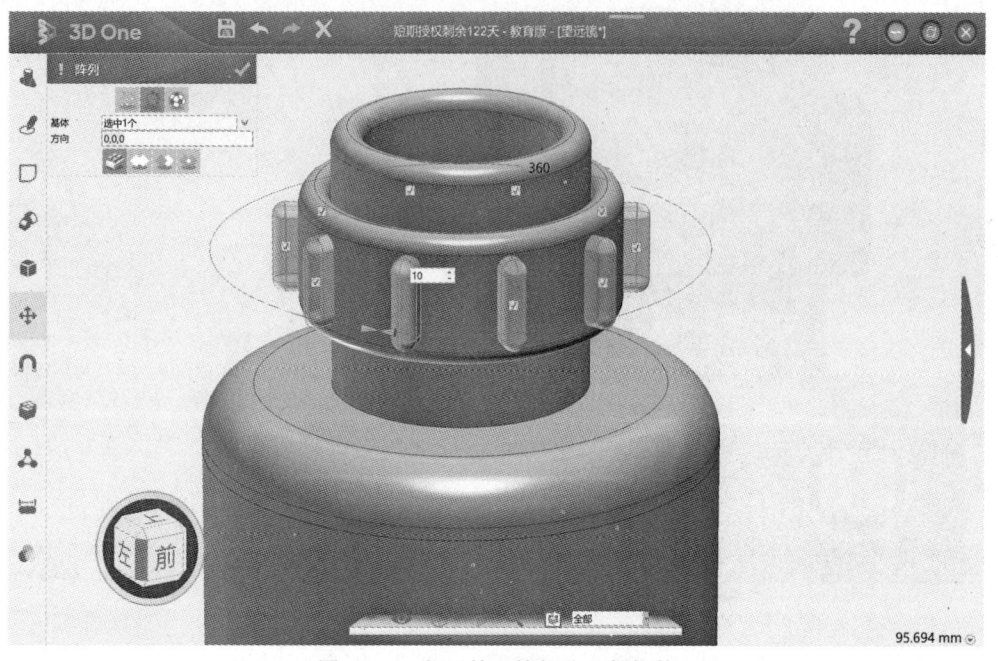

图 13-16　望远镜目镜部分凸起加装

（17）单击"基础实体"按钮，选择"椭球体"在顶部创建一个椭球体，设置长轴长度为"30"，短轴长度为"30"，厚为"10"，使用移动工具向下移动"5"，如图13-17所示。

图 13-17　望远镜目镜部分细节调整

148

（18）同样的操作在底面添加一个椭球体，设置长轴长度为"80"，短轴长度为"80"，厚为"10"，使用移动工具向上移动"5"，如图13-18所示，望远镜的主体部分就制作完成了。

图 13-18　望远镜主体模型

（19）单击"颜色"按钮，并选择模型中的实体进行上色，可根据自己喜好给望远镜上色，如图13-19所示。

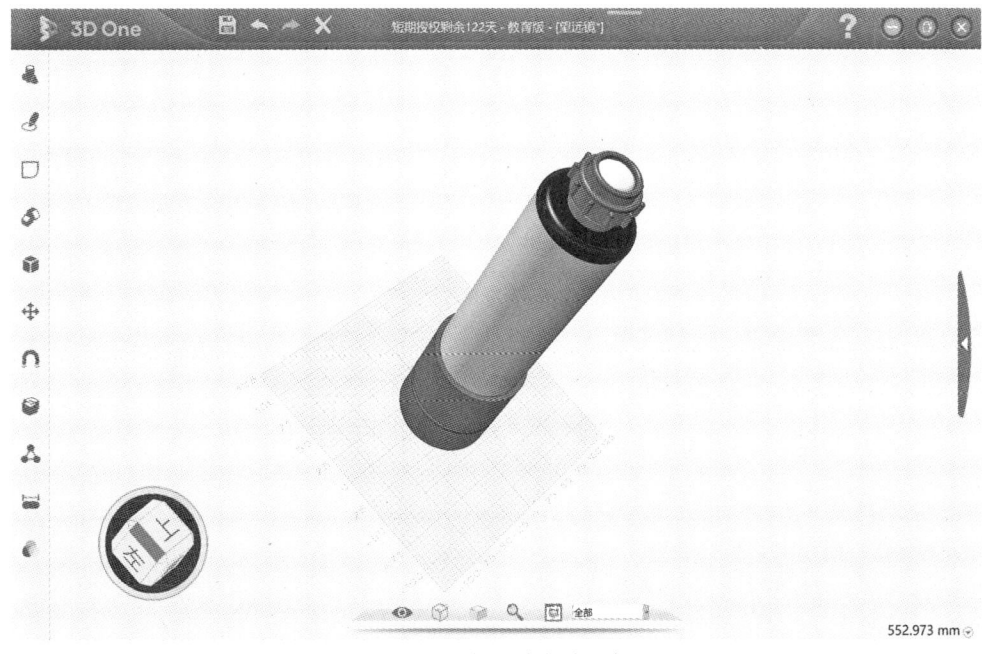

图 13-19　望远镜主体上色

步骤3 导出"STL"文件

单击软件左上角的图标 3D One，系统弹出"文件基本操作"对话框，单击"导出"按钮，在"保存类型"文本框中选择"STL"，单击"保存"按钮。

任务3 项目评价

项目评价量表

项目名称							
姓名		班级		评价日期			
		学号					
评价项目	考核内容		考核标准		配分	小组评分	教师评分	总评
任务完成情况评定（70分）	任务分析	信息搜索	正确 基本正确 不正确	10分 6分 0分	10分			
		方案制定	合理 基本合理 不合理	10分 6分 0分	10分			
		手绘草图	正确 基本正确 不正确	10分 6分 0分	10分			
	三维建模	命令使用	正确 基本正确 不正确	10分 6分 0分	10分			
		参数设置	正确 基本正确 不正确	10分 6分 0分	10分			
		模型设计	完成 基本完成 未完成	20分 15分 0分	20分			
情感态度评定（30分）	遵守课堂纪律，服从指导教师和组长的安排		遵守 基本遵守 不遵守	10分 6分 0分	10分			

续表

评价项目	考核内容	考核标准	配分	小组评分	教师评分	总评
情感态度评定（30分）	课堂参与度高，讨论积极主动	参与度高 10分 参与度一般 6分 参与度不高 0分	10分			
	组内互相配合，团队协作	配合度高 10分 配合度一般 6分 配合度不高 0分	10分			
总评成绩						

【知识链接】

望远镜知识拓展

1. 凸透镜成像规律

望远镜由两组透镜组成，靠近眼睛的为目镜，靠近被观测物体的为物镜。目镜是凸透镜，其作用相当于一个放大镜，使经过物镜形成的像再次成正立、放大的虚像。这个规律是凸透镜成像的基本原理之一。

2. 望远镜

望远镜是一种用于观察远距离物体的光学仪器。它能把远物很小的张角按一定倍率放大，使之在像空间具有较大的张角，从而使本来无法用肉眼看清或分辨的物体变得清晰可辨。因此，在天文和地面观测中，望远镜是一种不可缺少的工具。

3. 伽利略折射望远镜

伽利略是第一个认识到望远镜将可能用于天文研究的人。虽然他没有发明望远镜，但他改进了前人的设计方案，并逐步增强其放大功能。伽利略制作了一架口径4.2 cm，长约1.2 m的望远镜。他采用平凸透镜作为物镜，凹透镜作为目镜，这种光学系统称为伽利略式望远镜。伽利略用这架望远镜指向天空，得到了一系列的重要发现，天文学从此进入了望远镜时代。

项目 14

三维设计与物理——制作平衡鸟

项目背景

在学习重力的课程中,同学们了解到物体在地球上都会受到重力的作用,而这个作用点就是重心。当一个物体的支撑点位于重心的位置时,物体就会由于受力平衡而保持静止状态。由于重力的方向始终竖直向下,因此当支撑方向在一定范围内发生改变时,物体能够通过自身重力保持平衡。这种方法被应用于许多领域,课堂中我们要制作的平衡鸟就是这样被发明的。本项目我们通过使用3D打印技术来制作一个平衡鸟,从而更进一步理解重力的作用点和方向。

项目目标

◎ 能合理分析并制定平衡鸟设计模型的步骤
◎ 能正确使用软件中的椭球体、草图、减运算、镜像、拉伸、移动等命令
◎ 能根据所学的知识操作软件完成平衡鸟的三维模型设计

效果欣赏

设计一个平衡鸟,并使用3D打印机将其打印出来,效果如下图所示。

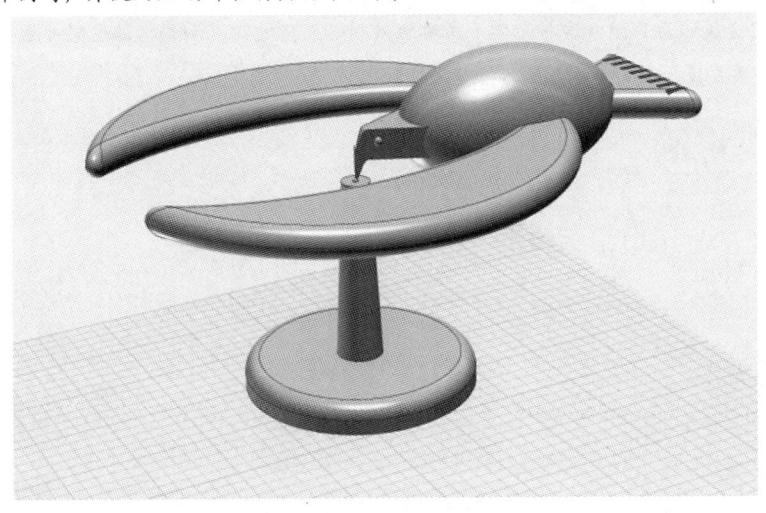

任务 1　分析

步骤 1　了解重力的基本概念

1. 重力

物体由于地球的吸引而受到的力叫重力，地球上所有的物体都会受到重力，重力的施力物体是地球。重力是一种非接触力，重力的产生不需要物体之间的相互接触。重力的方向总是竖直向下的，重力的作用点是重心，对于质量均匀、外形规则的物体，重心在几何中心处。对于质量不均匀、外形不规则的物体，其重心我们要通过支撑法或悬挂法来确定。

2. 设计平衡鸟需要具备的能力

了解重力的方向和平衡鸟的结构。

步骤 2　方案制定

各小组同学讨论交流，确定体育锻炼骰子的设计思路和呈现方式。

设计思路（如形状、尺寸等）	呈现方式（如材料、颜色等）

步骤 3　手绘草图

根据决策要求，请各位同学手绘"平衡鸟"草图，确定体育锻炼骰子的形状和尺寸。

草图

任务2　三维建模

步骤1　新建文件

（1）双击桌面上的3D One软件图标，打开软件。

（2）单击"另存为"按钮，输入文件名"平衡鸟"并选择文件保存的位置，单击"保存"按钮，进入3D设计环境。

步骤2　创建"平衡鸟"模型

（1）单击命令工具栏中的"草图绘制"命令组，选择"圆形"命令，视图选择正上方，"中心"设置为"0，0，0"，按回车键或单击按钮，确定圆心位置，设定圆的半径为"80"，如图14-1所示。

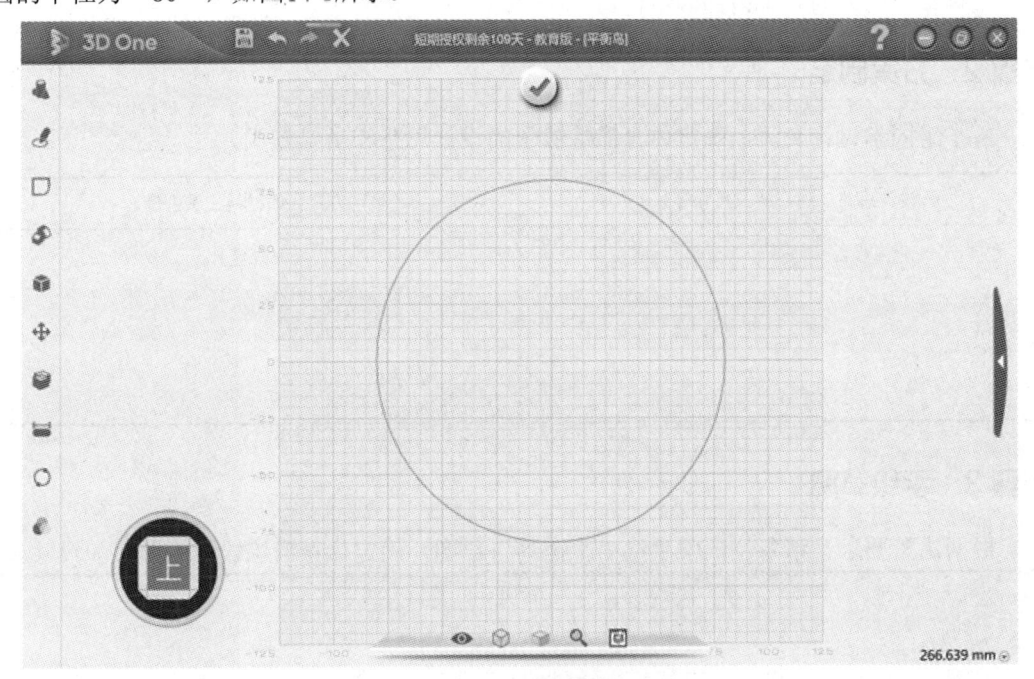

图14-1　圆形草图

（2）单击命令工具栏中的"草图绘制"命令组，选择"椭圆形"命令，"点1"设置为"-10，0"，椭圆形长轴长度设置为"150"，短轴长度设置为"80"，如图14-2所示，按回车键或单击按钮。

（3）单击命令工具栏中的"草图绘制"命令组，选择"椭圆形"命令，设置"点1"位置为"60，0"，长轴长度为"80"，短轴长度为"50"，如图14-3所示，按回车键或单击按钮。

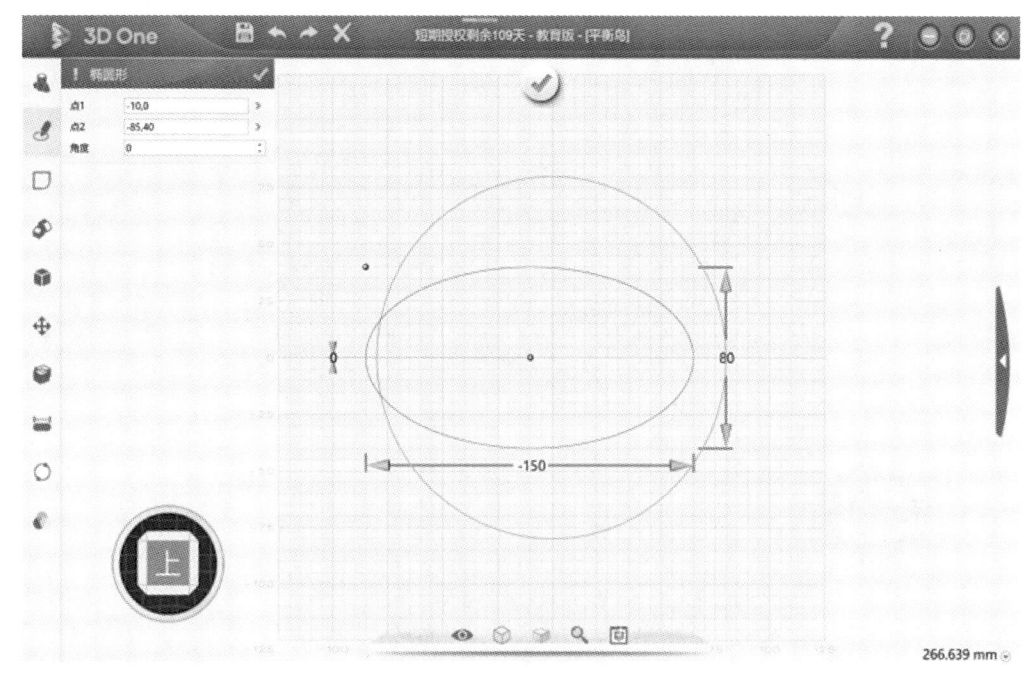

图 14-2　绘制椭圆形草图

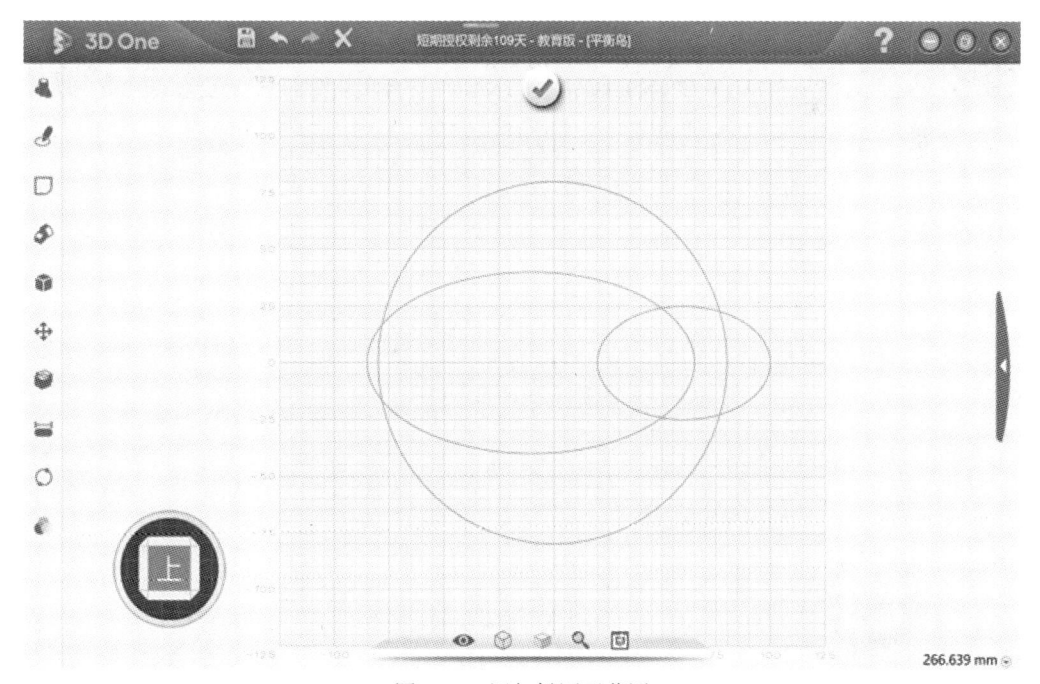

图 14-3　添加椭圆形草图

（4）单击命令工具栏中的"草图绘制"命令组，选择"多边形" ⬡ 命令，设置边数为"3"，角度为"180"，中心为"110，0"，三角形边长为"35"，如图14-4所示，按回车键或单击 ✓ 按钮。

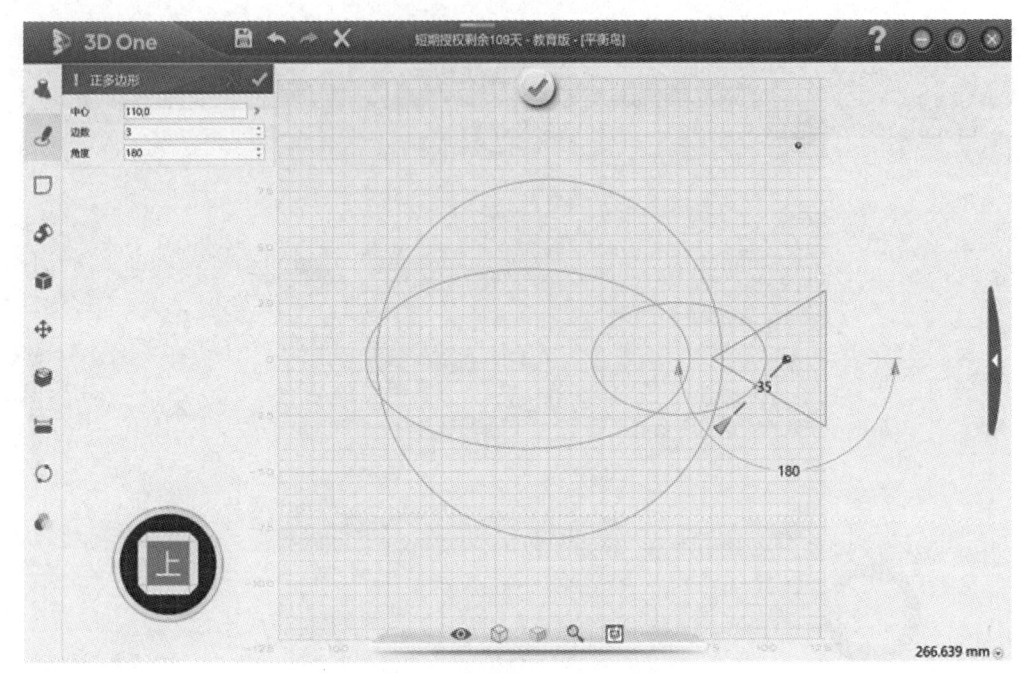

图 14-4　添加尾部三角形

（5）单击命令工具栏中的"草图绘制"命令组，选择"直线"命令，选择起点为"0，0"，画两条线段如图14-5所示，按回车键或单击按钮。

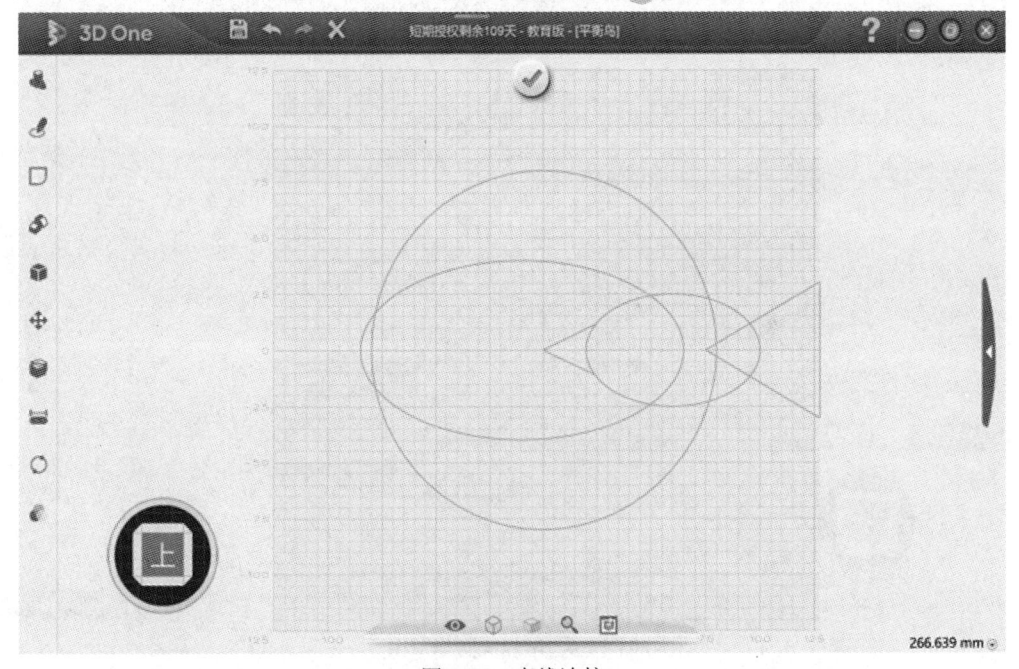

图 14-5　直线连接

（6）单击命令工具栏中的"草图编辑"命令组，选择"单击修剪"命令，对已画的图形进行修剪，按回车键或单击按钮，如图14-6所示。

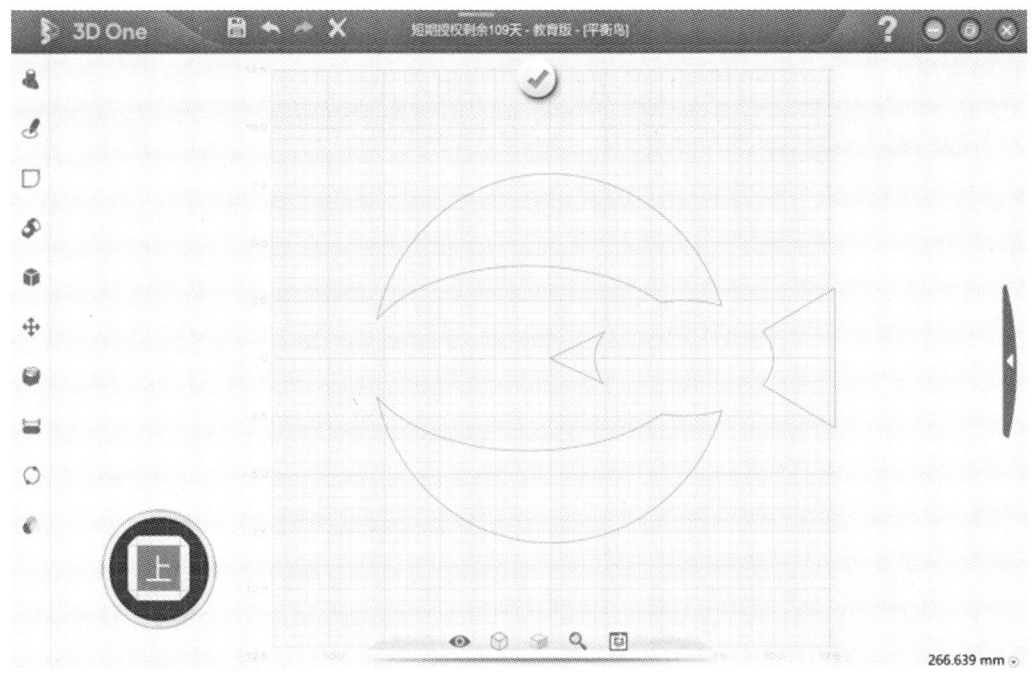

图 14-6 编辑修剪

（7）单击命令工具栏中的"草图编辑"命令组，选择"链状圆角" 命令，对鸟的翅膀进行圆角处理，单击两条相交线段，圆角半径选择3，如图14-7所示，按回车键或单击 按钮。

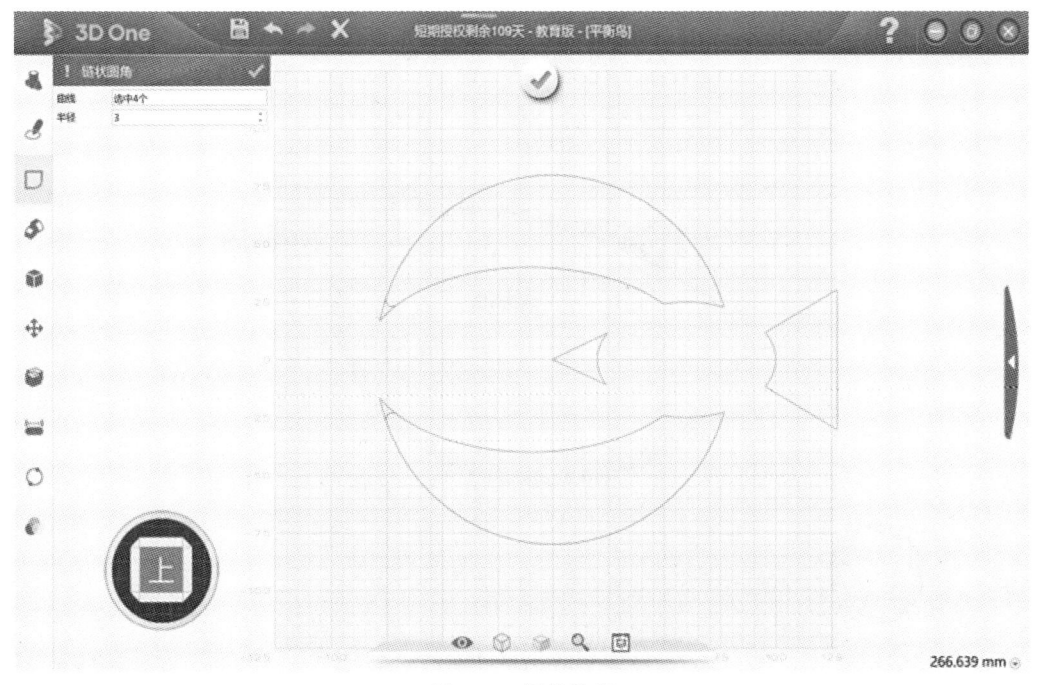

图 14-7 圆角处理

157

（8）单击上方确认符号，选择草图。单击"特征造型" 按钮，选择拉伸工具 ，拉伸距离选择10，如图14-8所示，按回车键或单击 按钮。

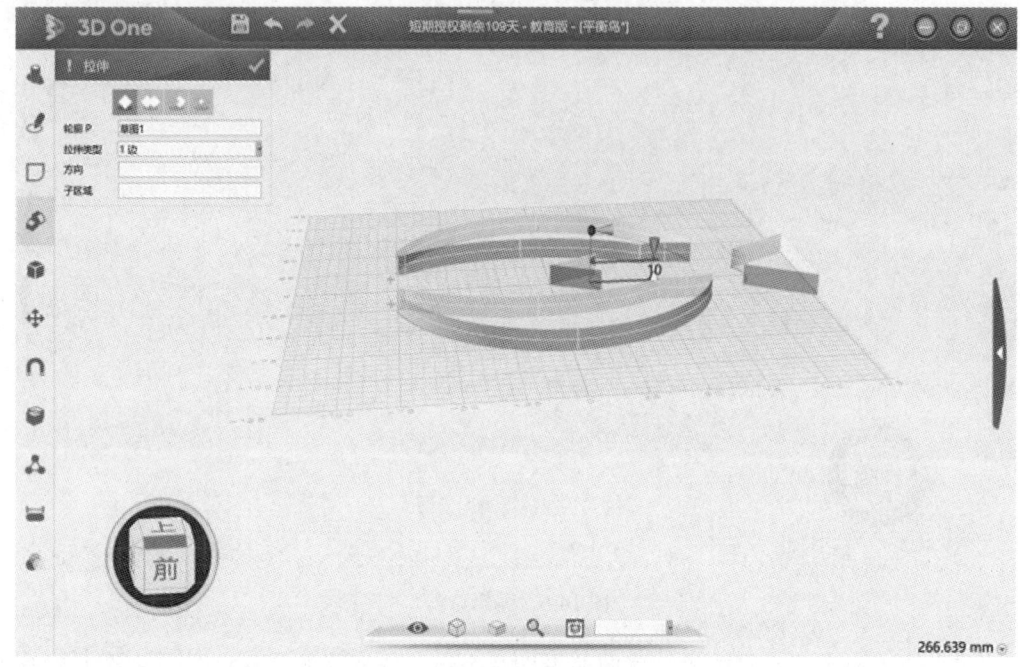

图 14-8　造型拉伸

（9）单击"特征造型"按钮，选择"圆角"工具，选择两个圆柱体的接缝处的边进行圆角处理，数值设置为"5"，并单击上方确认符号，结果如图14-9所示。

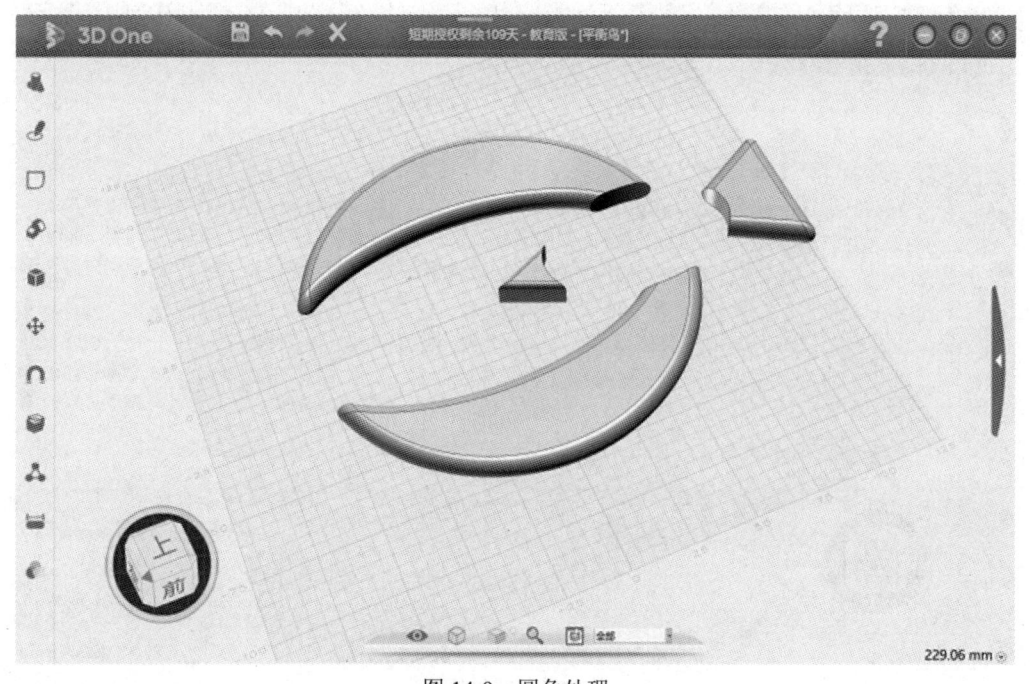

图 14-9　圆角处理

（10）单击"基础实体"按钮，选择"椭球体"创建一个椭球体，设置长轴长度为"82"，短轴长度为"52"，厚为"48"，中心位置为"60，0，5"，如图14-10所示，并单击上方确认符号。

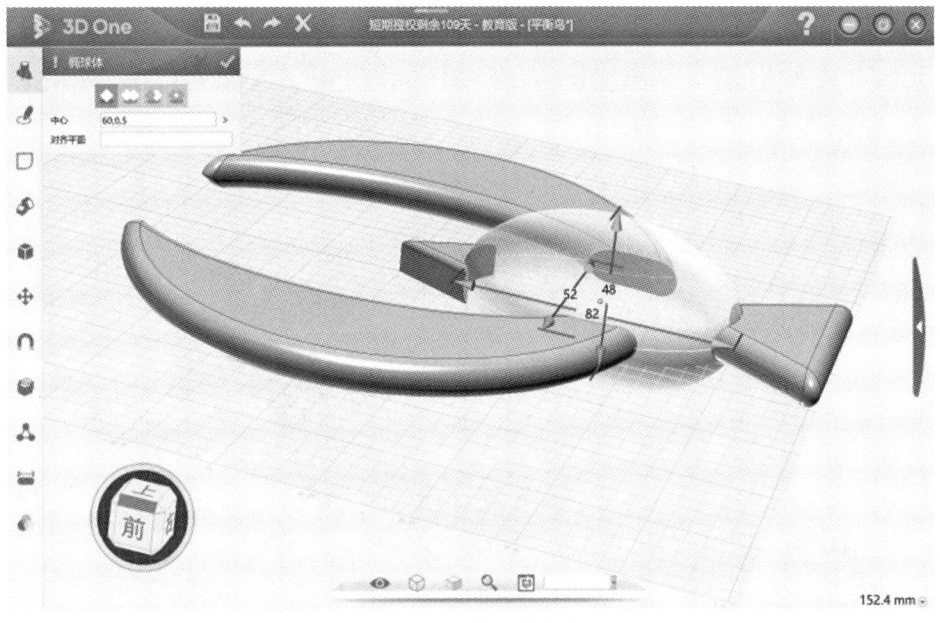

图14-10 添加椭圆体

（11）单击"特征造型"按钮，选择"由指定点开始变形实体"，对鸟嘴部分进行变形，几何体选择鸟嘴部分，变形点选择最前端两个点，方向选择向下，设置向下变形数值为"6"，向右变形数值为"10"，如图14-11所示。

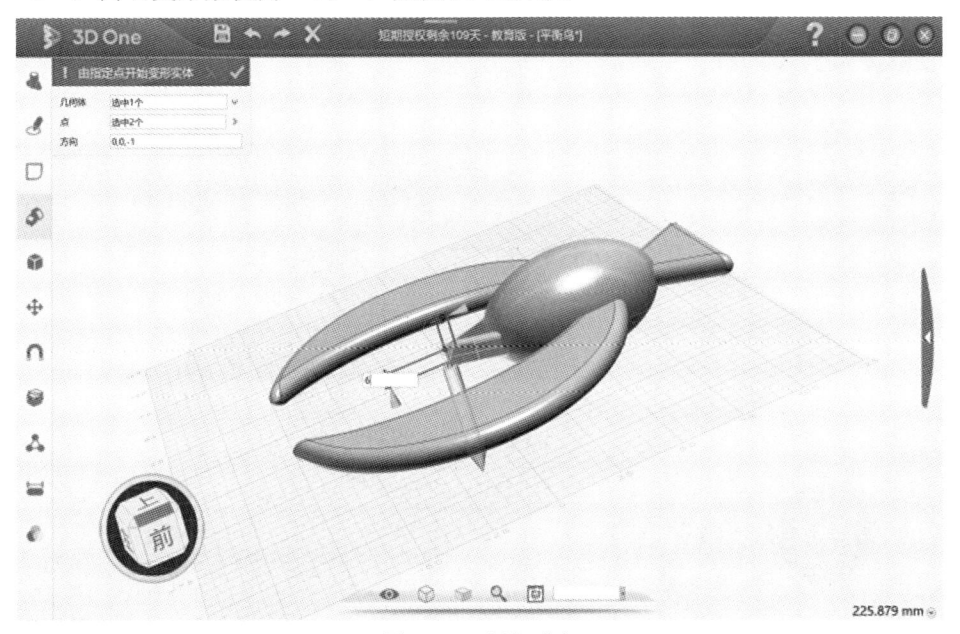

图14-11 添加嘴部

（12）创建一个六面体，设置高为"20"，宽为"20"，厚为"2"，并进行圆角处理，圆角半径设置为"1"，鼠标左键单击小突起部分，选中整个实体，单击"基本编辑"按钮，选择列阵功能，列阵方式选择线性，方向设置为"0，1，0"，数量设置为"10"，选择减运算，并单击上方确认符号，如图14-12所示。

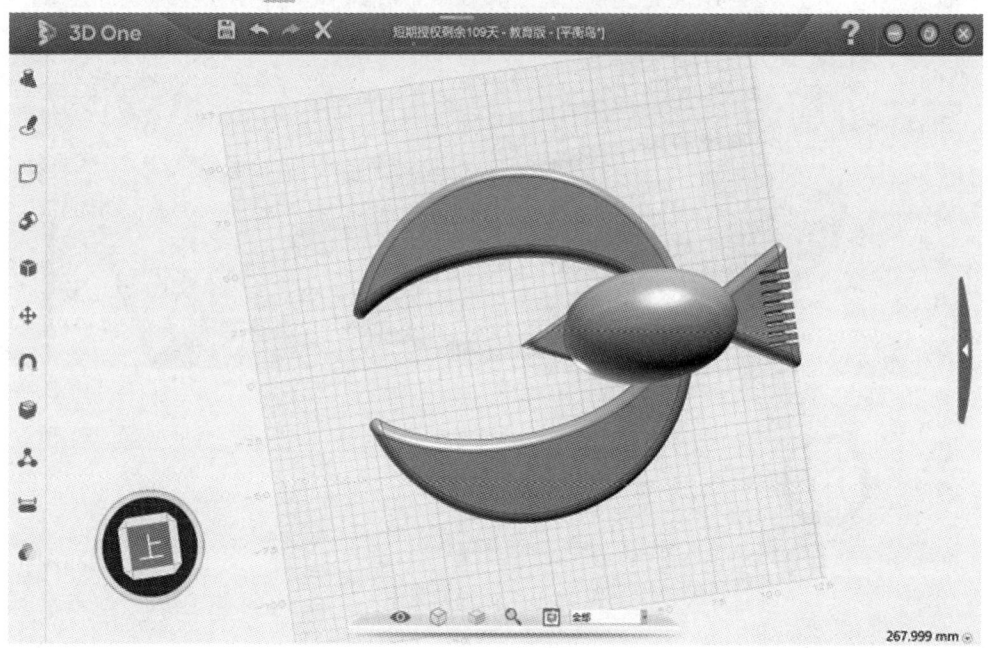

图14-12　尾部细节处理

（13）选择下视角，如图14-13所示，在鸟嘴位置创建一个球体，半径设置为"0.8"。

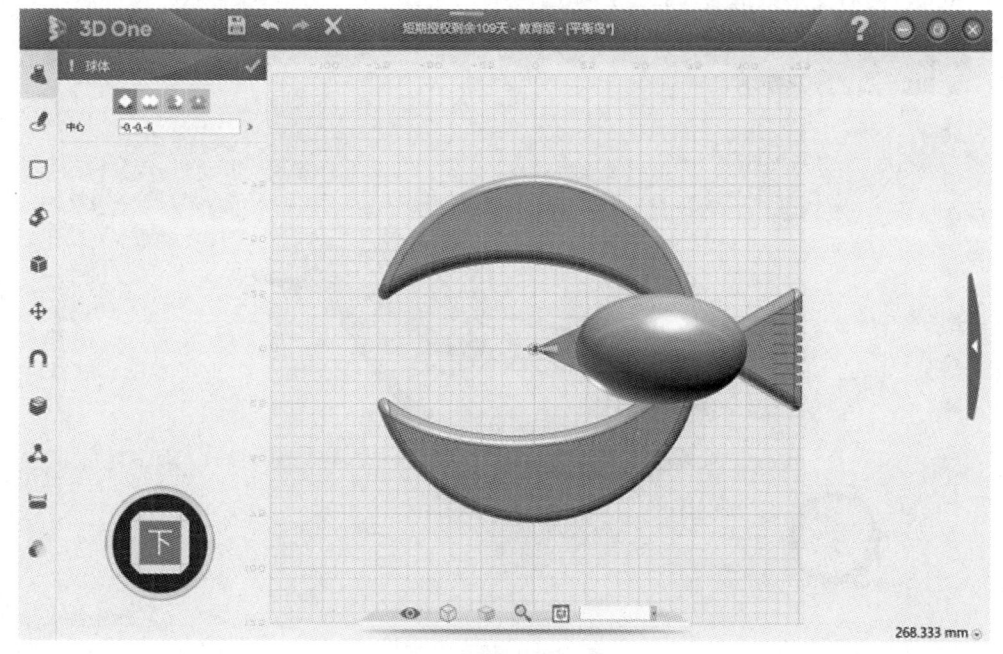

图14-13　嘴部添加球体

（14）调整好视角，在鸟嘴上方，使用球形工具给鸟安装一个眼睛，半径设置为"2"，并使用镜像工具添加另一边，如图14-14所示。

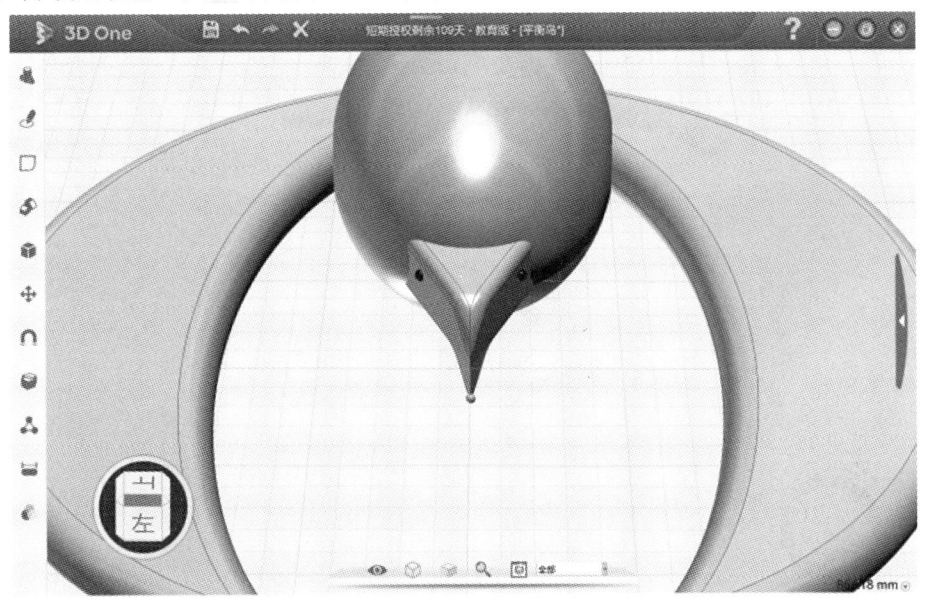

图14-14 添加眼睛

（15）制作底座，单击"基础实体"按钮，选择"圆柱体"创建一个圆柱体，设置半径为"30"，厚为"10"，上表面曲线进行圆角处理，半径设置为"5"，并进行抽壳处理，设置半径为"2"，在上端再建立一个圆柱体，设置高为"60"，半径为"10"，上端表面曲线进行圆角处理，半径设置为"5"，顶端建立一个球形，半径设置为"1"，进行减运算，单击上方确认符号，如图14-15所示。

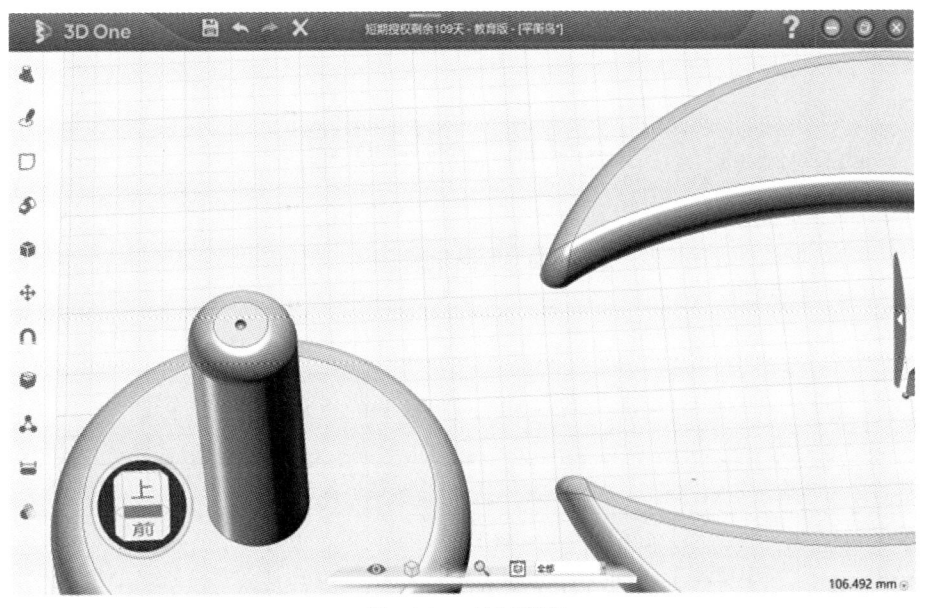

图14-15 绘制底座

（16）将底座与平衡鸟组合，完成模型，如图14-16所示。

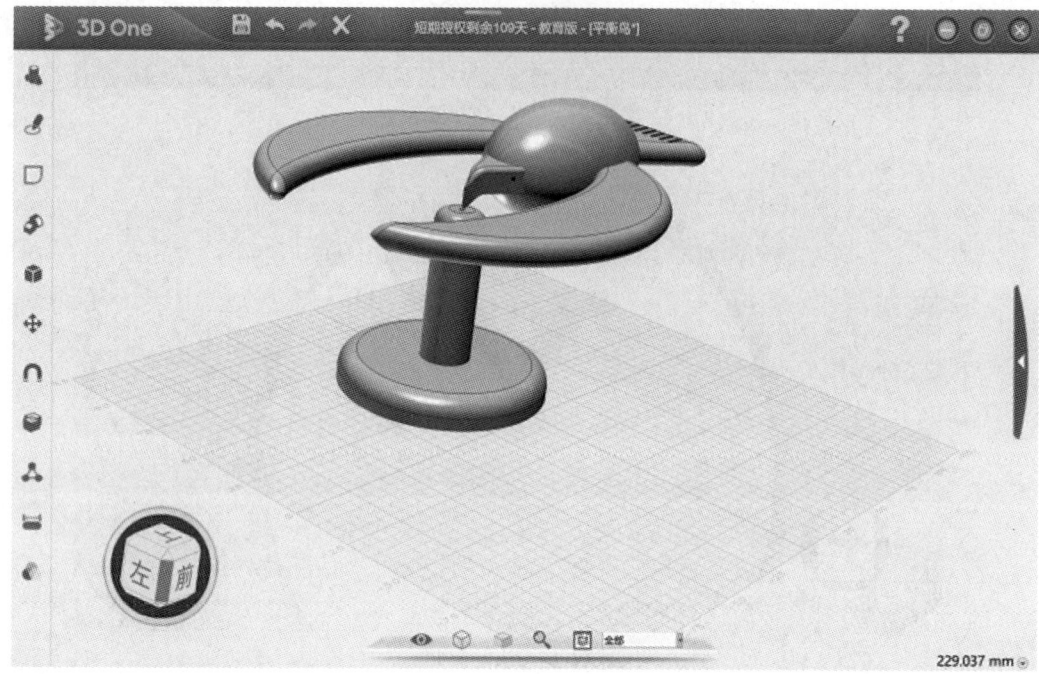

图 14-16　平衡鸟模型

步骤 3　导出"STL"文件

单击软件左上角的图标 3D One，系统弹出"文件基本操作"对话框，单击"导出"按钮，在"保存类型"文本框中选择"STL"，单击"保存"按钮。

任务 3　项目评价

项目评价量表

项目名称					评价日期	
姓名			班级			
			学号			
评价项目	考核内容		考核标准	配分	小组评分	教师评分	总评
任务完成情况评定（70分）	任务分析	信息搜索	正确　　10分 基本正确　6分 不正确　　0分	10分			

续表

评价项目	考核内容		考核标准		配分	小组评分	教师评分	总评
任务完成情况评定（70分）	任务分析	方案制定	合理 基本合理 不合理	10分 6分 0分	10分			
		手绘草图	正确 基本正确 不正确	10分 6分 0分	10分			
	三维建模	命令使用	正确 基本正确 不正确	10分 6分 0分	10分			
		参数设置	正确 基本正确 不正确	10分 6分 0分	10分			
		模型设计	完成 基本完成 未完成	20分 15分 0分	20分			
情感态度评定（30分）	遵守课堂纪律，服从指导教师和组长的安排		遵守 基本遵守 不遵守	10分 6分 0分	10分			
	课堂参与度高，讨论积极主动		参与度高 参与度一般 参与度不高	10分 6分 0分	10分			
	组内互相配合，团队协作		配合度高 配合度一般 配合度不高	10分 6分 0分	10分			
总评成绩								

【知识链接】

1. 平衡鸟原理

平衡鸟之所以能够保持平衡，是因为整只鸟的实际重心在嘴尖的正下方。尽管看起来鸟全身在空中，但实际上鸟的着力点在手指上。由于鸟的翅膀比较重，整只鸟的重心实际上位于嘴尖的正下方。

2. 关于重力

所有地面附近的物体都受到重力的作用。这是由于地球对物体的吸引而产生的。严格来说，重力并不是地球的引力。地球在绕太阳转的同时也在自转，使得它上面的物体都随着地球的自转而绕着地轴做匀速圆周运动（地球两极处的物体除外）。物体做圆周运动需要受到垂直指向地轴的向心力。这个向心力是地球对物体的引力所引起的。因此，地球对物体的引力等于向心力与重力的总和。在粗略计算中，可以使用重力代替万有引力。

项目 15

三维设计与物理——牛顿摆

项目背景

在本学期的物理课上，同学们学习了关于动量守恒与完全弹性碰撞的相关知识。在学习这部分内容时离不开一个著名的实验，叫作牛顿摆实验。小磊想拥有一套属于自己的牛顿摆，为实现这个愿望，他将利用3D One建模软件与3D打印机制作一个专属的牛顿摆。

项目目标

◎ 能根据任务要求完成牛顿摆的手绘草图
◎ 能合理分析并制定牛顿摆设计模型的步骤
◎ 能正确使用软件中的草图、六面体、实体分割、复制、阵列、镜像、圆角、DE移动、DE偏移等命令
◎ 能根据所学的知识操作软件完成牛顿摆的三维模型设计

效果欣赏

设计一个牛顿摆，并使用3D打印机将其打印出来，效果如下图所示。

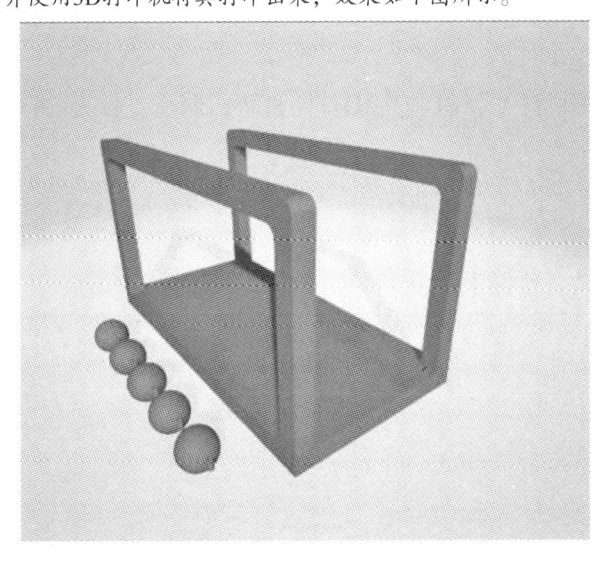

任务1　分析

步骤1　信息搜集

1. 认识牛顿摆

牛顿摆是物理课中不可或缺的一项实验仪器。牛顿摆结构简单，易于观察现象，在课堂中对学习能量守恒与动量守恒有着重要作用。通过将牛顿摆设计成三维模型，并利用3D打印机将三维模型变成实物，我们可以在物理课堂中进行实验，从而提高对物理知识的认识。

2. 设计牛顿摆需要具备的能力与原则

掌握牛顿摆的相关知识，并能熟练使用三维设计软件等。设计过程中需考虑功能性和实用性。

步骤2　方案制定

各小组同学讨论交流，确定牛顿摆的设计思路和呈现方式。

设计思路（如形状、尺寸等）	呈现方式（如材料、颜色等）

步骤3　内容选择

采用白色PLA（聚乳酸）材料作为3D打印材料，制作牛顿摆底座、球体，打印后使用细线进行组装。

步骤4　手绘草图

根据决策要求，请各位同学手绘"牛顿摆模型"草图，确定牛顿摆的形状和尺寸。

草图

任务2 三维建模

步骤1 新建文件

（1）双击桌面上的3D One软件图标，打开软件。

（2）单击"另存为"按钮，输入文件名"牛顿摆"并选择文件保存的位置，单击"保存"按钮，进入3D设计环境。

步骤2 创建"牛顿摆"模型

（1）单击命令工具栏中的"基本实体"命令组，选择"六面体"命令，系统弹出"六面体"命令对话框，将鼠标光标移动到工作区，在"中心"文本框中输入"0，0，0"，按回车键或单击✓按钮，确定球体中心，如图15-1所示。

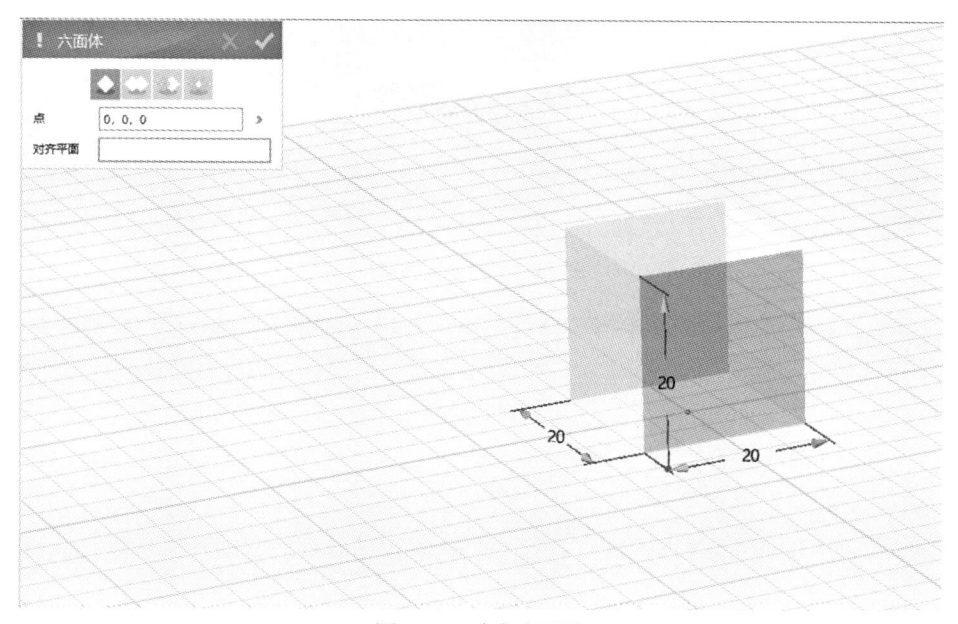

图15-1 建立六面体

（2）分别单击长、宽、高所对应的数字，分别输入"200，100，10"，如图15-2所示，然后按回车键，完成球体的创建，如图15-3所示。

（3）单击六面体，使用快捷键Ctrl+C进入"复制"命令对话框，在"起始点"中输入"-50，0，0"，在"目标点"中输入"-160，0，0"，按回车键或单击✓按钮，确定复制的六面体，如图15-4所示。

三维创意设计

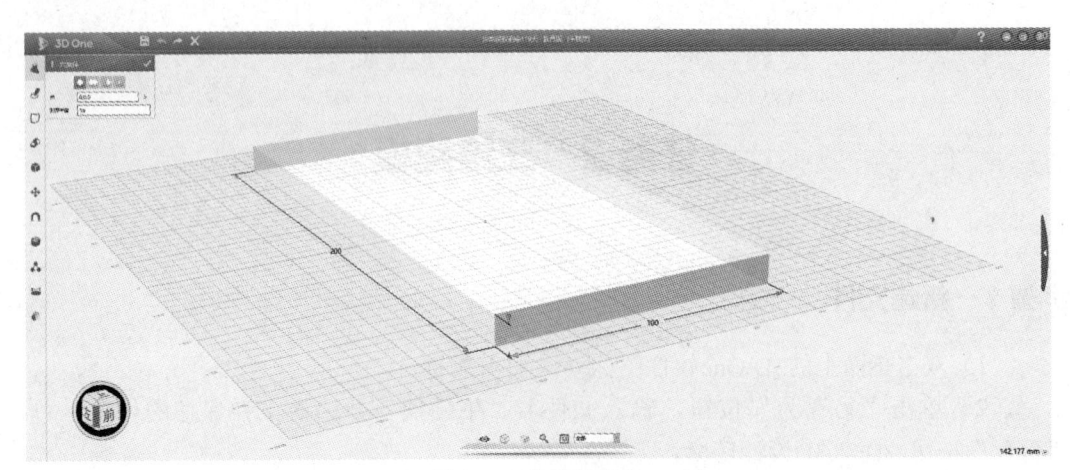

图15-2 设置长宽高

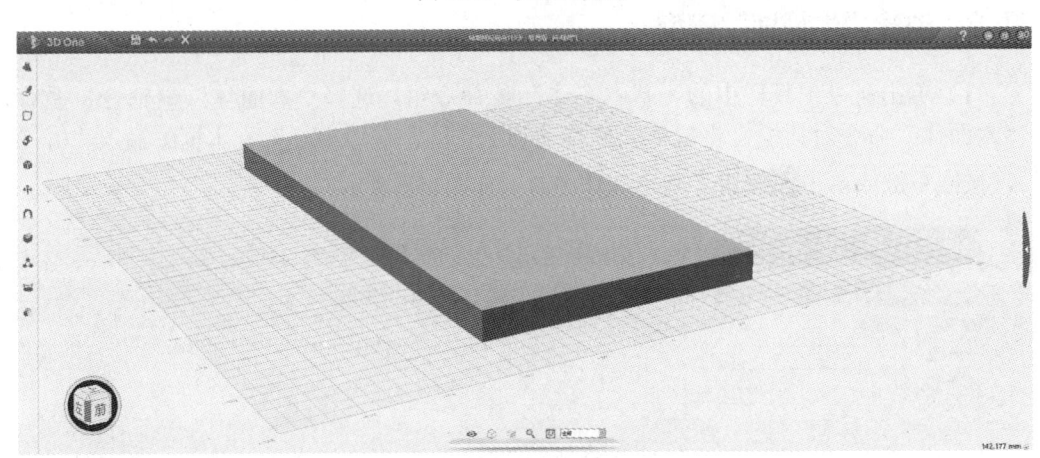

图15-3 创建长方体

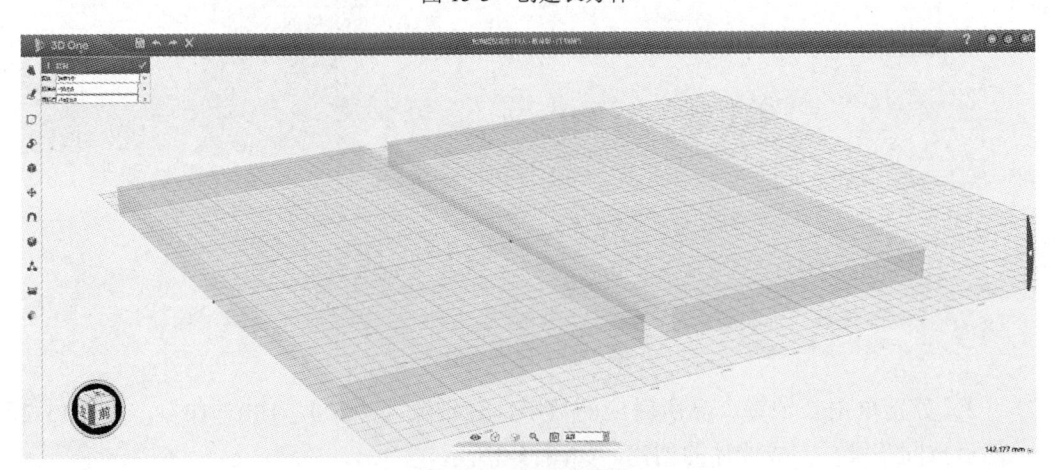

图15-4 复制六面体

（4）单击左侧工具栏中的"草图绘制" 命令组，找到"矩形" 命令，单击矩形，进入面选择状态，如图15-5所示，将鼠标光标移动至六面体顶部中心附近，鼠标光标会自动吸附至六面体顶部中心，单击选择六面体的顶部所在面，并进入矩形草图绘制状

168

态，如图15-6所示。

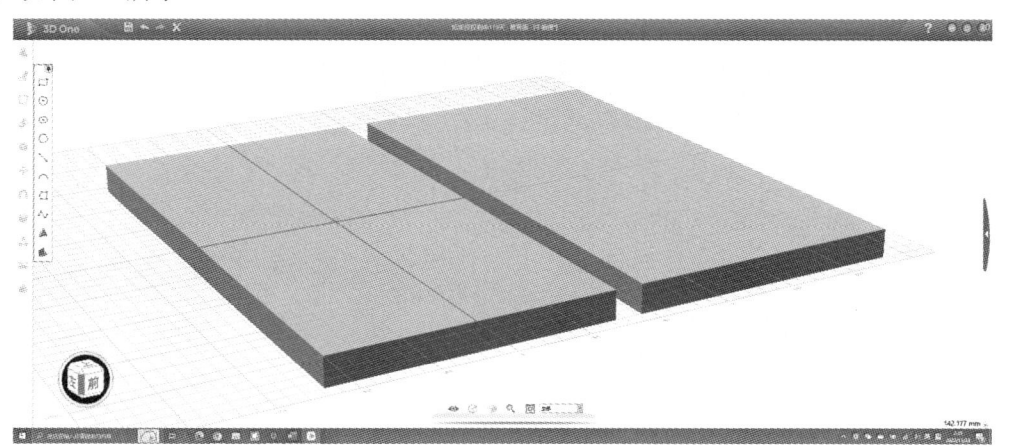

图 15-5　选择六面体

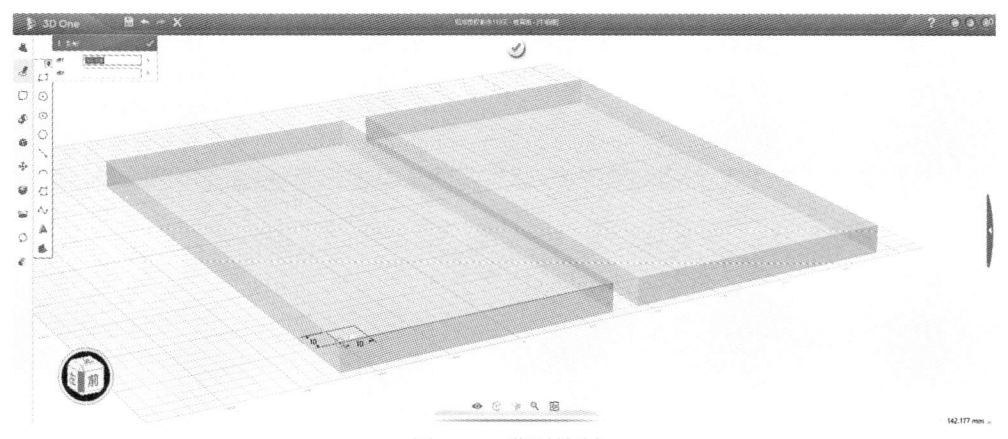

图 15-6　草图绘制

（5）在左上角的"矩形对话框"中，在"点1"位置输入"-50，-100"，在"点2"位置输入"-40，-90"，如图15-7所示。然后按回车键或单击✓按钮，确定草图位置。同理，在另一侧也画一个矩形草图，如图15-8所示。

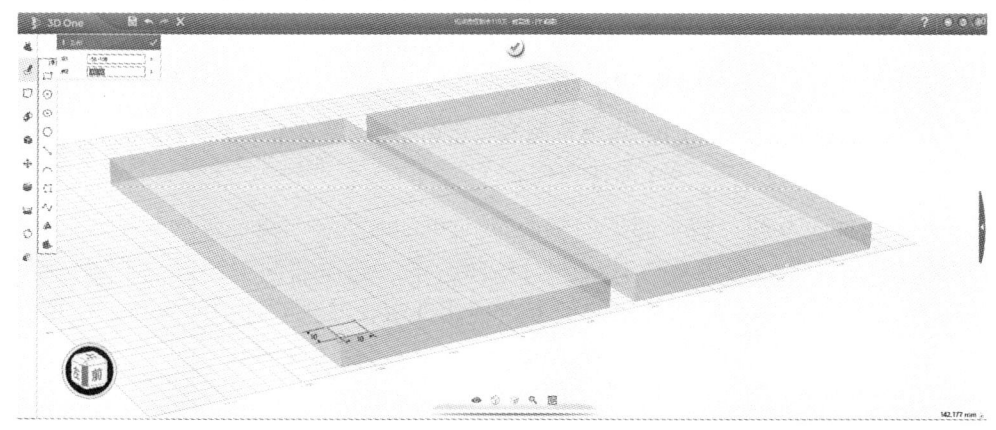

图 15-7　输入坐标

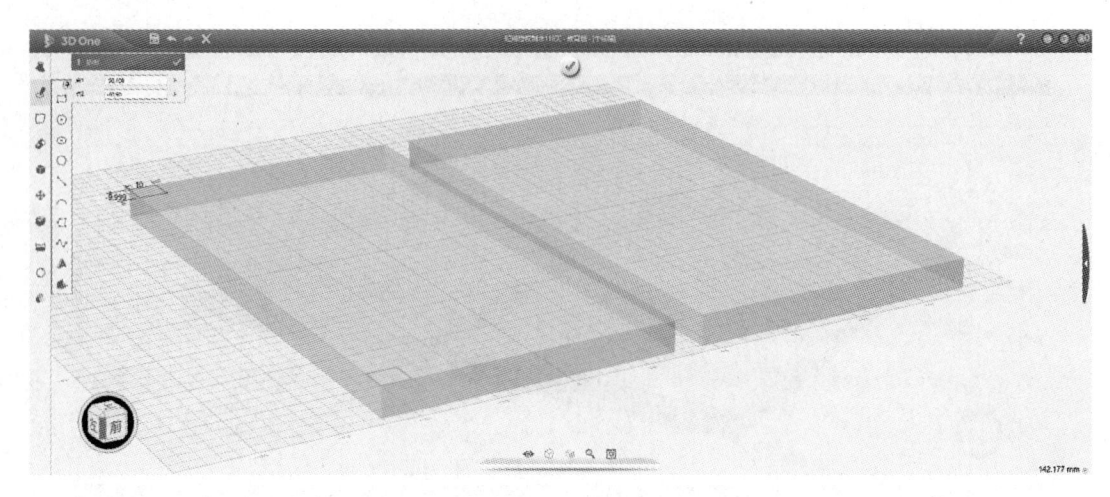

图 15-8　草图绘制

（6）再次使用矩形草图工具，"点1"选择"-40，90"，"点2"选择"50，-90"，确定出矩形草图3，如图15-9所示。

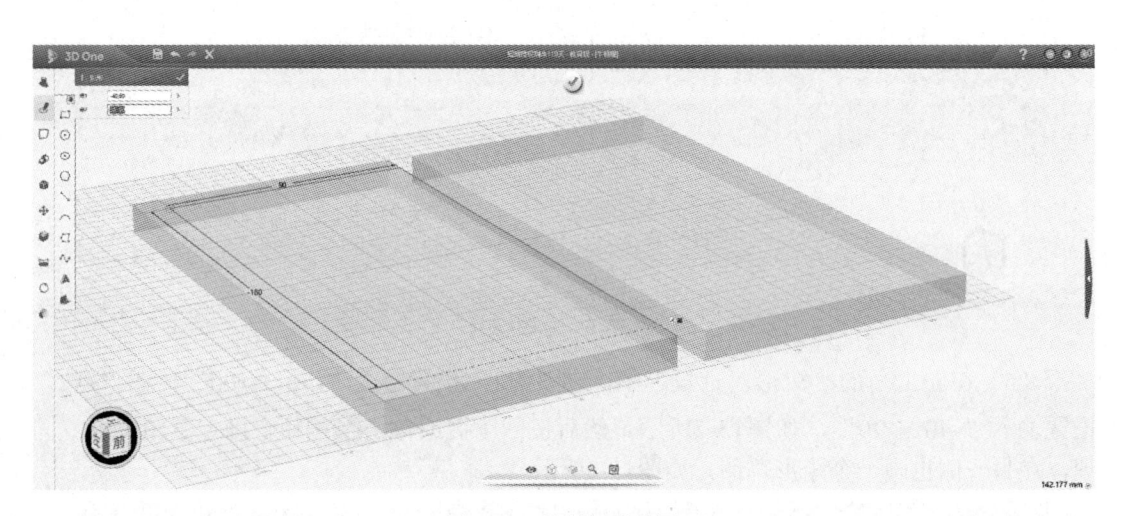

图 15-9　绘制矩形草图

（7）完成后删除矩形草图1、矩形草图2，只保留矩形草图3。
（8）单击屏幕中上方 退出面选择状态。
（9）在左侧工具栏"特殊功能"中，找到"实体分割"，进入对话框后，依次选择复制后的六面体、矩形草图3，如图15-10所示，然后按回车键或单击 按钮，对六面体进行分割，并单击六面体中心部分，使用Delete键删除选中的实体，如图15-11所示。

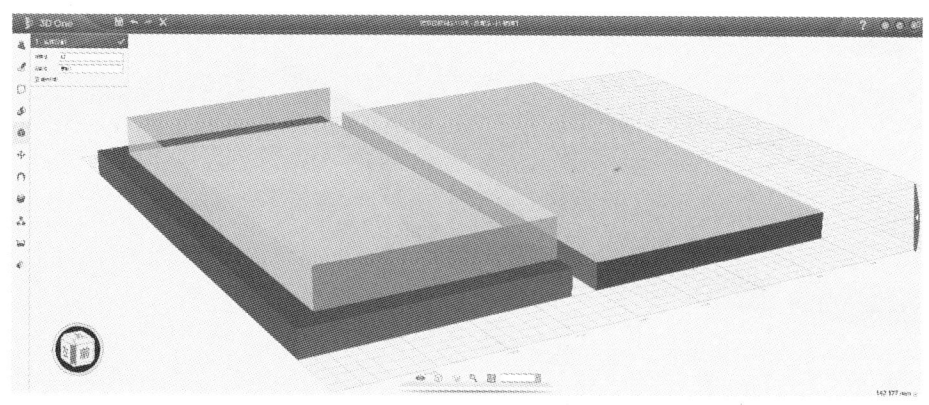

图 15-10　实体分割

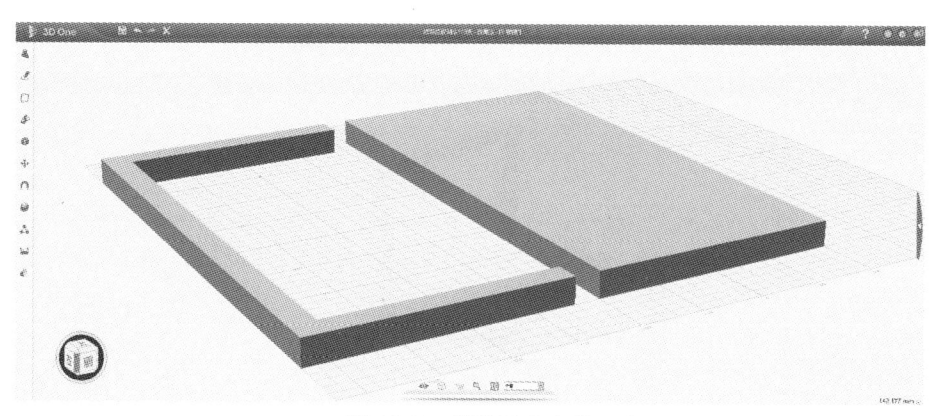

图 15-11　删除选中实体

（10）单击命令工具栏中的"基本编辑" ✥ 命令组，选择"对齐移动" 命令，选择如图15-12所示的轴线与方向，旋转视角，再选择如图15-13所示的轴线与方向。然后按回车键或单击 ✓ 按钮，完成移动，得到如图15-14所示的实体组合，牛顿摆其中一侧的框架就制作好了。

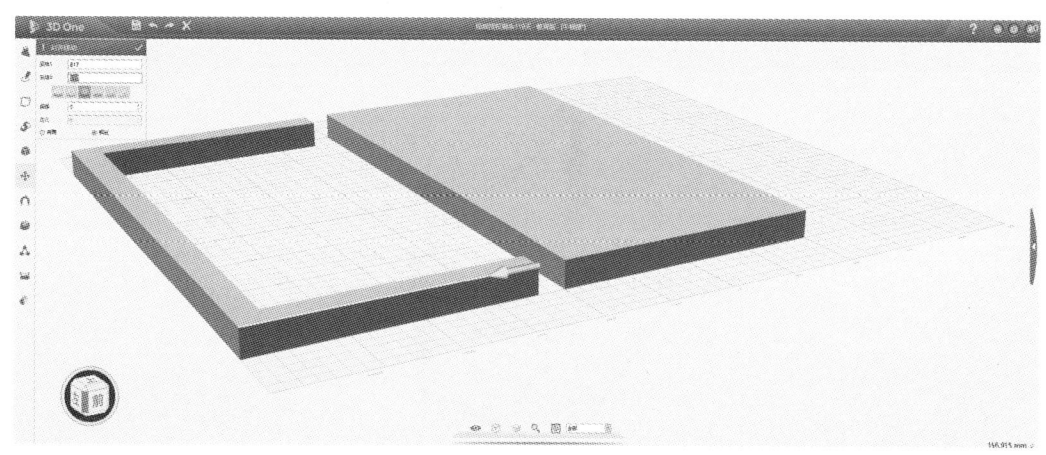

图 15-12　选择方向

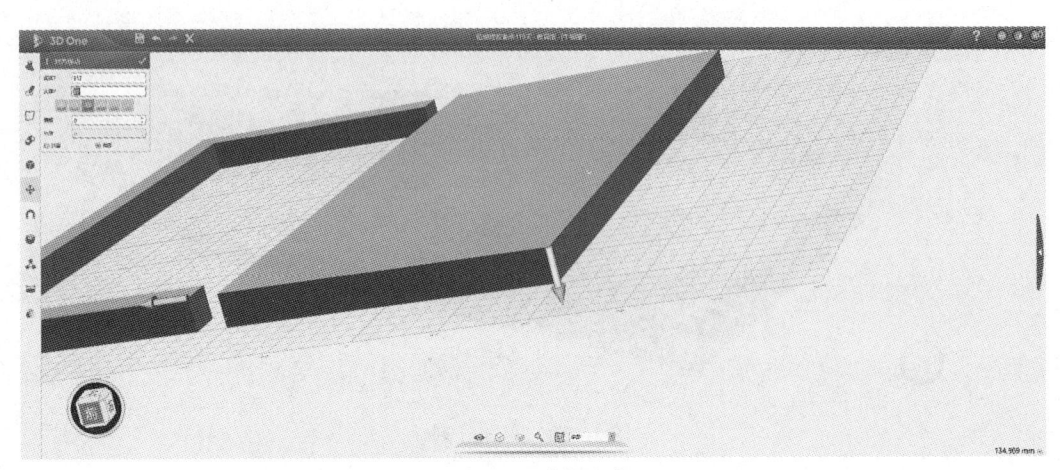

图 15-13　选择方向

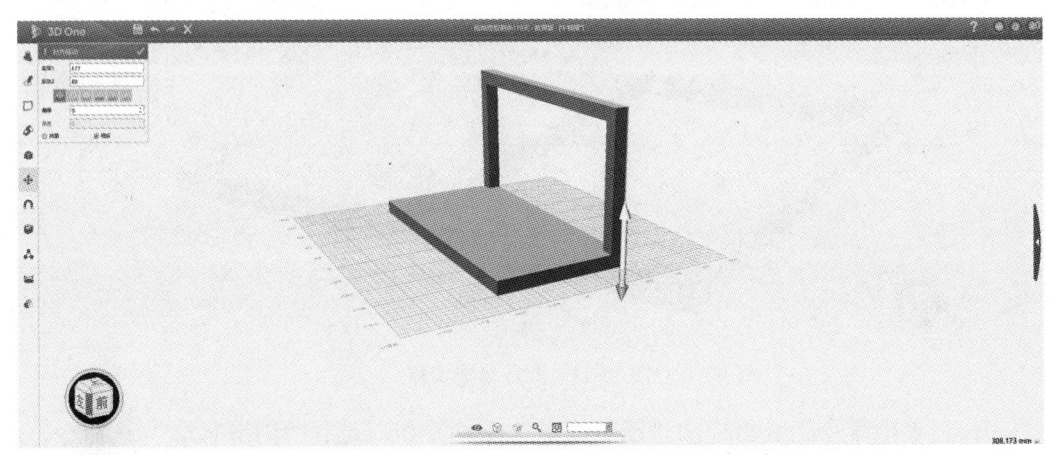

图 15-14　移动组合

（11）单击命令工具栏中的"草图绘制" 命令组，找到"直线" ，将鼠标光标移动到框架顶部中心位置，鼠标光标会自动吸附，单击并选择如图15-15所示的面，绘制如图15-16所示的对角线草图。然后按回车键或单击 按钮，完成直线草图的绘制。

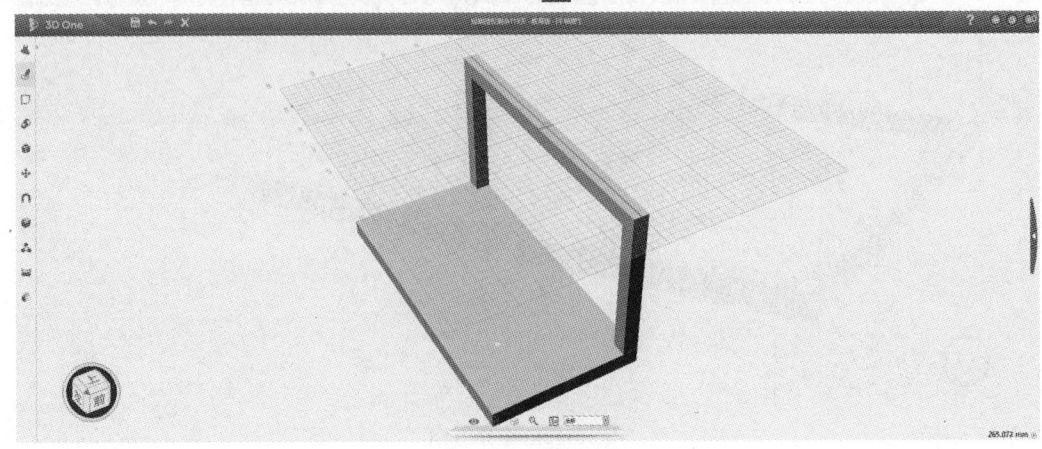

图 15-15　自动吸附

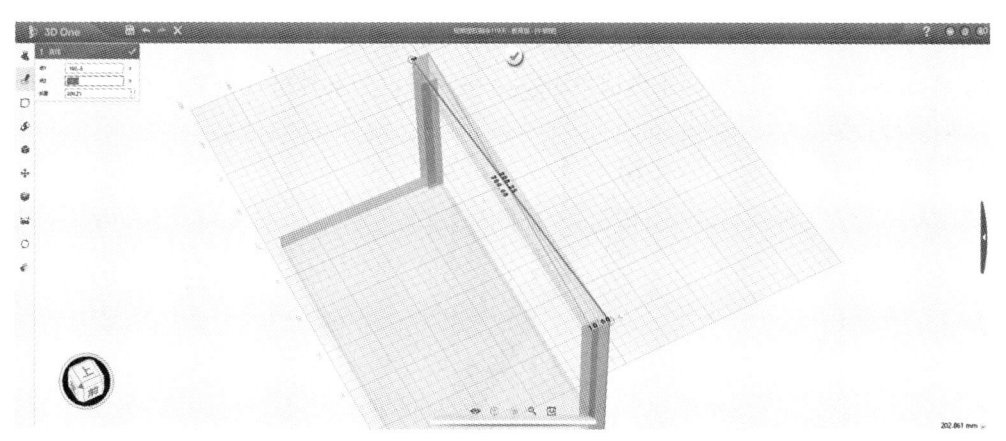

图 15-16 绘制对角线草图

（12）单击命令工具栏中的"草图绘制" 命令组，找到"圆形" 命令，将鼠标光标移动到框架顶部中心位置，鼠标光标会自动吸附，绘制一个半径为1的圆形草图，如图15-17所示。删除对角线草图，并在框架顶部每间隔20绘制一个半径为1的圆形草图，可以使用直线草图测定长度和自动吸附位置，在框架顶部一共绘制5个圆形草图，如图15-18所示，删除直线草图，完成所有圆形草图的绘制。

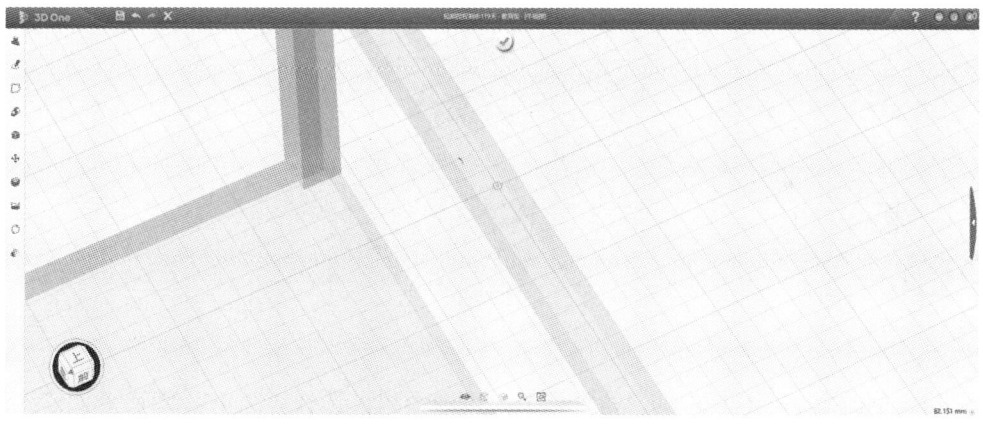

图 15-17 删除对角线草图

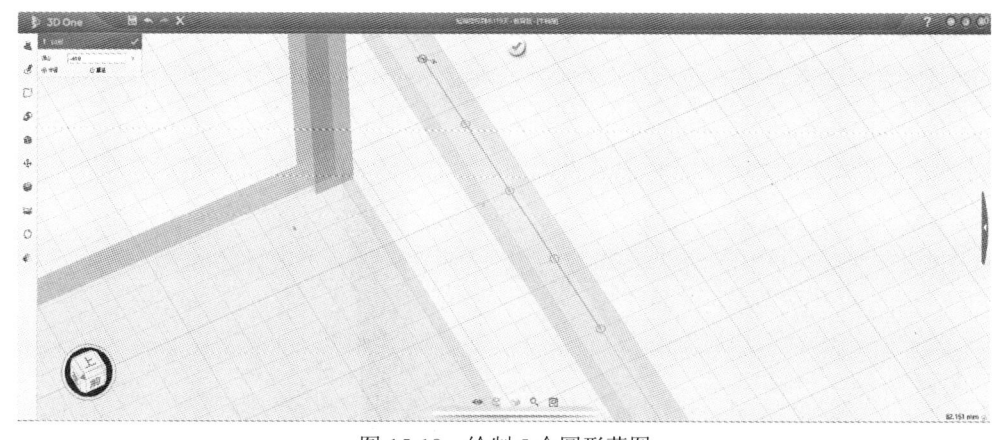

图 15-18 绘制 5 个圆形草图

（13）在再次使用"实体分割" ，进入对话框后，依次选择复制后的框架、圆形草图，如图15-19所示，然后按回车键或单击 按钮，对框架实体进行分割，并删除圆形草图部分，如图15-20所示。

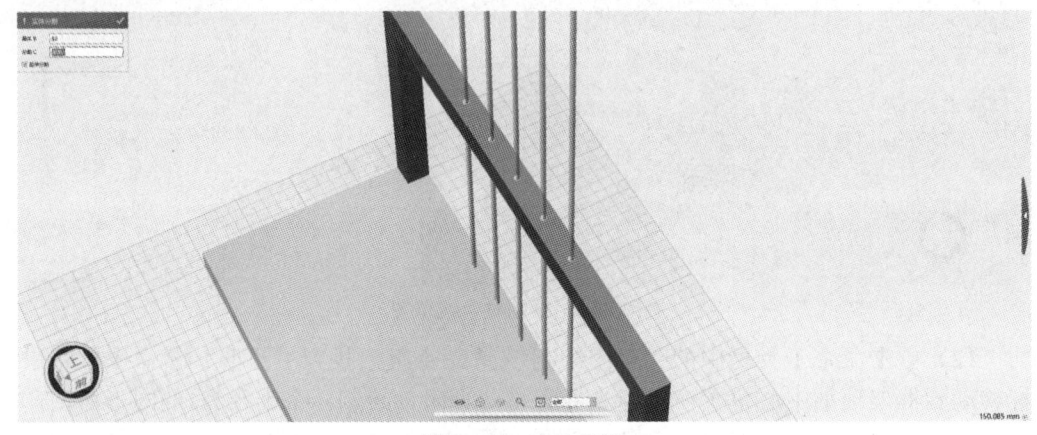

图 15-19　实体分割

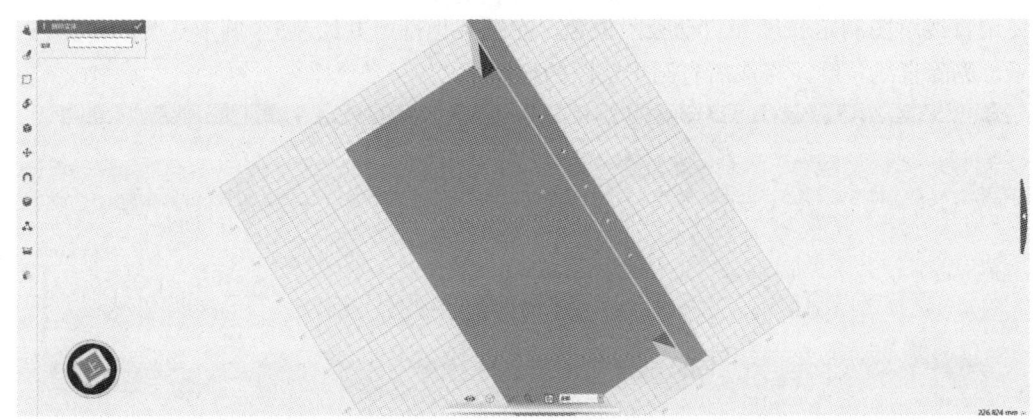

图 15-20　删除实体

（14）单击命令工具栏中的"特征造型" 命令组，选择"圆角" 命令，依次选择所有需要倒圆角的边，如图15-21所示，按回车键或单击 按钮完成倒圆角。

图 15-21　圆角处理

（15）单击实体，在弹出的对话框中找到阵列，单击进入工具，如图15-22所示，设置如图15-23所示的方向，设置个数为"2"，间距为"90"，然后按回车键或单击✔按钮，如图15-24所示，完成牛顿摆框架设计。

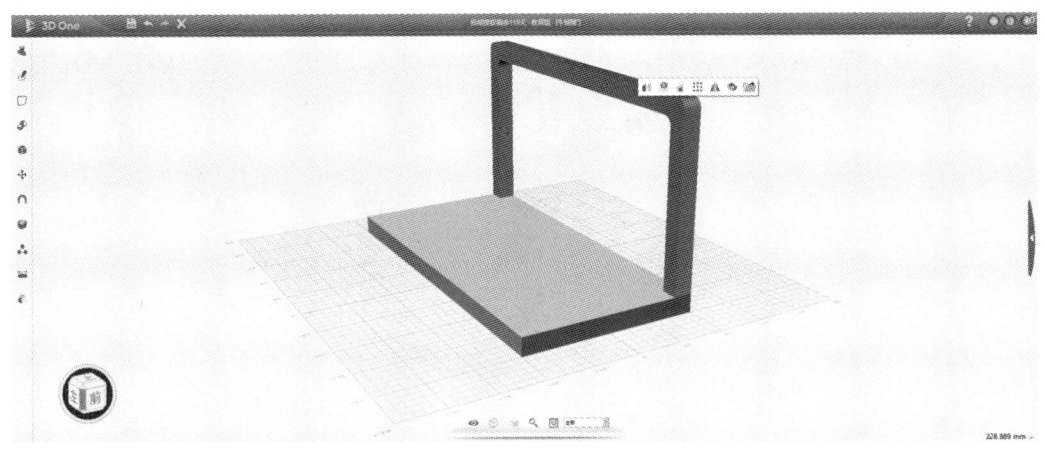

图 15-22 选中实体

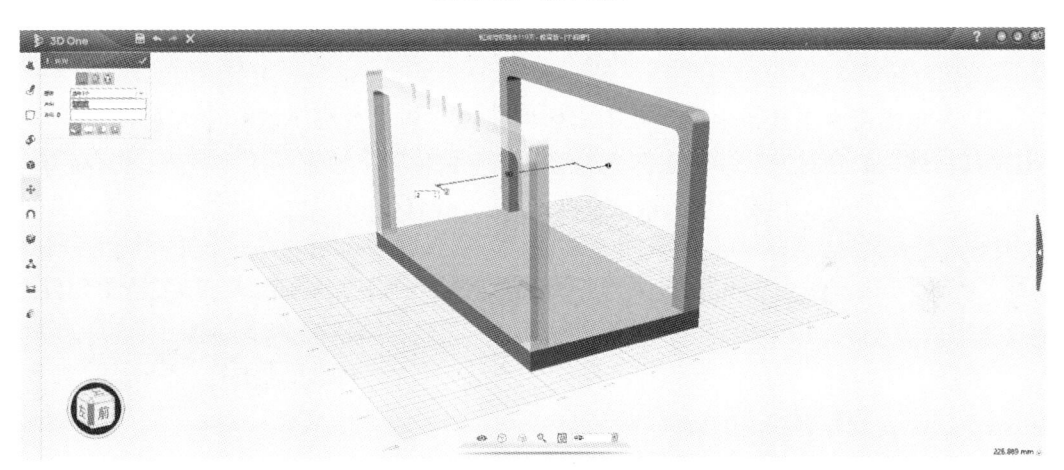

图 15-23 列阵命令

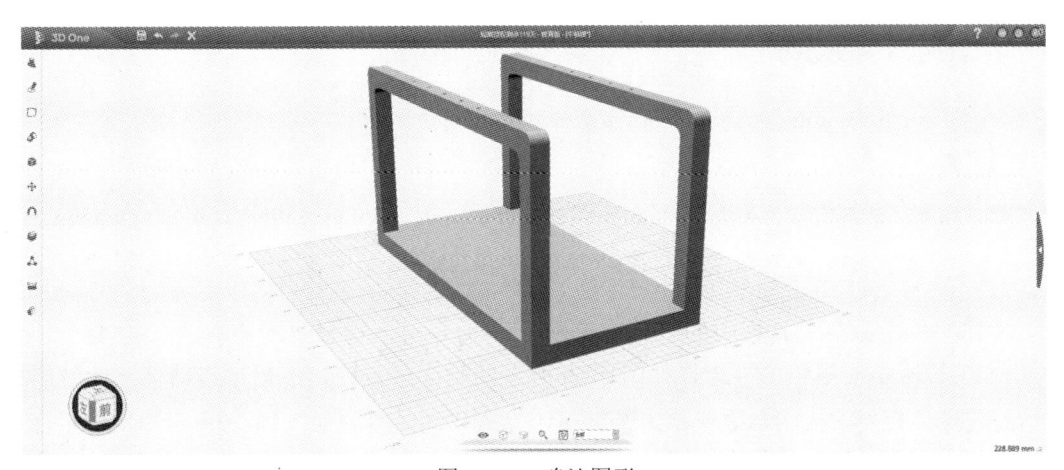

图 15-24 确认图形

（16）单击命令工具栏中的"基本实体"命令组，选择"球体"命令，系统弹出"球体"命令对话框，将鼠标光标移动到空白位置，设置一个半径为10的球体，按回车键或单击按钮，确定球体中心，如图15-25所示。

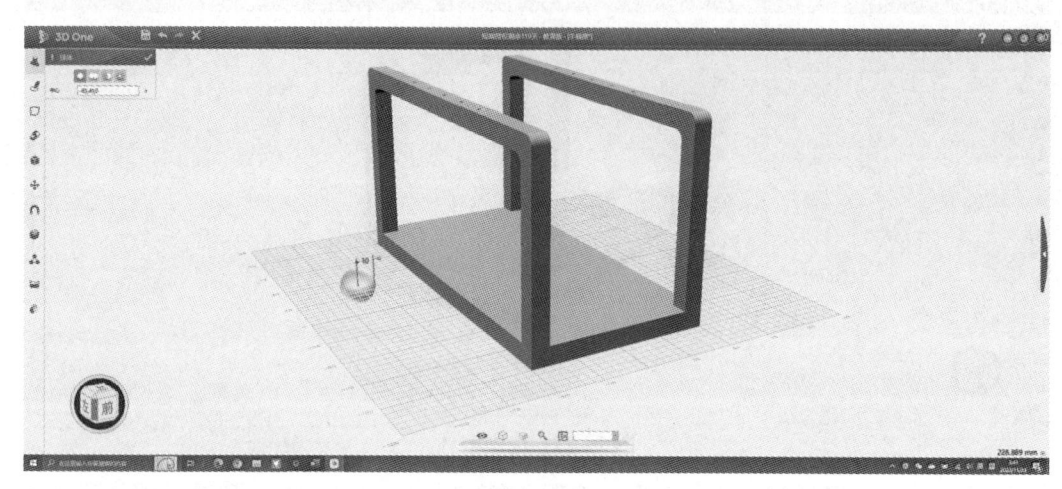

图 15-25　建立球体

（17）单击命令工具栏中的"基本实体"命令组，选择"圆柱体"命令，系统弹出"圆柱体"命令对话框，将鼠标光标移动到空白位置，设置一个半径为1.5、高为5的圆柱体，按回车键或单击按钮，确定球体中心，如图15-26所示。

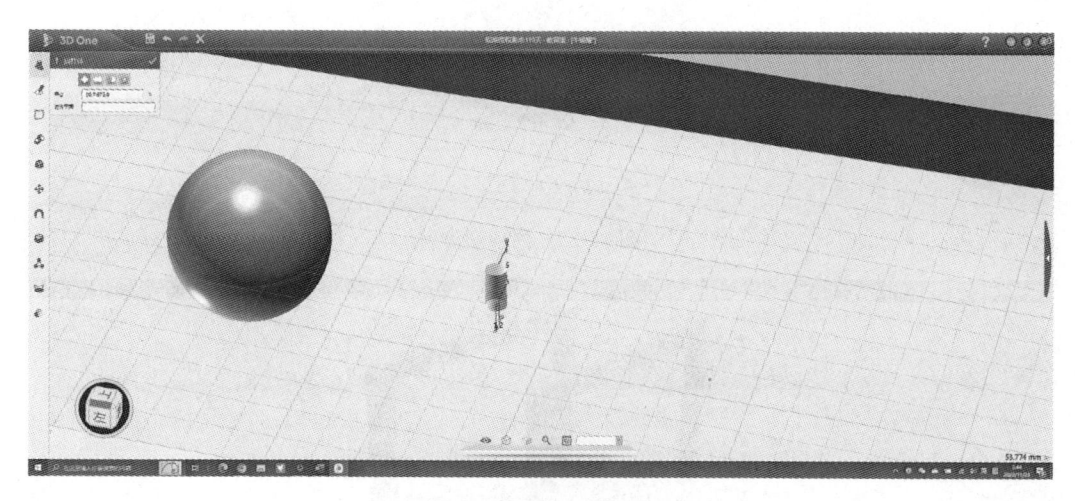

图 15-26　建立圆柱体

（18）单击命令工具栏中的"基本编辑"命令组，选择"对齐移动"命令，选择如图15-27所示的相切，再选择如图15-28所示的轴线与方向，然后单击球体，此时圆柱体恰好与球体相切，按回车键或单击按钮，完成移动，得到如图15-29所示的实体组合，牛顿摆其中一侧的框架就制作好了。

图 15-27 选择实体

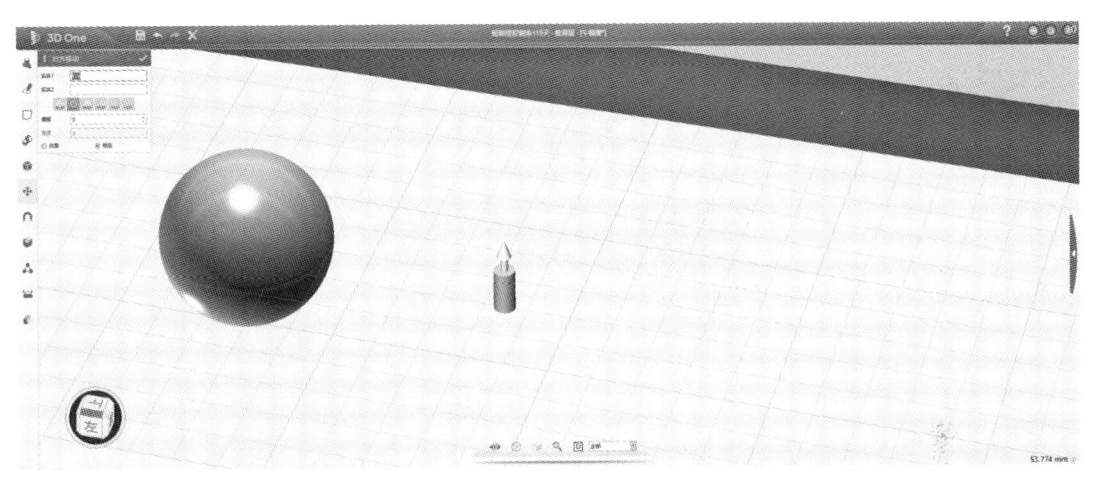

图 15-28 选择方向

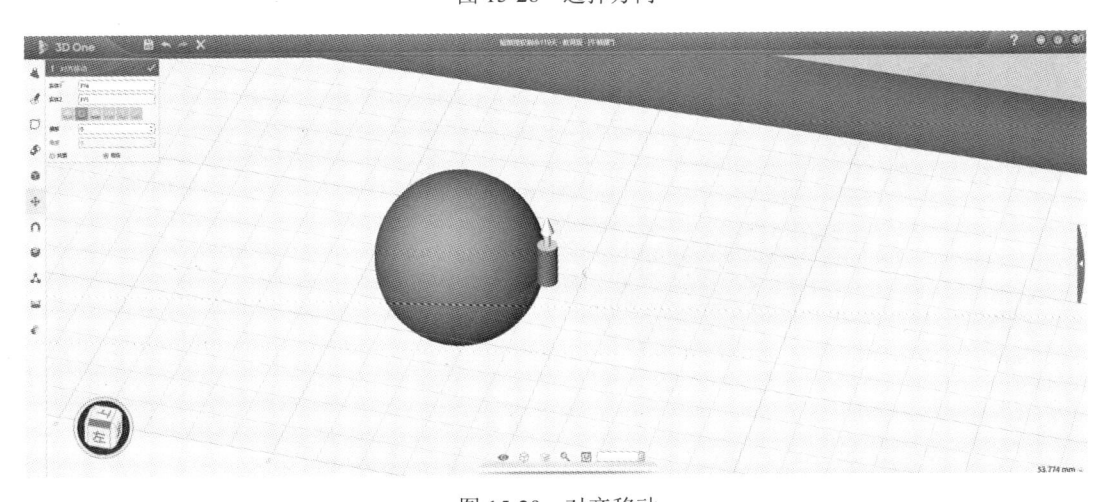

图 15-29 对齐移动

（19）球体与圆柱体相切所组成的实体不利于3D打印机打印，需要两个实体紧密贴合才可以。下面使用DE偏移功能让二者完全贴合。单击圆柱体侧面后再次单击，如图15-30

所示，找到DE面偏移，单击进入，在左上角DE面偏移对话框中设置偏移T为0.3，如图15-31所示，按回车键或单击✓按钮，完成偏移。这时可以看到球体与圆柱体是紧密贴合的，如图15-32所示。

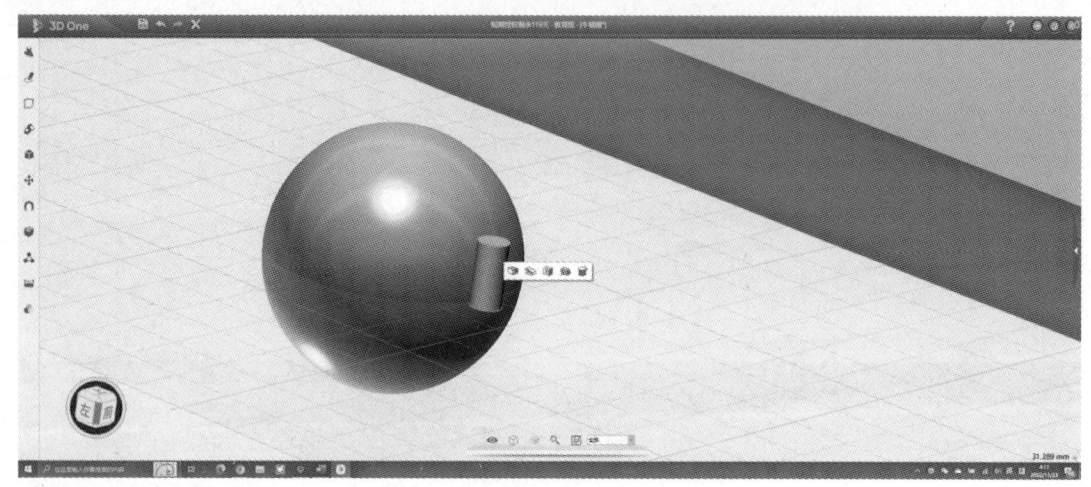

图 15-30　选择实体

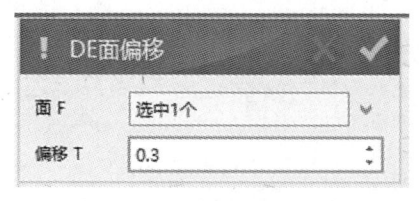

图 15-31　设置 DE 面偏移

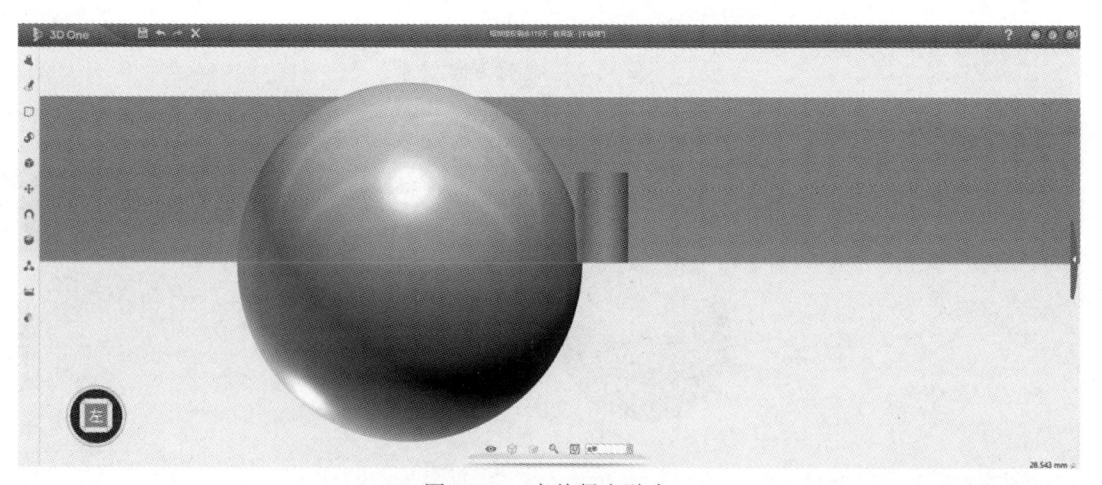

图 15-32　实体紧密贴合

（20）利用草图与实体分割功能，对圆柱体进行打孔操作。使用草图功能，在圆柱体顶部绘制一个半径为1的圆形草图，如图15-33所示。使用实体分割功能，依次选择两个圆柱体、选择圆形草图，如图15-34所示，按回车键或单击✓按钮，完成实体分割，并删除圆柱体中间的部分，如图15-35所示。

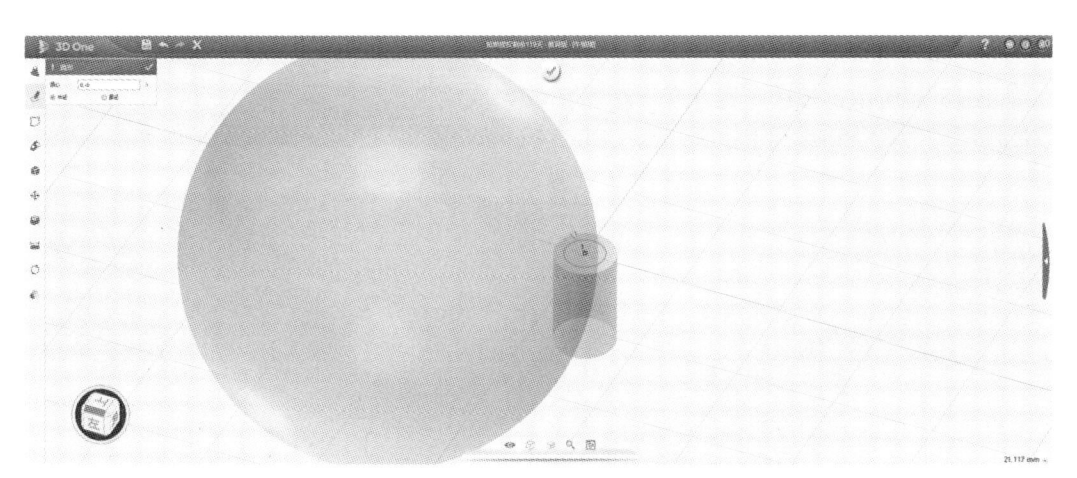

图 15-33 草图绘制圆形

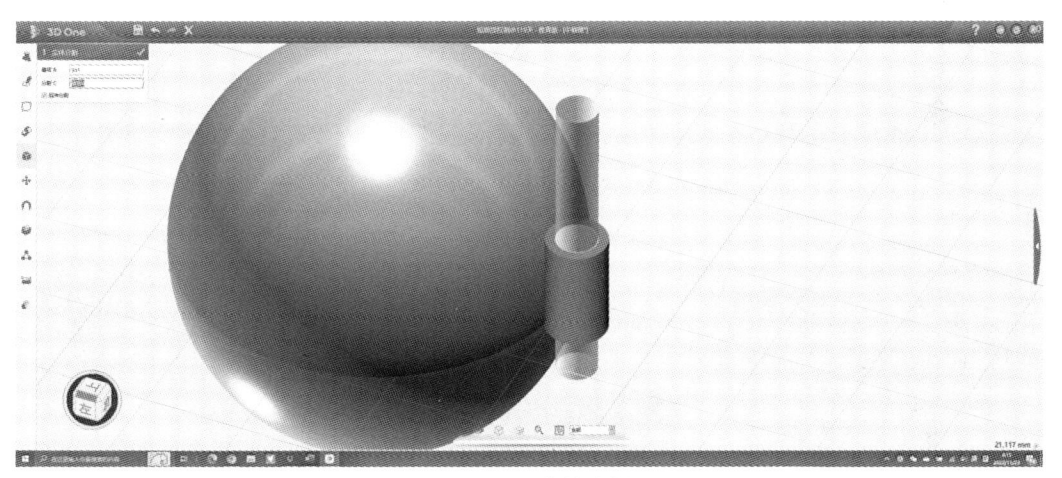

图 15-34 实体分割

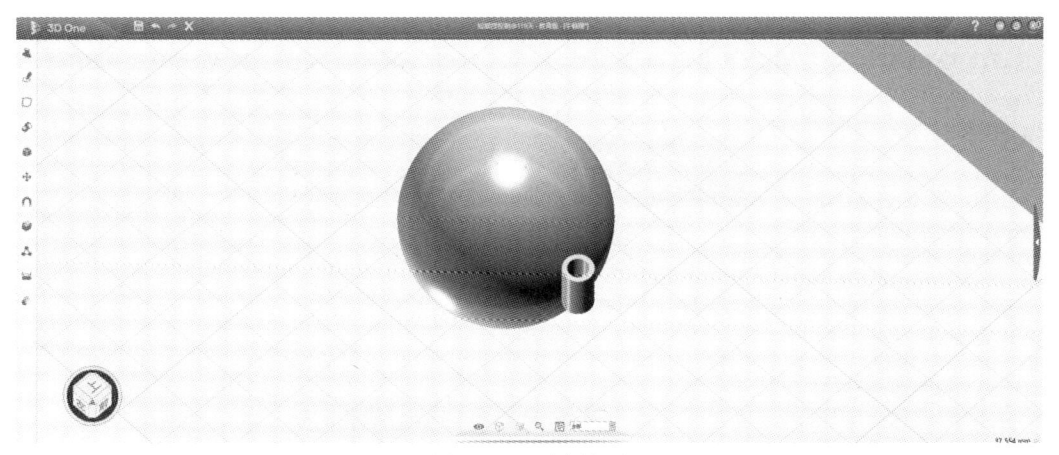

图 15-35 分割打孔

（21）通过左视图，观察到圆柱体不对称，如图15-36所示，单击圆柱体，找到"镜像"工具，如图15-37所示，单击进入，在左上角的"镜像"对话框中，在"方式"中选

三维创意设计

择"平面",如图15-38所示,调整视角,选择圆柱体底部面作为镜像参考面,进行镜像操作,如图15-39所示,按回车键或单击✓按钮,完成镜像。

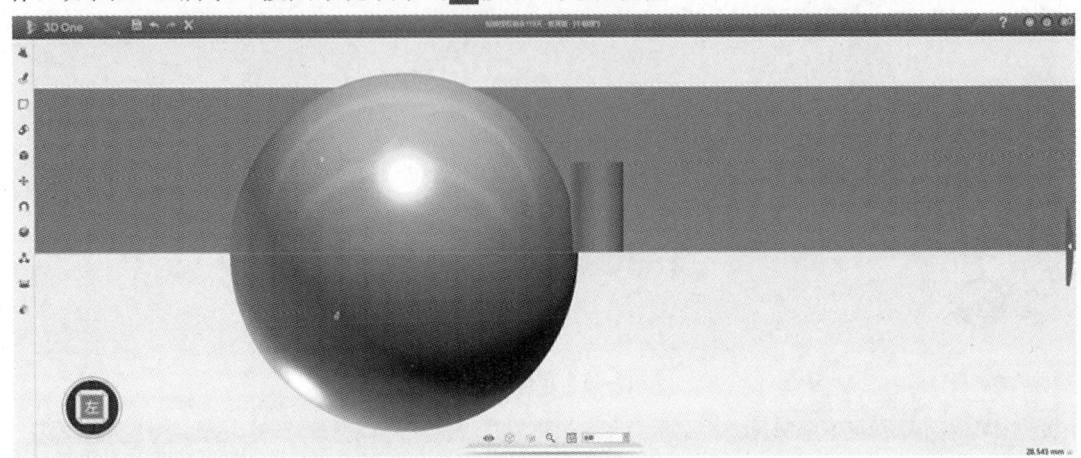

图 15-36　变换视角

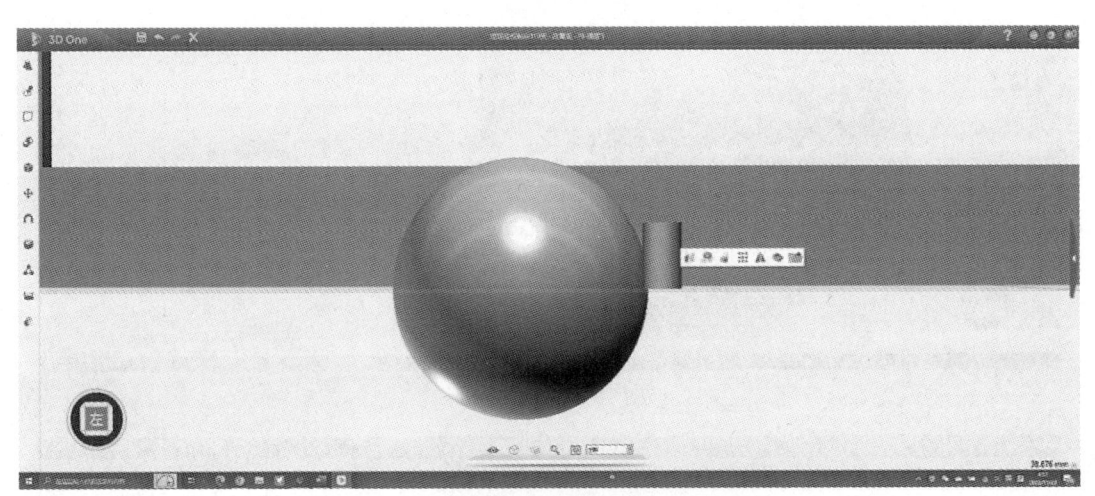

图 15-37　选择实体

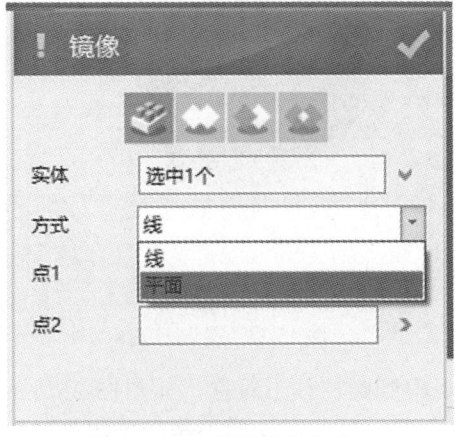

图 15-38　镜像操作设置

180

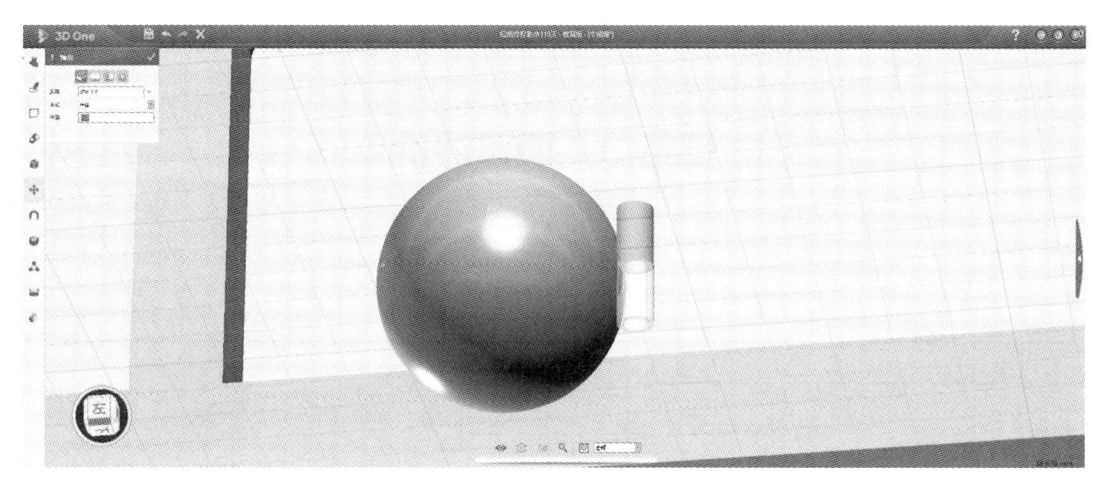

图 15-39　镜像操作确认

（22）一个牛顿摆的球就做好了。接下来利用阵列工具，选择适当的方向和距离制作其他几个牛顿摆的球，阵列方向如图15-40所示，个数设置为"5"，按回车键或单击✓按钮，牛顿摆的制作就完成了。

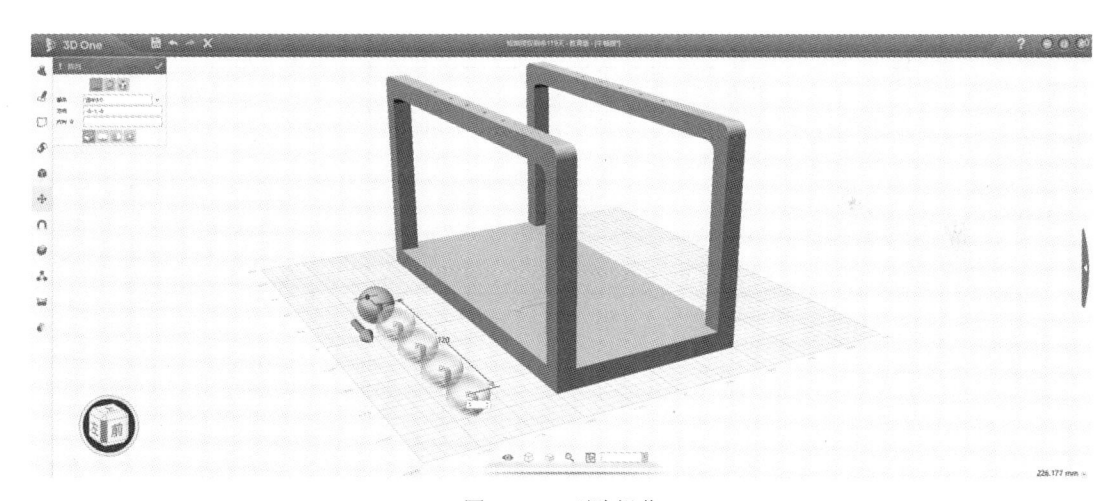

图 15-40　列阵操作

步骤3　导出"STL"文件

单击软件左上角的图标 3D One，系统弹出"文件基本操作"对话框，单击"导出"按钮，在"保存类型"文本框中选择"STL"，单击"保存"按钮。

任务3　项目评价

项目评价量表

项目名称							
姓名		班级			评价日期		
		学号					
评价项目	考核内容		考核标准		配分	小组评分	教师评分	总评

评价项目	考核内容		考核标准		配分	小组评分	教师评分	总评
任务完成情况评定（70分）	任务分析	信息搜索	正确 基本正确 不正确	10分 6分 0分	10分			
		方案制定	合理 基本合理 不合理	10分 6分 0分	10分			
		手绘草图	正确 基本正确 不正确	10分 6分 0分	10分			
	三维建模	命令使用	正确 基本正确 不正确	10分 6分 0分	10分			
		参数设置	正确 基本正确 不正确	10分 6分 0分	10分			
		模型设计	完成 基本完成 未完成	20分 15分 0分	20分			
情感态度评定（30分）	遵守课堂纪律，服从指导教师和组长的安排		遵守 基本遵守 不遵守	10分 6分 0分	10分			
	课堂参与度高，讨论积极主动		参与度高 参与度一般 参与度不高	10分 6分 0分	10分			
	组内互相配合，团队协作		配合度高 配合度一般 配合度不高	10分 6分 0分	10分			
总评成绩								

【知识链接】

牛顿摆

1. 动量守恒

动量守恒定律表明，在一个封闭系统中，给定方向的动量是恒定的。动量表示为：$p = mv$（其中，p代表动量，m代表质量，v代表给定方向的速度）。当小球甲撞击小球乙时，它以特定的方向运动，如从东向西运动。这意味着它的动量以从东向西的方向运动。任何小球运动方向上的改变都会导致动量的改变，只有在受到外力作用的情况下才能实现。这也是为什么小球甲不是简单地被小球乙弹开的原因——它的动量将能量以从东向西的方向传递过所有的球。实际上，牛顿摆并不是一个封闭系统，金属球仍然受到重力的作用，会使小球弹开的速度减缓，直至停止（此时动量不守恒）。当最后一个球无法继续传递动量与能量时，它就被弹开了。当它运动到最高点时，它只蕴含势能，而动能减少到零，重力使它向下运动，循环再次开始。

2. 弹性碰撞与摩擦力

当两个金属球碰撞时，会发生弹性碰撞。在碰撞前后，所具有的动能不变。在理想情况下，即假设球只受到动量、能量和重力的作用，所有的碰撞都是完美的弹性碰撞。而牛顿摆的结构也是完美的，金属球将永远运动下去。但是，不存在完美的牛顿摆，因为它总会受到摩擦力的作用，从而使能量损耗。一部分摩擦力来自空气阻力，而主要的摩擦力来自于小球本身。因此，在牛顿摆中的碰撞并不是真正的弹性碰撞，而是非弹性碰撞。这是因为碰撞后的动能比碰撞前有所损失（摩擦力所致）。但是根据能量守恒定律，总能量保持不变。由于球的形变，组成球的分子间将动能转化为热能。小球发生振动，同时产生了牛顿摆标志性的清脆碰撞声。

项目 16

三维设计与物理——滚摆

项目背景

在本学期的物理课上,同学们学习了能量转化的相关知识。在学习这部分内容时离不开一个实验仪器——麦克斯韦滚摆,麦克斯韦滚摆形象地展示了重力势能与动能的转化过程。在本项目中,同学们将系统地学习利用3D One建模软件与3D打印机制作一个麦克斯韦滚摆。

项目目标

◎ 能根据任务要求完成滚摆的手绘草图
◎ 能合理分析并制定滚摆设计模型的步骤
◎ 能正确使用软件中的草图、六面体、圆锥体、圆柱体、镜像、拉伸等命令
◎ 能根据所学的知识操作软件完成滚摆的三维模型设计

效果欣赏

设计一个滚摆,并使用3D打印机将其打印出来,效果如下图所示。

任务1　项目分析

步骤1　信息搜集

1. 认识麦克斯韦滚摆

麦克斯韦滚摆是用来演示重力势能与动能的相互转化过程中机械能的总量保持不变的仪器。这种仪器具有较高的实用性，能广泛应用于各学段关于能量的学习中，可以生动、形象地展示能量的转化过程。

2. 设计滚摆需要具备的能力与原则

掌握滚摆的相关知识，并能熟练使用三维设计软件等。设计过程中需考虑滚摆的功能性和实用性。

步骤2　方案制定

各小组同学讨论交流，确定滚摆的设计思路和呈现方式。

设计思路（如形状、尺寸等）	呈现方式（如材料、颜色等）

步骤3　内容选择

采用灰色PLA（聚乳酸）材料作为3D打印材料制作滚摆底座、球体，打印后使用细线进行组装。

步骤4　手绘草图

根据决策要求，请各位同学手绘"滚摆模型"草图，确定滚摆的形状和尺寸。

草图

任务 2　三维建模

步骤 1　新建文件

（1）双击桌面上的3D One软件图标，打开软件。

（2）单击"另存为"按钮，输入文件名"滚摆"并选择文件保存的位置，单击"保存"按钮，进入3D设计环境。

步骤 2　创建"滚摆"模型

（1）单击命令工具栏中的"基本实体"命令组，选择"六面体"命令，系统弹出"六面体"命令对话框，将鼠标光标移动到工作区，在"中心"输入"0，0，0"，按回车键或单击✓按钮，确定六面体中心，如图16-1所示。

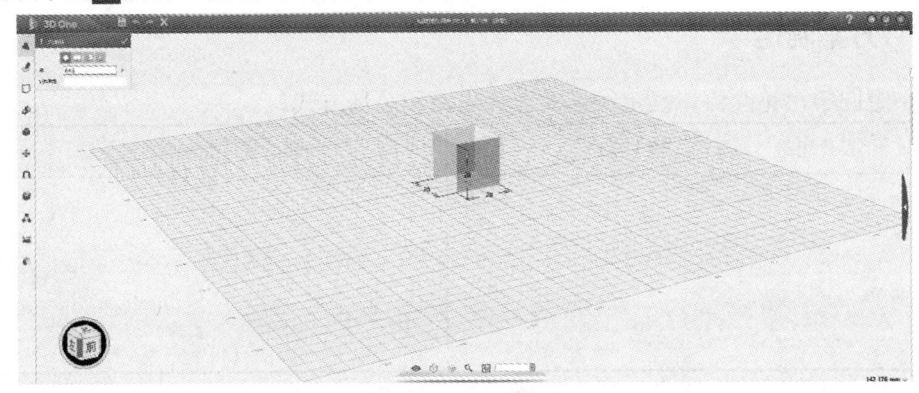

图 16-1　建立六面体

（2）分别单击长、宽、高所对应的数字，分别输入"200，100，10"，如图16-2所示，然后按回车键，完成六面体的创建。

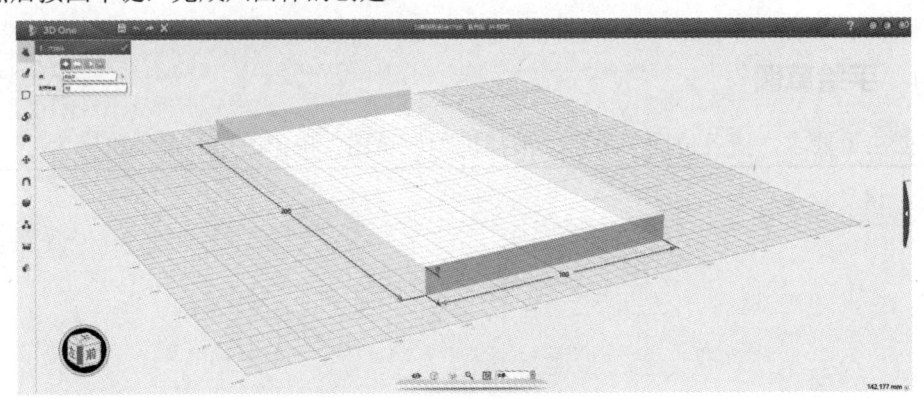

图 16-2　设置长宽高

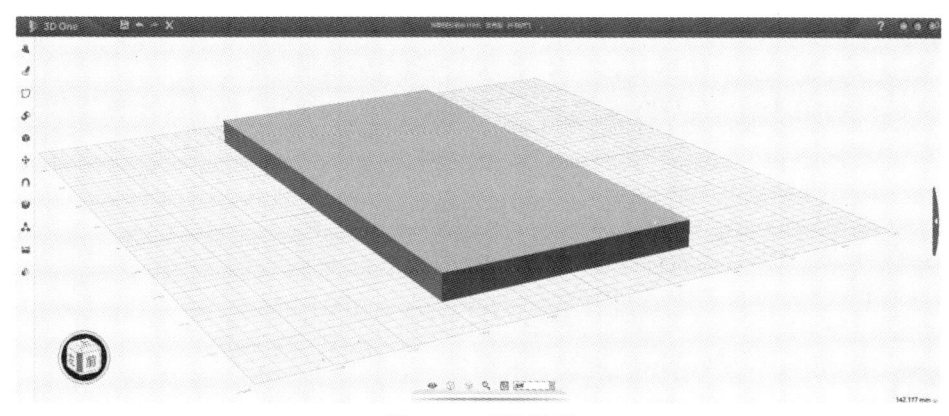

图 16-3　确认图形

（3）继续单击六面体工具，建立一个点为"0，0，10"，长、宽、高分别为"200，10，170"的六面体，如图16-4所示。

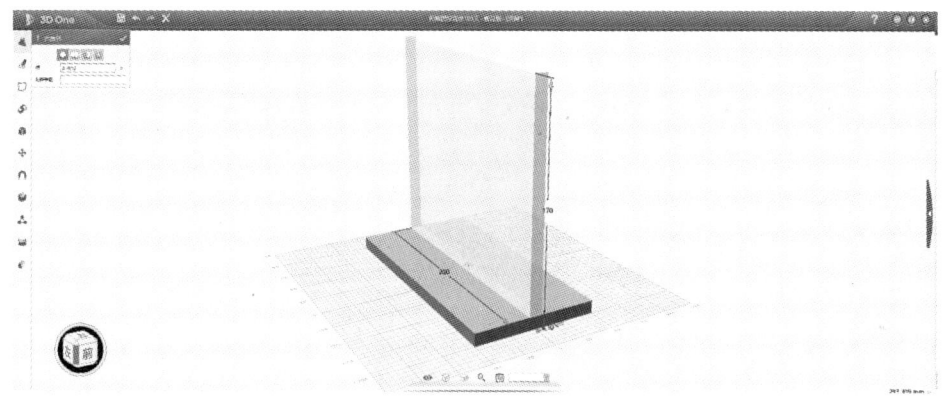

图 16-4　建立六面体

（4）单击左下角，进入左视图状态，单击左侧工具栏中的"草图绘制" 命令组，找到"矩形"，单击矩形，进入面选择状态，如图16-5所示。将鼠标光标移动至六面体中心附近，鼠标光标会自动吸附至六面体顶部中心，单击选择这个面，并进入矩形草图绘制状态，如图16-6所示。

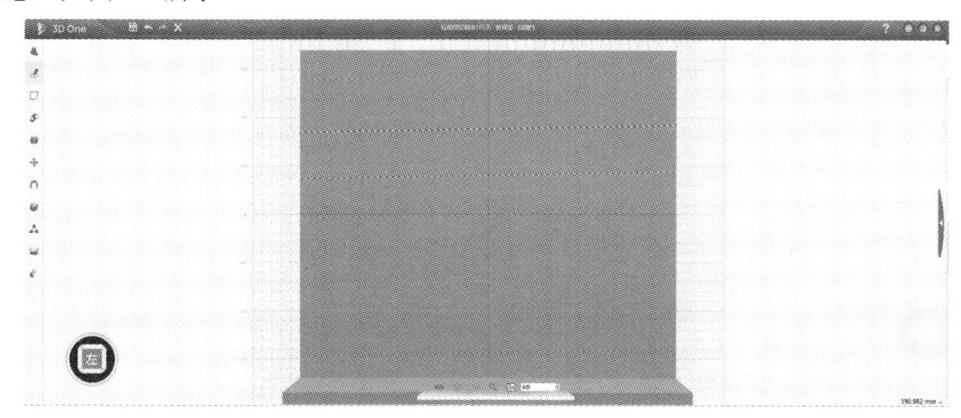

图 16-5　选中实体

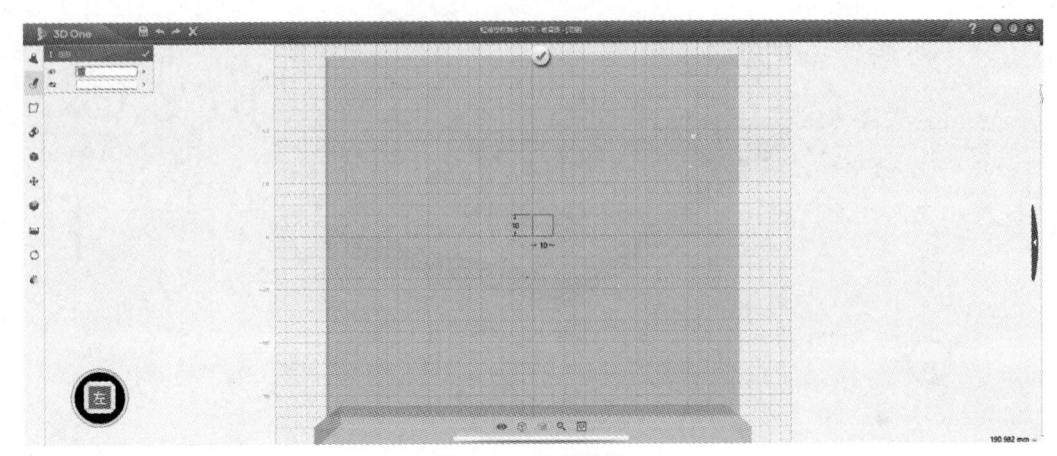

图 16-6 绘制草图

（5）在左上角的"矩形对话框"中，在"点1"位置输入"-90，75"，在"点2"位置输入"90，-85"，如图16-7所示，然后按回车键或单击 按钮，确定草图位置后单击顶部按钮 ，退出模式如图16-8所示。

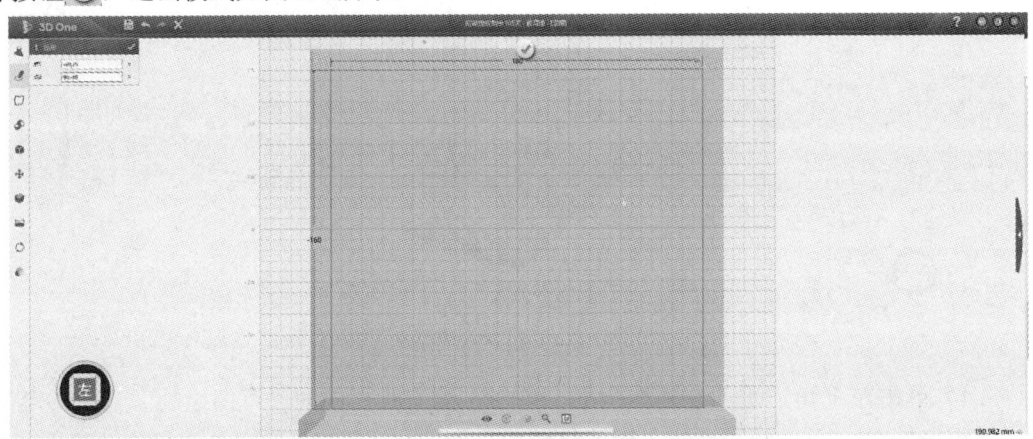

图 16-7 设置草图尺寸

图 16-8 确认草图

（6）单击选中刚刚绘制的矩形草图，单击命令工具栏中的"特殊造型" 命令组，选择"拉伸" 命令，系统弹出"拉伸"命令对话框，在命令对话框中选择减运算图标 ，此时单击左下角的视角工具回到默认视角，如图16-9所示。直接拖动实体旁的橙色圆锥形图标，将拉伸厚度任意调整为小于-10的值，如图16-10所示，然后按回车键或单击 按钮，保存拉伸结果，此时可以看到原先的六面体中央被掏空，如图16-11所示。

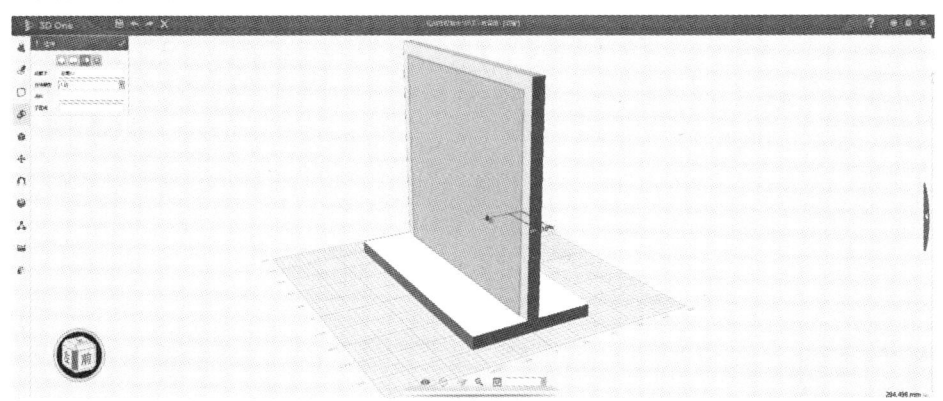

图 16-9　切换视角

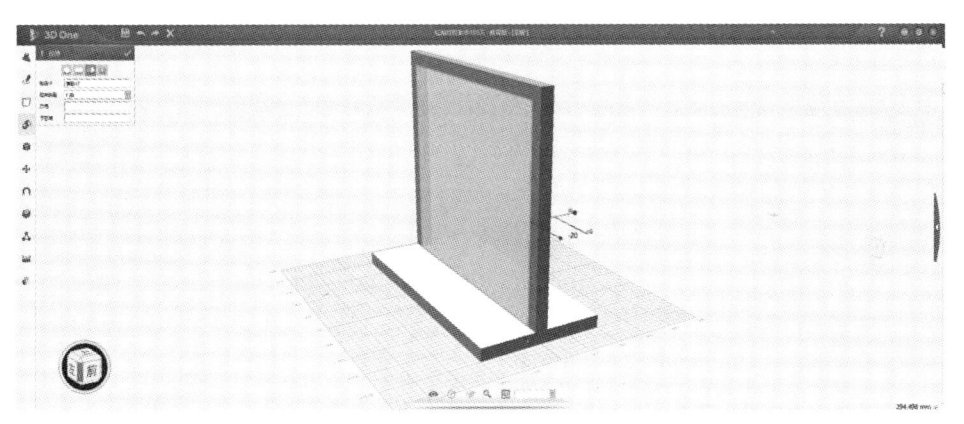

图 16-10　拉伸设置

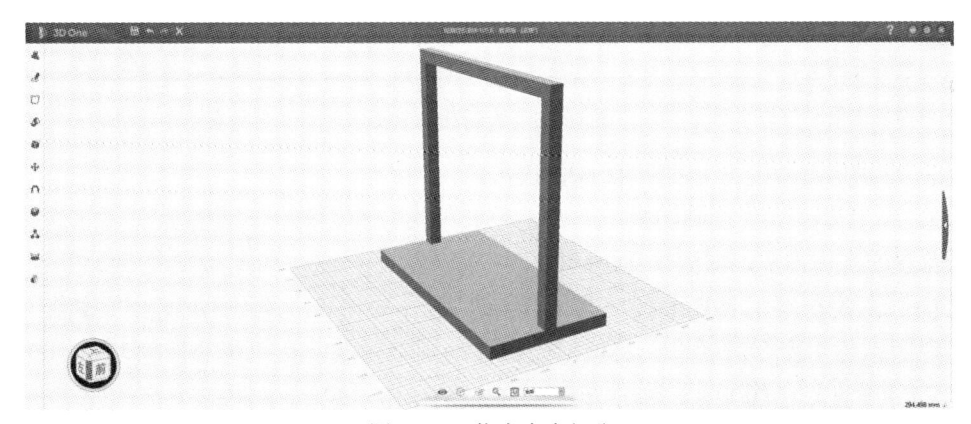

图 16-11　掏空中央部分

（7）单击左下角的视角工具进入上视图视角，并单击进入"草图绘制"命令组中的"圆形"命令，将鼠标光标移动至实体中心附近，鼠标光标将自动吸附在中心位置，如图16-12所示，单击鼠标左键选择平面，分别在"0，75"和"0，-75"位置绘制两个半径为1的圆形草图，如图16-13所示。

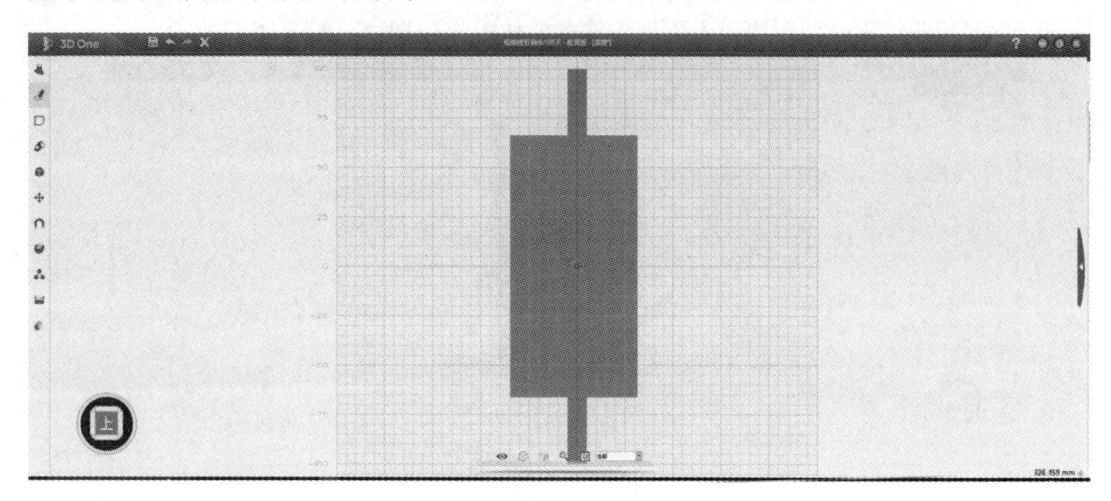

图16-12 切换视角

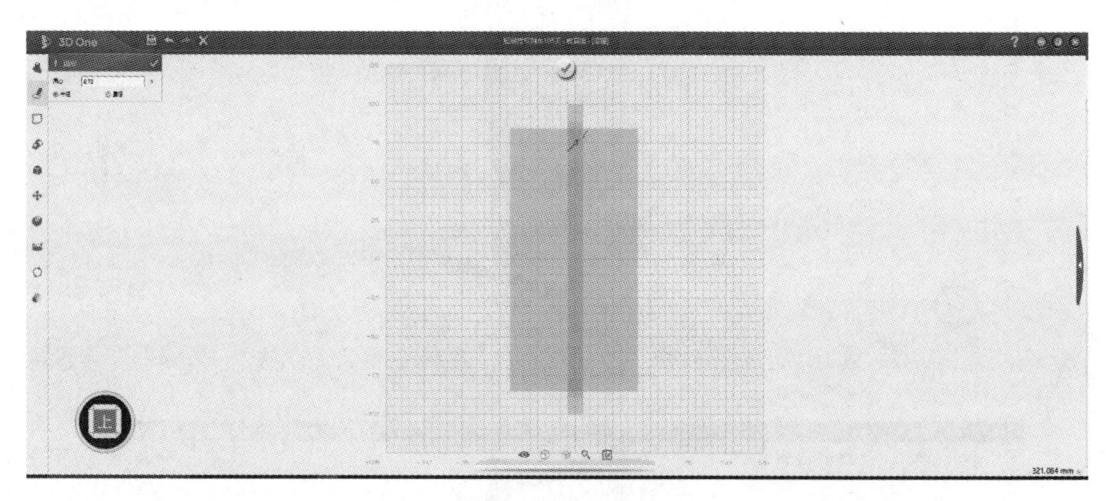

图16-13 绘制圆形草图

（8）单击屏幕中上方 退出面选择状态。

（9）单击选中刚刚绘制的矩形草图，继续使用拉伸工具，对草图进行减运算拉伸，将草图位置的实体掏空，如图16-14所示。

（10）单击命令工具栏中的"基本实体"命令组，选择"圆锥体"命令，系统弹出"圆锥体"命令对话框，将鼠标光标移动到工作区，在"中心"输入"-100，0，0"，按回车键或单击 按钮，确定圆锥体，如图16-15、图16-16所示。

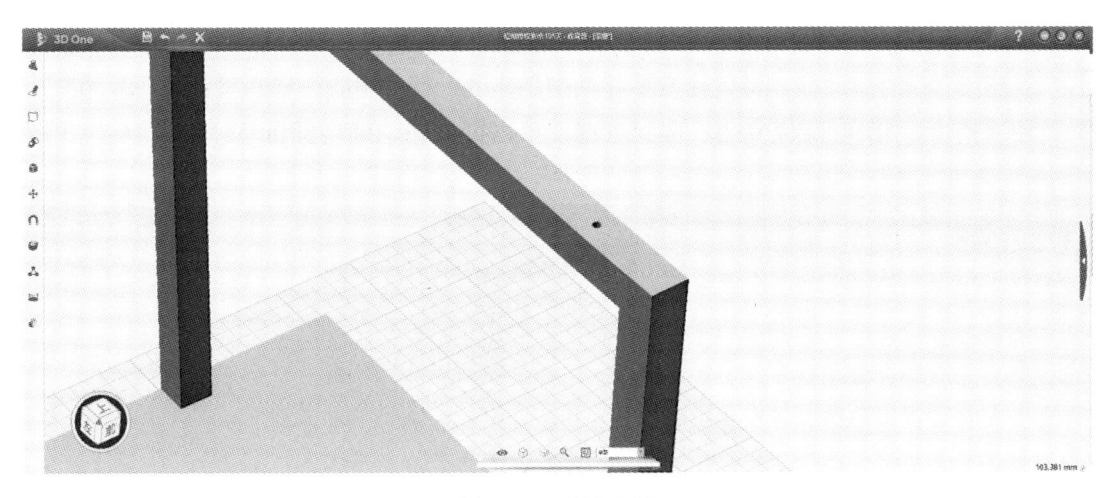

图 16-14　制作打孔

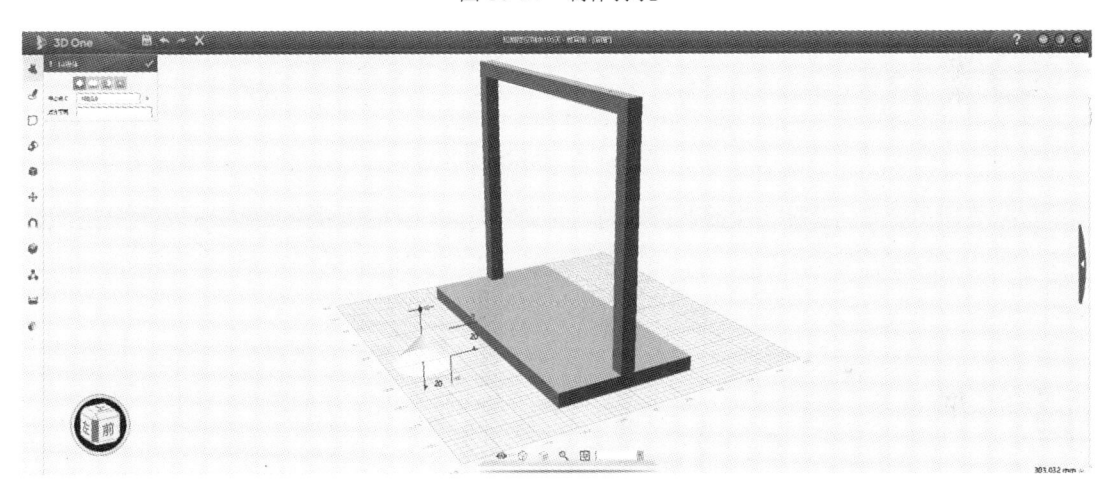

图 16-15　绘制圆锥体

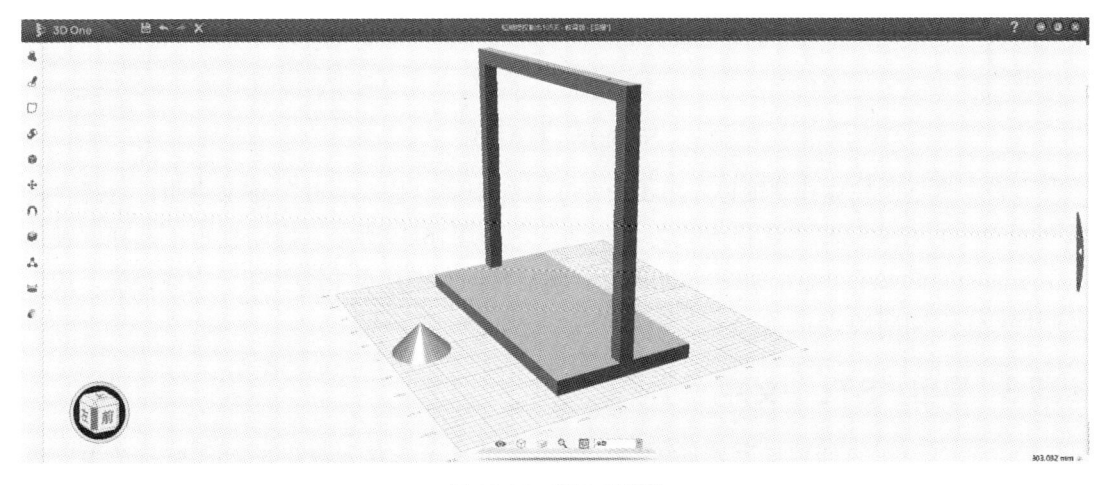

图 16-16　确认圆锥体

（11）单击命令工具栏中的"基本实体"命令组，选择"圆柱体"命令，系统弹出"圆柱体"命令对话框，将鼠标光标移动到工作区，在"中心"输入"-100，0，0"，将半径调整为3、高度调整为80，按回车键或单击按钮，确定圆锥体，如图16-17、图16-18所示。

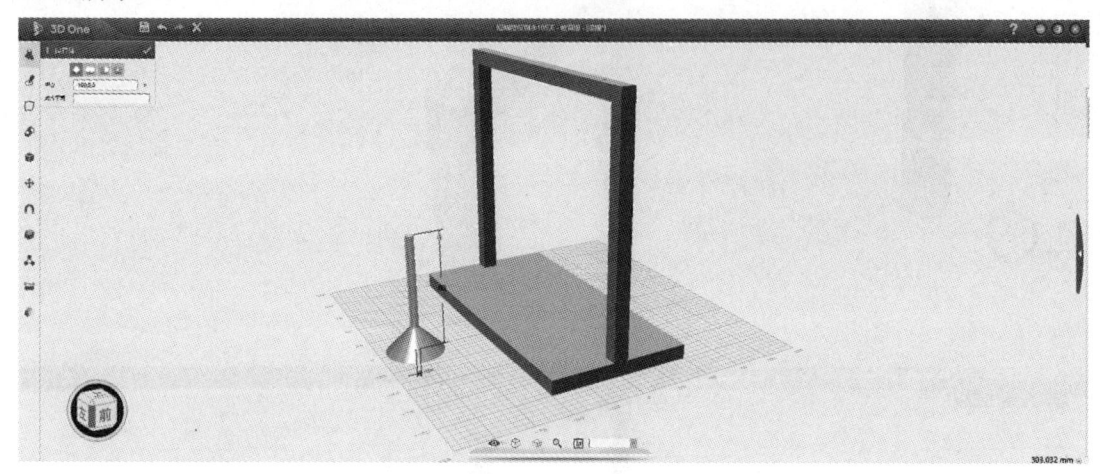

图16-17　绘制组件

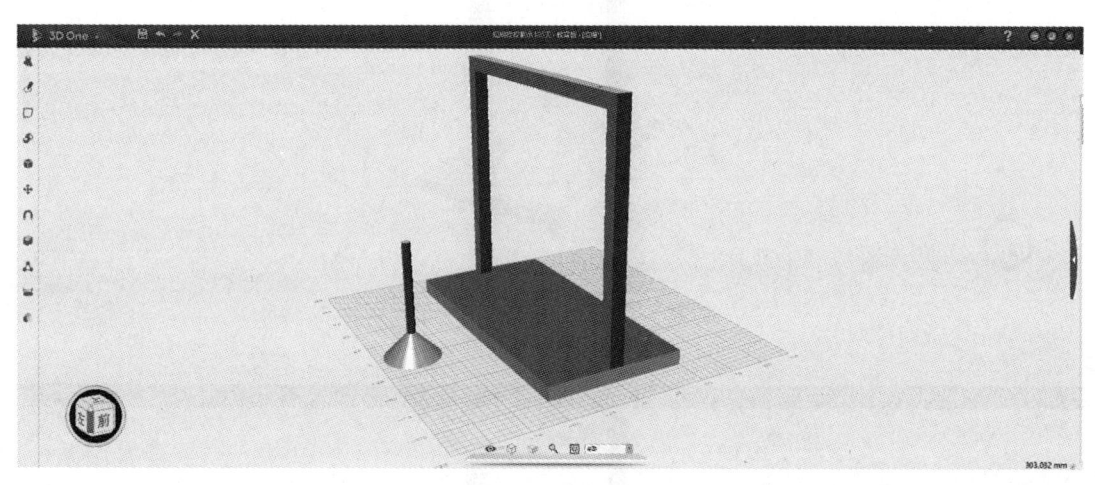

图16-18　确认组件

（12）框选圆柱体和圆锥体，单击命令工具栏中的"基本编辑"命令组，选择"镜像"命令，在对话框中选择方式为"平面"，如图16-19所示。拖动视角，选择圆锥体底部平面为镜像参考平面，如图16-20所示。然后按回车键或单击按钮，完成镜像，滚摆就制作好了，如图16-21所示。

步骤3　导出"STL"文件

单击软件左上角的图标 3D One，系统弹出"文件基本操作"对话框，单击"导出"按钮，在"保存类型"文本框中选择"STL"，单击"保存"按钮。

图 16-19 选择平面

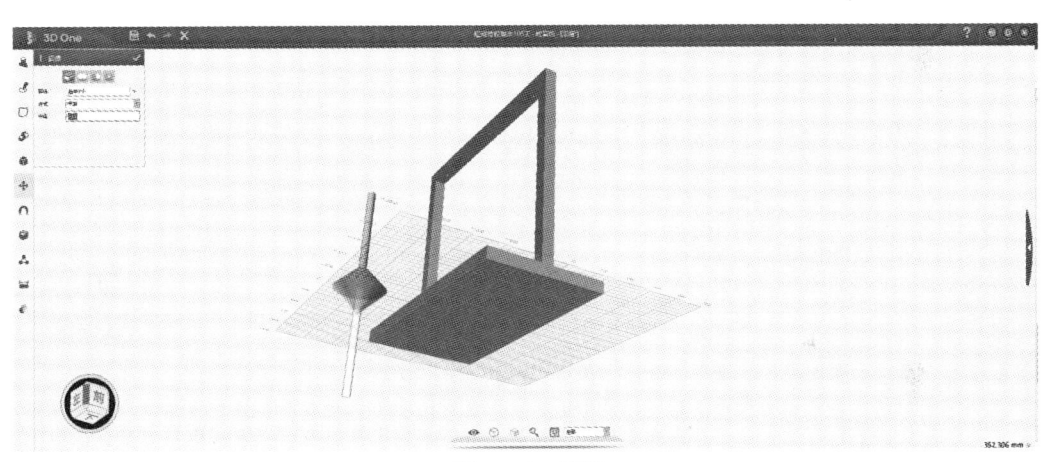

图 16-20 镜像

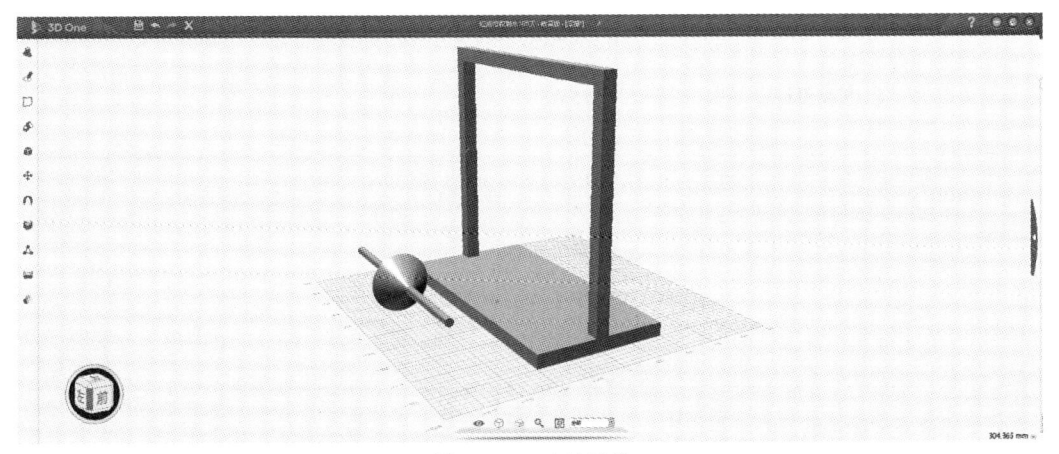

图 16-21 确认镜像

任务3　项目评价

项目评价量表

项目名称							
姓名		班级		评价日期			
		学号					
评价项目	考核内容		考核标准		配分	小组评分	教师评分	总评

评价项目	考核内容		考核标准		配分	小组评分	教师评分	总评
任务完成情况评定（70分）	任务分析	信息搜索	正确 基本正确 不正确	10分 6分 0分	10分			
		方案制定	合理 基本合理 不合理	10分 6分 0分	10分			
		手绘草图	正确 基本正确 不正确	10分 6分 0分	10分			
	三维建模	命令使用	正确 基本正确 不正确	10分 6分 0分	10分			
		参数设置	正确 基本正确 不正确	10分 6分 0分	10分			
		模型设计	完成 基本完成 未完成	20分 15分 0分	20分			
情感态度评定（30分）	遵守课堂纪律，服从指导教师和组长的安排		遵守 基本遵守 不遵守	10分 6分 0分	10分			
	课堂参与度高，讨论积极主动		参与度高 参与度一般 参与度不高	10分 6分 0分	10分			
	组内互相配合，团队协作		配合度高 配合度一般 配合度不高	10分 6分 0分	10分			
总评成绩								

【知识链接】

滚摆

1. 实验原理

当捻动滚摆的轴，使其上升到顶点时，会储存一定的势能。当滚摆被松开，开始旋转下降时，滚摆的势能逐渐减小，而动能（包括平动动能和转动动能）则逐渐增加。当悬线完全松开，滚摆不再下降时，其转动角速度与下降平动速度达到最大值，动能也达到最大。由于滚摆仍继续旋转，它又开始缠绕悬线使自己上升。在滚摆上升的过程中，动能逐渐减小，势能却逐渐增加。当滚摆上升到与原来差不多的高度时，动能为零，而势能达到最大。如果没有任何阻力，滚摆在每次上升的过程中都具有相同的高度，这说明在势能和动能相互转化的过程中，机械能的总量保持不变。

2. 滚摆运动特点

（1）在单摆运动过程中，高度越低，速度越大，相应的重力势能就越小，动能就越大。反之，当高度越高时，速度就越小，重力势能也就越大，动能也就越小。

（2）当麦克斯韦滚摆在下降时，如果其高度越低，则重力势能就越小，同时转动速度也会越大，从而转动动能也就越大；相反地，当滚摆上升时，高度越高，则重力势能也就越大，同时转动速度也会减小，导致转动动能变小。

（3）在单摆和滚摆的运动中，当物体的高度降低时，它的重力势能会减少，同时动能会增加。这意味着重力势能转化为了动能。反之，当物体的高度增加时，它的动能会减少，而重力势能则会增加。这意味着动能转化成了重力势能。

项目 17

三维设计与物理——曲轴

项目背景

在物理课中我们学习了内燃机,了解了内燃机的内部构造,其中有一个部件做曲轴。曲轴是发动机中最重要的部件之一,它承受连杆传来的力,并将其转变为转矩通过曲轴输出并驱动发动机的其他组件进行工作。为了更好地了解曲轴的结构和功能,掌握主视图、左视图的视图关系和表达内容,现由同学们进行草图设计制作曲轴的三维模型并进行打印。

项目目标

◎ 能根据任务要求完成曲轴的草图绘制
◎ 能合理分析并制定曲轴的模型设计步骤
◎ 能正确使用软件中的圆柱体、圆锥体、镜像等命令
◎ 能根据所学的知识操作软件完成曲轴的3D模型设计

效果欣赏

设计一个曲轴,并使用3D打印机将其打印出来,效果如下图所示。

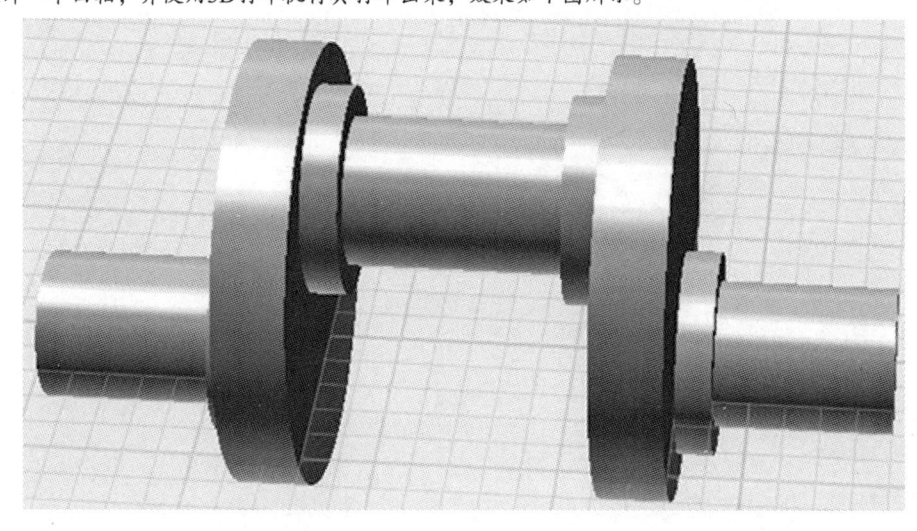

任务 1　项目分析

步骤 1　信息搜集

1. 认识曲轴

曲轴是日常生活中常见的机械结构之一，它的主要作用是将活塞的上下往复运动转变为自身的圆周运动，通常我们所说的发动机转速就是曲轴的转速。在发动机的工作过程中，活塞通过混合压缩气的燃爆推动直线运动，并通过连杆将力传递给曲轴，由曲轴将直线运动转变为旋转运动。

2. 设计望远镜需要具备的能力与原则

掌握内燃机中曲轴工作的相关知识，并能熟练使用三维设计软件等。设计过程中需考虑功能性和实用性。

步骤 2　小组讨论

各小组同学讨论交流，确定曲轴的设计思路和呈现方式。

设计思路（如形状、尺寸等）	呈现方式（如材料、颜色等）

步骤 3　内容选择

采用白色PLA（聚乳酸）材料作为3D打印材料，选择单筒望远镜作为制作模型。

步骤 4　手绘草图

根据决策要求，请各位同学手绘"曲轴"草图，确定曲轴的形状和尺寸。

草图

任务 1　三维建模

步骤 1　新建文件

（1）双击桌面上的3D One软件图标，打开软件。

（2）单击"另存为"按钮，输入文件名"曲轴"并选择文件保存的位置，单击"保存"按钮，进入3D设计环境。

步骤 2　创建"曲轴左侧 ϕ20、ϕ28 的外圆的草图"

（1）单击左下角的视图导航选择"上"，调整视图方向。

（2）使用"直线"命令绘制轴的轮廓，如图17-1所示。

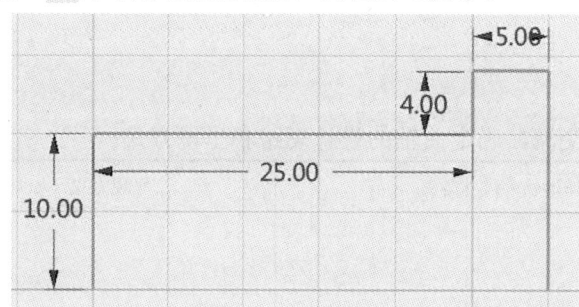

图 17-1　绘制草图

步骤 3　特征造型、基本实体，镜像、组合编辑

（1）使用"旋转"命令，将绘制的轴的轮廓旋转为轴的实体模型，结果如图17-2所示。

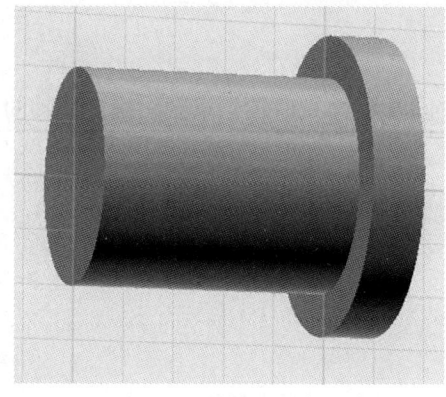

图 17-2　旋转得到实体

（2）以φ28的外圆的右侧端面中心作为绘制平面基准，使用"圆形" ⊙ 命令，圆心设置为"0，13"，半径设置为"30"，如图17-3所示。

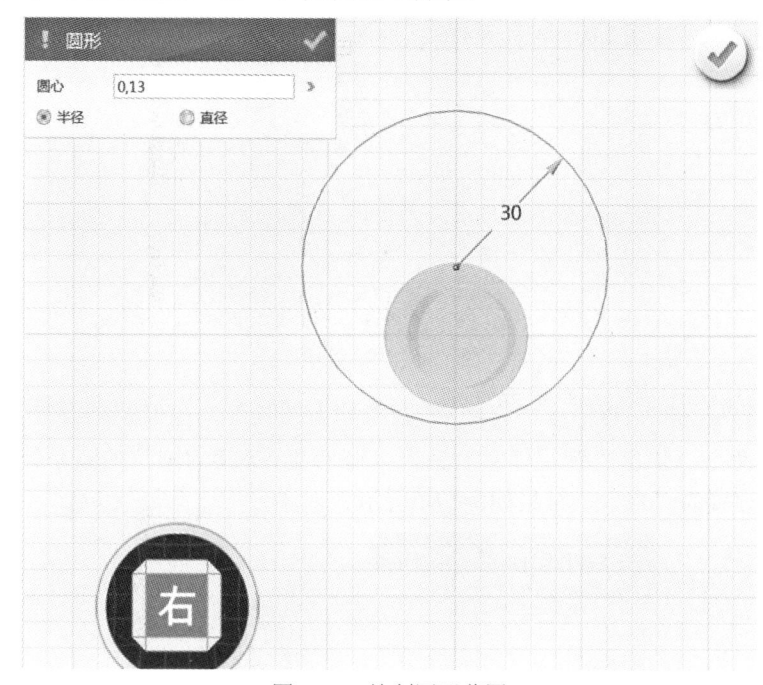

图 17-3　绘制圆形草图

（3）使用"拉伸"命令，将φ60的圆拉伸为圆柱体，拉伸距离设置为"10"，结果如图17-4所示。

图 17-4　拉伸圆柱体

（4）以φ60的外圆的右侧端面中心作为绘制平面基准，使用"圆形"命令，系统弹出"圆形"命令对话框，圆心设置为"0，13"，半径设置为"14"，结果如图17-5所示。

三维创意设计

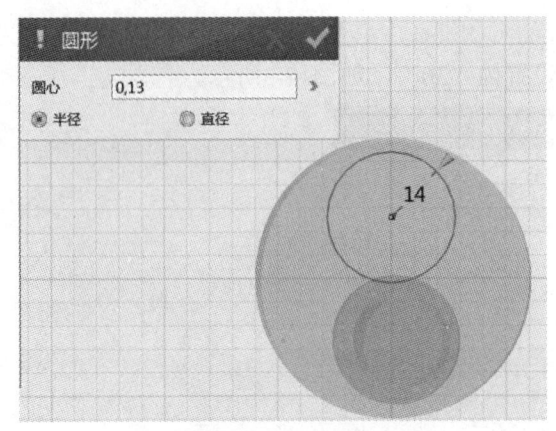

图 17-5 绘制圆形

（5）使用"拉伸" 命令，将φ28的圆拉伸为圆柱体，拉伸距离设置为"5"。使用"圆柱体" 命令，弹出"圆柱体"对话框，圆心定在φ28的圆拉的圆心处，直径设置为"10"，长度设置为"15"，结果如图17-6所示。

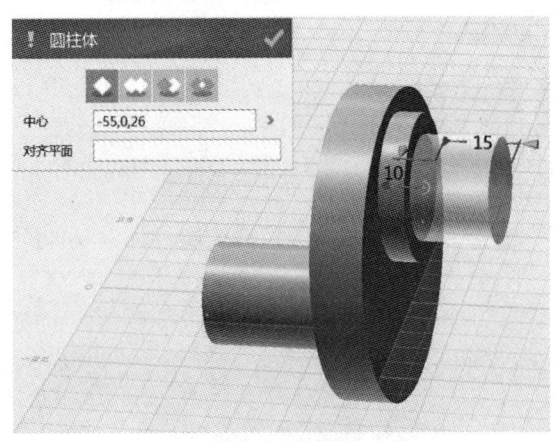

图 17-6 拉伸圆柱体

（6）单击命令工具栏中的"基本编辑" 命令组，选择"镜像" 命令，弹出"镜像"对话框，实体选择目前做好的四个圆柱模型，方式选择"平面"，"平面"用鼠标选择上步骤制作做好的φ20的圆柱的右端面，预览正确后单击 按钮，结果如图17-7所示。

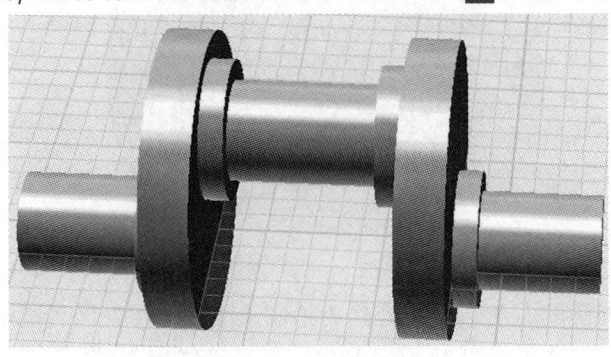

图 17-7 镜像实体

（7）使用"圆锥体"命令，圆心定在右端φ28的圆拉的圆心处，大端直径设置为"10"，长度设置为"15"，小端直径设置为"5"，结果如图17-8所示。

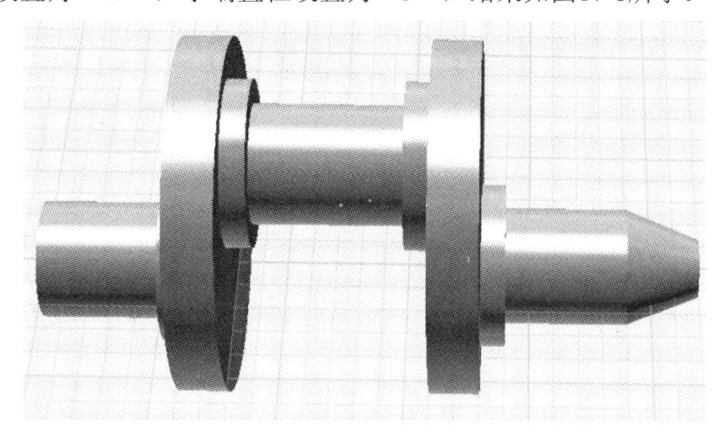

图17-8　圆锥命令

（8）使用"倒角"命令，长度szw设置为"1"，将曲轴模型中的尖角均进行倒角，结果如图17-9所示。

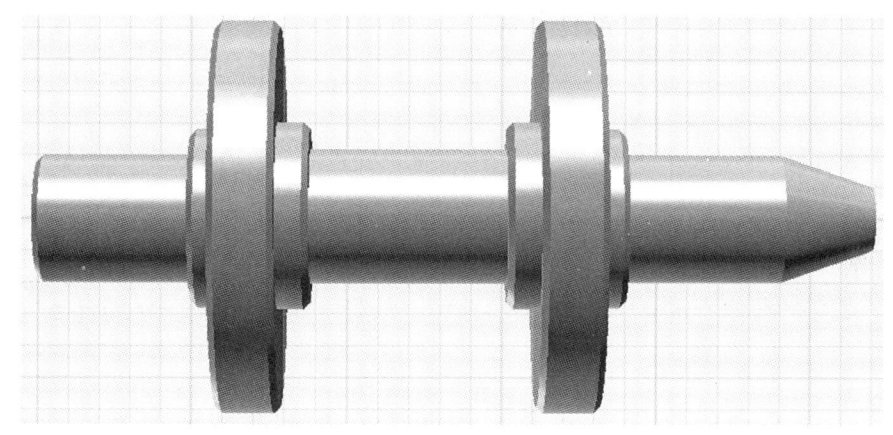

图17-9　倒角命令

（9）单击命令工具栏中的"组合编辑"命令组，选择"加运算"命令，将曲轴组合成为整体。

步骤4　导出"STL"文件

单击软件左上角的图标 3D One，系统弹出"文件基本操作"对话框，单击"导出"按钮，在"保存类型"文本框中选择"STL"，单击"保存"按钮。

任务 3 项目评价

项目评价量表

项目名称							
姓名		班级		评价日期			
		学号					
评价项目	考核内容		考核标准	配分	小组评分	教师评分	总评
任务完成情况评定（70分）	任务分析	信息搜索	正确 10分 基本正确 6分 不正确 0分	10分			
		方案制定	合理 10分 基本合理 6分 不合理 0分	10分			
		手绘草图	正确 10分 基本正确 6分 不正确 0分	10分			
	三维建模	命令使用	正确 10分 基本正确 6分 不正确 0分	10分			
		参数设置	正确 10分 基本正确 6分 不正确 0分	10分			
		模型设计	完成 20分 基本完成 15分 未完成 0分	20分			
情感态度评定（30分）	遵守课堂纪律，服从指导教师和组长的安排		遵守 10分 基本遵守 6分 不遵守 0分	10分			
	课堂参与度高，讨论积极主动		参与度高 10分 参与度一般 6分 参与度不高 0分	10分			
	组内互相配合，团队协作		配合度高 10分 配合度一般 6分 配合度不高 0分	10分			
总评成绩							

【知识链接】

曲轴常识

1. 曲轴

发动机中最重要的一个部件。它承受连杆传来的力,并将其转变为转矩通过曲轴输出并驱动发动机上其他附件进行工作。曲轴受到旋转质量的离心力、周期变化的气体惯性力和往复惯性力的共同作用,使曲轴承受弯曲扭转载荷的作用。

2. 曲轴平衡重（也称配重）

为了平衡旋转离心力及其力矩,有时也可平衡往复惯性力及其力矩。当这些力和力矩自身达到平衡时,平衡重还可用来减轻主轴承的负荷。平衡重的数目、尺寸和安置位置要根据发动机的气缸数、气缸排列形式及曲轴形状等因素来考虑。平衡重一般与曲轴铸造或锻造成一体,大功率柴油机平衡重与曲轴分开制造,然后用螺栓连接在一起。

曲轴主要用于将活塞-连杆组的气体压力转化为扭矩,并输出到外界。曲轴还用于驱动发动机气门和其他辅助装置。曲轴的作用是将来自活塞连杆的推力转化为转动力矩,将活塞的往复直线运动转化为曲轴的圆周转动,然后通过飞轮将发动机扭矩传递给传动系统;同时还驱动发动机的配气机构等辅助装置。曲轴主要由曲轴前端、连杆轴颈、主轴颈、曲柄、配重和曲轴后端法兰组成。曲轴前端装有曲轴正时齿轮,后端装有飞轮。

项目 18

三维设计与生物——病毒模型

项目背景

本学期七年级生物课中，同学们学习了生物分类以及如何判断一个物体是否为生物等知识。然而在学习过程中，同学们对病毒是否为生物的界定问题掌握得不够扎实，主要原因是对病毒结构认识不足。为了使同学们进一步认识不同类型的病毒结构，帮助同学们更扎实地掌握病毒的知识，并使用3D打印机将其打印出来。

项目目标

◎ 能根据任务目标完成病毒模型设计
◎ 能合理分析并制定病毒模型的步骤
◎ 能正确使用软件中的球体、圆锥体、组合、抽壳、倒角、圆角、移动、阵列、渲染、移动等命令
◎ 能根据所学的知识操作软件完成病毒三维模型设计

效果欣赏

设计一个病毒模型，并使用3D打印机将其打印出来，效果如下图所示。

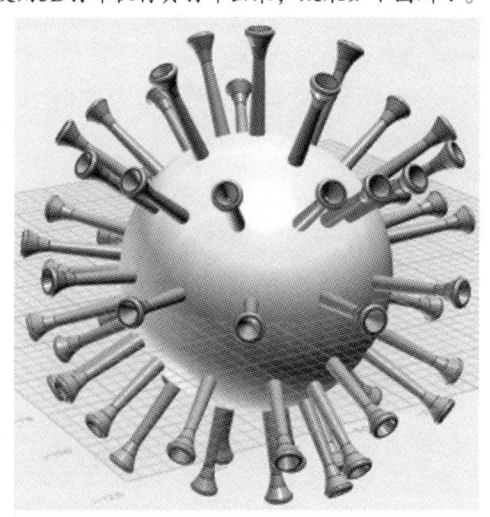

三维设计与生物——病毒模型 | 项目 18

任务 1　制作分析

步骤 1　设计病毒需要具备的能力与原则

想要设计出一个理想的病毒模型，需了解病毒结构，考虑病毒特性，分析制作模型需要用到哪些图形组合，并熟悉3D One设计软件的操作，以构思设计三维模型。

步骤 2　方案制定

各小组同学讨论交流，确定病毒的设计思路和呈现方式。

设计思路（如类型、尺寸等）	呈现方式（如颜色、命令等）

步骤 3　手绘草图

根据决策要求，请各位同学手绘"病毒"草图，确定它的形状和尺寸。

草图

205

任务2 三维建模

步骤1 新建文件

(1) 双击桌面上的3D One软件图标，打开软件。

(2) 单击"另存为"按钮，输入文件名"病毒模型"并选择文件保存的位置，单击"保存"按钮，进入3D设计环境。

步骤2 创建"病毒"模型

(1) 单击命令工具栏中的"基本实体"命令组，选择"球体"命令，系统弹出"球体"命令对话框，将鼠标光标移动到工作区，在"中心"文本框中输入"0，0，0"，按回车键或单击 按钮，确定球体中心，如图18-1所示。

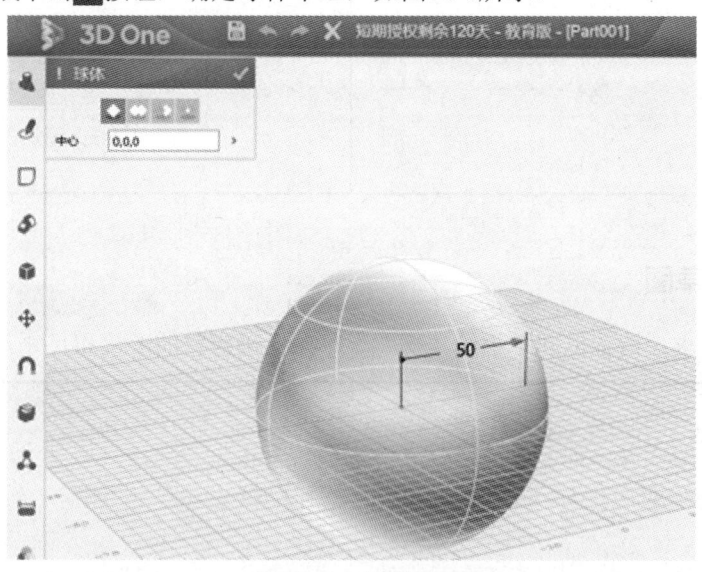

图 18-1 球体命令

(2) 单击默认的球体半径尺寸，输入"50"，如图18-2所示，然后按回车键，完成球体的创建，如图18-3所示。

(3) 单击命令工具栏中的"基本实体"命令组，选择"圆锥体"命令，系统弹出"圆锥体"命令对话框，将鼠标光标移动到工作区，在"中心点C"中输入"0，0，0"，按回车键或单击 按钮，确定圆锥体中心，如图18-4所示。

(4) 单击默认的圆锥体尺寸，上底面、高、下底面分别设置为"2，35，3"，然后按回车键，完成圆锥体的创建，如图18-5、图18-6所示。

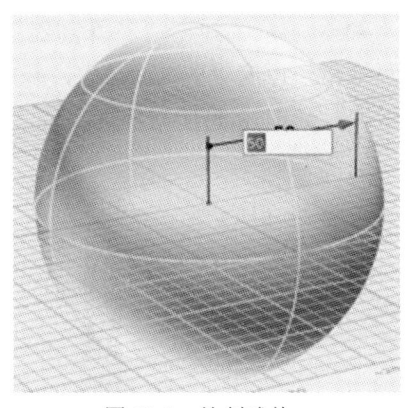

图 18-2　绘制球体　　　　　　　图 18-3　球体

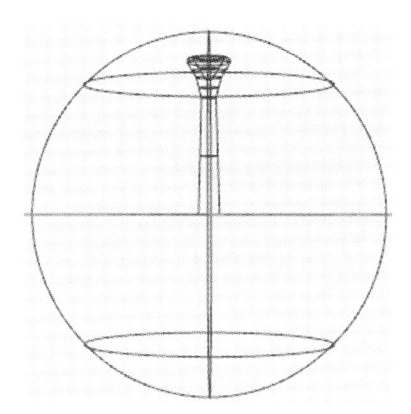

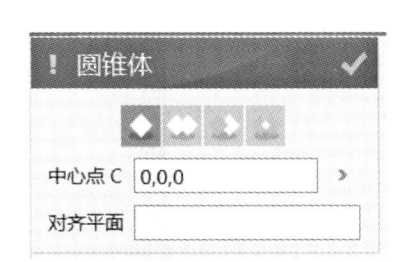

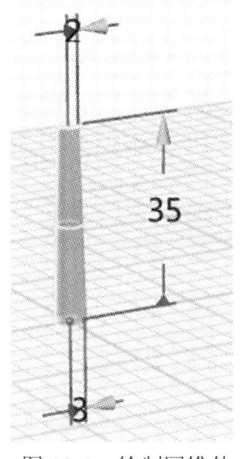

图 18-4　圆锥体命令　　图 18-5　绘制圆锥体　　图 18-6　圆锥体

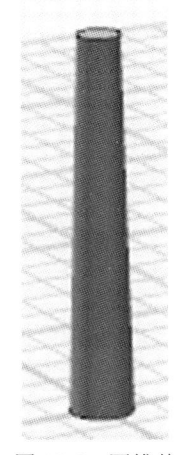

（5）再次单击命令工具栏中的"基本实体"命令组，选择"圆锥体"命令，系统弹出"圆锥体"命令对话框，将鼠标光标移动到工作区，在"中心点C"中输入"0，0，35"，确定圆锥体中心，按回车键或单击按钮，如图18-7所示。单击默认的圆锥体尺寸，上底面、高、下底面分别设置为"2，8，7"，如图18-8所示。然后按回车键，完成圆锥体的创建，如图18-9所示。

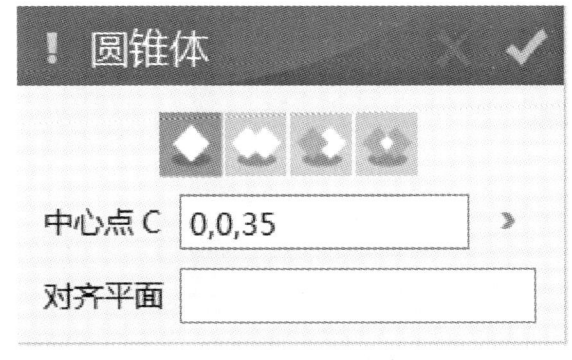

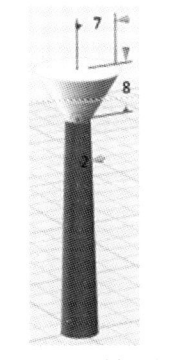

图 18-7　圆锥体命令　　　　　图 18-8　绘制圆锥体　　图 18-9　绘制完毕

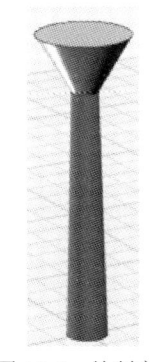

（6）单击命令工具栏中的"特殊功能" 命令，系统弹出"特殊功能"命令对话框，单击"抽壳" 按钮，基体单击选择后建圆锥体，厚度设置为"-2"，开放面选择上表面，如图18-10所示。然后按回车键或单击 按钮，如图18-11所示。

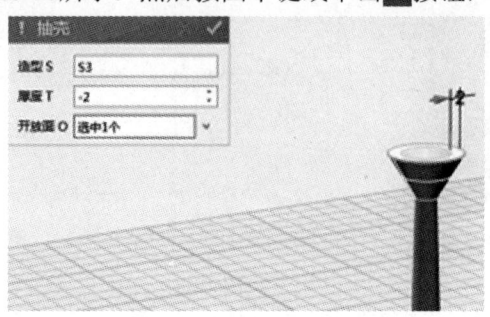

图18-10　圆锥体抽壳命令　　　　　图18-11　圆锥体抽壳完成

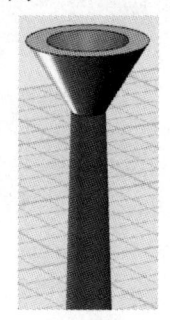

（7）单击命令工具栏中的"组合编辑" 命令，系统弹出"组合编辑"命令对话框，单击"交运算" 按钮，基体单击选择圆柱体，合并体单击选择圆锥体，如图18-12所示。然后按回车键或单击 按钮，完成组合，如图18-13所示。

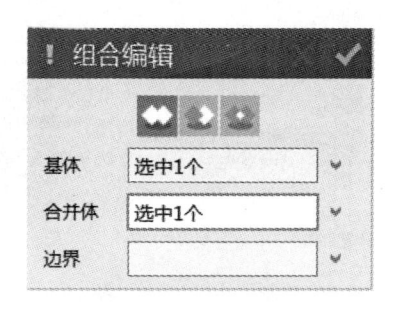

图18-12　组合编辑命令　　　　　图18-13　组合

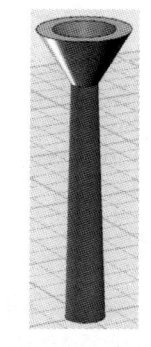

（8）单击命令工具栏中的"特征造型" 命令，系统弹出"特征造型"命令对话框，单击"圆角" 按钮，基体单击选择圆锥体上表面外边，如图18-14所示。然后按回车键或单击 按钮，完成圆角修饰，如图18-15所示。

图18-14　圆角命令　　　　　图18-15　圆角

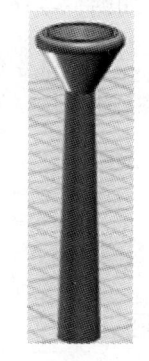

（9）单击命令工具栏中的"特征造型" 命令，系统弹出"特征造型"命令对话框，单击"倒角" 按钮，基体单击选择圆锥体下表面的边，如图18-16所示。然后按回车键或单击 按钮，完成倒角修饰，如图18-17所示。

图 18-16　倒角命令　　　　　　　图 18-17　倒角

（10）单击底端工具栏中的"显示/隐藏" 命令，系统显示工具栏，单击"显示几何体" 按钮，实体选择球体，如图18-18所示。然后按回车键或单击 按钮，显示球体，如图18-19所示。

图 18-18　显示命令　　　　　　　图 18-19　球体

（11）单击底端工具栏中的"渲染模式" 命令，单击"线框模式" 按钮，然后按回车键或单击 按钮，显示线框简图，如图18-20所示。

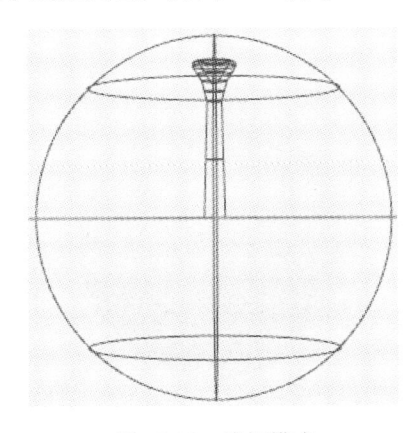

图 18-20　线框模式

（12）单击命令工具栏中的"基本编辑"✥命令，单击"移动"按钮，系统弹出"移动"命令对话框，选择动态移动命令，实体单击选择圆柱体，如图18-21所示。拖拉手柄向上移动圆柱体，如图18-22所示。高度设置为"45"，如图18-23所示。然后按回车键或单击✓按钮，完成移动，如图18-24所示。

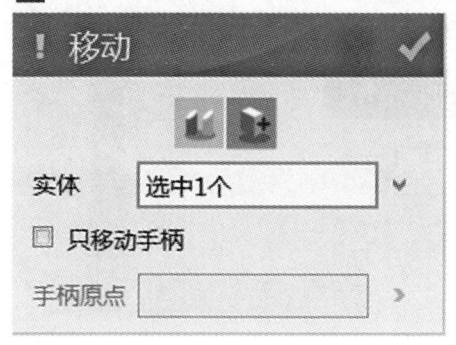

图 18-21　移动命令　　　　　图 18-22　动态移动

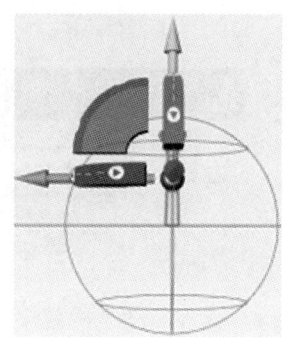

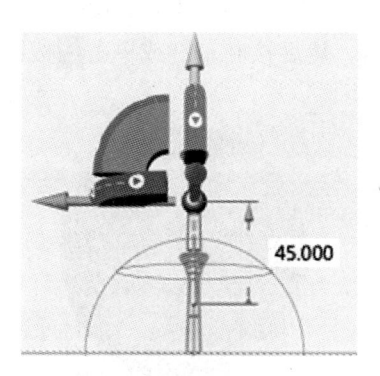

图 18-23　移动 45 mm 高度　　图 18-24　移动完毕

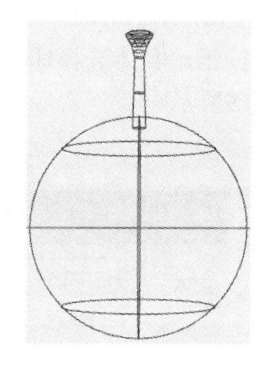

（13）单击底端工具栏中的"渲染模式"命令，单击"着色模式"按钮，然后按回车键或单击✓按钮，如图18-25所示。

图 18-25　着色模式

（14）单击命令工具栏中的"基本编辑"✥命令，单击"阵列"按钮，系统弹出

"阵列"命令对话框，选择圆形命令，基体选择圆柱体，方向设置为"0，-1，0"，数量设置为"13"，如图18-26所示。然后按回车键或单击✓按钮，完成阵列，如图18-27所示。

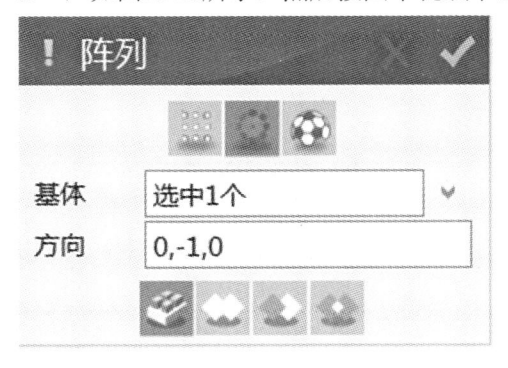

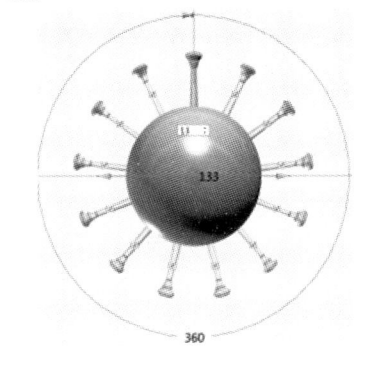

图 18-26　圆形阵列命令　　　　图 18-27　圆锥体阵列

（15）单击命令工具栏中的"基本编辑"命令，单击"阵列"按钮，系统弹出"阵列"命令对话框，选择圆形命令，基体选择中心圆柱体，方向设置为"1，0，0"，数量设置为"13"，然后按回车键或单击✓按钮，完成圆形阵列，如图18-28所示。

（16）单击命令工具栏中的"基本编辑"命令，单击"阵列"按钮，系统弹出"阵列"命令对话框，选择圆形命令，基体选择中心圆柱体，方向设置为"0，0，1"，数量设置为"13"，然后按回车键或单击✓按钮，完成圆形阵列，如图18-29所示。

（17）单击正视图，旋转实体方向，选择合适圆柱体位置，单击命令工具栏中的"基本编辑"命令，单击"阵列"按钮，系统弹出"阵列"命令对话框，选择圆形命令，基体选择中心圆柱体，方向设置为"0，0，1"，数量设置为"10"，然后按回车键或单击✓按钮，完成新冠病毒模型的创建，如图18-30所示。

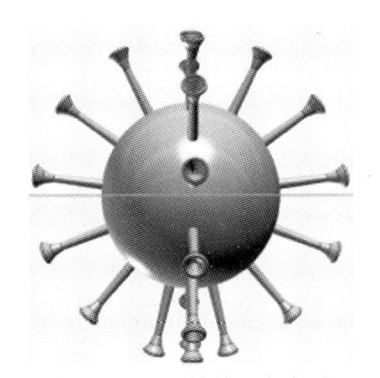

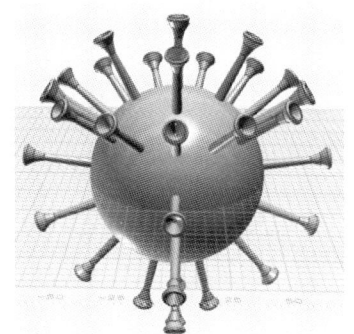

图 18-28　圆锥体二次阵列　　　图 18-29　圆锥体三次阵列　　　图 18-30　阵列完毕

步骤 3　导出"STL"文件

单击软件左上角的图标 3D One，系统弹出"文件基本操作"对话框，单击"导出"按钮，在"保存类型"文本框中选择"STL"，单击"保存"按钮。

任务3　项目评价

项目名称					评价日期		
姓名		班级					
		学号					
评价项目	考核内容		考核标准	配分	小组评分	教师评分	总评
任务完成情况评定（70分）	任务分析	信息搜索	正确　　　10分 基本正确　6分 不正确　　0分	10分			
		方案制定	合理　　　10分 基本合理　6分 不合理　　0分	10分			
		手绘草图	正确　　　10分 基本正确　6分 不正确　　0分	10分			
	三维建模	命令使用	正确　　　10分 基本正确　6分 不正确　　0分	10分			
		参数设置	正确　　　10分 基本正确　6分 不正确　　0分	10分			
		模型设计	完成　　　20分 基本完成　15分 未完成　　0分	20分			
情感态度评定（30分）	遵守课堂纪律，服从指导教师和组长的安排		遵守　　　10分 基本遵守　6分 不遵守　　0分	10分			
	课堂参与度高，讨论积极主动		参与度高　　10分 参与度一般　6分 参与度不高　0分	10分			
	组内互相配合，团队协作		配合度高　　10分 配合度一般　6分 配合度不高　0分	10分			
总评成绩							

【知识链接】

病毒的相关知识

1. 认识病毒的种类

病毒主要由遗传物质和蛋白质组成，是介于生命和非生命之间的一种物质形式。病毒是最微小的、结构最简单的一类非细胞型微生物，病毒没有完整的细胞结构，必须寄生在活细胞中才能增殖。根据病毒的遗传物质和结构特征，可以将病毒分为多种类型。其中，按照遗传物质分类可以分为RNA病毒、蛋白质病毒和DNA病毒；按照结构特征分类，可以分为真病毒和亚病毒；按照寄主类型分类，可以分为细菌病毒、植物病毒、动物病毒等；按照性质分类，可以分为温和的病毒和烈性的病毒等。此外，还可以根据病毒的形态进行划分，如球状病毒、杆状病毒、砖状病毒、冠状病毒、丝状病毒、链状病毒等。有些病毒还具有包膜或头部形状的特征，如有包膜的球状病毒、具有球状头部的病毒以及封于包膜体内的昆虫病毒等。

2. 病毒的基本特征

（1）形体极其微小，一般都能通过细菌滤器，故必须在电子显微镜下才能观察；

（2）没有完整的细胞构造；

（3）每一种病毒只含一种核酸，不是DNA就是RNA；

（4）既无产能酶系，也无蛋白质和核酸合成酶系，只能利用宿主活细胞内现成代谢系统合成自身的核酸和蛋白质成分；

（5）对一般抗生素不敏感，但对干扰素敏感。

项目 19

三维设计与生物——植物细胞模型

项目背景

本学期在七年级生物课上，同学们认识了生物体及构成生物体的细胞。同学们发现不同生物的细胞结构既有相同点之外，也有差异，常见的植物细胞是主要的参照模式。为使同学们更加准确地认识和记忆植物细胞的结构，并进一步区分动物细胞、细菌结构、酵母菌细胞结构和病毒结构，本项目利用3D One设计软件来制作植物细胞模型，并使用3D打印机将其打印出来供同学们观摩。

项目目标

◎ 能根据任务目标完成植物细胞模型设计
◎ 能明确并制定植物细胞模型的步骤
◎ 能正确使用软件中的球体、圆柱体、草图绘制、组合、抽壳、圆角、移动、阵列等命令
◎ 能根据所学的知识操作软件完成植物细胞结构的三维模型设计

效果欣赏

设计一个植物细胞结构模型，并使用3D打印机将其打印出来，效果如下图所示。

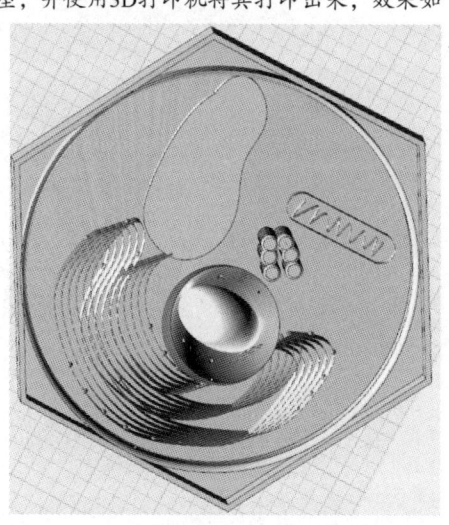

任务 1　制作分析

步骤 1　设计植物细胞结构需要具备的能力与原则

想要设计出一个准确的植物细胞结构模型，需要了解植物细胞结构所包括的部分，考虑植物细胞特性，分析制作模型需要用到哪些图形组合，并熟练操作3D One设计软件，构思设计三维模型。

步骤 2　方案制定

各小组同学讨论交流，确定植物细胞结构的设计思路和呈现方式。

设计思路（如类型、尺寸等）	呈现方式（如颜色、命令等）

步骤 3　手绘草图

根据决策要求，请各位同学手绘"植物细胞结构"草图，确定它的形状和尺寸。

草图

任务 2　三维建模

步骤 1　新建文件

（1）双击桌面上的3D One软件图标，打开软件。

（2）单击"另存为"按钮，输入文件名"植物细胞模型"并选择文件保存的位置，单击"保存"按钮，进入3D设计环境。

步骤 2　创建"植物细胞结构"模型

（1）单击命令工具栏中的"草图绘制"命令组，选择"矩形"命令，系统弹出"矩形"命令对话框，如图19-1所。将鼠标光标移动到工作区，绘制长为25、宽为10的矩形，按回车键或单击按钮，完成矩形的绘制，如图19-2所示。

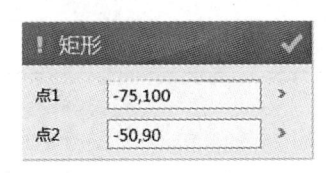

图 19-1　矩形命令图　　　　19-2　绘制矩形

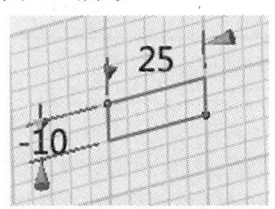

（2）单击命令工具栏中的"草图绘制"命令组，选择"圆弧"命令，系统弹出"圆弧"命令对话框，如图19-3所示。将鼠标光标移动到矩形左上角位置，绘制左边圆弧，如图19-4所示。同样的步骤绘制右边圆弧，按回车键或单击按钮，完成左、右圆弧的绘制，如图19-5所示。

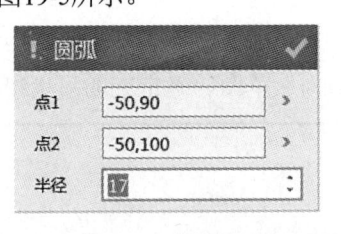

图 19-3　圆弧命令　　　　图 19-4　绘制圆弧

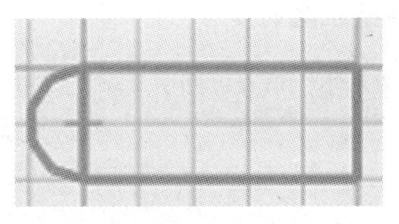

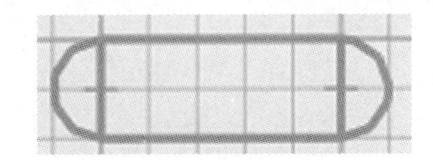

图 19-5　绘制圆弧完毕

（3）单击命令工具栏中的"草图编辑"命令组，选择"单击修剪"命令，系统弹出"单击修剪"命令对话框，如图19-6所示。将鼠标光标移动到矩形左、右侧圆弧内直线上单击进行裁剪，绘制左边圆弧，同样的步骤绘制右边圆弧，按回车键或单击✓按钮，完成左、右圆弧的绘制，如图19-7所示。

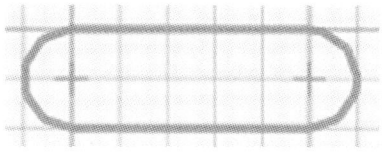

图 19-6　修剪命令　　　　图 19-7　修剪多余线段

（4）单击命令工具栏中的"草图编辑"命令组，选择"通过点绘制曲线"命令，系统弹出"通过点绘制曲线"命令对话框，如图19-8所。将鼠标光标移动到绘制好的图形内绘制折线，按回车键或单击✓按钮，完成折线的绘制，如图19-9所示。

图 19-8　绘制曲线命令　　　　图 19-9　绘制曲线

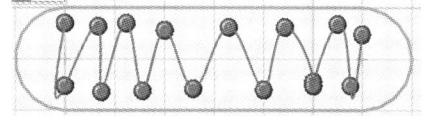

（5）单击命令工具栏中的"特征造型"命令，系统弹出"特征造型"命令对话框，如图19-10所示。单击"拉伸"按钮，基体单击选择绘制好的图形进行拉伸，拉伸高度设置为"6"，如图19-11所。然后按回车键或单击✓按钮，完成线粒体的绘制，如图19-12所示。

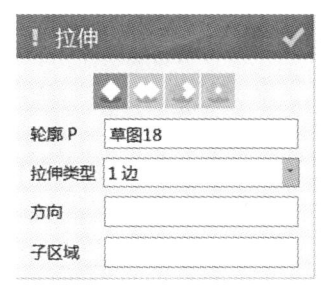

图 19-10　拉伸命令　　　　图 19-11　绘制拉伸

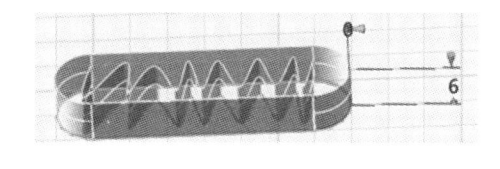

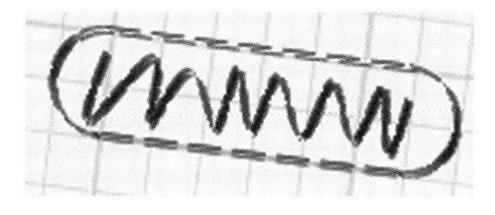

图 19-12　拉伸线粒体

（6）单击命令工具栏中的"草图编辑"命令组，选择"通过点绘制曲线"命令，系统弹出"通过点绘制曲线"命令对话框，将鼠标光标移动到工作区进行液泡绘制，按回车键或单击✓按钮，绘制完成，如图19-13所示。

217

三维创意设计

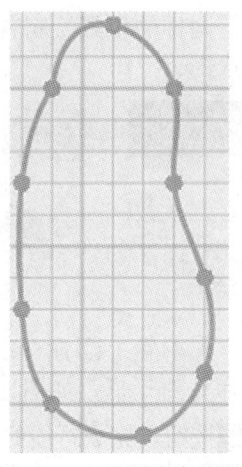

图 19-13 绘制液泡草图

（7）单击命令工具栏中的"特征造型" 命令，系统弹出"特征造型"命令对话框，单击"拉伸" 按钮，基体单击选择绘制好的液泡进行拉伸，拉伸高度设置为"6"，如图19-14所示。然后按回车键或单击 按钮，完成液泡的绘制，如图19-15所示。

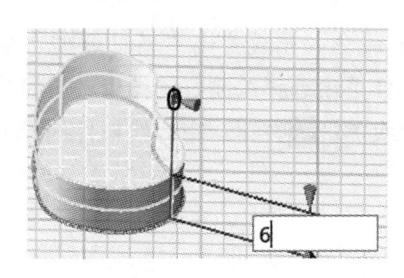

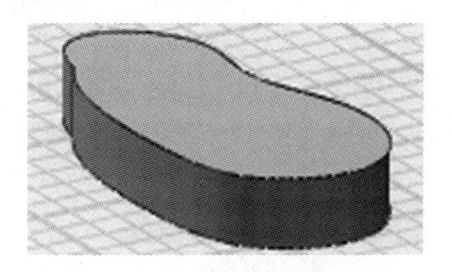

图 19-14 拉伸液泡　　　　图 19-15 绘制液泡完毕

（8）单击命令工具栏中的"颜色" 命令，系统弹出"颜色"命令对话框，单击选择白色，如图19-16所示。然后按回车键或单击 按钮，完成颜色填充，如图19-17所示。

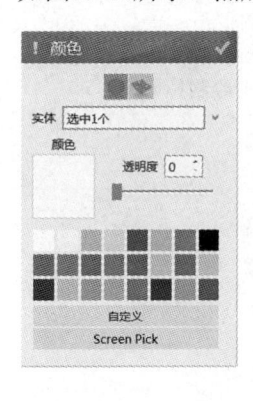

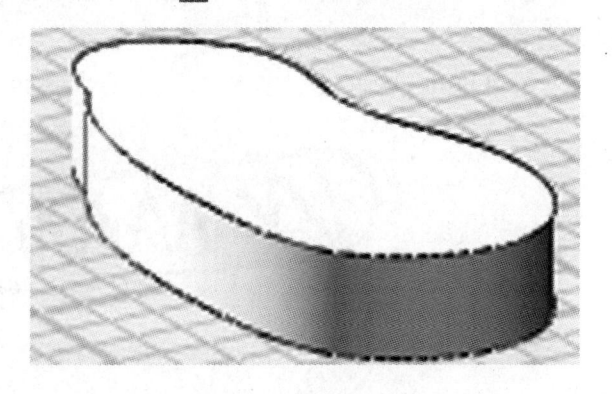

图 19-16 颜色填充　　　　图 19-17 填充颜色完毕

（9）单击命令工具栏中的"草图编辑" 命令组，选择"通过点绘制曲线" 命令，系统弹出"通过点绘制曲线"命令对话框，如图19-18所示。将鼠标光标移动到工作区

218

进行内质网绘制，按回车键或单击 ✓ 按钮，绘制完成，如图19-19所示。

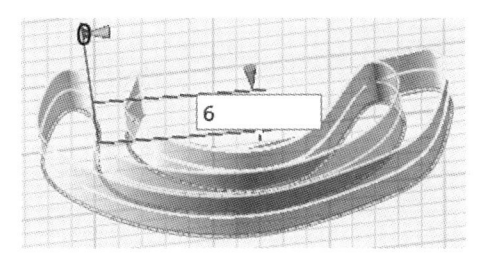

图19-18　通过点绘制曲线　　　　图19-19　绘制内质网及拉伸

（10）单击命令工具栏中的"基本实体"命令组，选择"球体"命令，系统弹出"球体"命令对话框，将鼠标光标移动到工作区进行内质网上核糖体绘制，按回车键或单击 ✓ 按钮，绘制完成，如图19-20所示。

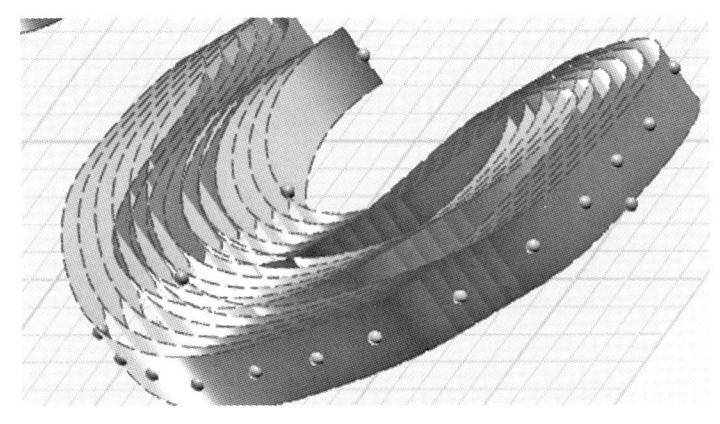

图19-20　绘制核糖体

（11）单击命令工具栏中的"基本实体"命令组，选择"圆柱体"命令，系统弹出"圆柱体"命令对话框，将鼠标光标移动到工作区进行叶绿体的绘制，圆柱体底面积和高均设置为"3"，按回车键或单击 ✓ 按钮，绘制完成，如图19-21所示。

图19-21　绘制叶绿体

（12）单击命令工具栏中的"草图编辑"命令组，选择"圆形"命令，系统弹出"圆形"命令对话框，将鼠标光标移动到工作区绘制细胞膜，半径设置为"54"，按回车键或单击 ✓ 按钮，完成圆形草图的绘制，如图19-22所示。

219

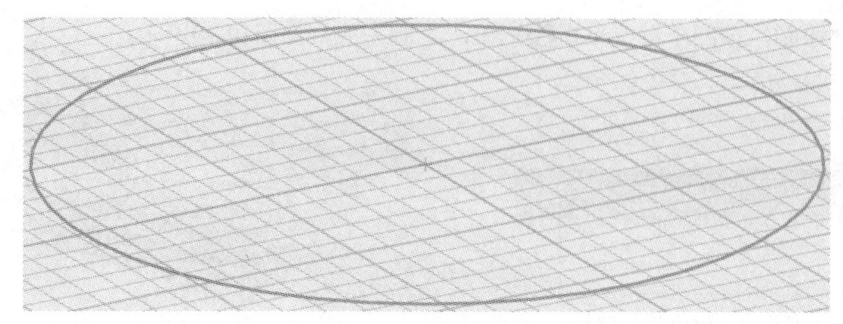

图 19-22　绘制圆形

（13）单击命令工具栏中的"草图编辑"命令组，选择"正多边形"命令，系统弹出"正多边形"命令对话框，将鼠标光标移动到工作区绘制细胞壁，半径设置为"63"，按回车键或单击按钮，完成圆形草图的绘制，如图19-23所示。

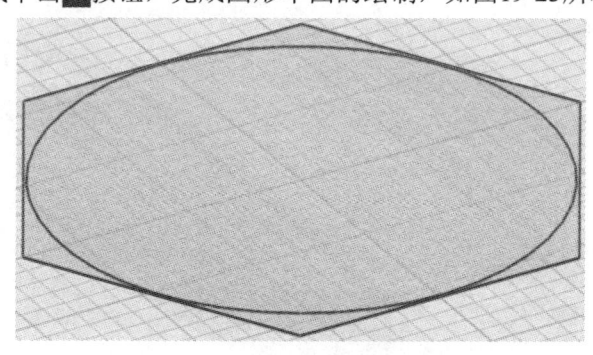

图 19-23　绘制多边形

（14）单击命令工具栏中的"特征造型"命令，系统弹出"特征造型"命令对话框，单击"拉伸"按钮，基体单击选择绘制好的图形进行拉伸，拉伸高度设置为"10"，然后按回车键或单击按钮，完成细胞膜与细胞壁的绘制，如图19-24所示。

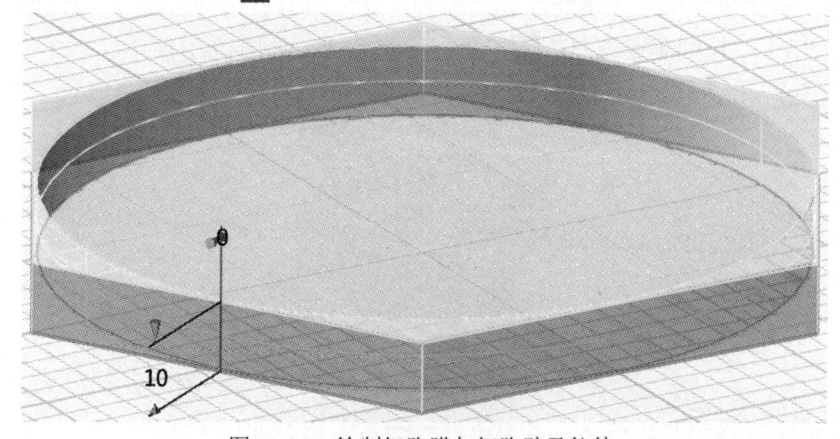

图 19-24　绘制细胞膜与细胞壁及拉伸

（15）单击命令工具栏中的"颜色"命令，系统弹出"颜色"命令对话框，单击选择绿色，然后按回车键或单击按钮，完成颜色填充，如图19-25所示。

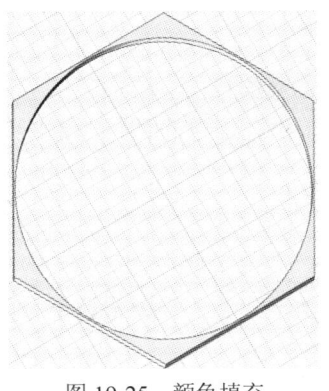

图 19-25 颜色填充

（16）单击命令工具栏中的"特征造型" 命令，系统弹出"特征造型"命令对话框，单击"圆角" 按钮，基体单击选择细胞膜，进行圆角修饰，距离选择2，如图19-26所示。然后按回车键或单击 按钮，完成细胞膜与细胞壁的绘制，如图19-27所示。

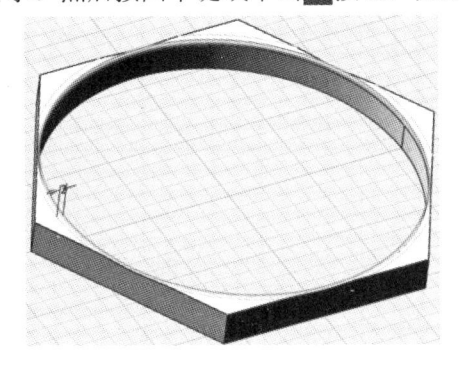

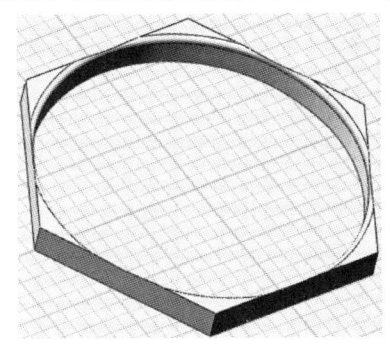

图 19-26 圆角修饰　　　　图 19-27 圆角修饰效果

（17）单击命令工具栏中的"基本编辑" 命令，系统弹出"基本编辑"命令对话框，单击"移动" 按钮，进行整体组合，完成植物细胞结构模型，如图19-28所示。

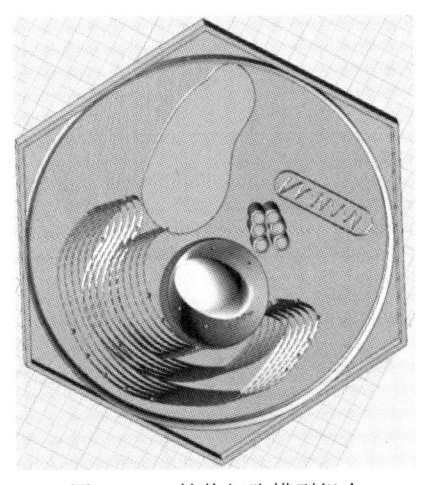

图 19-28 植物细胞模型组合

步骤3　导出"STL"文件

单击软件左上角的图标 3D One，系统弹出"文件基本操作"对话框,单击"导出"按钮,在"保存类型"文本框中选择"STL",单击"保存"按钮。

任务3　项目评价

项目评价量表

项目名称							
姓名			班级		评价日期		
			学号				
评价项目	考核内容		考核标准		配分	小组评分	教师评分	总评

评价项目		考核内容	考核标准		配分	小组评分	教师评分	总评
任务完成情况评定（70分）	任务分析	信息搜索	正确 基本正确 不正确	10分 6分 0分	10分			
		方案制定	合理 基本合理 不合理	10分 6分 0分	10分			
		手绘草图	正确 基本正确 不正确	10分 6分 0分	10分			
	三维建模	命令使用	正确 基本正确 不正确	10分 6分 0分	10分			
		参数设置	正确 基本正确 不正确	10分 6分 0分	10分			
		模型设计	完成 基本完成 未完成	20分 15分 0分	20分			
情感态度评定（30分）	遵守课堂纪律,服从指导教师和组长的安排		遵守 基本遵守 不遵守	10分 6分 0分	10分			

续表

评价项目	考核内容	考核标准	配分	小组评分	教师评分	总评
情感态度评定（30分）	课堂参与度高，讨论积极主动	参与度高 10分 参与度一般 6分 参与度不高 0分	10分			
	组内互相配合，团队协作	配合度高 10分 配合度一般 6分 配合度不高 0分	10分			
总评成绩						

【知识链接】

不同细胞的特征

1. 植物细胞特征

植物细胞是植物生命活动的结构与功能的基本单位，由原生质体和细胞壁两部分组成。原生质体是细胞壁内一切物质的总称，主要由细胞质和细胞核组成，在细胞质或细胞核中还有若干不同的细胞器，此外还有细胞液和后含物等。

2. 动物细胞特征

动物细胞有细胞核、细胞质和细胞膜，没有细胞壁，液泡不明显，含有溶酶体。动物细胞的结构有细胞膜、细胞质、细胞器、细胞核。细胞内部有细胞器：细胞核，双层膜，包含有由DNA和蛋白质构成的染色体。内质网分为粗面的与滑面的，粗面内质网表面附有核糖体，参与蛋白质的合成和加工；光面内质网，表面没有核糖体，参与脂类合成。

3. 细菌细胞特征

细菌是单细胞生物，是原核生物。其基本结构有细胞壁、细胞膜、细胞质和遗传物质的集中区域（没有成形的细胞核），有的细菌还有荚膜（保护作用）或鞭毛（运动，可以在水中游动）。

4. 酵母菌细胞结构

酵母菌是单细胞真菌。一般呈球形、卵圆形、腊肠形、椭圆形、柠檬形或藕节形等。比细菌的单细胞个体要大得多。酵母菌无鞭毛，不能游动。菌落形态与细菌相似，但较大较厚，呈乳白色或红色，表面湿润、粘稠，易被挑起。酵母菌具有典型的真核细胞结构，有细胞壁、细胞膜、细胞核、细胞质、液泡、线粒体等，有的还具有微体。

项目 20

三维设计与化学——碳原子结构模型

项目背景

原子是一种微观粒子,无法直接观察或触摸。在目前的教学条件下,学习原子只能通过分析宏观现象来激发学生的想象力,这给学习原子的内部结构带来一定的困难。然而,学习原子结构是化学学习的前提和基础,也是整个中学阶段化学学习的核心内容之一。因此,如果能够直观地感知原子结构的模型,将对中学阶段的化学学习起到极大的帮助。本着遵循化学核心素养的原则,我们要求同学们以碳原子结构为例制作原子结构模型,并使用3D打印机将其打印出来。

项目目标

◎ 能根据任务要求完成碳原子结构模型的手绘草图
◎ 能合理分析并制定碳原子结构设计模型的步骤
◎ 能正确使用软件中的球体、圆环体、阵列、移动、渲染等命令
◎ 能根据所学的知识操作软件完成碳原子结构模型的三维模型设计

效果欣赏

设计一个碳原子结构模型,并使用3D打印机将其打印出来,效果如下图所示。

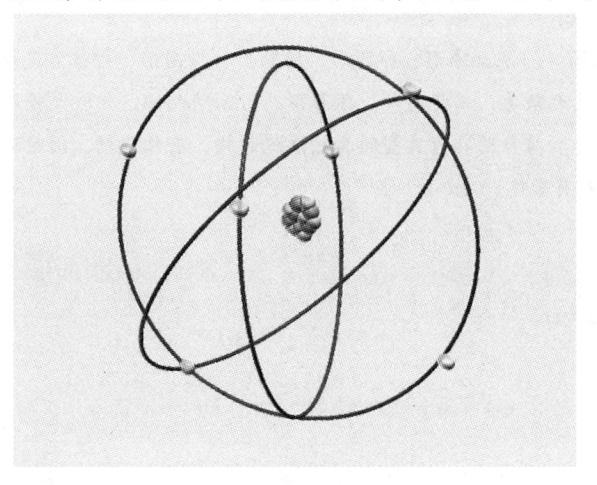

任务 1　分析

步骤 1　信息搜集

1. 了解原子模型的发展史

原子模型是基于对物质微观结构的认识而建立的模型。目前广泛接受的原子模型是由原子核（包括质子和中子）和电子构成，其中电子绕核做不规则运动，形成了电子云模型。这一模型最早由英国科学家道尔顿在1803年提出，后来经过汤姆逊、卢瑟福、波尔等人的改进和完善，逐渐形成了现代原子模型。为了设计一个碳原子结构模型，同学们需要查找有关原子结构的组成及其运动规律的相关资料，并依靠自己的想象力和相关理论，借助3D One设计软件将脑海中的碳原子结构模型设计成三维模型。最后，利用3D打印机将该三维模型变成实物。

2. 设计碳原子结构模型需要具备的能力与原则

掌握化学相关知识，并能熟练使用三维设计软件等。设计过程中需考虑科学性和可行性。

步骤 2　方案制定

各小组同学讨论交流，确定碳原子结构模型的设计思路和呈现方式。

设计思路（如形状、尺寸等）	呈现方式（如材料、颜色等）

步骤 3　内容选择

采用白色PLA（聚乳酸）材料作为3D打印材料，根据科学性、适切性原则选取玻尔原子结构模型作为本次学习的内容。

步骤 4　手绘草图

根据决策要求，请各位同学手绘"碳原子结构模型"草图，确定碳原子结构模型的形状和尺寸。

三维创意设计

草图

任务 2　三维建模

步骤 1　新建文件

（1）双击桌面上的3D One软件图标，打开软件。

（2）单击"另存为"按钮，输入文件名"碳原子结构模型"并选择文件保存的位置，单击"保存"按钮，进入3D设计环境。

步骤 2　创建"碳原子结构"模型

（1）单击命令工具栏中的"基本实体"　命令组，选择"球体"　命令，系统弹出"球体"命令对话框，将鼠标光标移动到工作区，在"中心"文本框中输入"0，0，0"，按回车键或单击　按钮，确定球体中心，如图20-1所示。

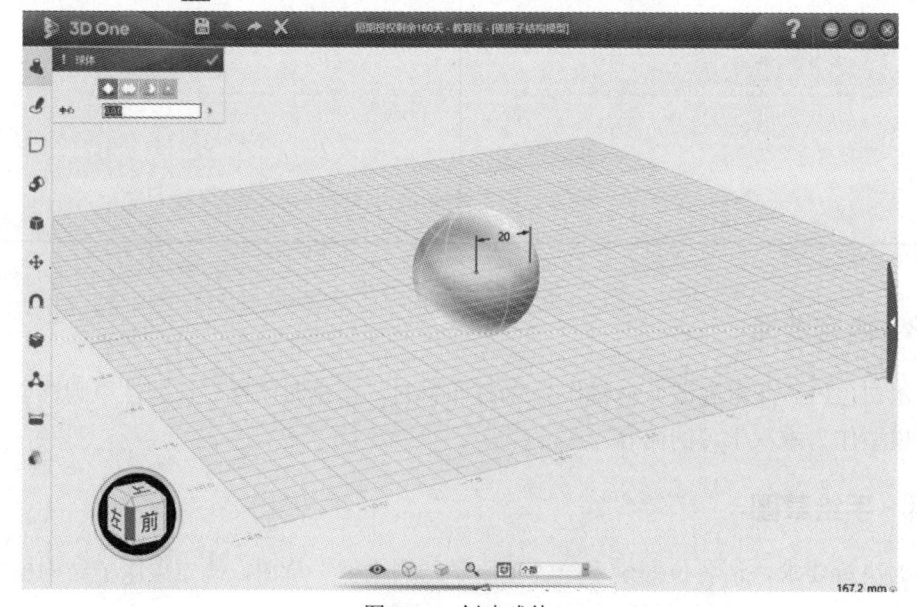

图 20-1　创建球体

（2）单击默认的球体半径尺寸，输入"2"，或通过缩放柄直接缩放，如图20-2所示，然后按回车键，完成球体的创建，如图20-3所示。

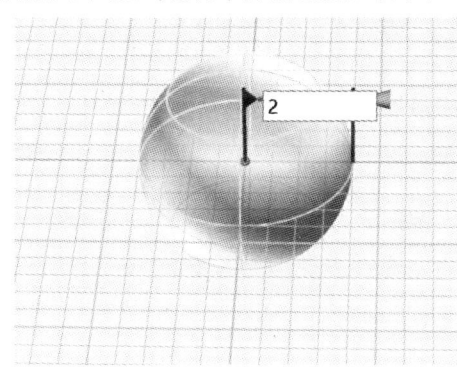

图 20-2　输入半径尺寸

图 20-3　完成球体创建

（3）单击球体，在弹出的工具栏中选择"阵列"命令，如图20-4所示，系统弹出"阵列"命令对话框，鼠标光标移动到工作区，选中圆形，基体单击选中圆球，方向设置为"0，-1，0"，按回车键或单击 按钮，如图20-5所示，得到12个球体，即质子、中子模型，如图20-6所示。

图 20-4　阵列命令

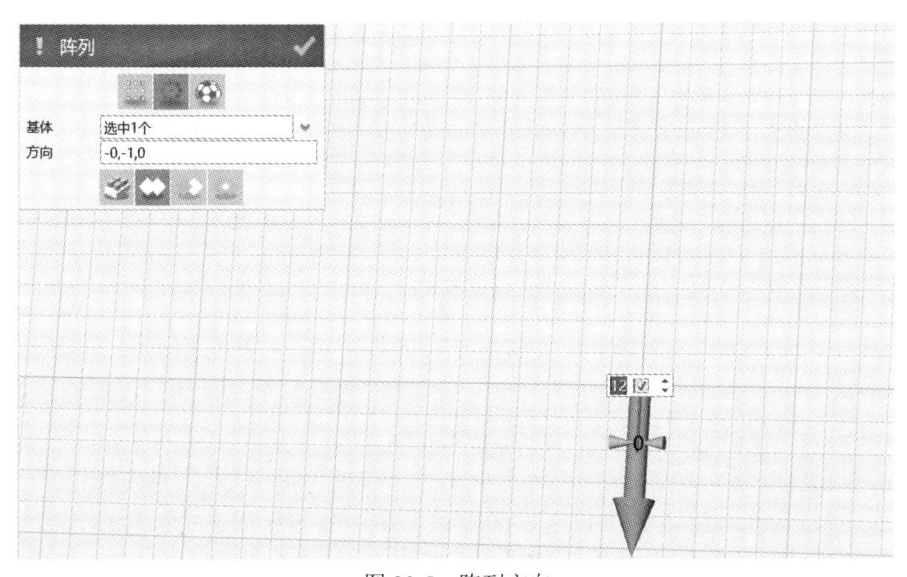

图 20-5　阵列方向

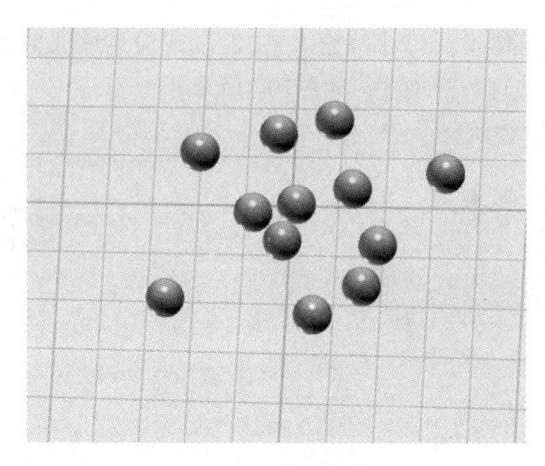

三维创意设计

图 20-6 阵列完毕

（4）为了区分质子和中子，同学们可以设置球体的颜色。单击命令工具栏中的"颜色"命令，系统弹出"颜色"对话框，实体选择六个球体，颜色选择橘色，透明度设置为20，然后按回车键或单击 按钮，完成质子颜色的改变。同上，其余六个球体颜色设置为灰白，完成中子颜色的改变，如图20-7所示。通过"移动"命令，组合成原子核，如图20-8所示。

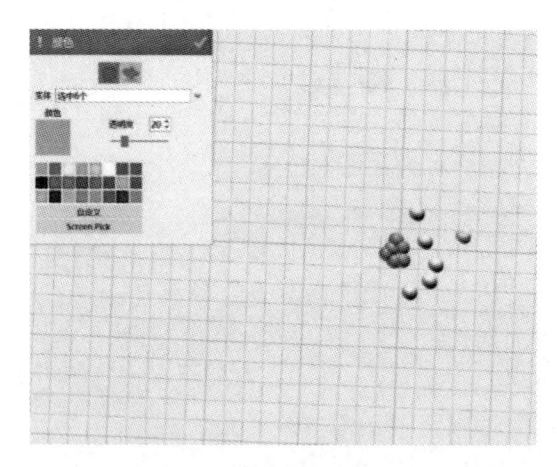

图 20-7 上色 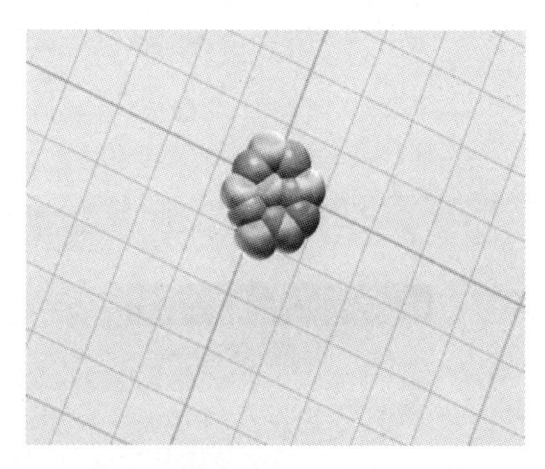   图 20-8 组合

（5）单击命令工具栏中的"基本实体"命令组，选择"圆环体"命令，在网格中放置圆环体，单击默认的圆环体，半径尺寸设置为"50"，环宽设置为"0.5"，按回车键，将鼠标光标移动到工作区，在"中心"文本框中输入"0，0，0"，按回车键或单击 按钮，确定圆环体的大小和中心，如图20-9所示。

（6）单击圆环体，在弹出的工具栏中选择"阵列"命令 ，系统弹出"阵列"命令对话框，将鼠标光标移动到工作区，选中圆环体，基体单击选中圆环体，方向设置为"-0.5，0.5，0.5"，按回车键或单击 按钮，如图20-10所示，得到两个圆环体。

228

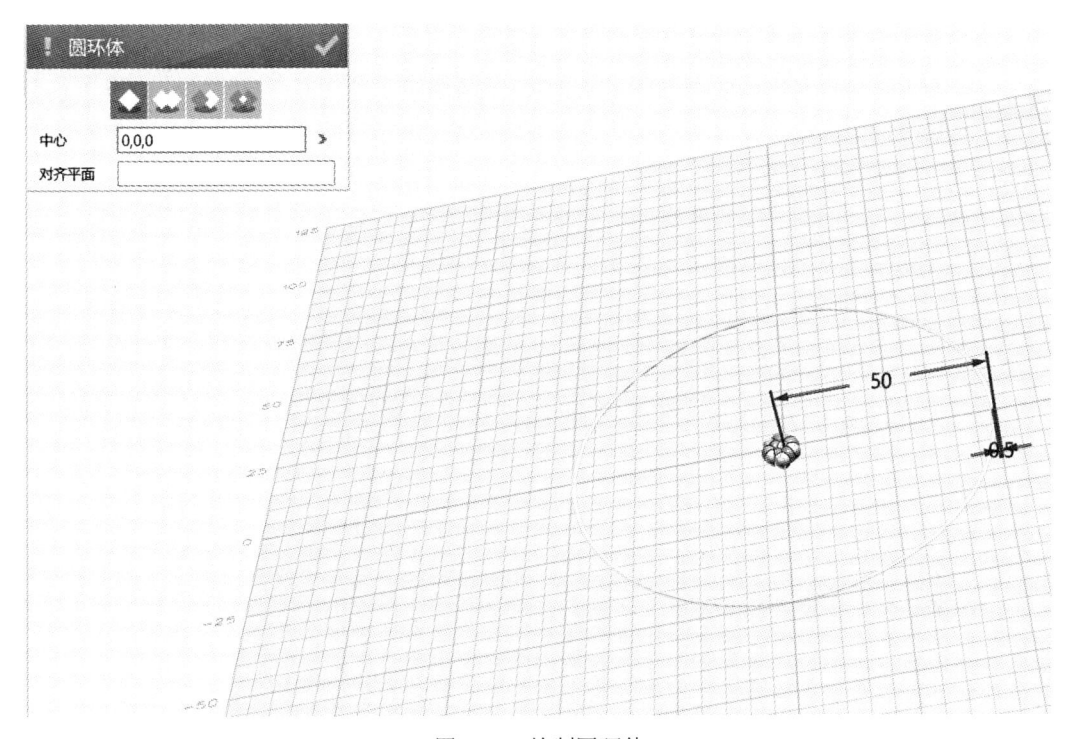

三维设计与化学——碳原子结构模型 | 项目 20

图 20-9　绘制圆环体

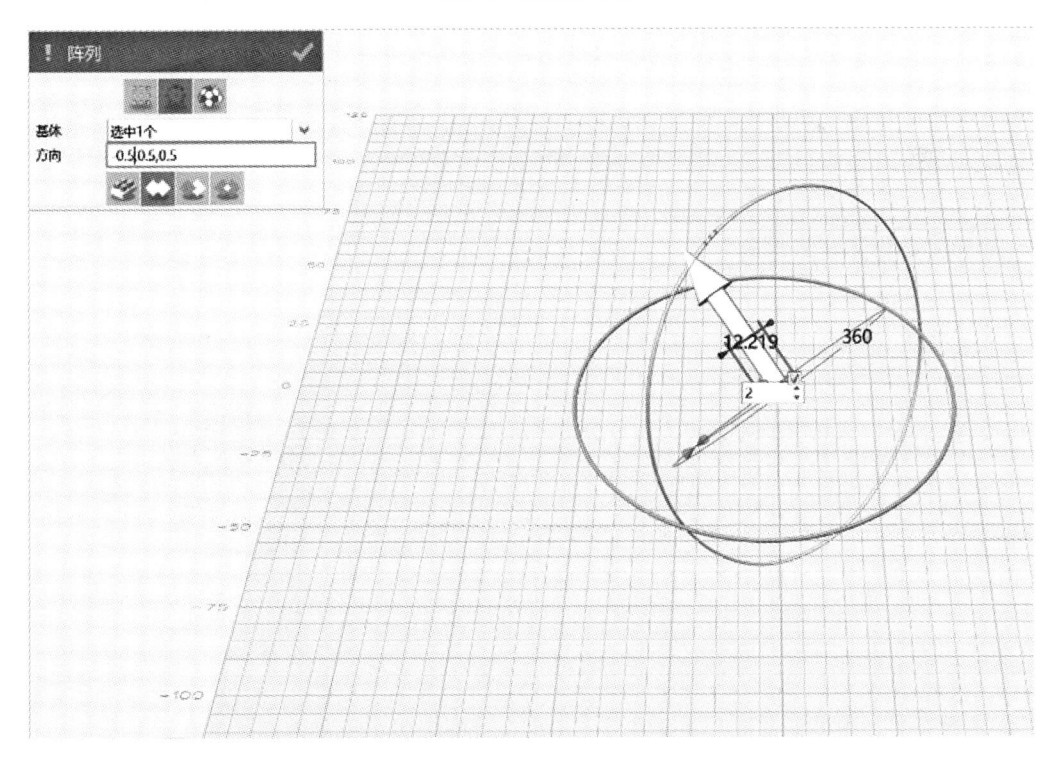

图 20-10　圆环方向

229

（7）单击命令工具栏中的"基本实体"命令组，选择"圆环体"命令，在网格中放置圆环体，单击默认的圆环体，半径尺寸设置为"45"，环宽设置为"0.5"，按回车键，将鼠标光标移动到工作区，在中心输入"0，0，0"，得到如图20-11所示的三个圆环体。单击最后创建的圆环体，单击出现在工具栏中的"移动"命令，单击工作区中的"动态移动"命令，拖动网格图中的拖动柄转动至与平面网格成约60°角位置，如图20-12所示，得到最终的轨道模型，效果如图20-13所示。

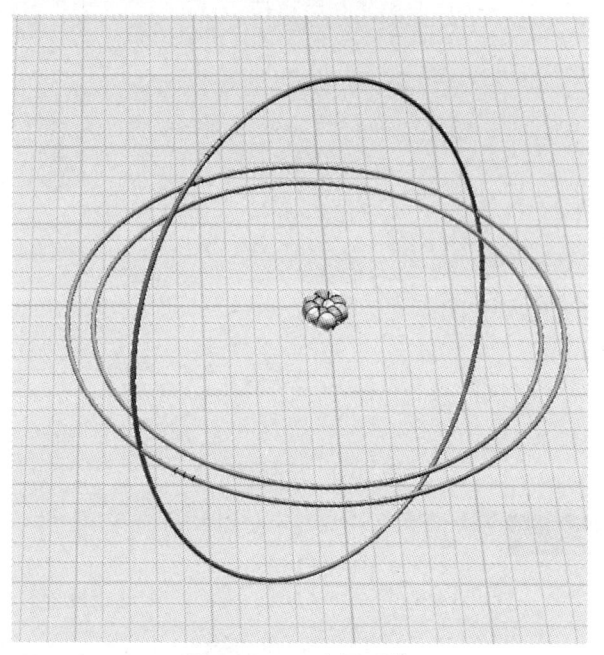

图 20-11　三个圆环体

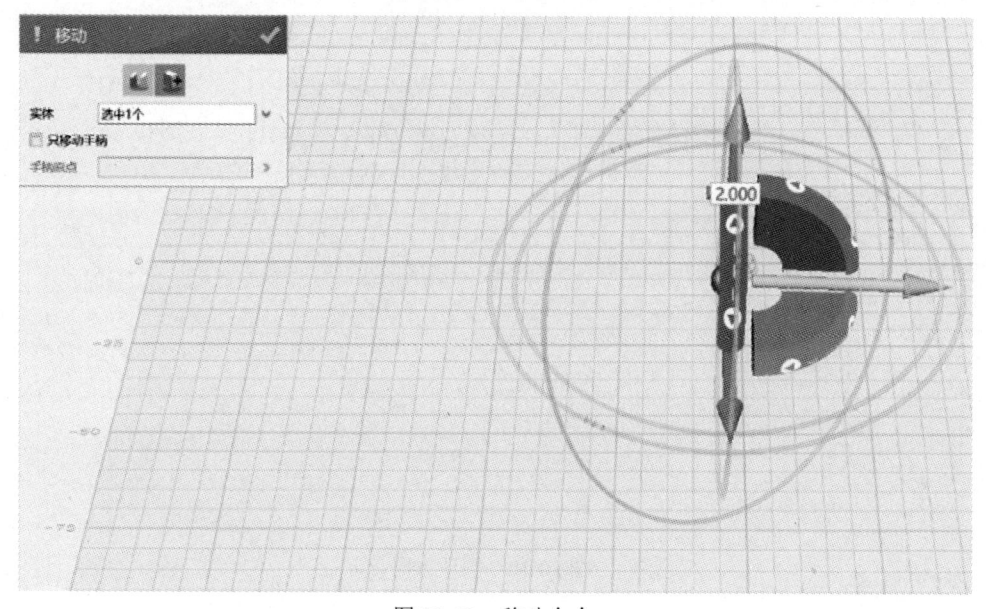

图 20-12　移动命令

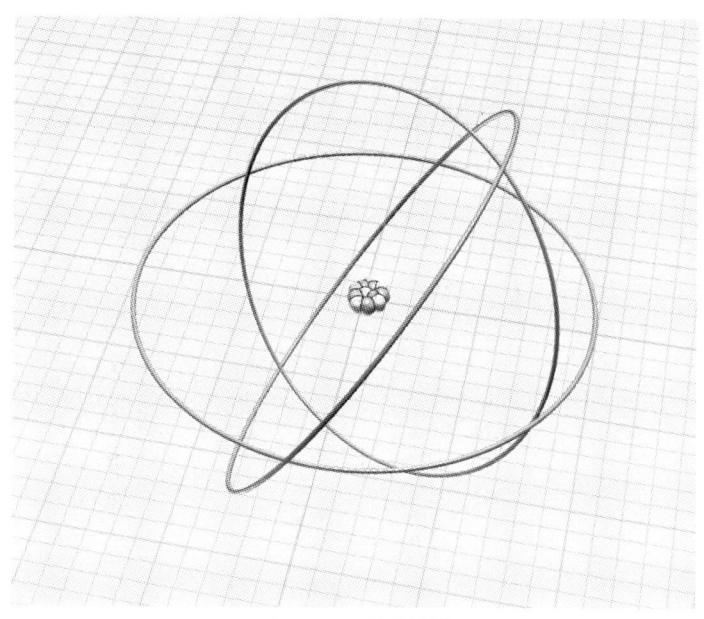

图 20-13　形成轨道

（8）按照前述步骤，得到六个圆球体，为"电子"模型，将颜色改为黄色，单击"移动"命令，再单击"点到点移动"命令，单击小球体为"起始点"，轨道任一点为"目标点"，将其中两个置于半径较小的内轨道，其余四个置于半径较大的外轨道，如图20-14所示。

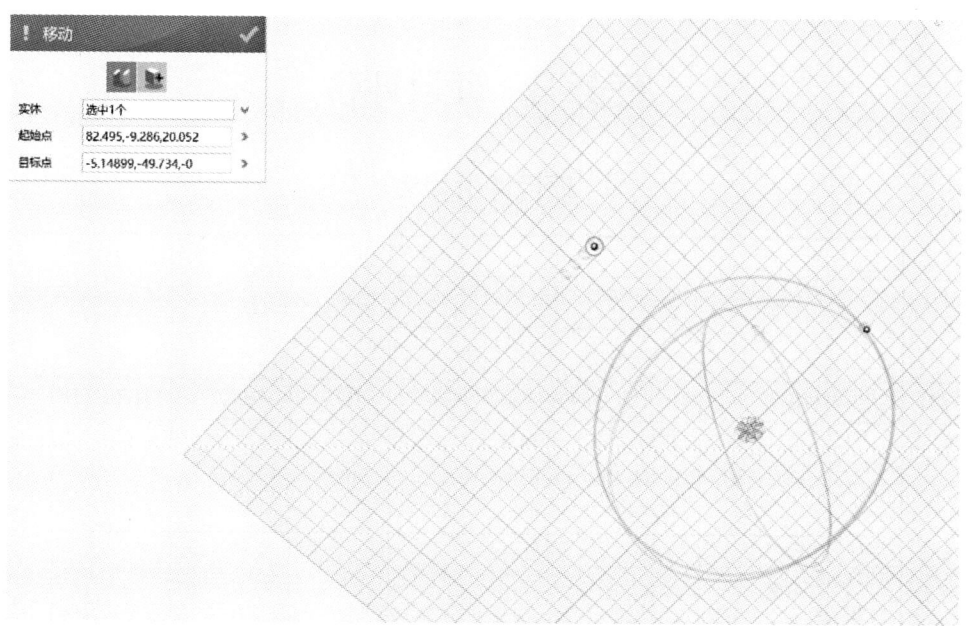

图 20-14　点对点移动球体

（9）按照前述步骤，通过"颜色"命令更改轨道颜色，得到如图20-15所示的碳原子结构模型。

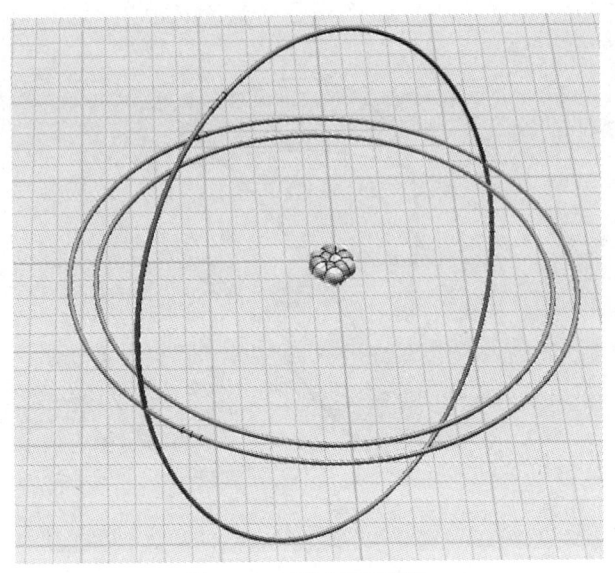

图 20-15　更改轨道颜色

步骤 3　导出 "STL" 文件

单击软件左上角的图标 3D One，系统弹出"文件基本操作"对话框，单击"导出"按钮，在"保存类型"文本框中选择"STL"，单击"保存"按钮。

任务 3　项目评价

项目评价量表

项目名称					评价日期		
姓名		班级					
		学号					
评价项目	考核内容		考核标准	配分	小组评分	教师评分	总评
任务完成情况评定（70分）	任务分析	信息搜索	正确　　10分 基本正确　6分 不正确　　0分	10分			
		方案制定	合理　　　10分 基本合理　6分 不合理　　0分	10分			
		手绘草图	正确　　　10分 基本正确　6分 不正确　　0分	10分			

续表

评价项目	考核内容		考核标准		配分	小组评分	教师评分	总评
任务完成情况评定（70分）	三维建模	命令使用	正确 基本正确 不正确	10分 6分 0分	10分			
		参数设置	正确 基本正确 不正确	10分 6分 0分	10分			
		模型设计	完成 基本完成 未完成	20分 15分 0分	20分			
情感态度评定（30分）	遵守课堂纪律，服从指导教师和组长的安排		遵守 基本遵守 不遵守	10分 6分 0分	10分			
	课堂参与度高，讨论积极主动		参与度高 参与度一般 参与度不高	10分 6分 0分	10分			
	组内互相配合，团队协作		配合度高 配合度一般 配合度不高	10分 6分 0分	10分			
总评成绩								

【知识链接】

原子结构与模型

1. 原子结构

原子结构（也可称为原子模型）是指原子的组成以及部分的搭配和安排。原子非常小，以碳（C）原子为例，其直径约为1.4×10^{-7}mm，是由位于原子中心的原子核和一些微小的电子组成的，这些电子绕着原子核的中心运动，就像太阳系的行星绕着太阳运行一样。

2. 原子模型

原子模型发展是指从1803年道尔顿提出的第一个原子模型开始，经过一代代科学家不断地发现和提出新的原子模型的过程。原子模型的发展历经道尔顿实心球模型、葡萄干蛋糕模型、卢瑟福行星模型、玻尔量子化模型、现代电子云模型，历代科学家不断研究、不断完善，揭示了原子结构的真实面目。

3. 玻尔原子模型

英国物理学家欧内斯特·卢瑟福提出的原子结构是核式结构，在原子的中心有一个很小的核，叫做原子核，原子的全部正电荷和几乎全部质量都集中在原子核里，带负电的电子在核外空间里绕着核旋转。

尼尔斯·玻尔在卢瑟福模型的基础上提出了电子在核外的量子化轨道，解决了原子结构的稳定性问题，描绘出了完整而令人信服的原子结构学说。而本项目所制作的模型即为玻尔原子结构模型。

图 20-16　玻尔原子结构类型

4. 碳原子结构模型

碳（Carbon）是一种非金属元素，化学符号为C，位于周期表第二周期第ⅣA，其外层含有6个电子，核外电子排布为$[He]2s^22p^2$。

项目 21

三维设计与化学——青蒿素分子结构模型

项目背景

在1972年,中国药学家屠呦呦领导的研究团队从青蒿这种植物中成功分离出一种有效的化合物,并将其纯化,提取出了一种名为青蒿素的抗疟药物有效成分。这一发现不仅彻底改变了只有含氮杂环化合物才能抗疟的历史,也标志着人类对抗疟疾的历史进入了一个新的阶段。屠呦呦因此在2015年获得了诺贝尔生理学或医学奖,成为中国首位诺贝尔生理学或医学奖获得者。同学们对青蒿素的发现都有所了解,并对中国科学家们不断探索、钻研的精神表示敬佩。通过以青蒿素分子为研究课题,不仅可以极大地提升同学们的学习兴趣,还可以通过设计和制作模型来理解"结构决定性质"的原理。请同学们学习青蒿素分子结构并绘制模型图,并使用3D打印机将其打印出来。

项目目标

◎ 能根据任务要求完成青蒿素分子结构模型的手绘草图
◎ 能合理分析并制定青蒿素分子结构模型的步骤
◎ 能正确使用软件中的球体、圆柱体、圆环体、阵列、移动、对齐移动、距离测量、实体分割、渲染等命令
◎ 能根据所学的知识操作软件完成青蒿素分子结构的三维模型设计

效果欣赏

设计一个青蒿素分子结构模型,并使用3D打印机将其打印出来,效果如下图所示。

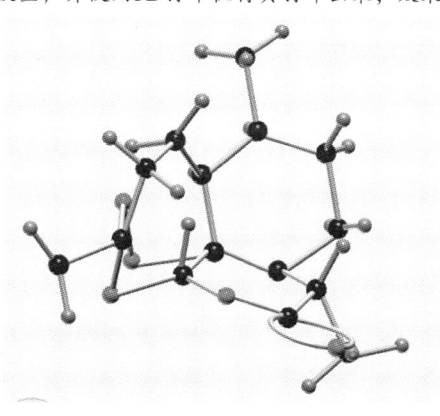

任务1　分析

步骤1　信息搜集

1. 了解青蒿素分子结构

青蒿素（Artemisinin）是一种有机化合物，分子式为$C_{15}H_{22}O_5$，相对分子质量282.34。它是一种新型倍半萜内酯，具有过氧键和δ-内酯环，有一个包括过氧化物在内的1,2,4-三噁烷结构单元，这在自然界中是十分罕见的，它的分子中包括有7个手性中心。

青蒿素为无色针状结晶，熔点为156～157℃，易溶于氯仿、丙酮、乙酸乙酯和苯，可溶于乙醇、乙醚，微溶于冷石油醚，几乎不溶于水。因其具有特殊的过氧基团，它对热不稳定，易受湿、热和还原性物质的影响而分解。

想要设计一个青蒿素分子结构模型，需要同学们查找有关青蒿素分子中碳氧原子连接关系以及成键类型的相关资料，依靠自己的想象力和相关理论，借助设计软件，将自己脑海中构思的青蒿素分子结构模型设计成三维模型，并利用3D打印机将三维模型变成实物。

2. 设计青蒿素分子结构模型需要具备的能力与原则

掌握化学相关知识，并能熟练使用三维设计软件等。设计过程中需考虑科学性和可行性。

步骤2　方案制定

各小组同学讨论交流，确定青蒿素分子结构模型的设计思路和呈现方式。

设计思路（如形状、尺寸等）	呈现方式（如材料、颜色等）

步骤3　内容选择

采用白色PLA（聚乳酸）材料作为3D打印材料，根据科学性、理论联系实际的原则选取青蒿素分子结构模型作为本次学习的内容。

步骤4　手绘草图

根据决策要求，请各位同学手绘"青蒿素分子结构模型"草图，确定青蒿素分子结构模型的形状和尺寸。

草图

任务 2　三维建模

步骤 1　新建文件

（1）双击桌面上的3D One软件图标，打开软件。

（2）单击"另存为"按钮，输入文件名"青蒿素分子结构模型"并选择文件保存的位置，单击"保存"按钮，进入3D设计环境。

步骤 2　创建"青蒿素分子结构"模型中的六元碳环

（1）单击命令工具栏中的"基本实体"命令组，选择"球体"命令，系统弹出"球体"命令对话框，将鼠标光标移动到工作区，半径数值调为5，按回车键或单击按钮，确定碳原子模型大小，如图21-1所示。

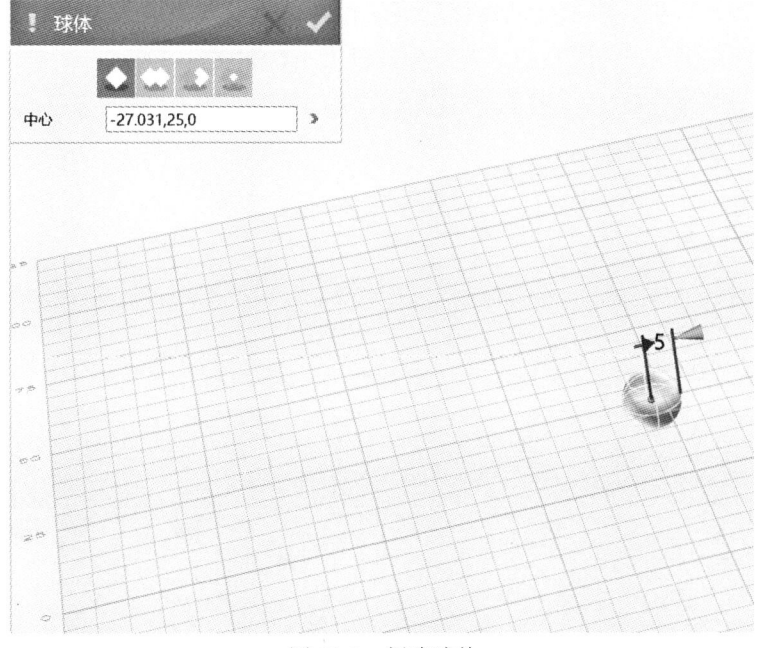

图 21-1　创建球体

（2）单击球体，在弹出的工具栏中选择"阵列"命令，系统弹出"阵列"命令对话框，将鼠标光标移动到工作区，选中球体，基体单击选中圆球，按回车键或单击✓按钮，得到六个碳原子模型，随后通过网格粗略摆放六元环碳原子的位置，再通过"距离测量"工具确定每个碳原子之间的距离大致相等，数值约为50，如图21-2所示。

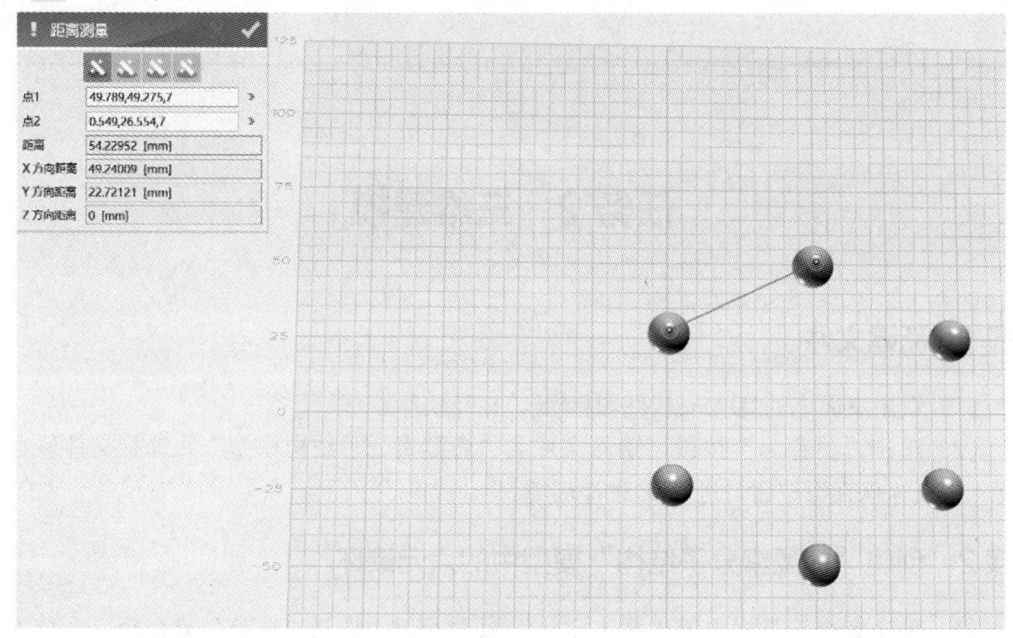

图 21-2　测量球体距离

（3）单击命令工具栏中的"基本实体"命令组，选择"圆柱体"命令，系统弹出"圆柱体"命令对话框，将鼠标光标移动到工作区，半径数值设置为"2"，高数值设置为"50"，按回车键或单击✓按钮，确定碳碳键大小，如图21-3所示。

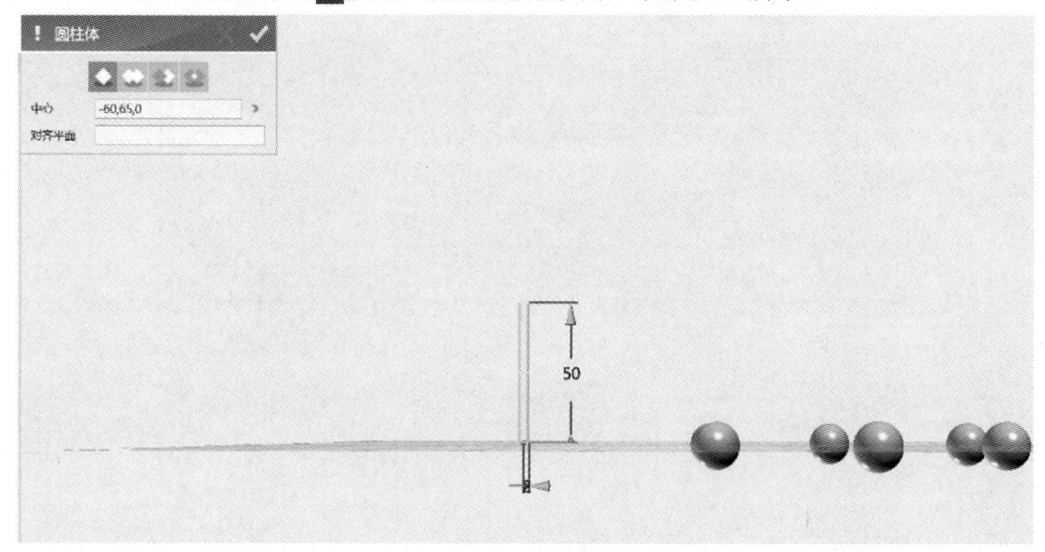

图 21-3　创建圆柱体

（4）首先通过阵列命令，得到六个碳碳键，再通过"移动"命令中的"点到点移动"和"动态移动"命令，将其中一对碳碳原子连接在一起，再通过"距离测量"和基本编辑中"对齐移动"命令中的"平行"命令，将碳碳原子连接在一起，如图21-4所示。最后通过"移动"命令中的"点到点移动"命令，将碳碳原子连接在一起，得到一个六元环，如图21-5所示。

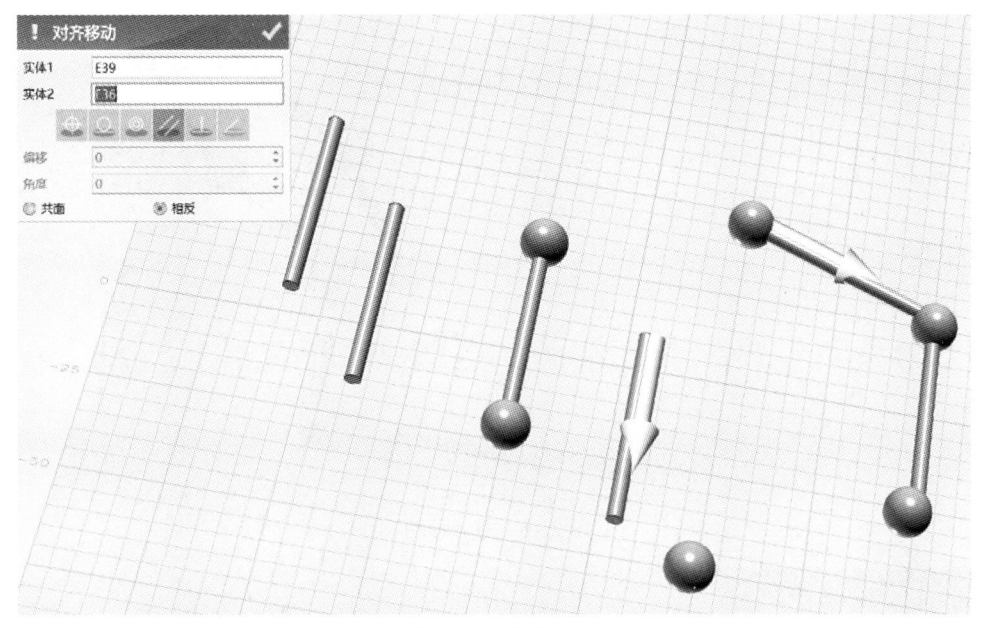

图 21-4　移动碳键

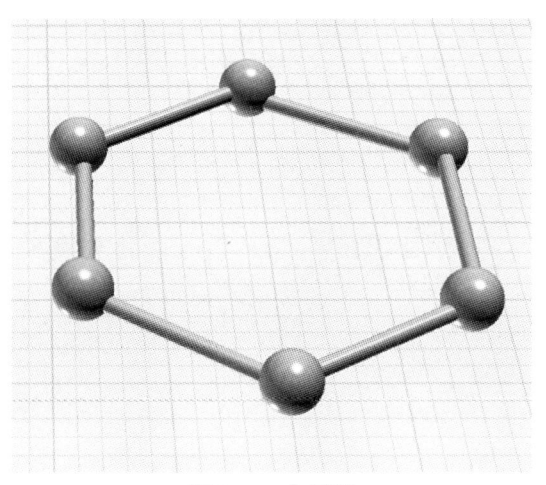

图 21-5　六元环

步骤 3　创建"青蒿素分子结构"模型中的六元杂环

根据碳原子的成键类型以及青蒿素分子的实际构型，通过"移动"命令中的"点到点移动"和"动态移动"命令，以及基本编辑中"对齐移动"命令中的"平行"

三维创意设计

命令，得到六元环，为区分其中的氧原子，将氧原子缩小为之前的0.85，并通过"颜色"命令着色，如图21-6、图21-7和图21-8所示。

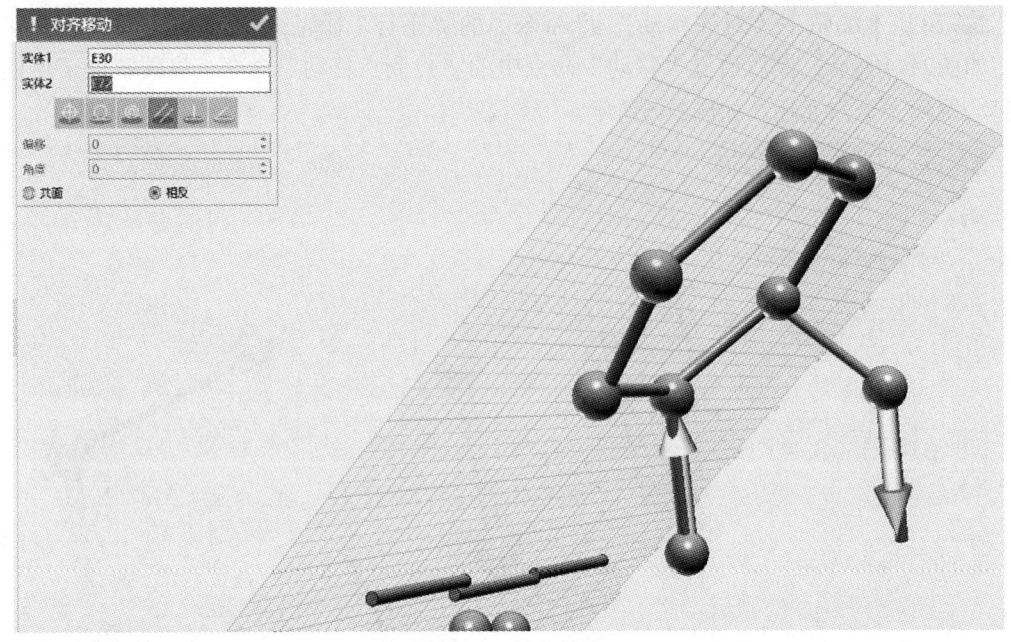

图21-6　对齐移动

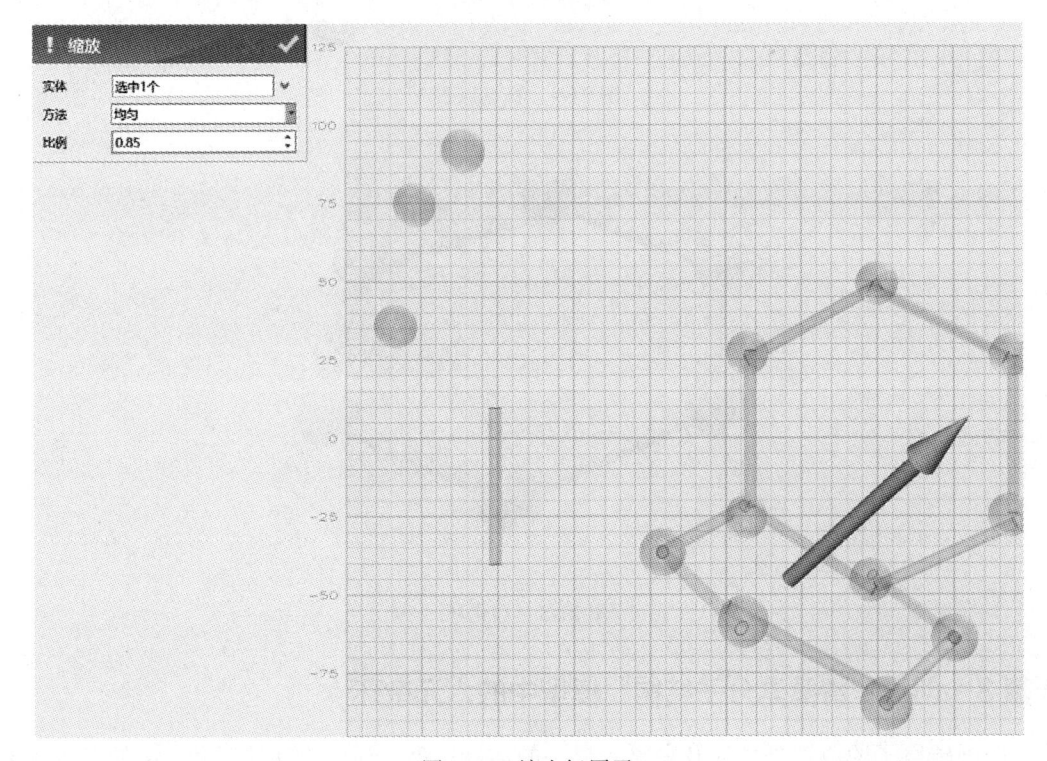

图21-7　缩小氧原子

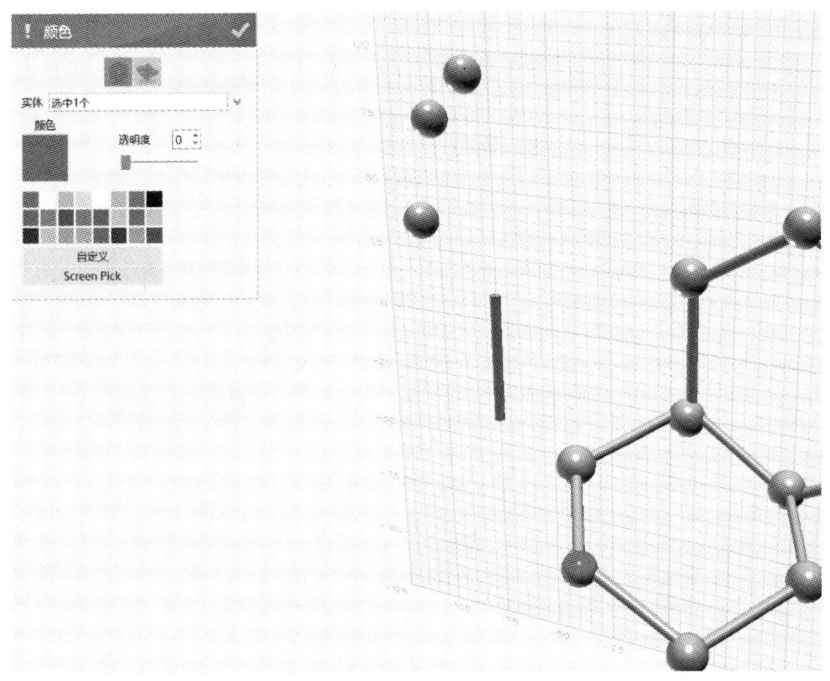

图 21-8 对氧原子着色

步骤 4　创建"青蒿素分子结构"模型中的七元杂环及过氧键和碳氧双键部分

（1）根据碳氧原子成键类型以及青蒿素分子的实际构型，通过"移动"命令中的"点到点移动" 和"动态移动" 命令，以及基本编辑中"对齐移动" 命令中的"平行" 命令，得到七元环，通过阵列命令得到五个氧原子，并将七元环中特定位置的原子更改为氧原子，如图21-9、图21-10所示。

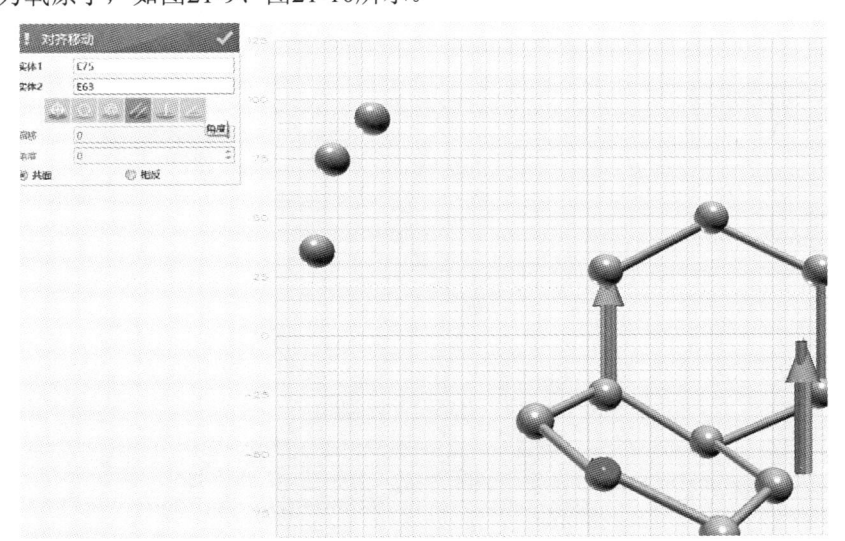

图 21-9　移动得到七元环

241

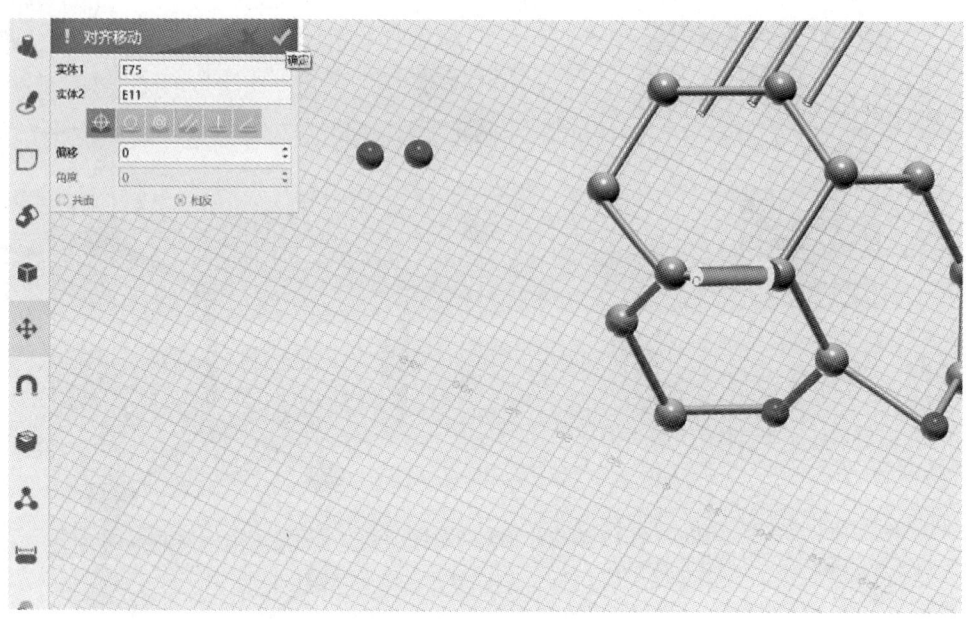

图 21-10 对氧原子着色

（2）根据青蒿素分子的实际构型，通过"移动"命令中的"点到点移动"和"动态移动"命令，在特定位置组装上连接甲基的键，如图21-11所示。通过"基本实体"命令组，选择"圆环体"命令，单击默认的圆环体，半径数值设置为35，环宽数值设置为2。再通过"六面体"命令制作一个六面体并移动到和圆环体的一半重合，通过"特殊功能"命令组中的"实体分割"功能将圆环体分为均匀两半，圆环体为基体，六面体为分割，如图21-12所示。移动到分割后的圆环体至碳氧双键位置，调整角度，并连接上氧原子，如图21-13所示。

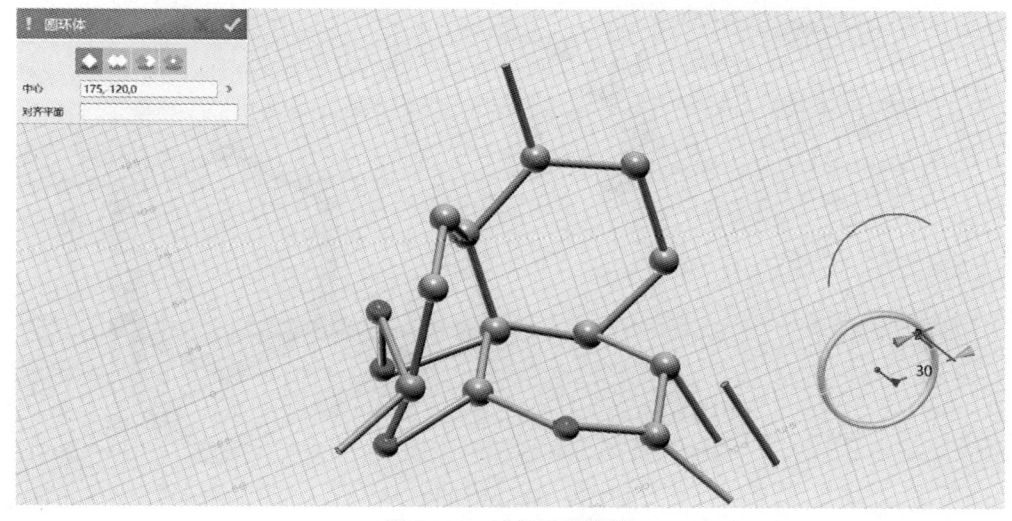

图 21-11 连接甲基的键

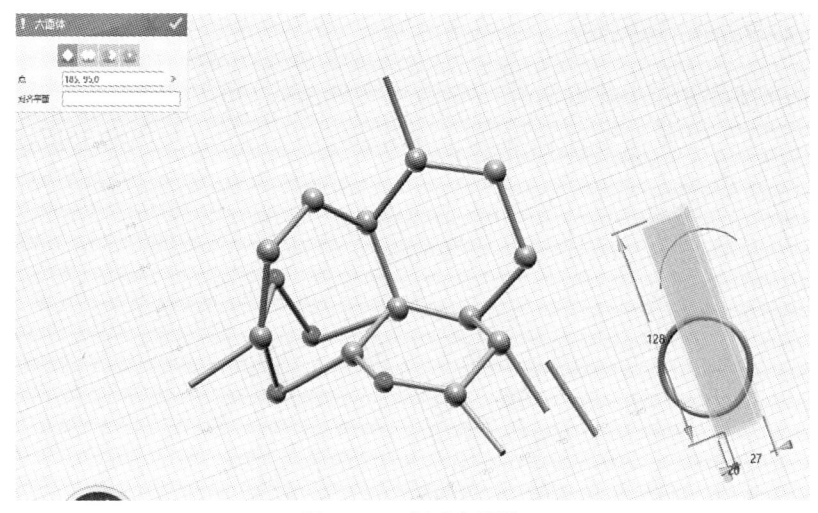

图 21-12　创建六面体

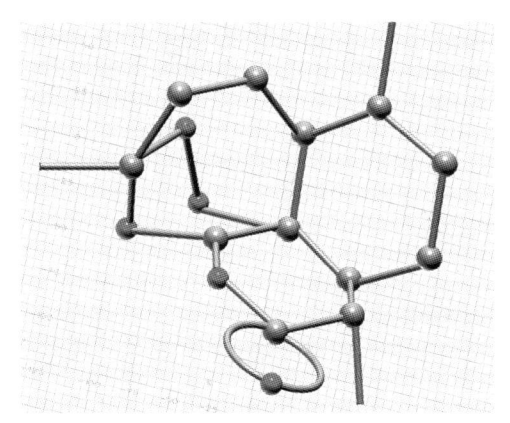

图 21-13　连接氧原子

（3）通过"颜色"命令 为碳原子以及键更改颜色，以示区分，如图21-14所示。

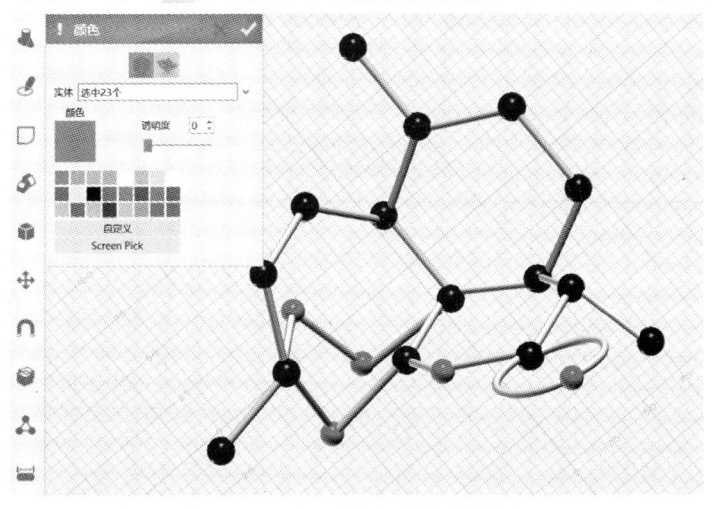

图 21-14　更改碳原子和键的颜色

243

步骤5　将碳氢键补充完整

按照之前的步骤制作半径数值为2、高数值为35的圆柱体,以及制作半径数值为3的球体,然后移动至每一个连接氢原子的位置,并加深氢原子颜色,如图21-15所示,即为完整的青蒿素分子结构模型。

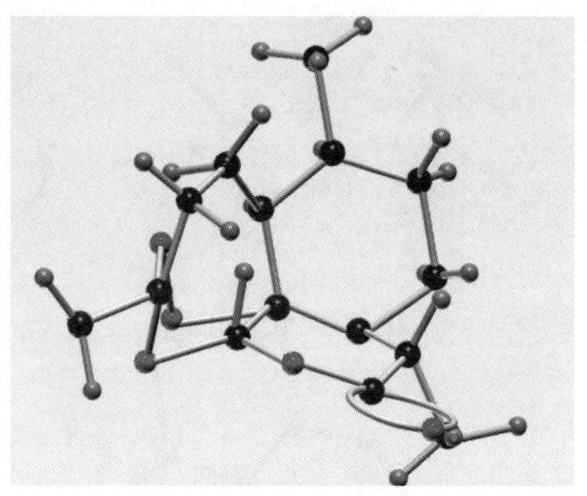

图21-15　完成青蒿素分子模型

步骤6　导出"STL"文件

单击软件左上角的图标 3D One,系统弹出"文件基本操作"对话框,单击"导出"按钮,在"保存类型"文本框中选择"STL",单击"保存"按钮。

任务3　项目评价

项目评价量表

项目名称				评价日期			
姓名		班级					
		学号					
评价项目	考核内容		考核标准		配分	小组评分	教师评分	总评
任务完成情况评定（70分）	任务分析	信息搜索	正确　　10分 基本正确　6分 不正确　　0分		10分			

续表

评价项目	考核内容		考核标准		配分	小组评分	教师评分	总评
任务完成情况评定（70分）	任务分析	方案制定	合理 基本合理 不合理	10分 6分 0分	10分			
		手绘草图	正确 基本正确 不正确	10分 6分 0分	10分			
	三维建模	命令使用	正确 基本正确 不正确	10分 6分 0分	10分			
		参数设置	正确 基本正确 不正确	10分 6分 0分	10分			
		模型设计	完成 基本完成 未完成	20分 15分 0分	20分			
情感态度评定（30分）	遵守课堂纪律，服从指导教师和组长的安排		遵守 基本遵守 不遵守	10分 6分 0分	10分			
	课堂参与度高，讨论积极主动		参与度高 参与度一般 参与度不高	10分 6分 0分	10分			
	组内互相配合，团队协作		配合度高 配合度一般 配合度不高	10分 6分 0分	10分			
总评成绩								

【知识链接】

原子半径与化学键

1. 原子半径

原子半径（Atomic Radius）是描述原子大小的参数之一。根据不同的标度和测量方法，原子半径的定义不同，常见的有轨道半径、范德华半径（也称范式半径）、共价半径、金属半径等。同一原子依不同定义得到的原子半径差别可能很大，所以比较不同原子的相对大小时，取用的数据来源必须一致。原子半径主要受电子层数和核电荷数两个因素的影响。一般来说，电子层数越多，核电荷数越小，原子半径越大。这也使得原子半径在元素周期表上有明显的周期递变性规律。原子半径如表21-1所示。

表21-1　原子半径

原子	半径（10^{-12}m）
H	32
O	66
C	77

2. 化学键

化学键（chemical bond）是纯净物分子内或晶体内相邻两个或多个原子（或离子）间强烈的相互作用力的统称。使离子相结合或原子相结合的作用力通称为化学键。离子键、共价键、金属键各自有不同的成因，其中共价键的成因较为复杂。路易斯理论认为，共价键是通过原子间共用一对或多对电子形成的。作为共价键参数的键长（Bond length）指分子中两个原子核间的平衡距离，化学键键长如表21-2所示。

表21-2　化学键键长

化学键	键长（10^{-12}m）
C—C	154
C—H	110
C=O	123
O—O	149

项目 22

三维设计与地理——星座灯

项目背景

　　北京时间2022年11月8日晚，在东方的夜空中上演了月全食天象，小磊的学校组织了天文观测活动，在"食既"（月亮完全进入地球本影）过程中，天空中的星星显得异常明亮，同学们用肉眼就能看到天空中的许多星星，并能够辨认出星座。为了纪念这一时刻，小磊和同学们将熟悉的十二星座融合到"星座投影灯"上，这样既能辨认星座也能作为夜间照明的氛围灯。

项目目标

◎ 能熟练完成3D One软件新建和保存文件的操作
◎ 能根据任务要求完成星座灯的手绘草图
◎ 能合理分析并制定星座灯设计模型的步骤
◎ 能正确使用软件中的草图绘制、六面体、加运算、抽壳、拉伸、移动等命令
◎ 能根据所学的知识操作软件完成星座灯的三维模型设计

效果欣赏

设计一个星座灯，并使用3D打印机将其打印出来，效果如下图所示。

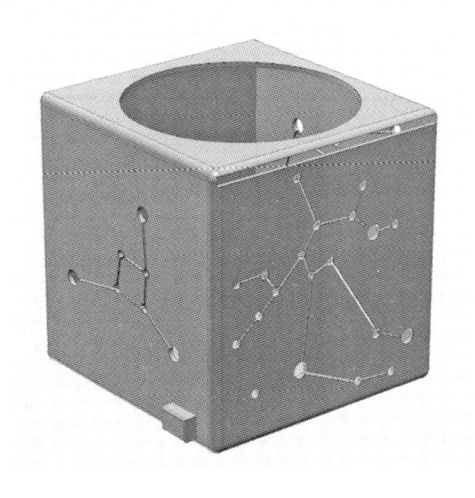

任务 1 分析

步骤 1 信息搜集

1. 认识常见的星座灯

星座灯在生活中的应用较为广泛。有的作为小夜灯，在黑暗环境下可以投射出星座；有的作为教学用的投影灯，在灯的一侧可放置投影片，可演示不同的星座图。为了设计一个功能多样的星座灯，需要同学们搜集、调研市场上的成熟产品，并依靠自己的想象力和经验，借助设计软件，将自己脑海中构思的星座灯设计成三维模型。

2. 设计星座灯需要具备的能力与原则

掌握天文地理相关知识，并能熟练使用三维设计软件等。分小组进行设计，可将小组成员所在的星座设计到模型中，也可将灯的一侧设计出投影口，放置投影片，增加观赏效果。

步骤 2 方案制定

各小组同学讨论交流，确定星座灯的设计思路和呈现方式。

设计思路（如形状、尺寸等）	呈现方式（如材料、颜色等）

步骤 3 内容选择

采用蓝色PLA（聚乳酸）材料作为3D打印材料。根据小组成员的生日星座，侧面设计四个相关星座的镂空面，顶面设计投影口，并添加放置投影片的位置。

步骤 4 手绘草图

根据决策要求，请各位同学手绘"星座灯模型"草图，确定星座灯的形状和尺寸。

草图

任务 2　三维建模

步骤 1　新建文件

（1）双击桌面上的3D One软件图标，打开软件。

（2）单击软件左上角的图标 3D One，系统弹出"文件基本操作"对话框单击"另存为"按钮，输入文件名"星座灯"并选择文件保存的位置，如图22-1所示，单击"保存"按钮，进入3D设计环境。

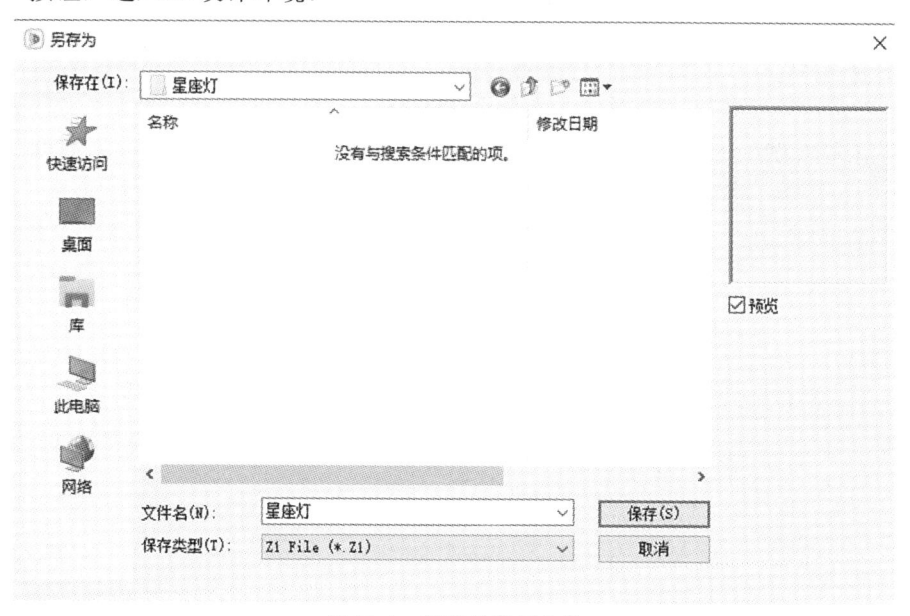

图 22-1　创建星座灯文件

步骤 2　创建"星座灯"模型

（1）单击命令工具栏中的"基本实体"命令组，选择"六面体"命令，系统弹出"六面体"命令对话框，单击默认的六面体尺寸，长、宽、高分别输入"60"，如图22-2所示。

三维创意设计

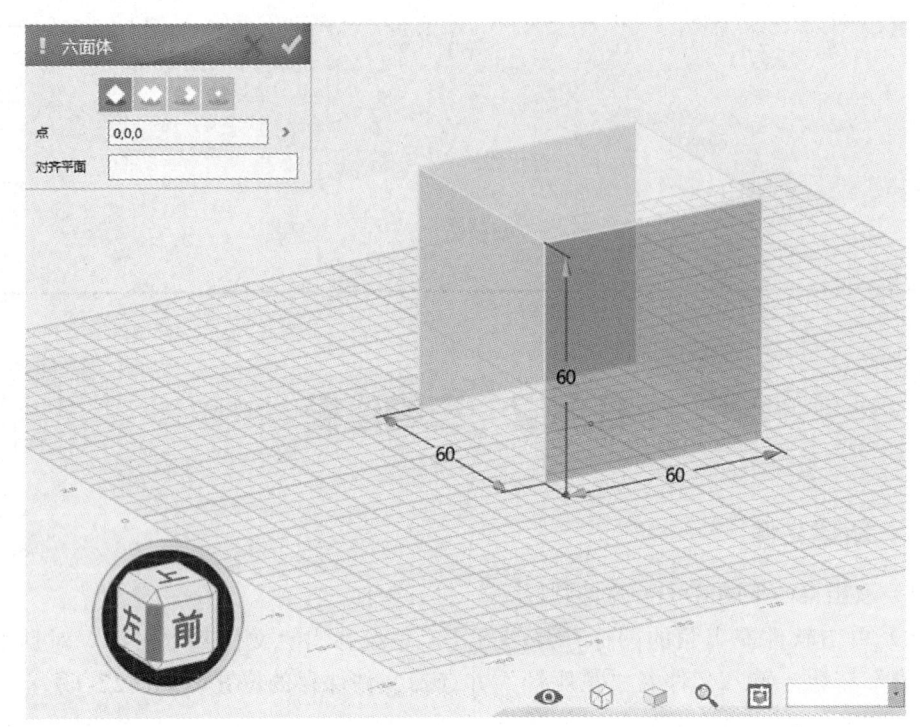

图 22-2　创建六面体

（2）单击软件左上角的图标 3D One，系统弹出"文件基本操作"对话框，选择"导入"按钮，系统弹出"选择输入文件"对话框，如图22-3所示。单击"文件类型"，将文件类型选择为"PNG Image File（*png）"。单击"打开"按钮，在六面体前面导入"射手座"矢量图。界面中可显示出射手星座线条，如图22-4所示。

图 22-3　导入"射手座"文件

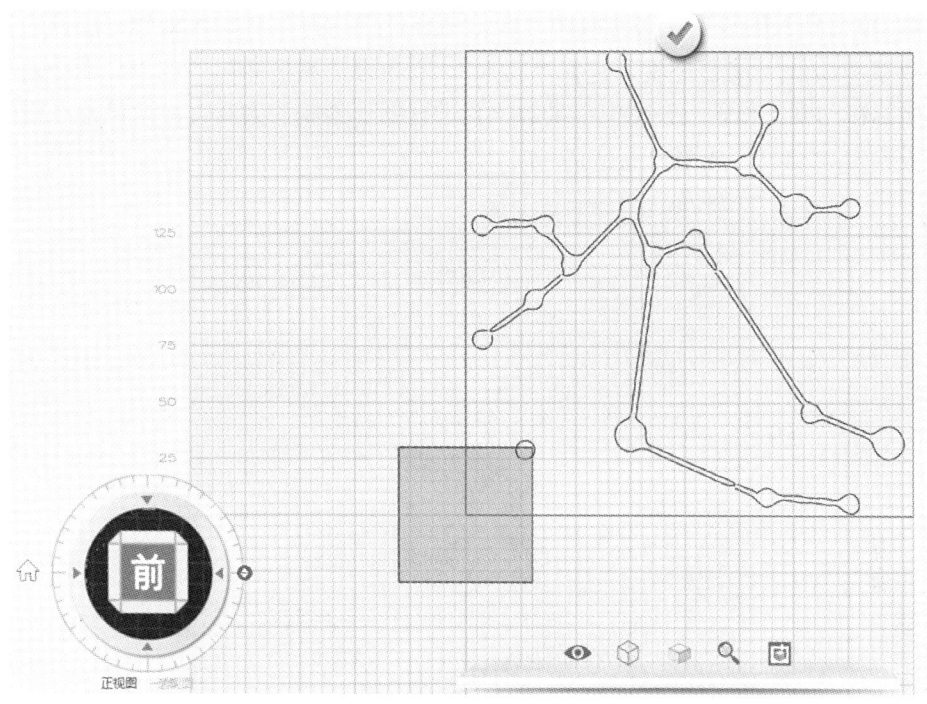

图 22-4　射手座矢量图

（3）由于图片较大，需要进行缩放处理，以适应六面体的尺寸。单击命令工具栏中的"基本编辑" ✥ 命令，选择"缩放" 命令，系统弹出"缩放"命令对话框。用鼠标选择射手座图片，起始点图片的左下角，目标点为立方体表面的适当位置，均匀输入"0.25"即缩小至0.25倍，然后按回车键或单击 ✓ 按钮，完成图形的缩放，如图22-5所示。

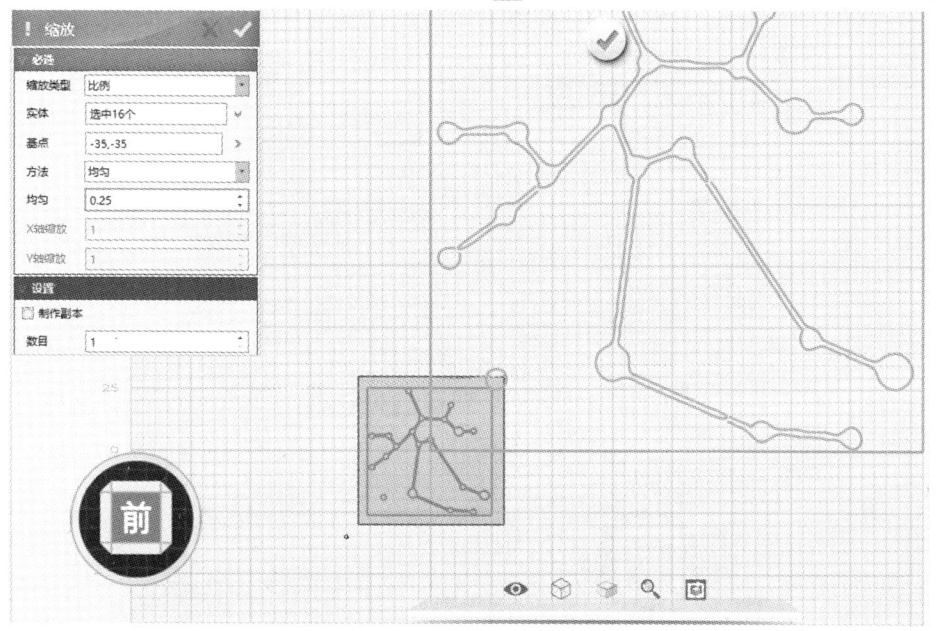

图 22-5　图形缩放

（4）由于导入的线条无法形成闭合面，所以需要对图片进一步处理。单击命令工具栏中的"草图绘制"命令组，选择"圆形"命令，系统弹出"圆形"命令对话框。将鼠标光标移动到工作区，在图中星星的位置进行圆形绘制，大圆直径设置为"3.5"，小圆直径设置为"2.1"，如图22-6所示。

图22-6　草图绘制圆

（5）单击命令工具栏中的"草图绘制"命令组，选择"直线"命令，系统弹出"直线"命令对话框。将鼠标光标移动到工作区，沿着图中的线条部分绘制直线，如图22-7所示。

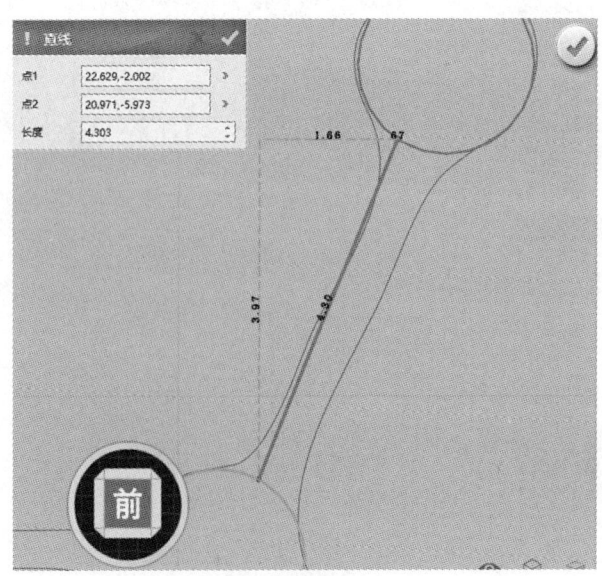

图22-7　绘制直线

（6）通过上述步骤，依次将星座轮廓全部描绘完毕，单击"完成" 按钮，完成草图的绘制，如图22-8所示。

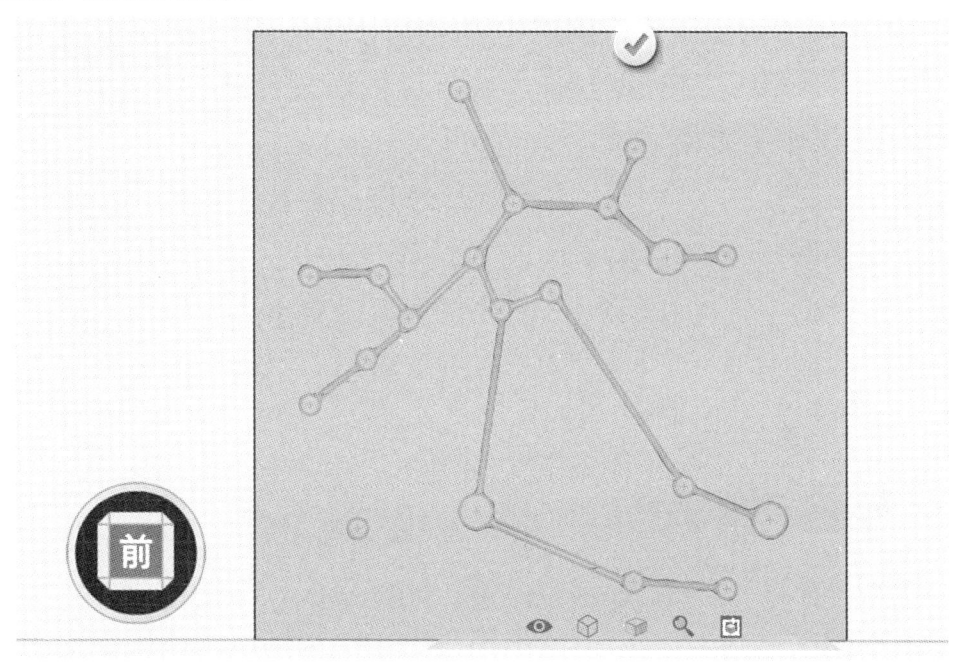

图 22-8 草图绘制星座

（7）单击之前导入的图片轮廓，按键盘上的Delete键，将图片删除，如图22-9所示。完整的星座线条所形成的面清晰呈现出来，如图22-10所示。

（8）单击命令工具栏中的"特殊功能" 命令组，选择"抽壳"命令，系统弹出"抽壳"命令对话框，造型单击六面体，厚度设置为"-1"，将六面体内部抽壳，如图22-11所示。

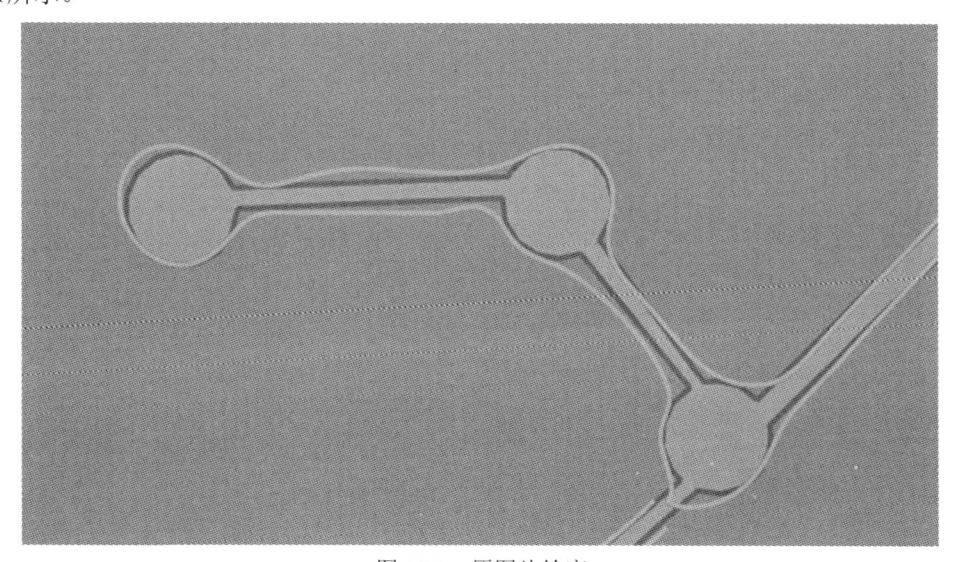

图 22-9 原图片轮廓

三维创意设计

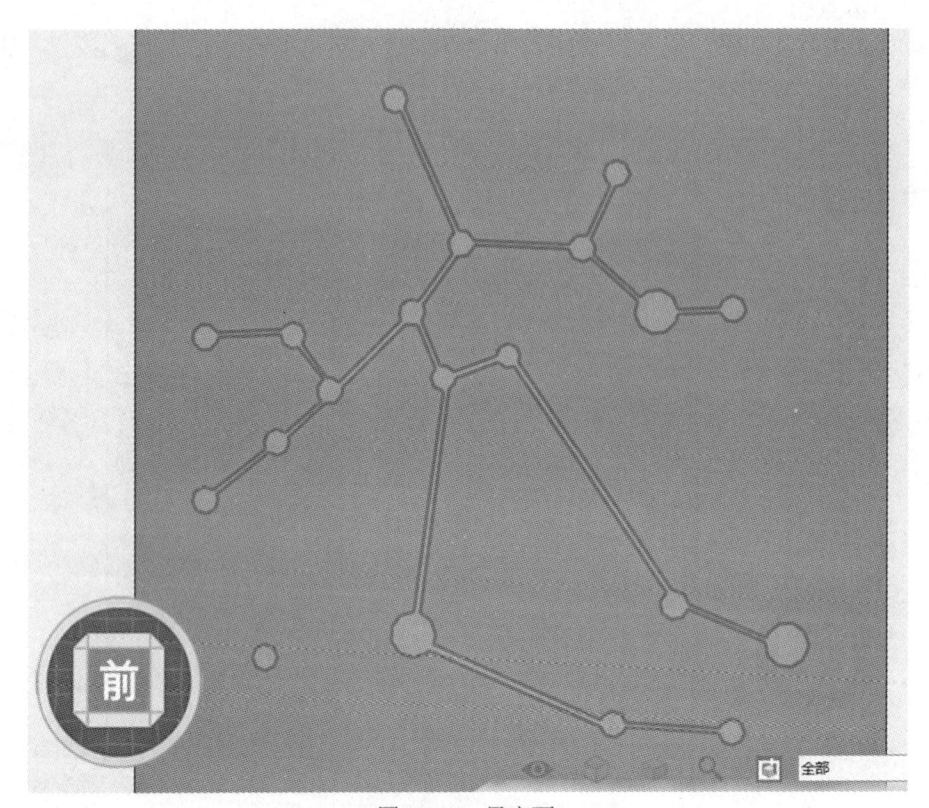

图 22-10　星座面

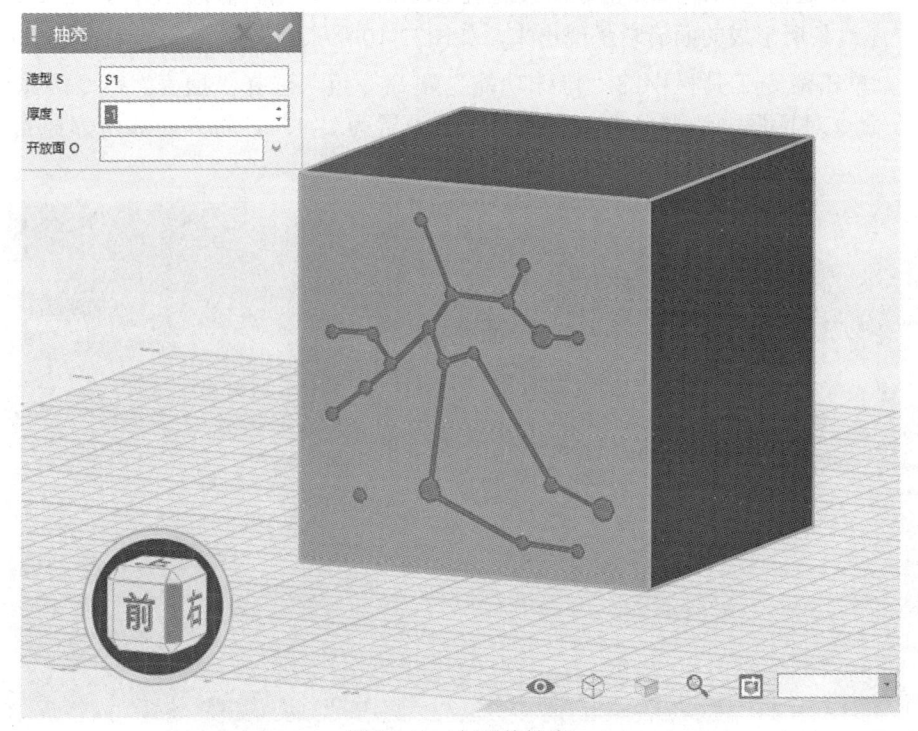

图 22-11　六面体抽壳

254

（9）单击命令工具栏中的"特征造型" 命令组，选择"拉伸" 命令，系统弹出"拉伸"命令对话框，选择"减运算" 按钮，如图22-12所示。轮廓为星座图片，拉伸尺寸在图中输入"2"，拉伸类型选"1边"，方向为"0，1，0"或在图中单击拉伸的方向。然后按回车键或单击 按钮，完成图形的拉伸，显示出镂空效果，如图22-13所示。

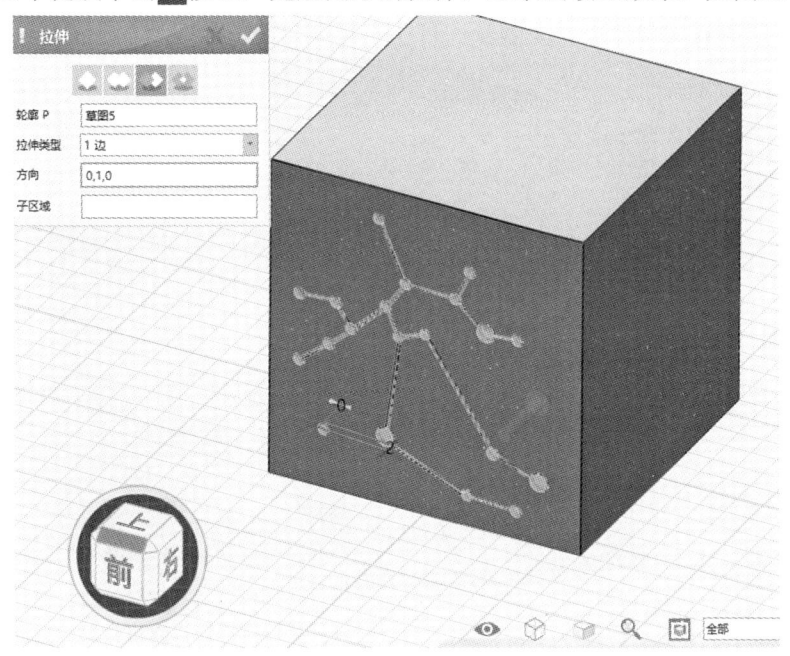

图 22-12　向内拉伸星座

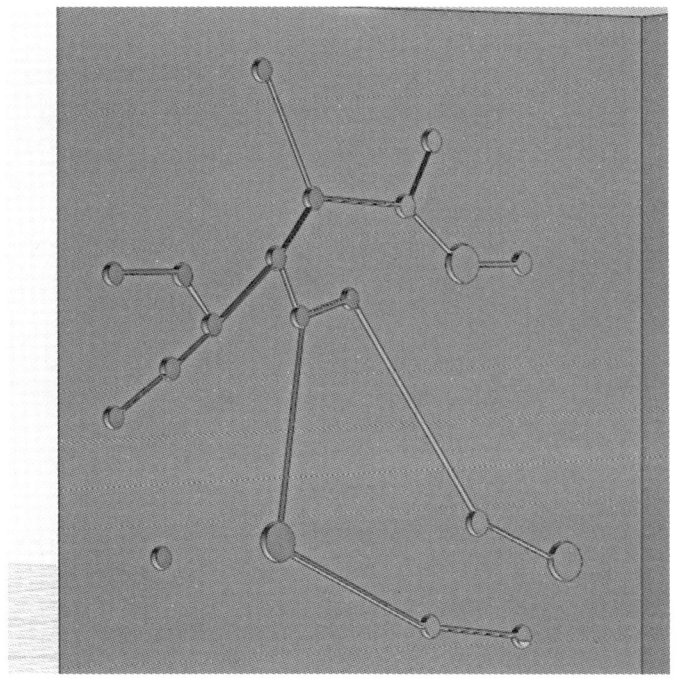

图 22-13　镂空效果

三维创意设计

（10）按照上述步骤，依次将各六面体其余侧面星座图形全部绘制、拉伸，分别如图22-14金牛座、图22-15天蝎座、图22-16天秤座所示。

（11）将视图调整为六面体的上面，单击命令工具栏中的"草图绘制" 命令组，选择"圆形" 命令，系统弹出"圆形"命令对话框。将鼠标光标移动到工作区，在六面体上面进行圆形绘制，圆心为正方形圆心，直径设置为"50"，如图22-17所示。

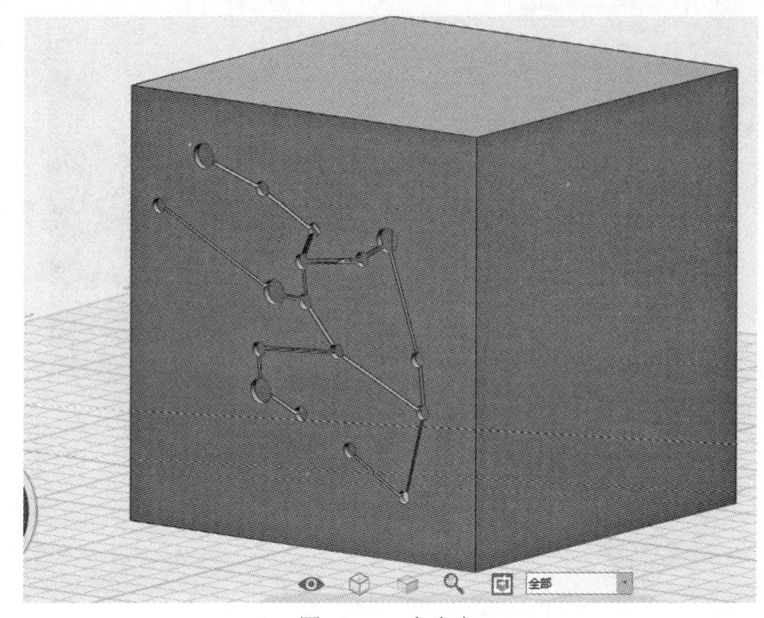

图 22-14　金牛座

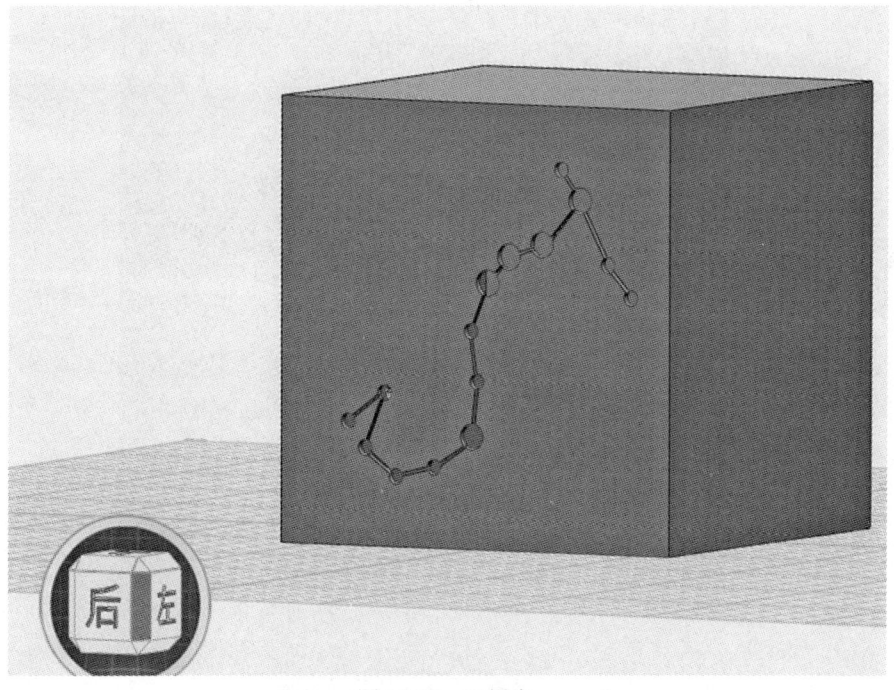

图 22-15　天蝎座

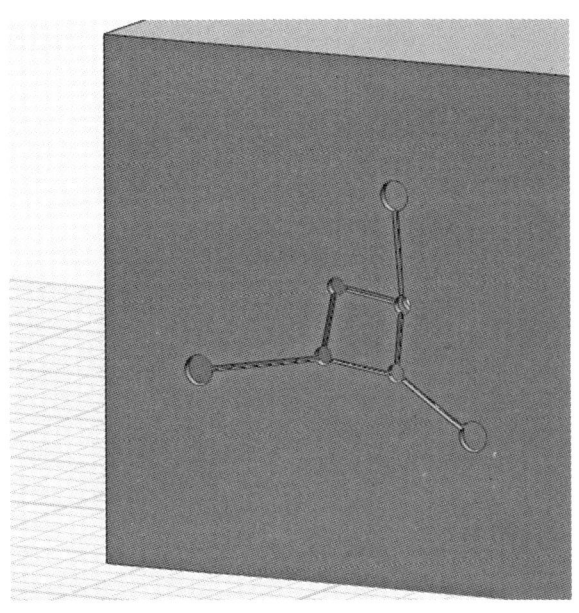

图 22-16 天秤座

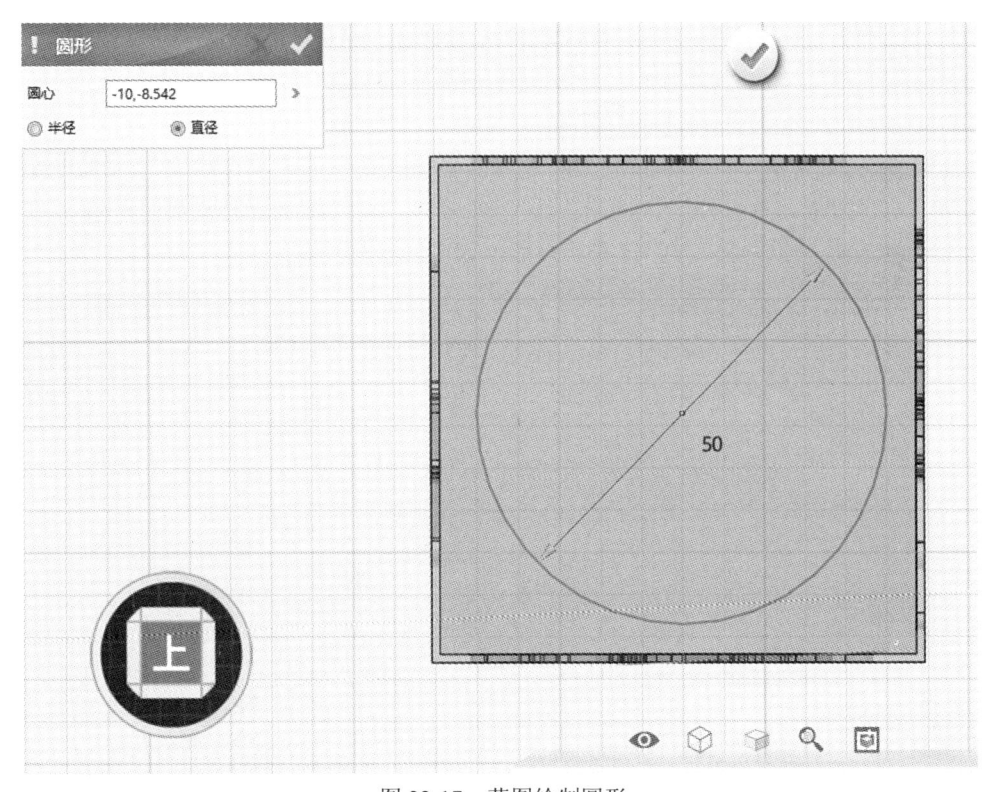

图 22-17 草图绘制圆形

（12）单击命令工具栏中的"特征造型" 命令组，选择"拉伸" 命令，系统弹出"拉伸"命令对话框，选择"减运算" 按钮，如图22-18所示。轮廓为星座图片，拉伸尺寸在图中输入"2"，拉伸类型选"1边"，方向设置为"0，0，-1"，或在图中单击

257

三维创意设计

拉伸的方向。然后按回车键或单击✓按钮，完成图形的拉伸，显示出投影面的镂空效果，如图22-18所示。

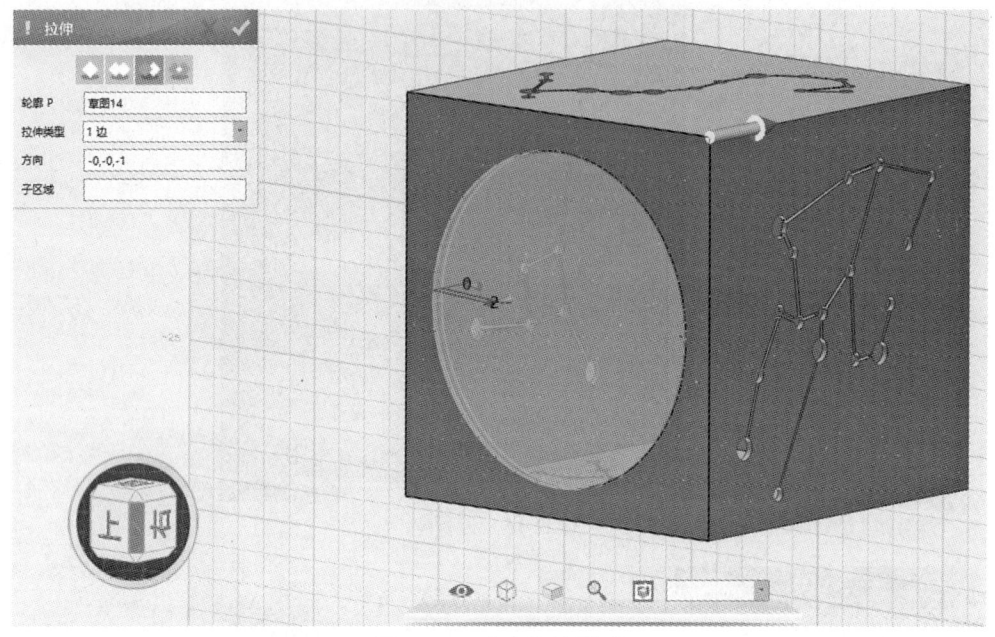

图23-18 向内拉伸圆形

（13）将视图调整为六面体的前面，单击命令工具栏中的"草图绘制"命令组，选择"矩形"命令，系统弹出"圆形"命令对话框。将鼠标光标移动到工作区，在六面体前面偏上位置绘制长为58、宽为2的长方形，如图22-19所示。

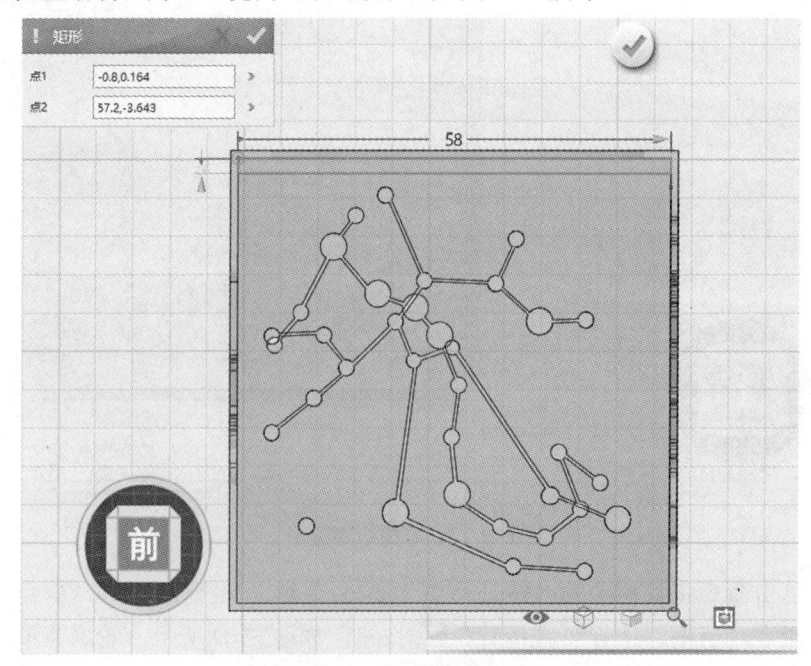

图22-19 草图绘制长方形

258

（14）单击命令工具栏中的"特征造型" 命令组，选择"拉伸" 命令，系统弹出"拉伸"命令对话框，选择"减运算" 按钮，如图22-20所示。轮廓为长方形，拉伸尺寸在图中输入"60"，拉伸类型选"1边"，方向设置为"0，1，0"，或在图中单击拉伸的方向。然后按回车键或单击 按钮，完成图形的拉伸，显示出镂空效果，如图22-21所示。

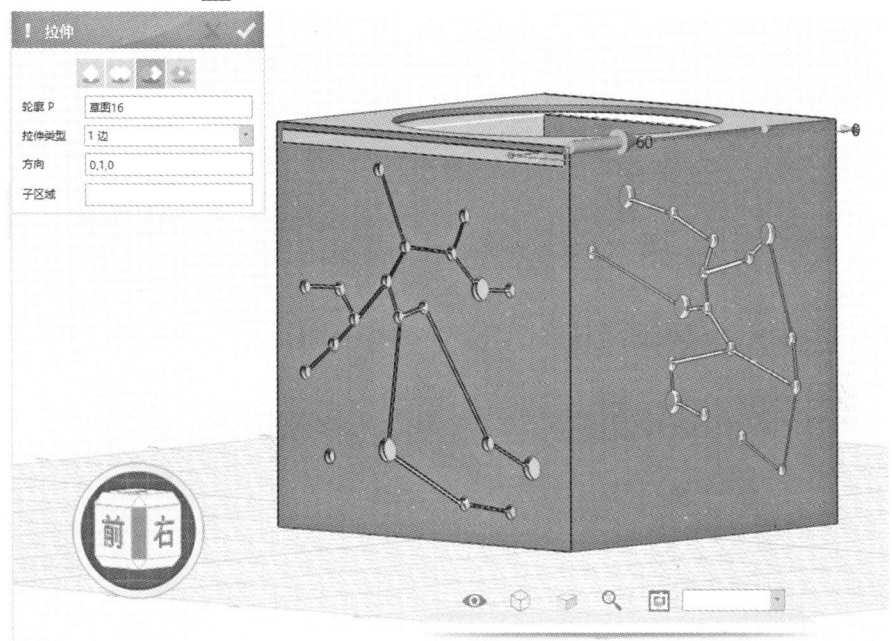

图 22-20　向内拉伸长方形

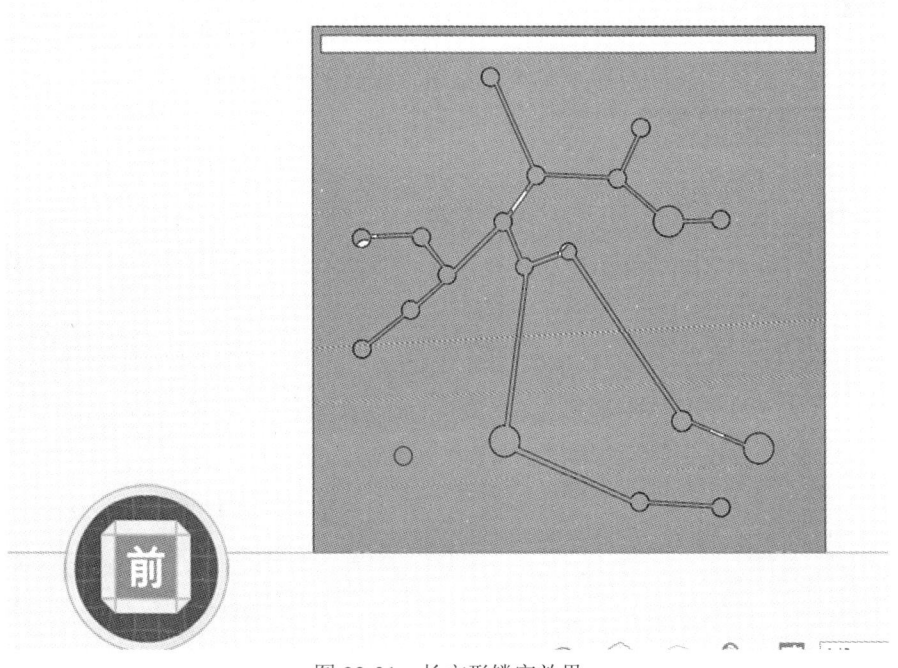

图 22-21　长方形镂空效果

（15）将视图调整为六面体的左面，单击命令工具栏中的"草图绘制"命令组，选择"矩形"命令，系统弹出"圆形"命令对话框。将鼠标光标移动到工作区，在六面体的右下角绘制长为8、宽为5的长方形，如图22-22所示，将此长方形向外拉伸3。

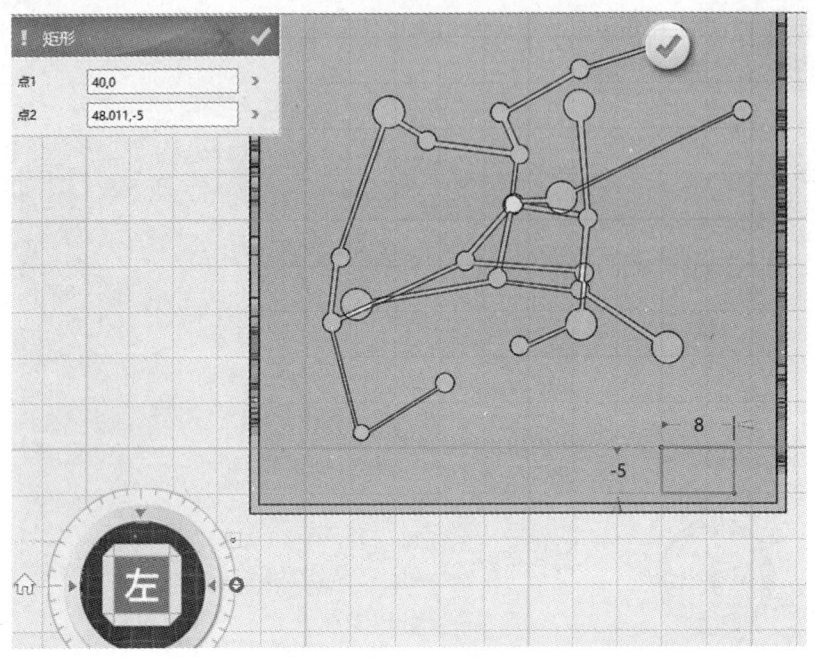

图 22-22　草图绘制长方形

（16）单击命令工具栏中的"特征造型"命令组，选择"拉伸"命令，系统弹出"拉伸"命令对话框，默认"基体"按钮，如图22-23所示。单击"轮廓P"选择要拉伸的轮廓，"控制类型"默认为"1边"，"方向"默认为向上的方向。单击默认的拉伸尺寸，输入"3"。然后按回车键或单击✓按钮，完成图形的拉伸。

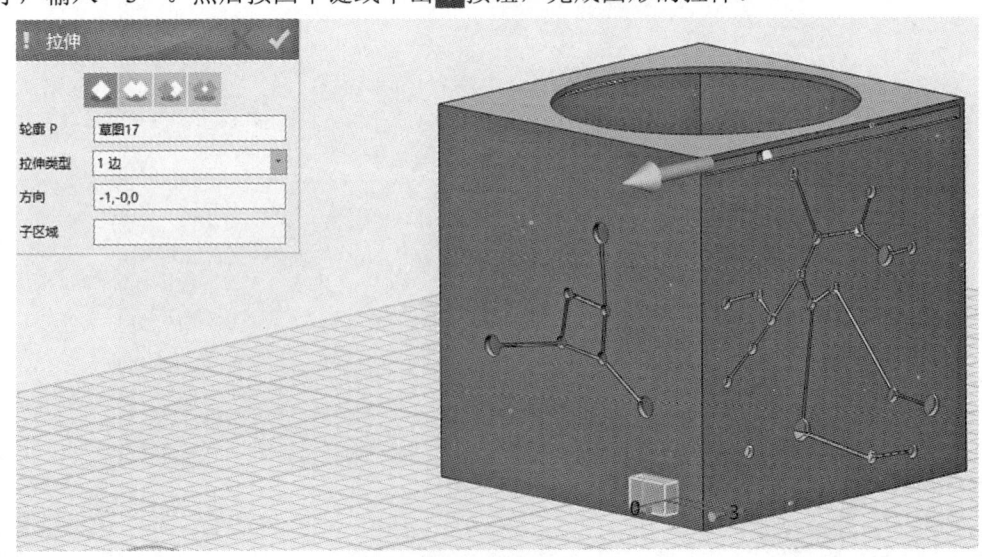

图 22-23　向外拉伸长方形

（17）单击命令工具栏中的"特征造型"命令组，选择"圆角"命令，系统弹出"圆角"命令对话框，单击"边E"选择要倒圆角的边缘，在开关边缘输入圆角数值"0.5"，如图22-24所示，按回车键或单击按钮，完成倒角。用同样的方法将六面体其余各边缘倒圆角，圆角数值设置为"3"。

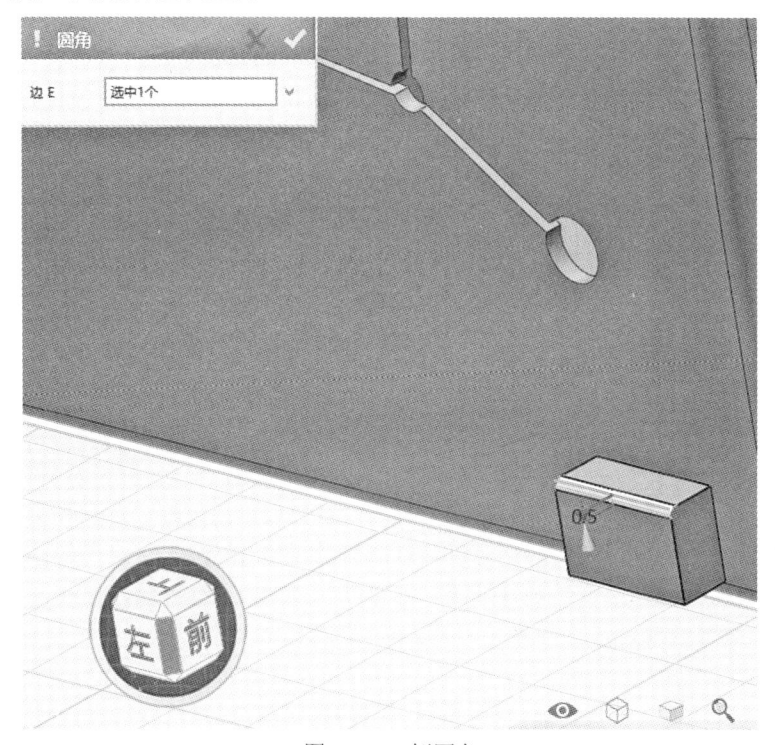

图 22-24　倒圆角

（18）星座灯完成效果如图22-25、图22-26所示。

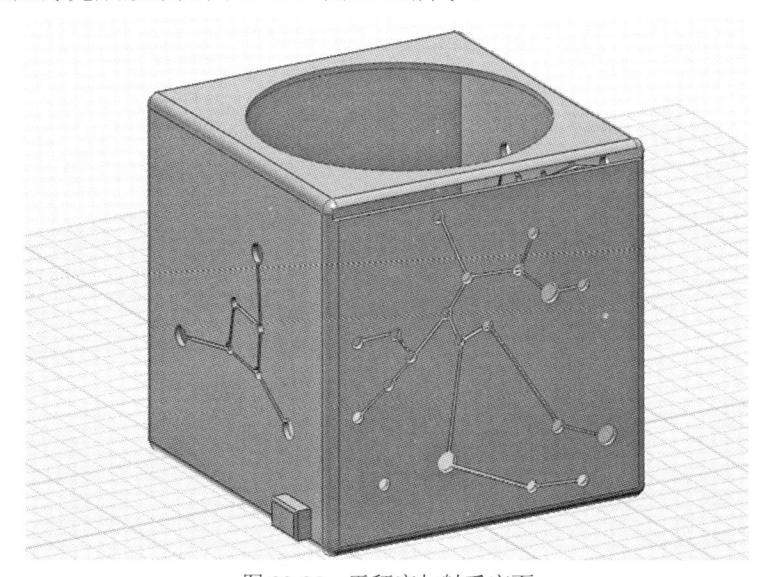

图 22-25　天秤座与射手座面

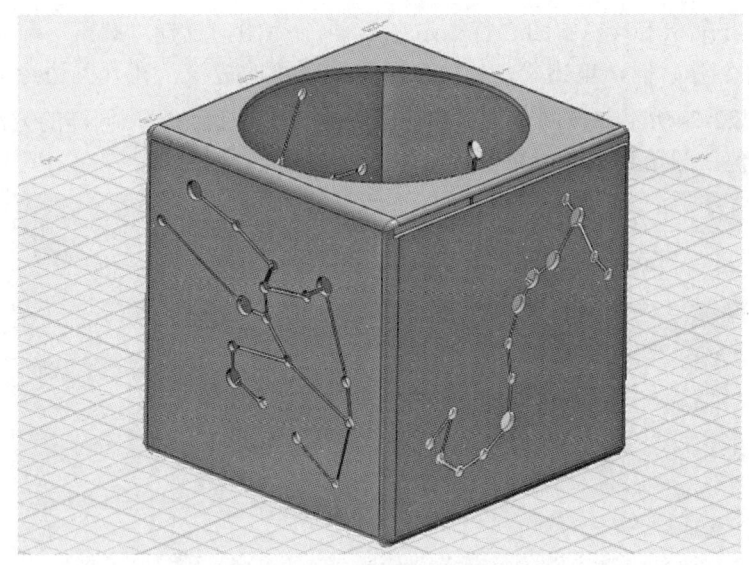

图22-26　天蝎座与金牛座面

步骤3　导出"STL"文件

单击软件左上角的图标 3D One，系统弹出"文件基本操作"对话框，单击"导出"按钮，在"保存类型"文本框中选择"STL"，如图22-27所示，单击"保存"按钮。

任务3　项目评价

项目评价量表

项目名称				评价日期			
姓名		班级					
		学号					
评价项目	考核内容		考核标准	配分	小组评分	教师评分	总评
任务完成情况评定（70分）	任务分析	信息搜索	正确　　　10分 基本正确　6分 不正确　　0分	10分			
		方案制定	合理　　　10分 基本合理　6分 不合理　　0分	10分			
		手绘草图	正确　　　10分 基本正确　6分 不正确　　0分	10分			

续表

评价项目	考核内容		考核标准		配分	小组评分	教师评分	总评
任务完成情况评定（70分）	三维建模	命令使用	正确 基本正确 不正确	10分 6分 0分	10分			
		参数设置	正确 基本正确 不正确	10分 6分 0分	10分			
		模型设计	完成 基本完成 未完成	20分 15分 0分	20分			
情感态度评定（30分）	遵守课堂纪律，服从指导教师和组长的安排		遵守 基本遵守 不遵守	10分 6分 0分	10分			
	课堂参与度高，讨论积极主动		参与度高 参与度一般 参与度不高	10分 6分 0分	10分			
	组内互相配合，团队协作		配合度高 配合度一般 配合度不高	10分 6分 0分	10分			
总评成绩								

【知识链接】

黄道十二宫

地球是一个近似球形的天体，如果站在地球上看天空，天空也是一个球形（简称天球），天上的星星就像是镶嵌在这个天球上的宝石。黄道十二宫是位于太阳运行轨道（黄道）附近的十二星座。黄道十二宫与中国古代的二十四节气也确实有着固定的对应关系，比较准确的说法应该是：太阳总是在相同的节气运行到对应相同的宫。在早期的观象授时时代，中国古代的天文学家依据斗转星移定节气，其实造成斗转星移的原因是地球绕太阳公转，因此也反映了太阳周年视运动。明末清初，传教士汤若望和徐光启在《崇祯历书》当中根据隋唐就传入中国而未被引起重视的黄道十二宫的黄经度数划分办法，即以春分为起点，黄经每过30°为一宫，采用了"定气法"，即以春分点为起点，太阳视运动黄经每前进15°，为一个节气。这样使节气划分更加准确，同时黄道十二宫的时间划分以中国的十二中气（节气中黄经度数是15的偶数倍）为标准也更加精确。以黄道与天赤道的升交点春分点为起点黄经0°，也就是阳历3月21日前后太阳经过此点（春分点），进入春分节气，同时进入黄道白羊宫，以此类推，每两个节气对应一个黄道宫，如图22-28所示。换言之，黄道十二宫的起始点和二十四节气当中的十二中气是完全吻合的。

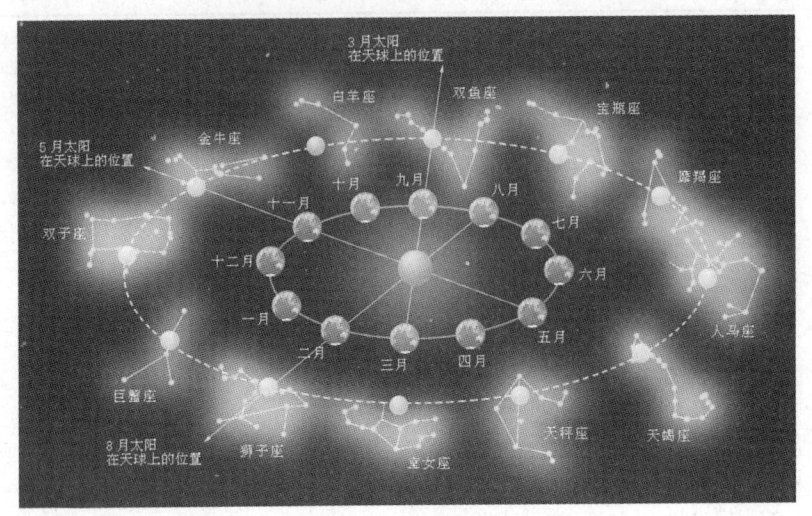

图 22-28　黄道十二宫

项目 23

三维设计与信息技术——二进制计数器

项目背景

在上信息技术课的时候小磊学到了二进制计数法，他发现初学者不易掌握二进制计数法，于是决定设计制作一款二进制计数器。

项目目标

◎ 能根据任务要求完成二进制计数器的功能调查，完成手绘草图
◎ 能合理分析并制定二进制计数器设计模型的步骤
◎ 能正确使用软件中的六面体、草图编辑、组合运算、复制、拉伸、阵列、移动和实体分割等命令
◎ 能根据所学的知识操作软件完成二进制计数器的三维模型设计

效果欣赏

设计一个二进制计数器，并使用3D打印机将其打印出来，效果如下图所示。

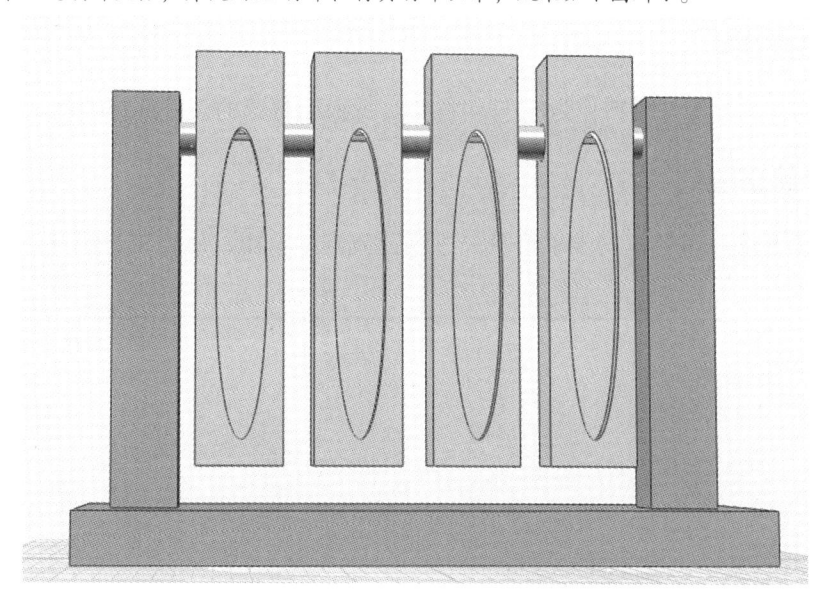

任务1　项目分析

步骤1　信息搜集

1. 了解二进制与计数规则

二进制是计算技术中广泛采用的一种数制。二进制数据使用0和1两个数码来表示数值。它的基数为2，进位规则是"逢二进一"，借位规则是"借一当二"。

2. 设计二进制计数器需要具备的能力与原则

掌握二进制计数的方法，并能够熟练使用三维设计软件等。设计过程中需考虑功能性和实用性。

步骤2　方案制定

各小组同学讨论交流，确定二进制计数器的设计思路和呈现方式。

设计思路（如形状、尺寸等）	呈现方式（如材料、颜色等）

步骤3　内容选择

采用PLA（聚乳酸）材料作为3D打印材料，可根据自己的喜好选择颜色。

步骤4　手绘草图

根据决策要求，请各位同学手绘"二进制计数器"草图，确定二进制计数器的形状和尺寸。

草图

任务 2　三维建模

步骤 1　新建文件

（1）双击桌面上的3D One软件图标，打开软件。

（2）单击"另存为"按钮，输入文件名"二进制计数器"并选择文件保存的位置，单击"保存"按钮，进入3D设计环境。

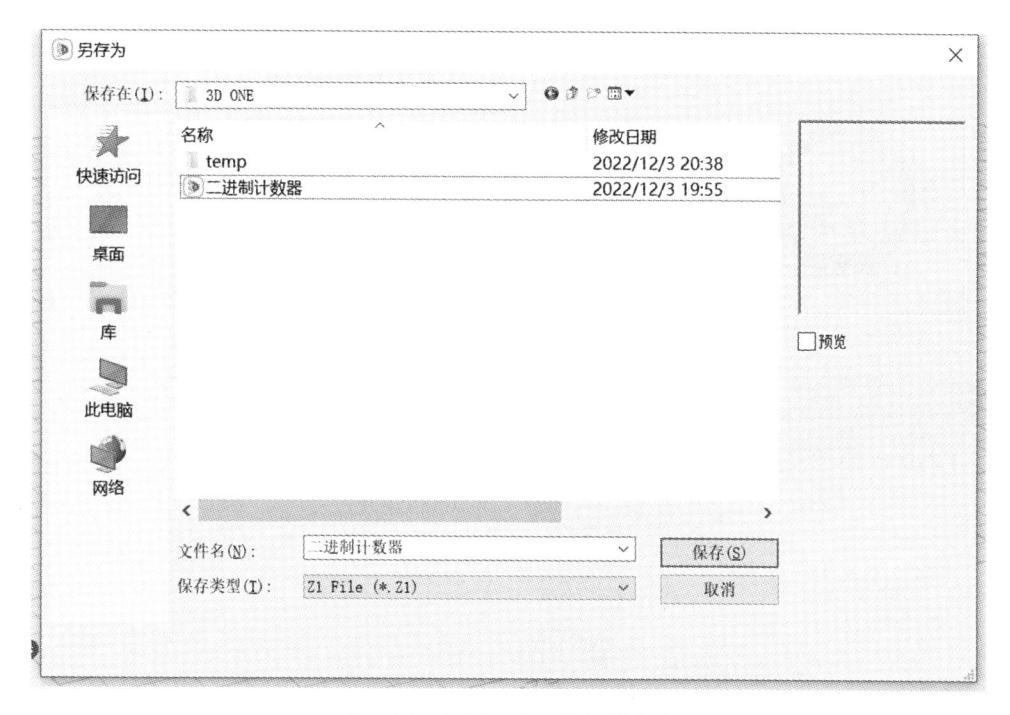

图 23-1　创建二进制计数器文件

步骤 2　创建"二进制计数器"模型

（1）单击命令工具栏中的"基本实体"命令组，选择"六面体"命令，系统弹出"六面体"命令对话框，将鼠标光标移动到工作区，在"中心"输入"0，0，0"，设置长、宽、高，按回车键或单击按钮，确定六面体，如图23-2所示。

（2）再次使用"六面体"命令，在已经绘制好的六面体的上表面上绘制一个六面体柱子，如图23-3所示。

267

三维创意设计

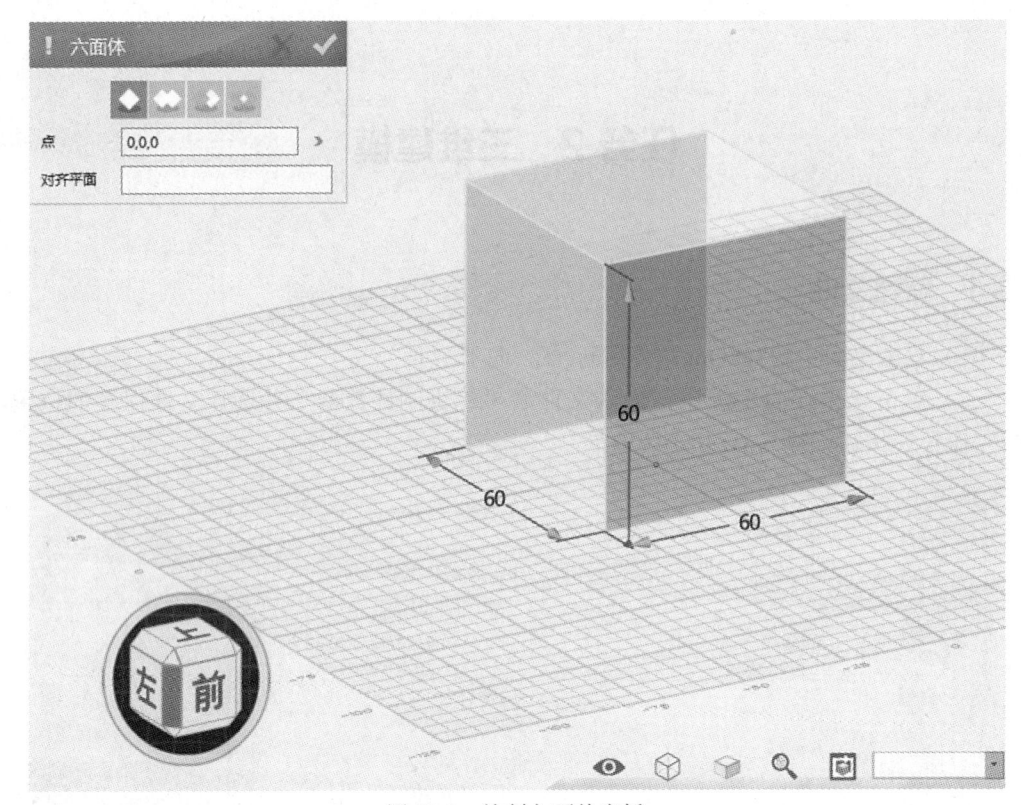

图 23-2　绘制六面体底板

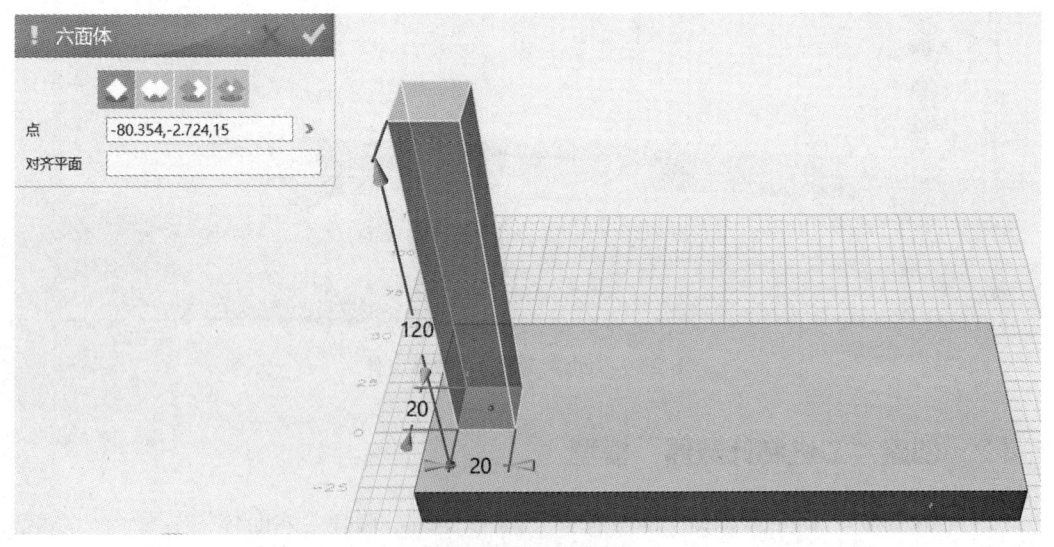

图 23-3　绘制六面体

（3）单击绘制好的六面体，选择"阵列"命令，复制一个六面体，如图23-4所示。

（4）单击左侧六面体的右表面，选择"拉伸"命令，绘制一个六面体，如图23-5所示。

268

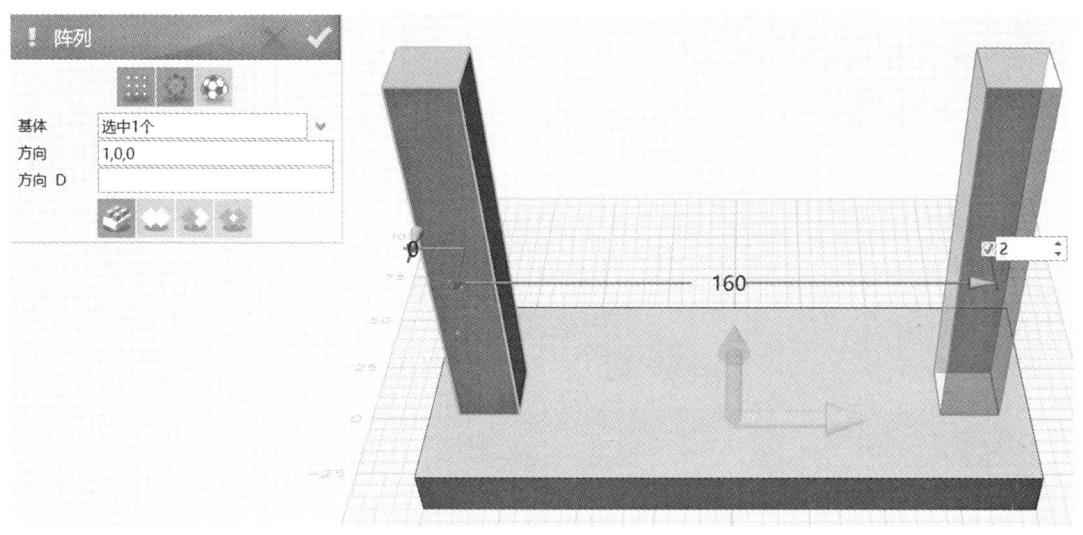

图 23-4　阵列六面体

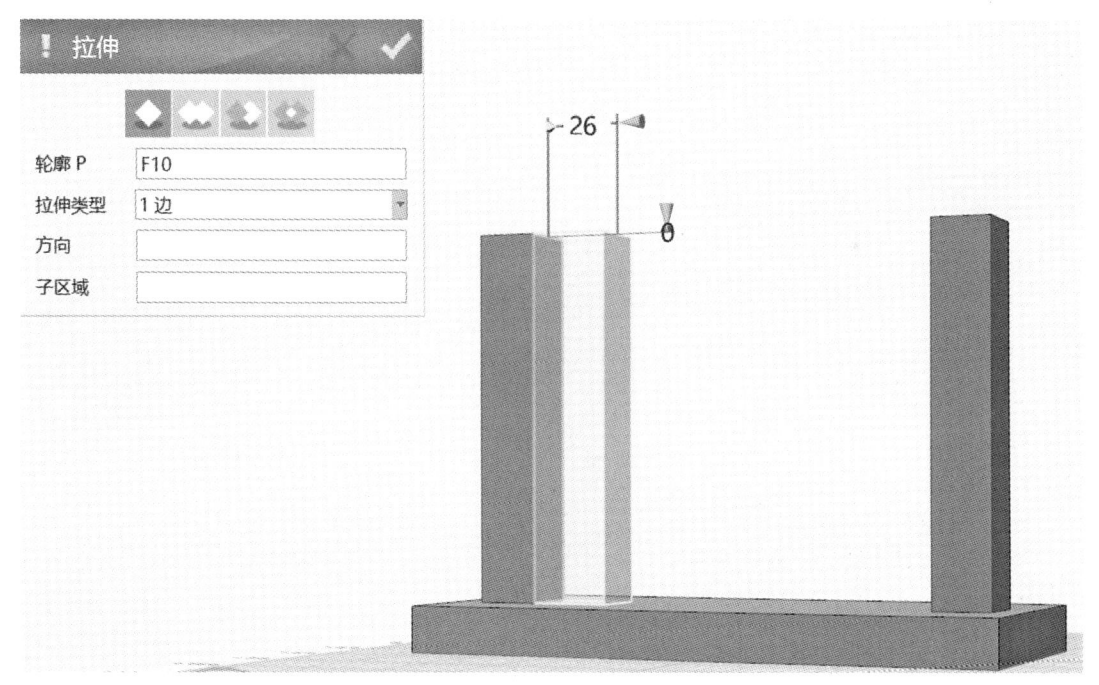

图 23-5　拉伸出六面体

（5）单击绘制完的六面体，选择"移动" 命令，将六面体向上移动"12"，向右移动"5"，如图23-6所示。

（6）使用草图工具栏中的"椭圆形" 工具，选择刚刚绘制好的六面体的前面，绘制如图23-7所示的椭圆形，然后单击"完成" 按钮，完成草图的绘制。

269

三维创意设计

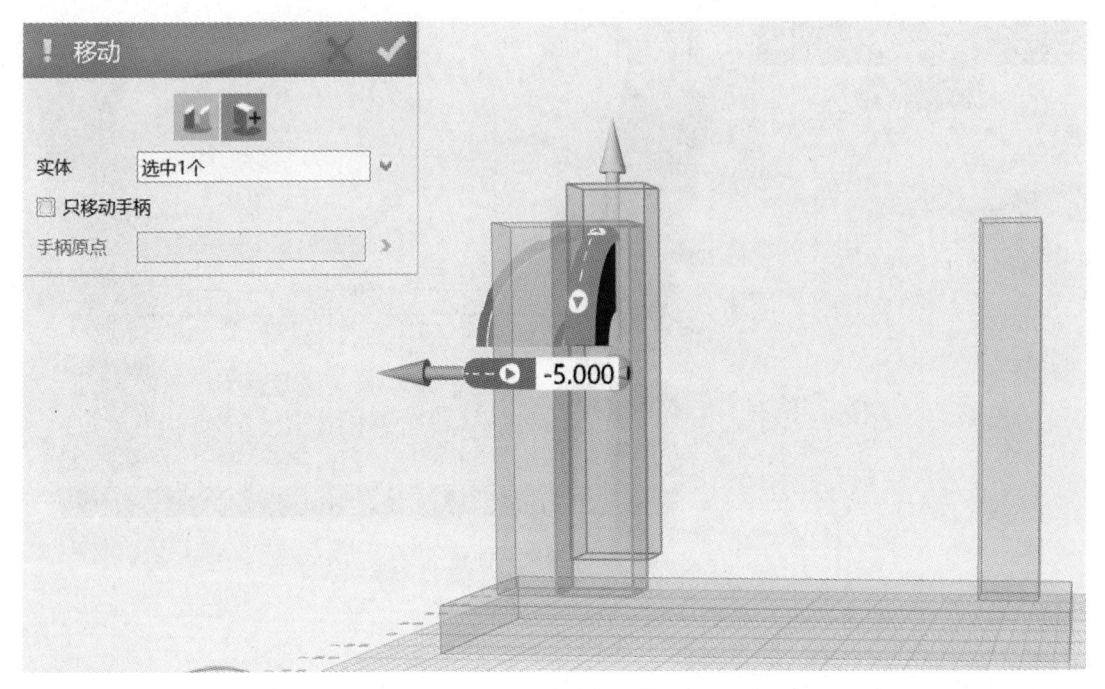

图 23-6　移动六面体

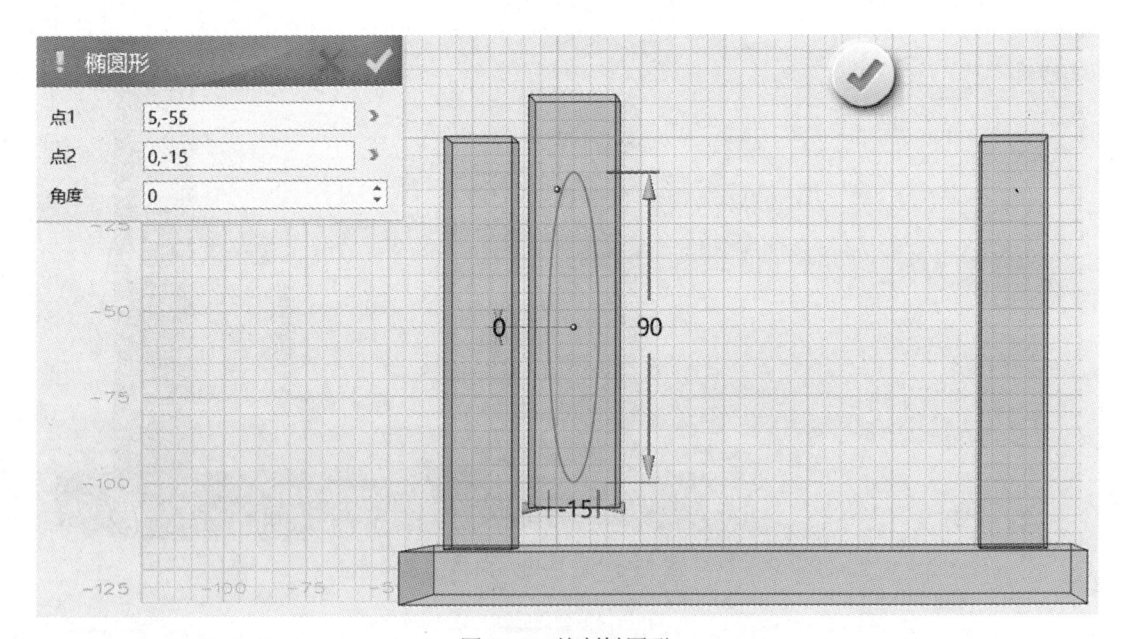

图 23-7　绘制椭圆形

（7）单击绘制好的椭圆形草图，选择"拉伸"命令，深度设置为"-5"，使用"减运算"完成绘制，如图23-8所示。

（8）运用相同的方法在同一个六面体后侧绘制矩形并拉伸，如图23-9所示。

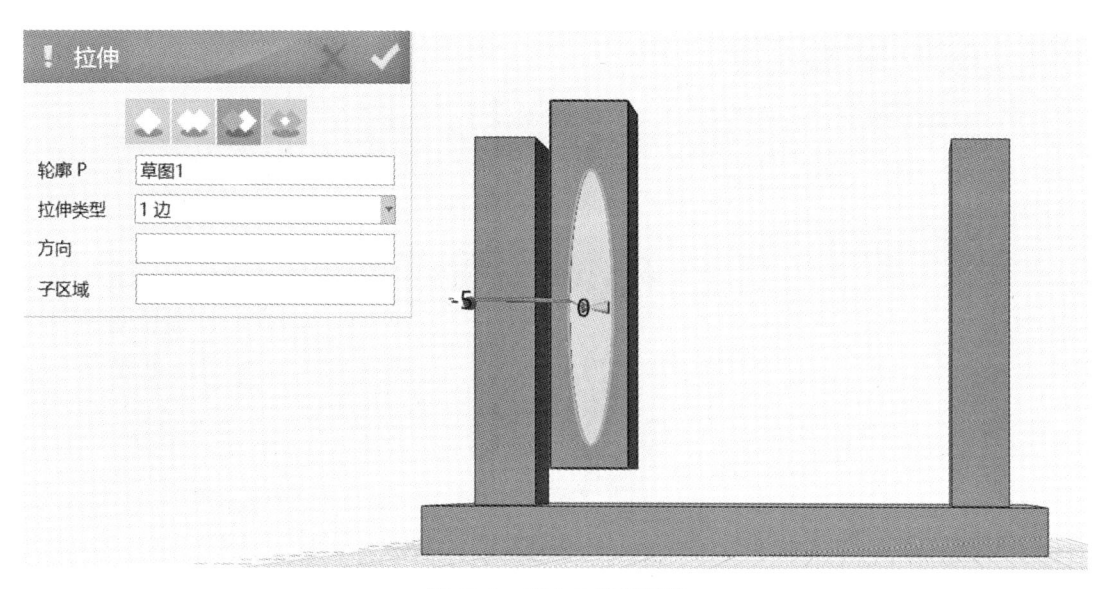

图 23-8　向内拉伸椭圆形

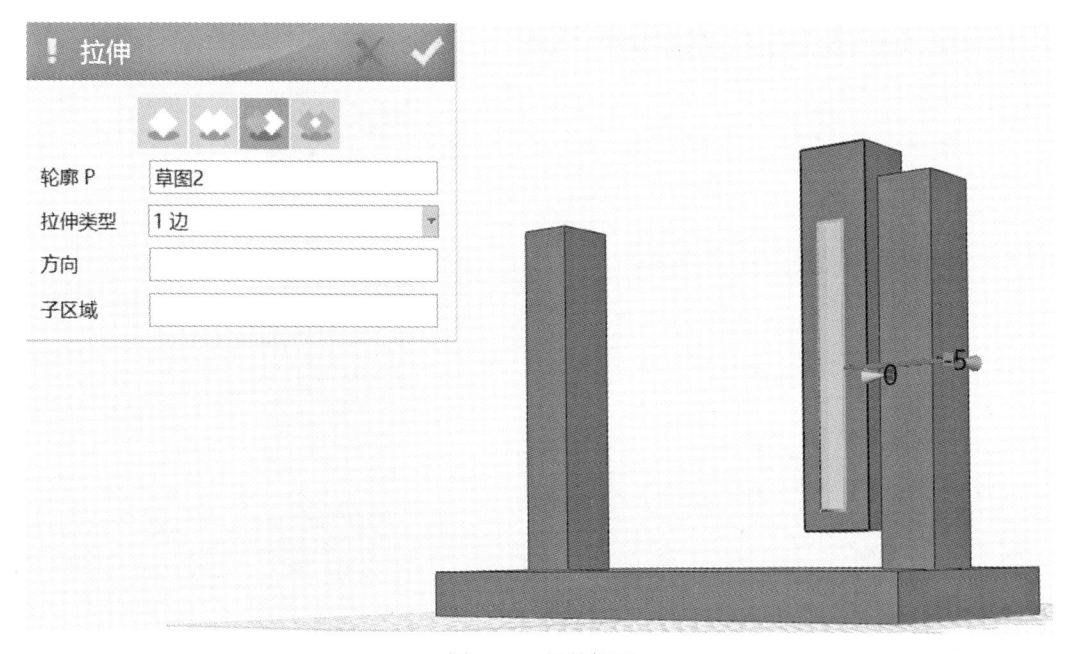

图 23-9　拉伸矩形

（9）选中刚刚编辑完成的六面体，使用"阵列"命令沿水平方向复制三个六面体，如图23-10所示。

（10）选择左侧六面体的左表面，使用草图命令中的"圆形"工具选择合适位置绘制圆形，如图23-11所示。

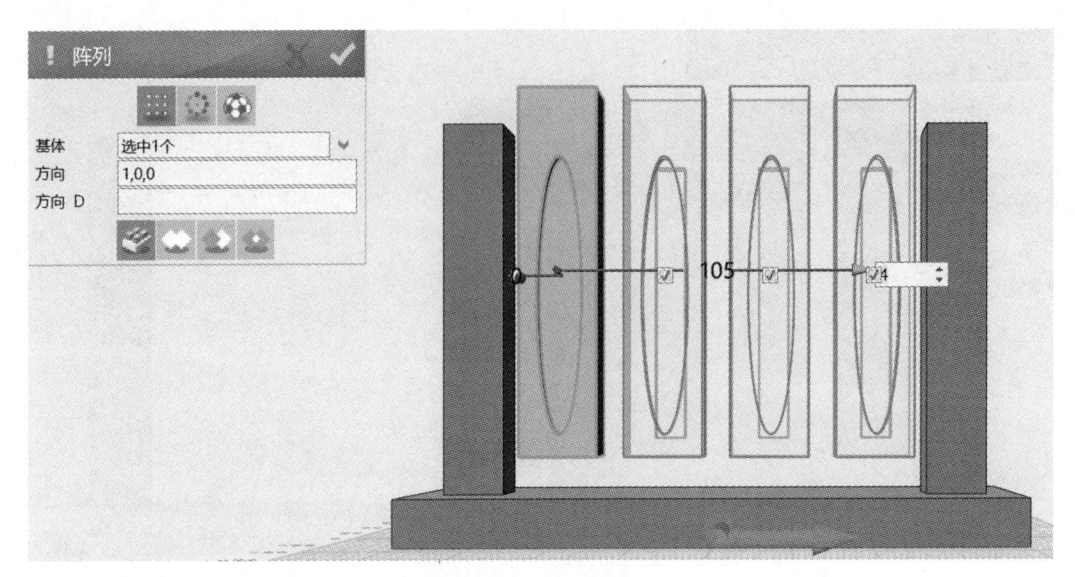

图 23-10 阵列六面体

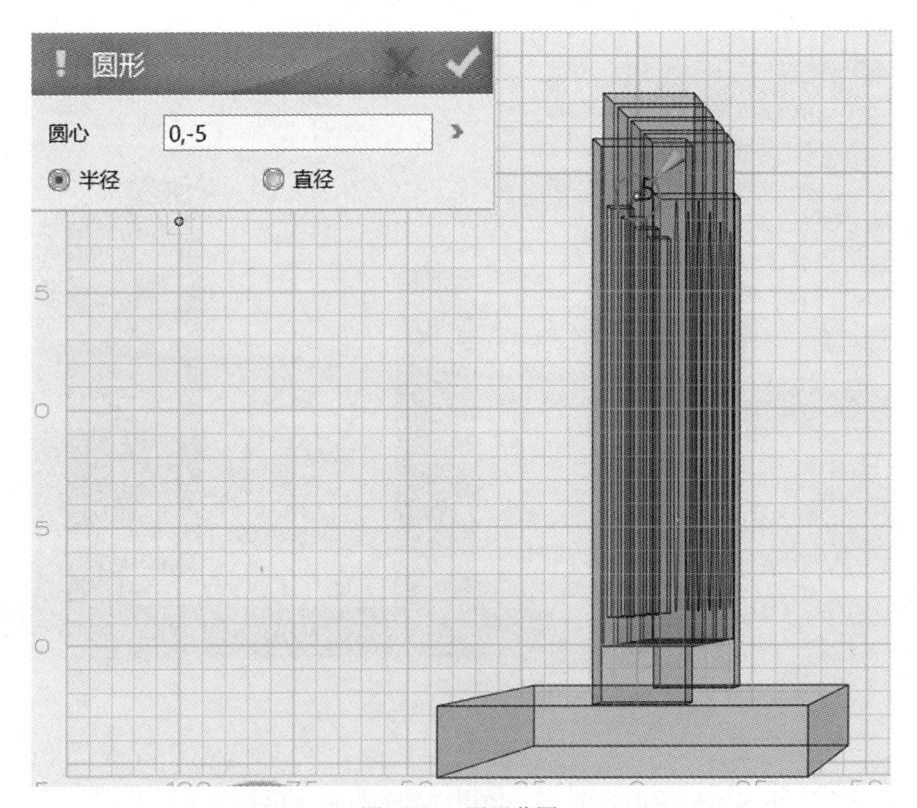

图 23-11 圆形草图

（11）选择绘制好的圆形草图，选择"拉伸"命令，绘制圆柱体，如图23-12所示。

（12）选中绘制好的圆柱体，使用"Ctrl+C"和"Ctrl+V"命令在原位置上复制一个圆柱体，如图23-13所示。

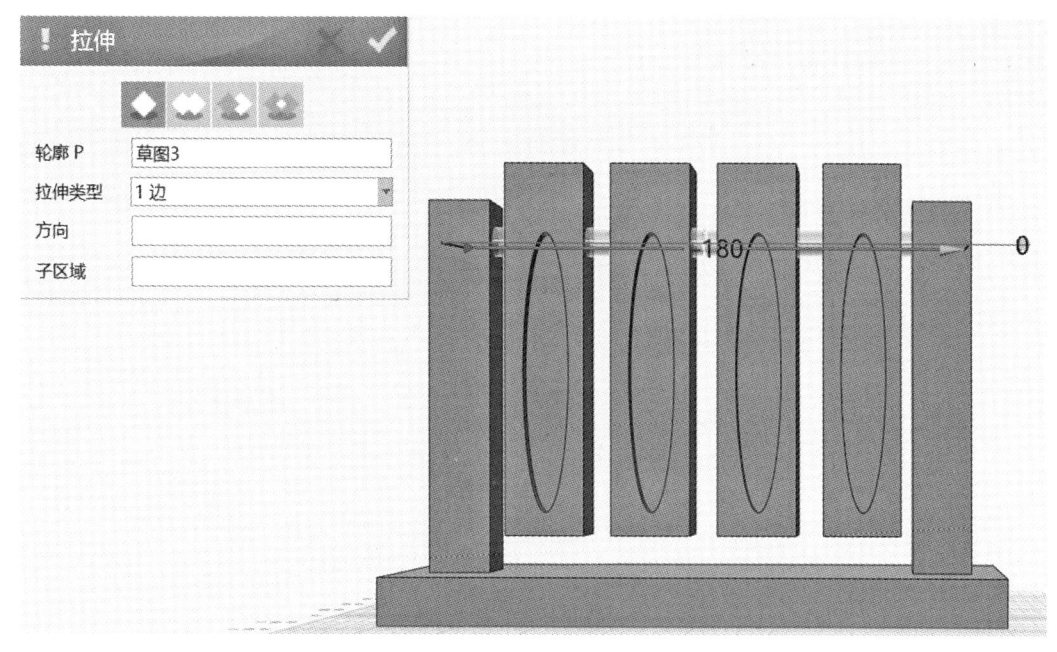

图 23-12　拉伸圆形

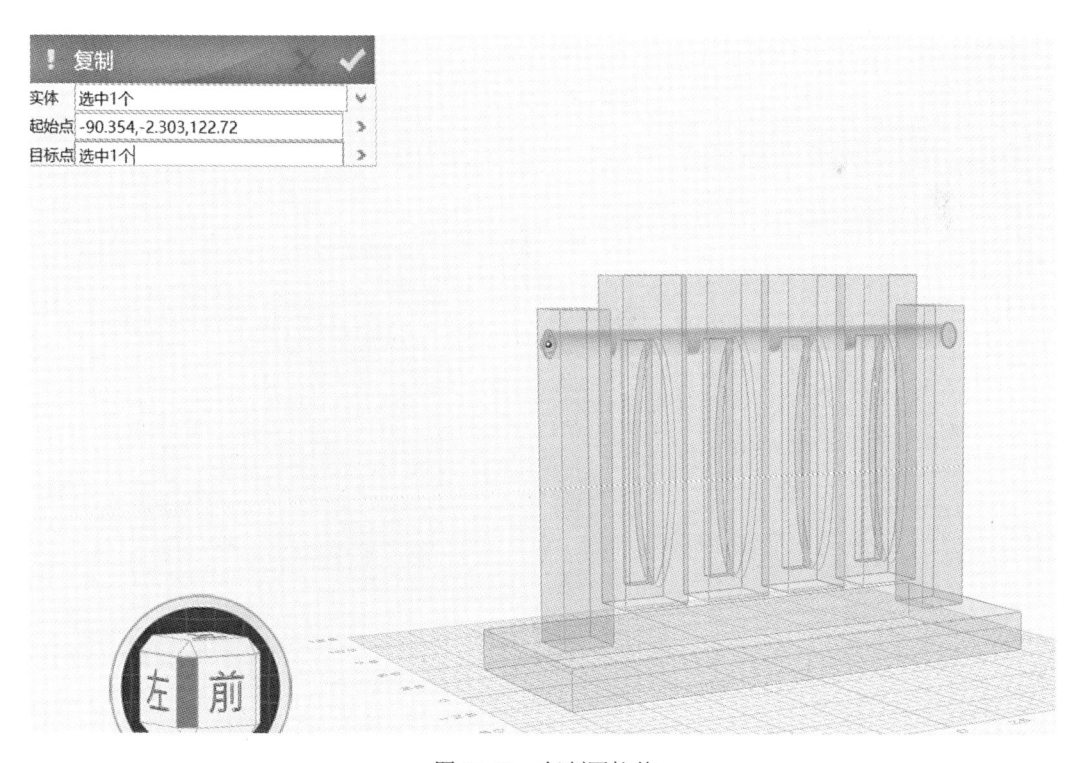

图 23-13　复制圆柱体

（13）选中复制的圆柱体，使用"缩放"命令，将圆柱体放大至1.1倍，如图23-14所示。

273

三维创意设计

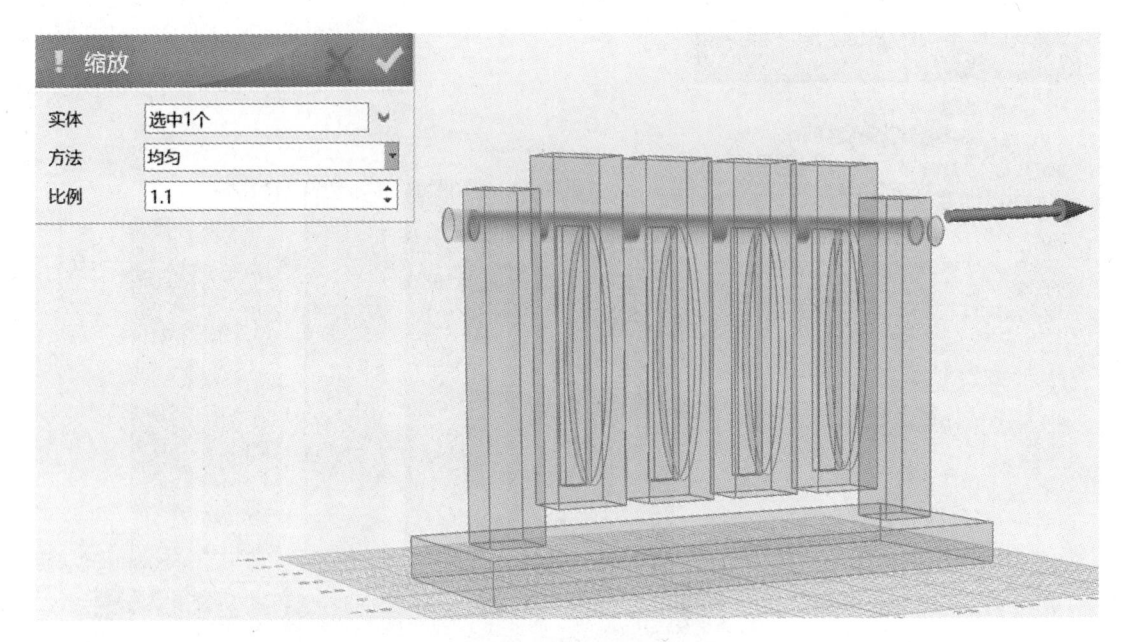

图 23-14　放大圆柱体

（14）使用"组合编辑"工具的"减运算"，基体选择中间四个六面体，合并体选择放大的圆柱体，如图23-15所示。

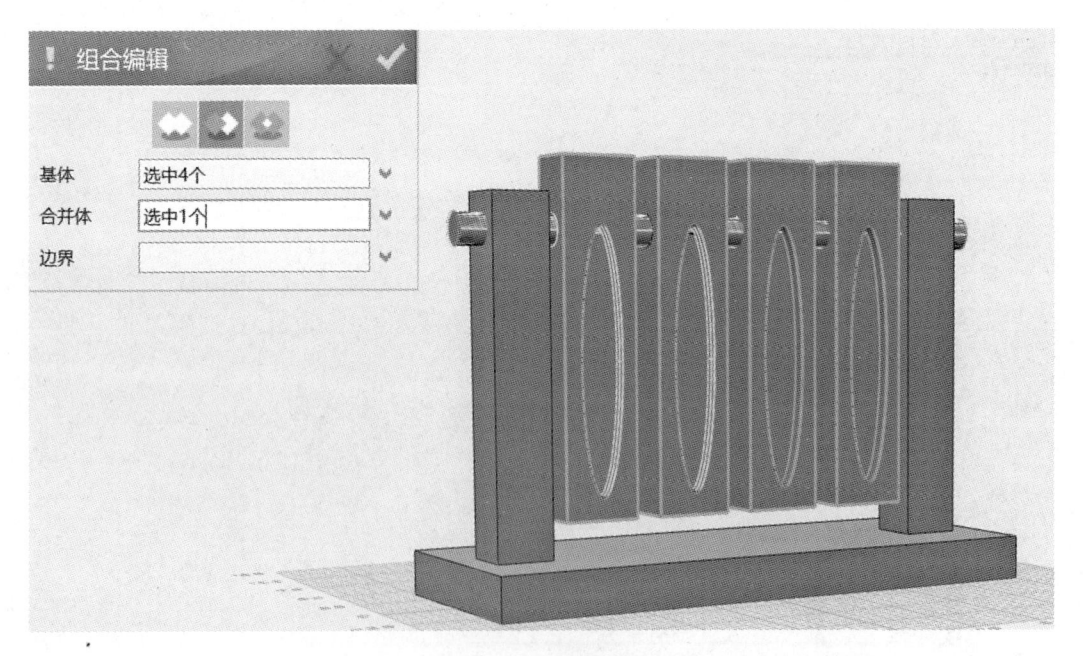

图 23-15　组合编辑

（15）选择"颜色" 工具，为中间的四个六面体修改颜色，如图23-16所示，完成二进制计数器的制作。

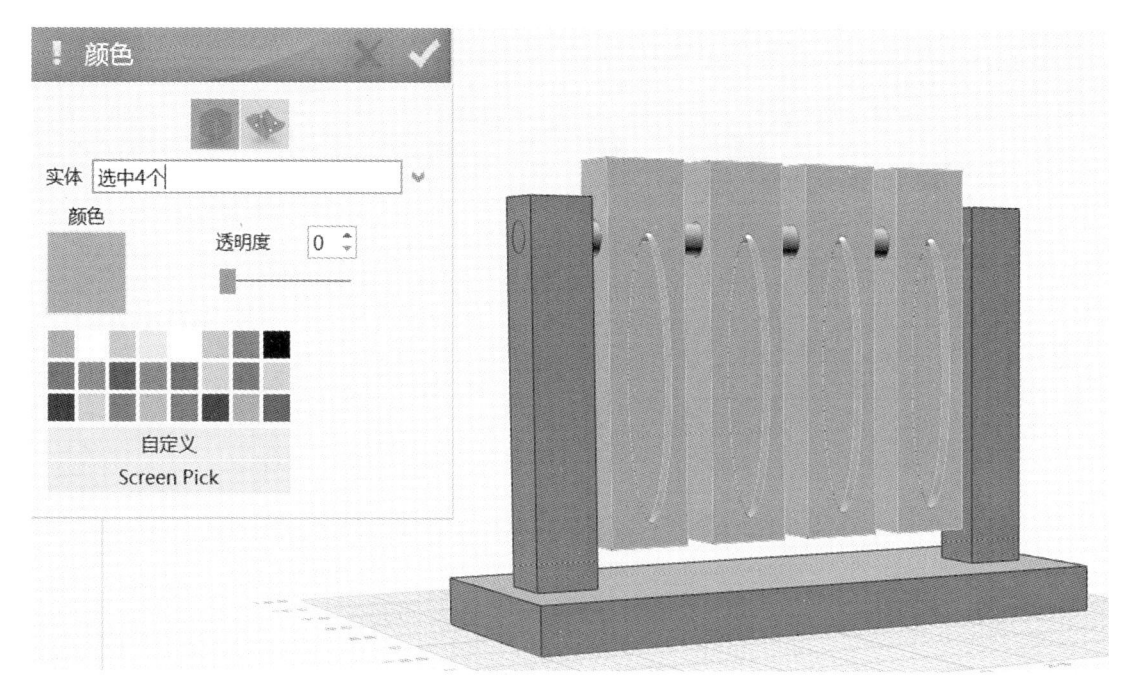

图 23-16　修改颜色

步骤 3　导出"STL"文件

单击软件左上角的图标 3D One，系统弹出"文件基本操作"对话框,单击"导出"按钮,在"保存类型"文本框中选择"STL",单击"保存"按钮。

任务 3　项目评价

项目名称					评价日期		
姓名		班级					
		学号					
评价项目	考核内容		考核标准		配分	小组评分	教师评分	总评
任务完成情况评定（70分）	任务分析	信息搜索	正确 基本正确 不正确	10分 6分 0分	10分			
		方案制定	合理 基本合理 不合理	10分 6分 0分	10分			

续表

评价项目	考核内容		考核标准		配分	小组评分	教师评分	总评
任务完成情况评定（70分）	任务分析	手绘草图	正确 基本正确 不正确	10分 6分 0分	10分			
	三维建模	命令使用	正确 基本正确 不正确	10分 6分 0分	10分			
		参数设置	正确 基本正确 不正确	10分 6分 0分	10分			
		模型设计	完成 基本完成 未完成	20分 15分 0分	20分			
情感态度评定（30分）	遵守课堂纪律，服从指导教师和组长的安排		遵守 基本遵守 不遵守	10分 6分 0分	10分			
	课堂参与度高，讨论积极主动		参与度高 参与度一般 参与度不高	10分 6分 0分	10分			
	组内互相配合，团队协作		配合度高 配合度一般 配合度不高	10分 6分 0分	10分			
总评成绩								

【知识链接】

1. 二进制

二进制（binary），是在数学和数字电路中以2为基数的记数系统，是以2为基数代表系统的二进位制。这一系统中，通常用两个不同的符号0（代表零）和1（代表一）来表示。发现者是莱布尼茨。数字电子电路中，逻辑门的实现直接应用了二进制，现代的计算机和依赖计算机的设备里都使用二进制。每个数字称为一个比特（Bit，Binary digit的缩写）。

2. 二进制的计数方法

17世纪至18世纪的德国数学家莱布尼茨，是世界上第一个提出二进制记数法的人。用二进制记数，只用0和1两个符号，无须其他符号。

二进制采用位置计数法，逢二进一，位权值从右向左依次为2^0、2^1、2^2、2^3，最简单的数字1、2、3、4对应的二进制数分别为1、10、101、100。

项目 24

三维设计与通用技术——多功能桌面收纳盒

项目背景

小磊的书桌上有很多学习用具，如橡皮、尺子、笔等，这些学习用具容易散落在桌面上，使书桌看起来很乱。为了解决这个问题，小磊想要设计一款多功能桌面收纳盒。请同学们帮助小磊同学设计这款收纳盒，并使用3D打印机将其打印出来。

项目目标

◎ 能根据任务要求完成多功能桌面收纳盒的功能需求调查，完成手绘草图
◎ 能合理分析并制定多功能桌面收纳盒设计模型的步骤
◎ 能正确使用软件中的六面体、组合运算、预制文字、拉伸、移动实体分割等命令
◎ 能根据所学的知识操作软件完成多功能桌面收纳盒的三维模型设计

效果欣赏

设计一个多功能桌面收纳盒，并使用3D打印机将其打印出来，效果如下图所示。

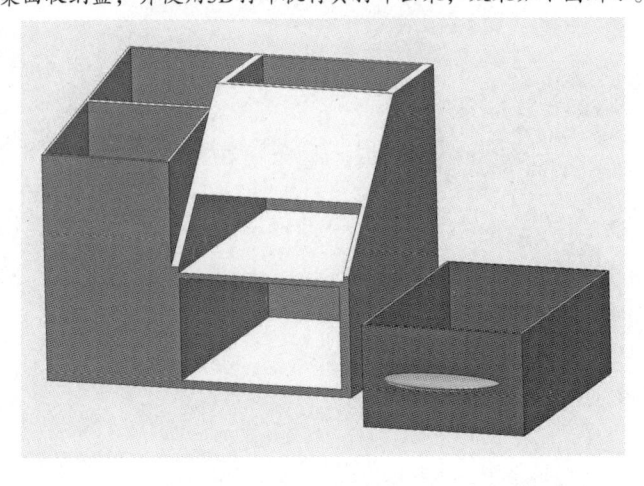

任务 1　分析

步骤 1　信息搜集

1. 调查桌面收纳盒的合适尺寸

桌面收纳盒是一种非常实用的桌面收纳工具。设计一款符合自己需求的桌面收纳盒，需要了解需要收纳的物品的尺寸和收纳方式，并根据需要利用3D打印机将三维模型变成实物。

2. 设计多功能桌面收纳盒需要具备的能力与原则

掌握桌面收纳相关知识，并能熟练使用三维设计软件等。设计过程中需考虑功能性和实用性。

步骤 2　方案制定

各小组同学讨论交流，确定多功能桌面收纳盒的设计思路和呈现方式。

设计思路（如形状、尺寸等）	呈现方式（如材料、颜色等）

步骤 3　内容选择

采用PLA（聚乳酸）材料作为3D打印材料，可根据自己的喜好选择颜色。

步骤 4　手绘草图

根据决策要求，请各位同学手绘"多功能桌面收纳盒"草图，确定多功能桌面收纳盒的形状和尺寸。

草图

任务 2　三维建模

步骤 1　新建文件

（1）双击桌面上的 3D One 软件图标，打开软件。

（2）单击"另存为"按钮，输入文件名"多功能桌面收纳盒"并选择文件保存的位置，单击"保存"按钮，进入 3D 设计环境。

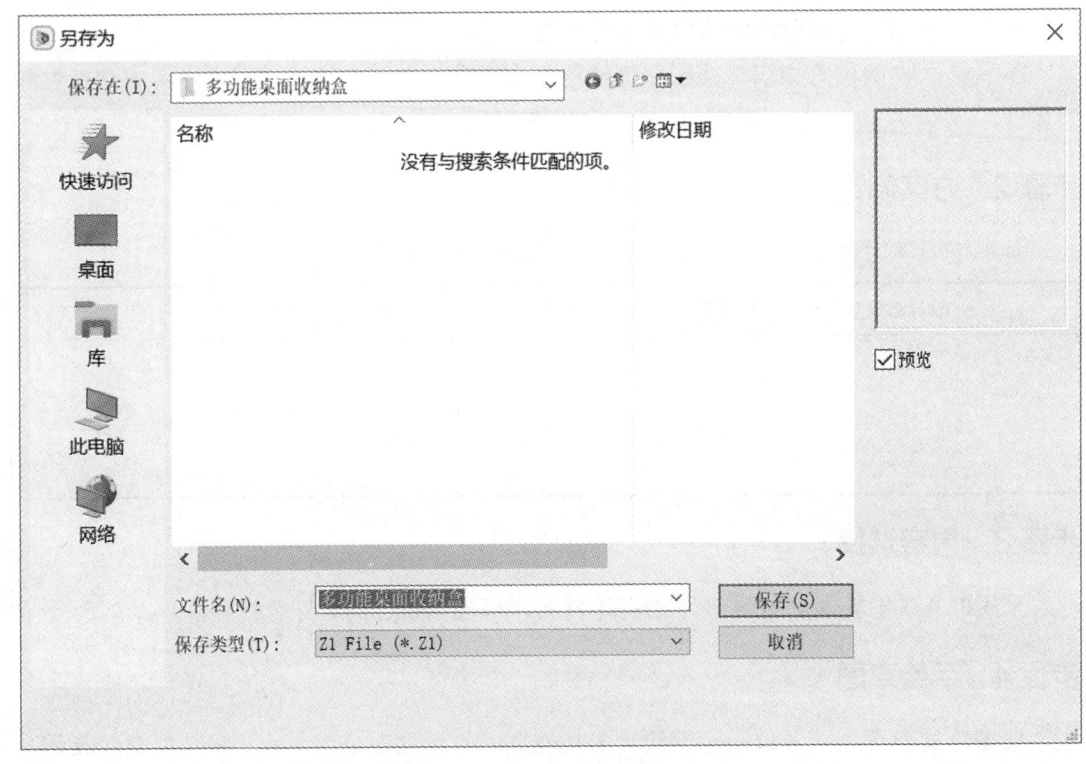

图 24-1　创建多功能桌面收纳盒文件

步骤 2　创建"多功能桌面收纳盒"模型

（1）单击命令工具栏中的"基本实体"命令组，选择"六面体"命令，系统弹出"六面体"命令对话框，将鼠标光标移动到工作区，在"中心"输入"0, 0, 0"，设置长、宽、高后按回车键或单击按钮，确定六面体，如图 24-2 所示。

（2）使用"阵列"命令，复制一个相同的六面体，如图 24-3 所示。

三维设计与通用技术——多功能桌面收纳盒 | 项目 24

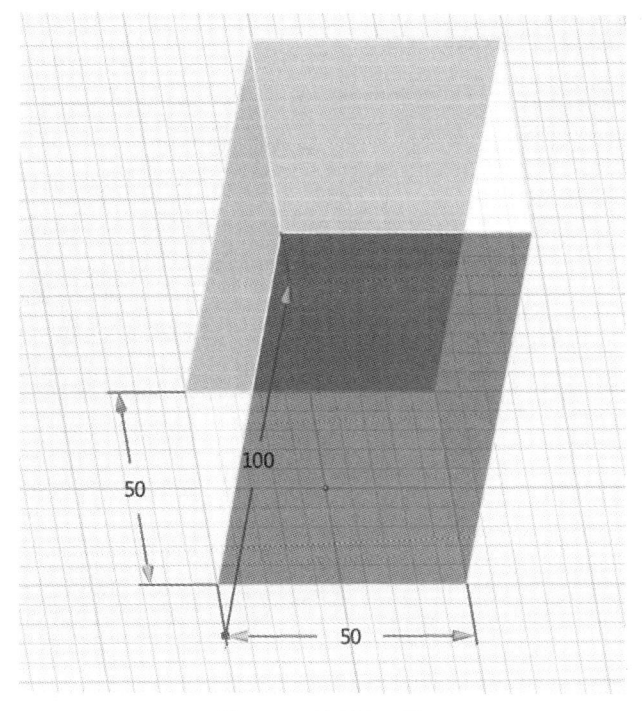

图 24-2 绘制六面体

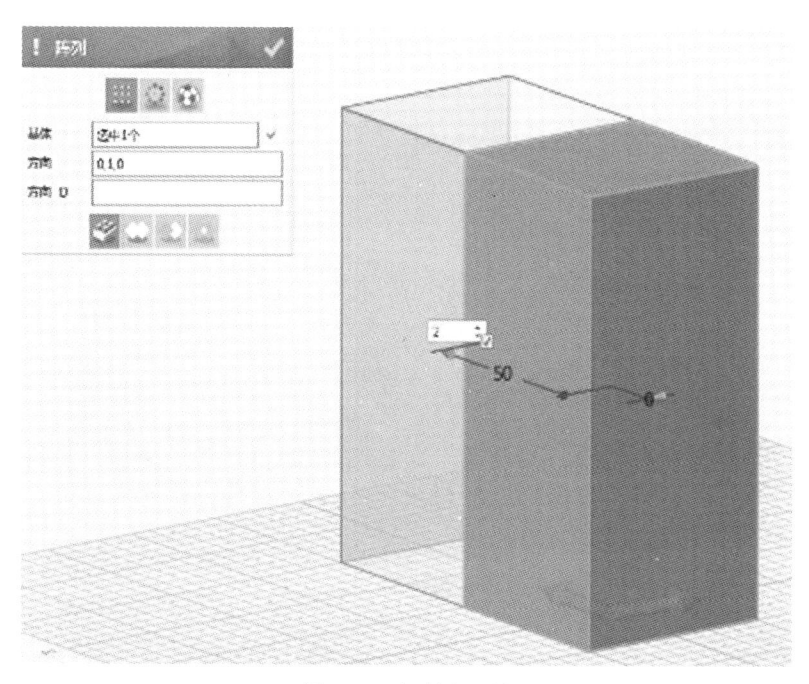

图 24-3 复制六面体

（3）单击特殊工具栏中的"抽壳"命令组，分别选择已经画好的两个六面体，设置参数如图24-4所示，按回车键或单击✓按钮完成。

281

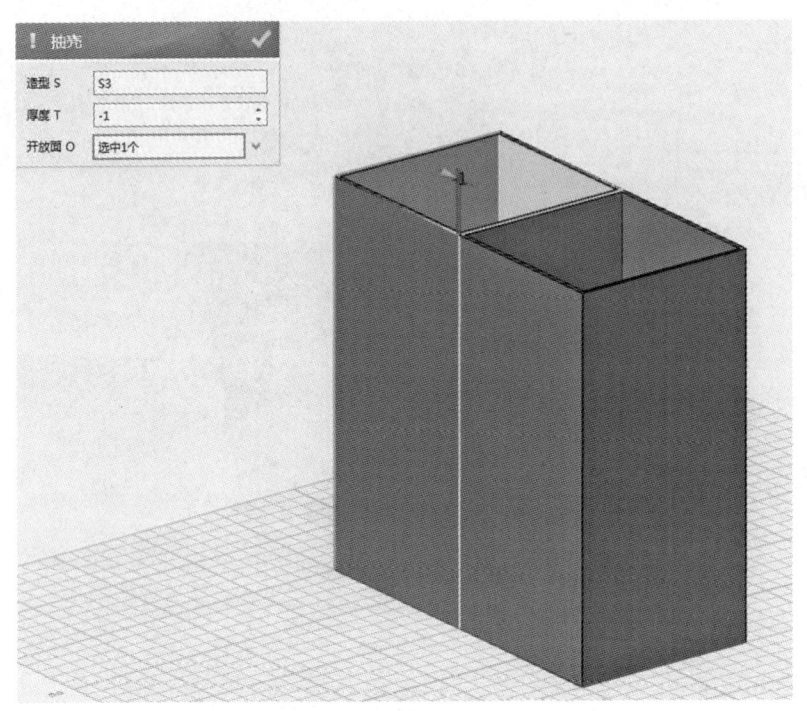

图 24-4 抽壳两个六面体

（4）单击命令工具栏中的"组合编辑" 命令，系统弹出"组合编辑"命令对话框，单击"加运算" 按钮，基体单击一个六面体，合并体单击选择另一个六面体，如图24-5所示，然后按回车键或单击 按钮。

图 24-5 组合六面体

（5）单击组合完成的六面体右侧面，选择弹出的拉伸命令，如图24-6所示。

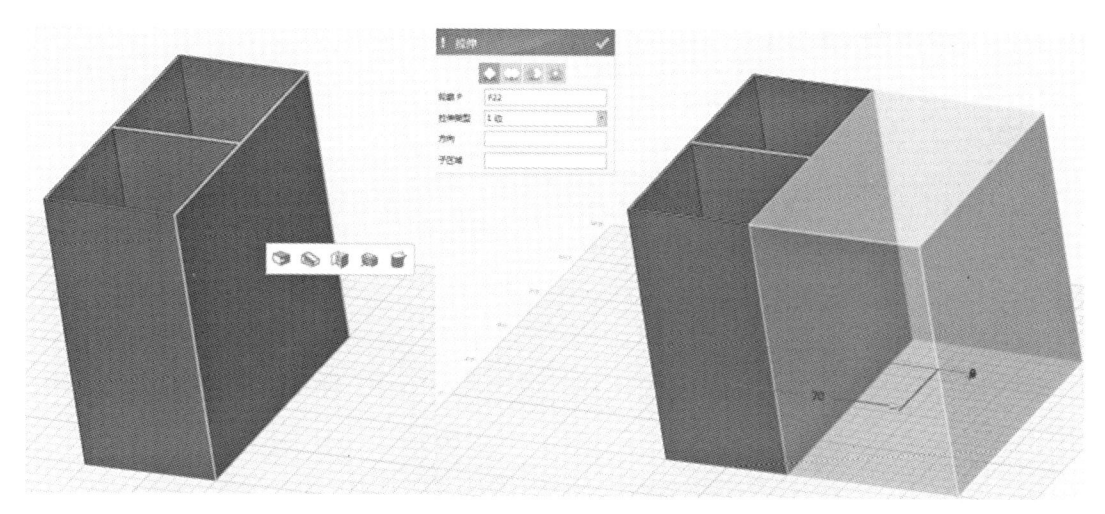

图24-6　拉伸出六面体

（6）单击左侧面，单击命令工具栏中的"草图绘制" 命令组，选择"直线" 命令，绘制直线如图24-6所示，然后单击"完成" 按钮，完成草图的绘制。再使用特殊功能中的"实体分割" 命令，将左侧六面体分割成两部分，并将上部分使用Delete命令删除左侧分割出来的上部分，如图24-7所示。

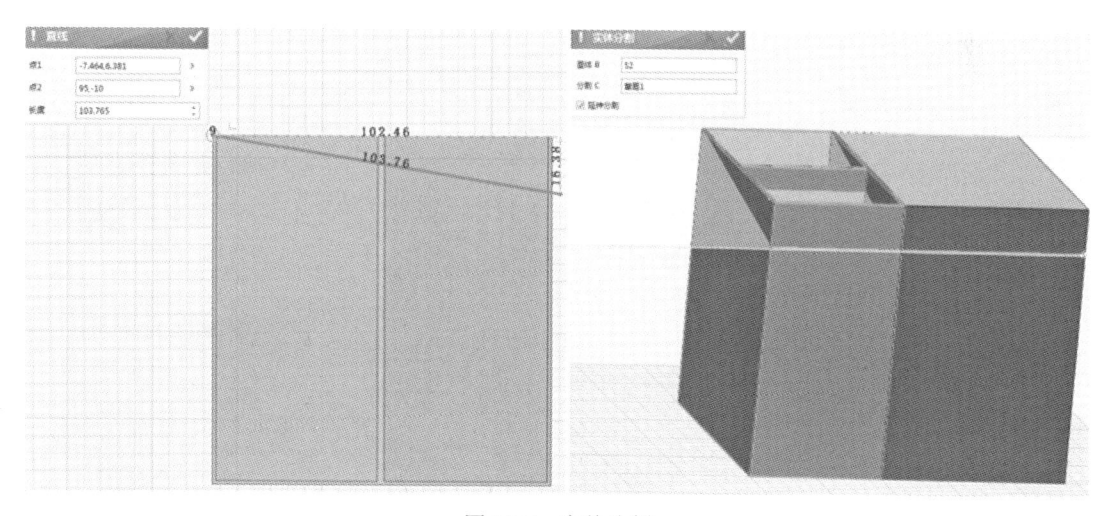

图24-7　实体分割

（7）使用相同的方法在右侧面绘制直线，将右侧的六面体进行分割，单击前侧面使用"草图绘制" 命令组中的"矩形" 命令在前侧面绘制矩形，完成后使用拉伸命令，选择减运算，如图24-8所示。

（8）在右侧六面体上方绘制矩形，如图24-9所示。

三维创意设计

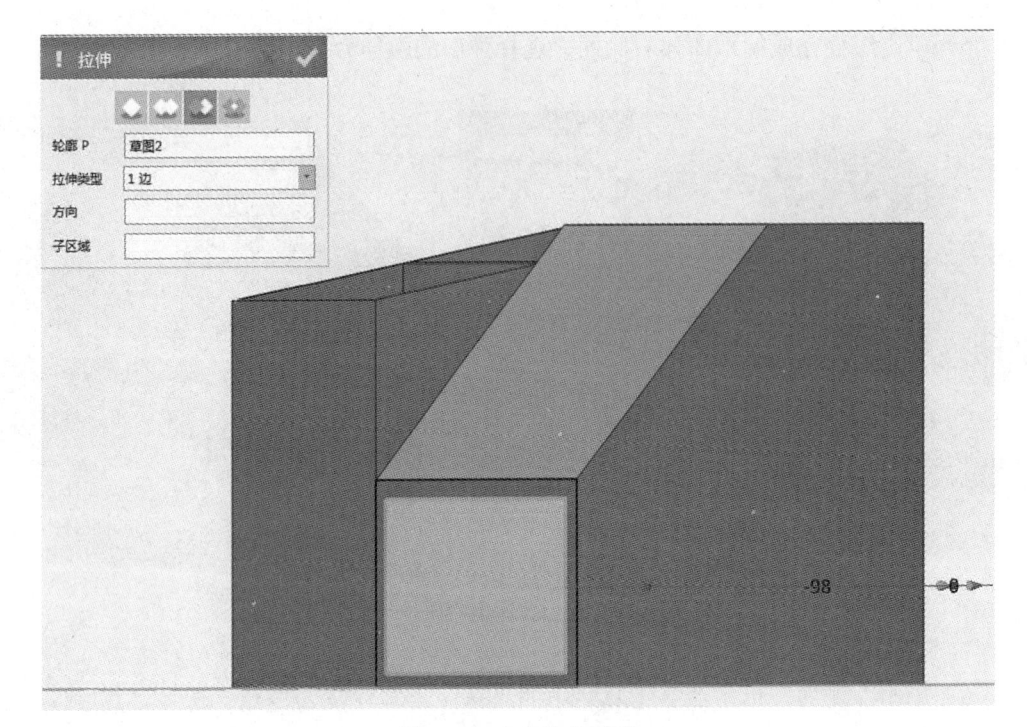

图 24-8　向内拉伸矩形

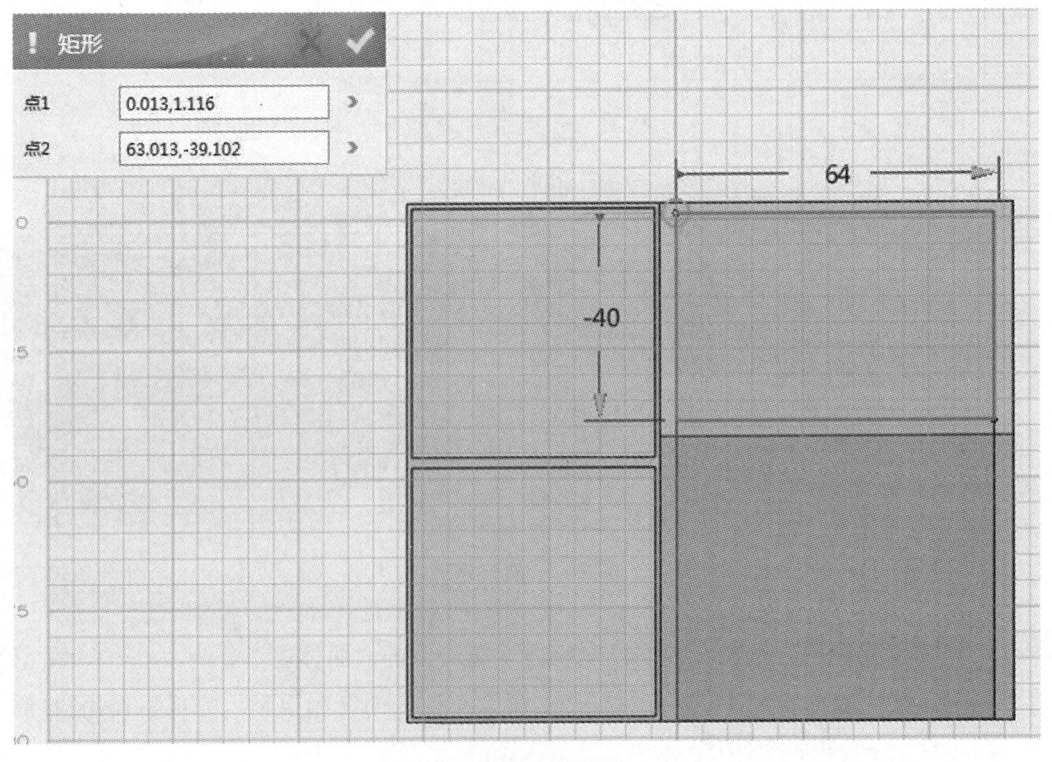

图 24-9　绘制矩形

284

（9）单击上侧绘制好的矩形进行拉伸，深度设置为"30"，如图24-10所示。

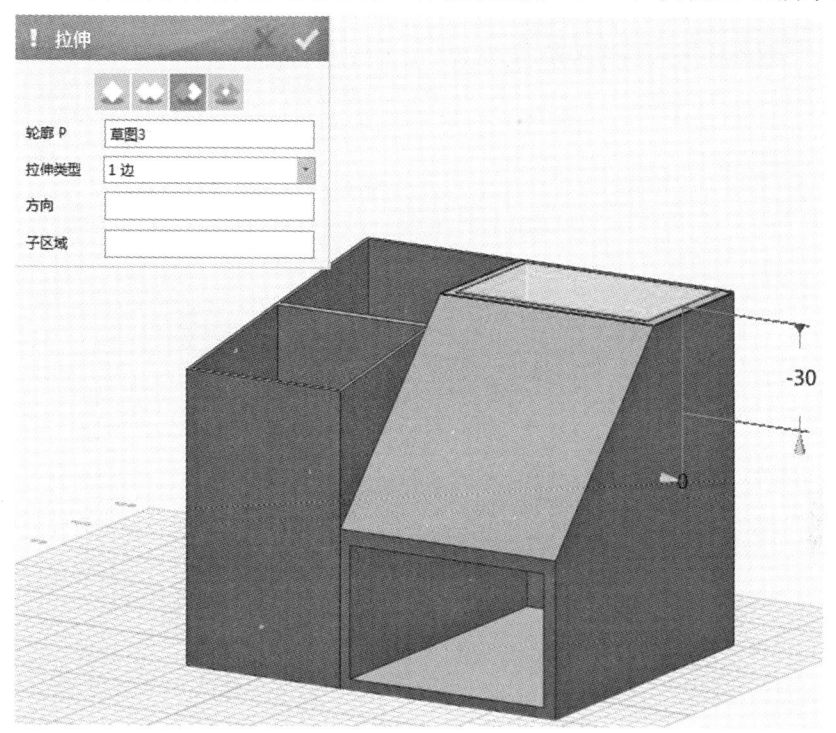

图24-10　向内拉伸矩形

（10）在右侧六面体中部绘制矩形，如图24-11所示。

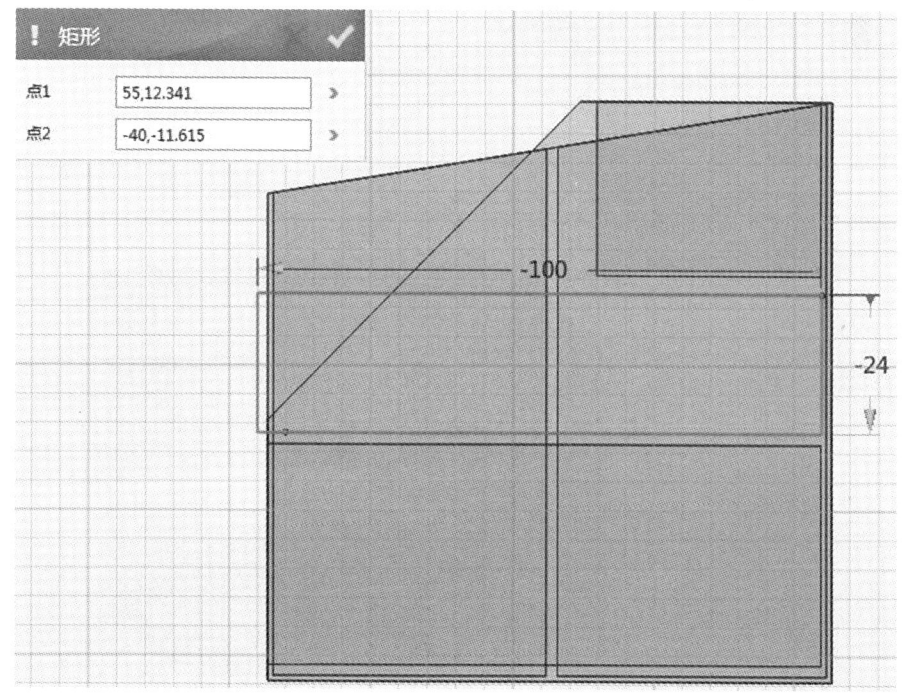

图24-11　绘制矩形

（11）使用移动命令，将绘制好的矩形沿X轴移动2，如图24-12所示。

图 24-12　移动矩形

（12）使用拉伸命令，将绘制好的矩形进行拉伸，选择减运算，如图24-13所示。

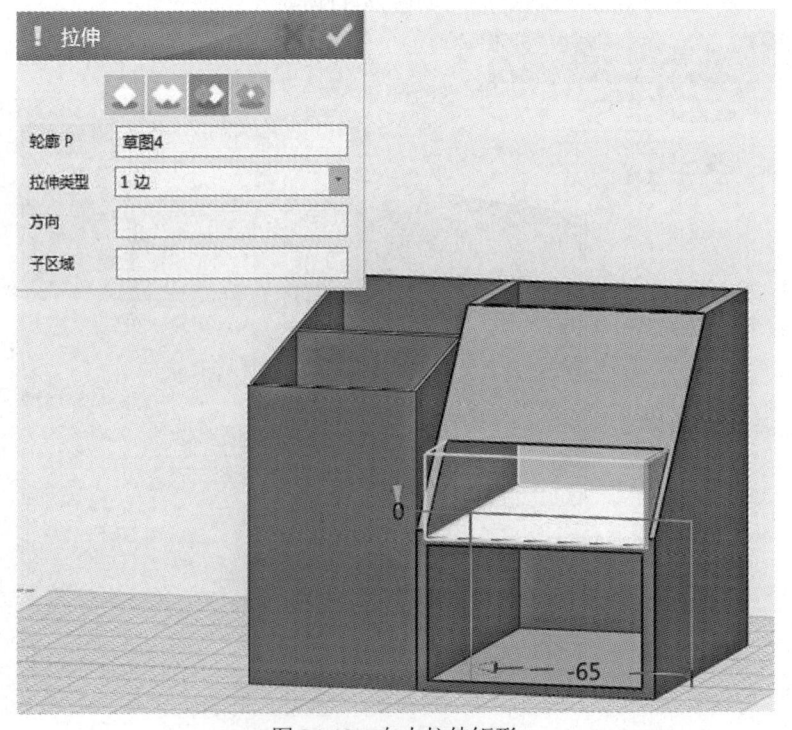

图 24-13　向内拉伸矩形

（13）使用组合工具，将左右两侧绘制好的收纳盒体组合，如图24-14所示。

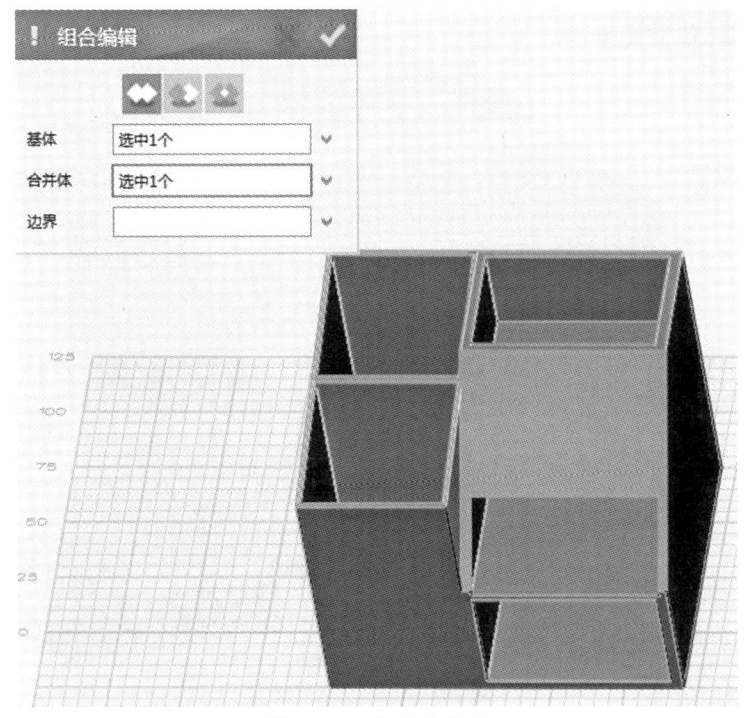

图 24-14　组合收纳盒

（14）绘制下层抽屉，如图24-15所示。

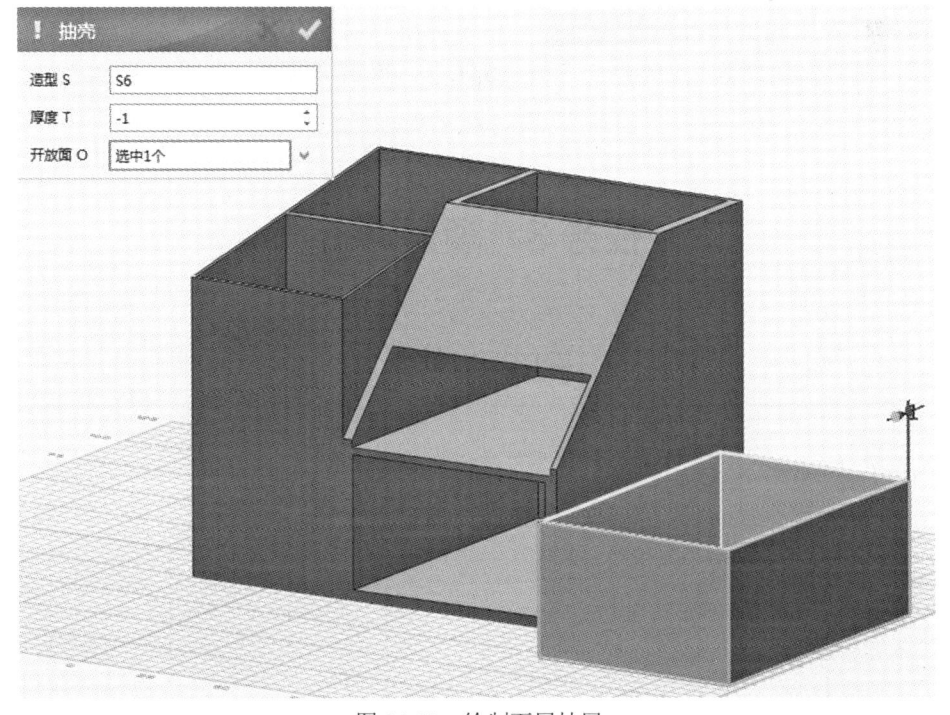

图 24-15　绘制下层抽屉

287

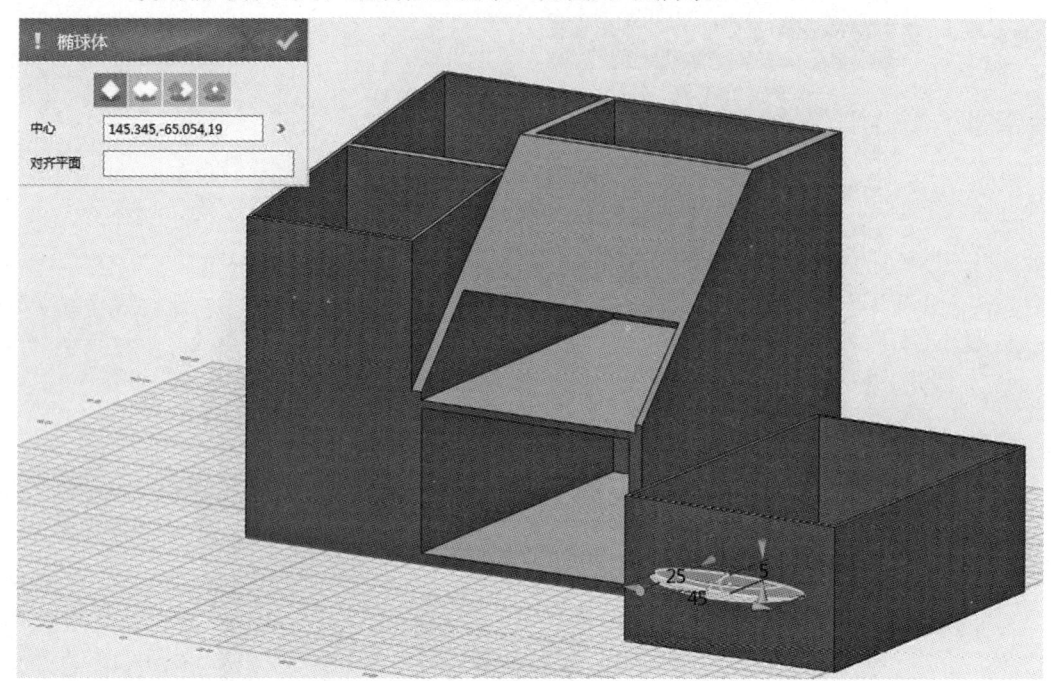

（15）使用椭球体工具，绘制抽屉把手，如图24-16所示。

图 24-16　绘制椭球体

步骤3　导出"STL"文件

单击软件左上角的图标 3D One，系统弹出"文件基本操作"对话框，单击"导出"按钮，在"保存类型"文本框中选择"STL"，单击"保存"按钮。

任务3　项目评价

项目评价量表

项目名称							
姓名		班级		评价日期			
		学号					
评价项目	考核内容	考核标准		配分	小组评分	教师评分	总评
任务完成情况评定（70分）	任务分析	信息搜索	正确　　　10分 基本正确　6分 不正确　　0分	10分			

续表

评价项目	考核内容		考核标准		配分	小组评分	教师评分	总评
任务完成情况评定（70分）	任务分析	方案制定	合理 基本合理 不合理	10分 6分 0分	10分			
		手绘草图	正确 基本正确 不正确	10分 6分 0分	10分			
	三维建模	命令使用	正确 基本正确 不正确	10分 6分 0分	10分			
		参数设置	正确 基本正确 不正确	10分 6分 0分	10分			
		模型设计	完成 基本完成 未完成	20分 15分 0分	20分			
情感态度评定（30分）	遵守课堂纪律，服从指导教师和组长的安排		遵守 基本遵守 不遵守	10分 6分 0分	10分			
	课堂参与度高，讨论积极主动		参与度高 参与度一般 参与度不高	10分 6分 0分	10分			
	组内互相配合，团队协作		配合度高 配合度一般 配合度不高	10分 6分 0分	10分			
总评成绩								

【知识链接】

设计产品的一般原则

要设计出一个好的产品，不仅需要经过科学、合理的设计过程，还应遵循一些基本原则。这些设计原则包括实用原则、创新原则、经济原则、道德原则、美观原则、技术规范原则和可持续发展原则。其中，设计的实用性是设计的产品为实现其目的而具有的基本功能，包括物理功能、生理功能、心理功能和实用功能。

　　产品设计原则具有一定的开放性。这些原则是在实践中总结的经验，随着社会的发展而不断发展和完善。随着科技的快速发展，新产品不断被设计出来，必然会出现新的问题，也必然会有新的设计原则被总结并应用到设计中去。

项目 25

三维设计与通用技术——桁架桥

项目背景

在通用技术课上,老师讲解了常规的桁架是由几何不变的三角形单元组成的刚性结构,杆件主要承受轴向拉力或压力,结构效率很高。桁架结构的桥梁,既稳固又美观。本项目请同学们设计一个立体桁架桥结构。

项目目标

◎ 了解桁架桥的结构特征和受力特点
◎ 能根据任务要求完成桁架桥的手绘草图
◎ 能合理分析并制定桁架桥设计模型的步骤
◎ 能正确使用软件中的草图绘制、修剪、拉伸、复制、移动等命令
◎ 能根据所学的知识操作软件完成桁架桥的三维模型设计
◎ 培养小组同学之间协同合作的意识和认真完成学习任务的态度,提升学习过程中的自信和成就感

效果欣赏

设计一个桁架桥结构,并使用3D打印机将其打印出来,效果如下图所示。

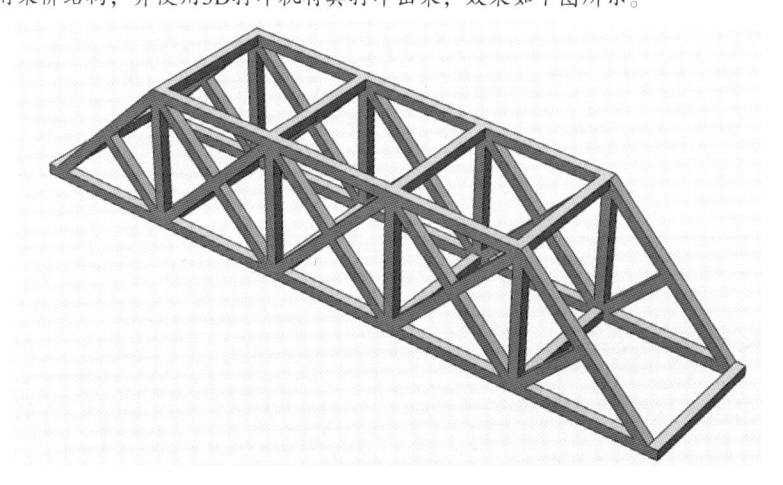

任务1　项目分析

步骤1　信息搜集

1. 认识常见的桁架

桁架桥一般由主桥架、上下水平纵向联结系、桥门架和中间横撑架以及桥面系组成。在桁架中，弦杆是组成桁架外围的杆件，包括上弦杆和下弦杆，连接上、下弦杆的杆件叫作腹杆，按腹杆方向之不同又区分为斜杆和竖杆。弦杆与腹杆所在的平面就叫作主桁平面，如图25-1所示。

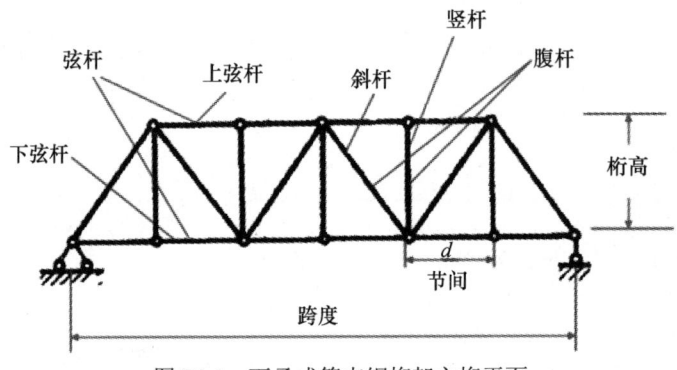

图25-1　下承式简支钢桁架主桁平面

步骤2　方案制定

各小组同学讨论交流，确定桁架桥的设计思路和呈现方式。

设计思路（如形状、尺寸等）	呈现方式（如材料、颜色等）

步骤3　内容选择

采用蓝色PLA（聚乳酸）材料作为3D打印材料，以下承式简支钢桁架结构作为桥梁的设计模式。

步骤 4　手绘草图

根据决策要求，请各位同学手绘桁架桥草图，确定桁架杆件的形状和尺寸。

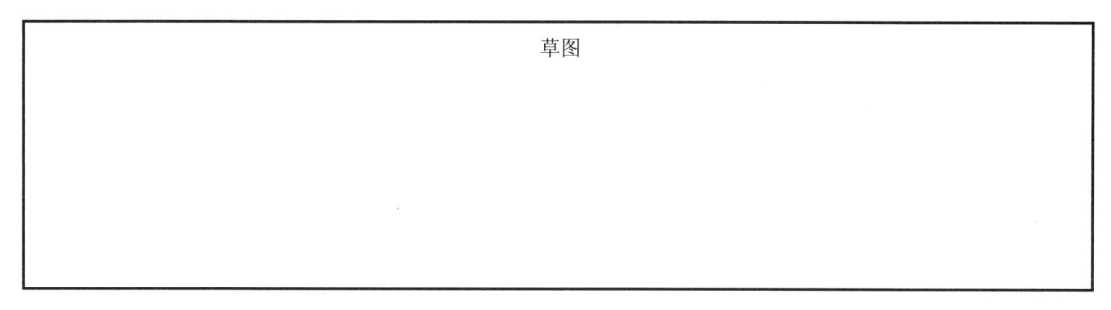

草图

::::::::: 任务 1　三维建模 :::::::::

步骤 1　新建文件

双击桌面上的3D One软件图标，打开软件。单击软件左上角的图标 3D One，系统弹出"文件基本操作"对话框。单击"另存为"按钮，输入文件名"桁架桥"并选择文件保存的位置，如图25-2所示，单击"保存"按钮，进入3D设计环境。

图 25-2　创建桁架桥文件

步骤2　创建"桁架桥"模型

（1）单击命令工具栏中的"草图绘制"命令组，选择"矩形"命令，系统弹出"矩形"命令对话框，将鼠标光标移动到工作区，横向绘制长为100、宽为100的矩形，如图25-3所示，按回车键或单击✓按钮。

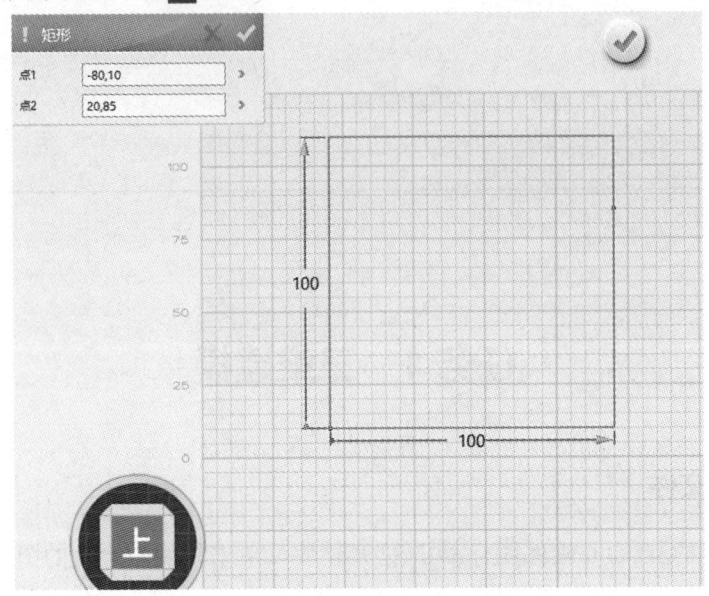

图25-3　绘制矩形

（2）单击命令工具栏中的"草图绘制"命令，选择"偏移曲线"命令，系统弹出"偏移曲线"命令对话框，曲线选择矩形，距离设置为"7"，勾选"翻转方向"，按回车键或单击✓按钮，如图25-4所示。

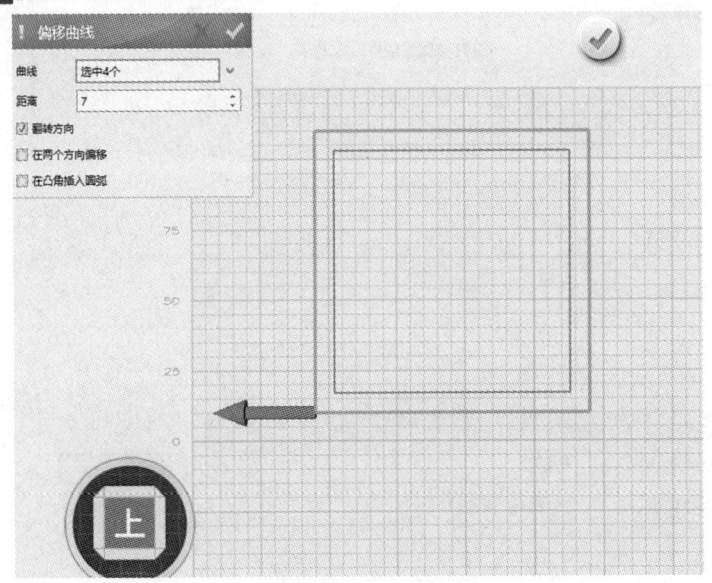

图25-4　偏移曲线

（3）单击命令工具栏中的"草图编辑"命令，选择"直线"命令，系统弹出"直线"命令对话框，在矩形内侧分别绘制两条对角线，按回车键或单击按钮，如图25-5所示。

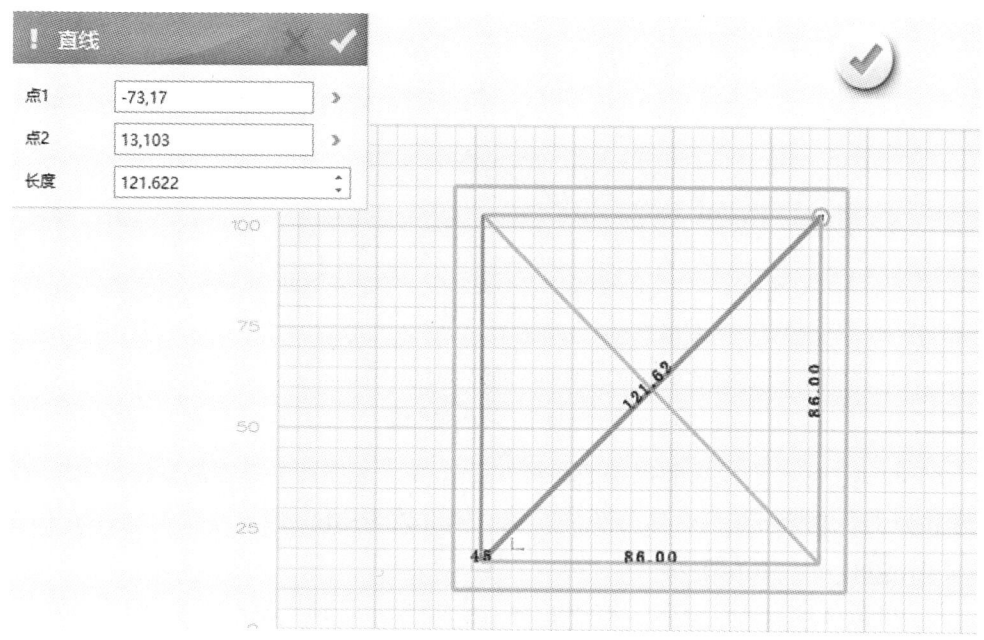

图 25-5　绘制直线

（4）单击命令工具栏中的"草图绘制"命令，选择"偏移曲线"命令，系统弹出"偏移曲线"命令对话框，选择对角线，距离设置为"3.5"，勾选"在两个方向偏移"，按回车键或单击按钮，如图25-6所示。

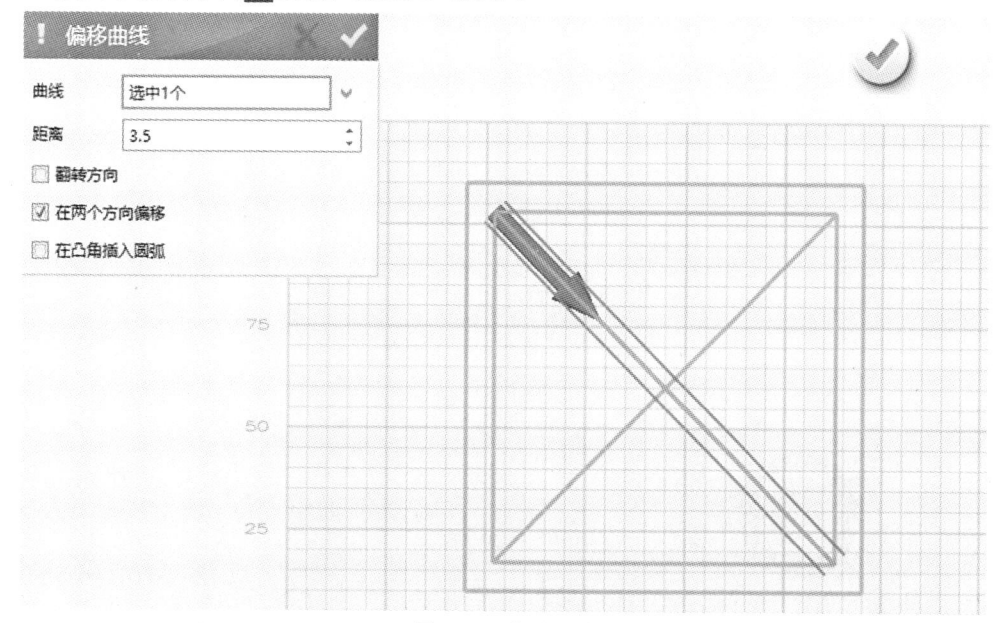

图 25-6　偏移曲线

295

（5）按照上述方法偏移另一条对角线，如图25-7所示。

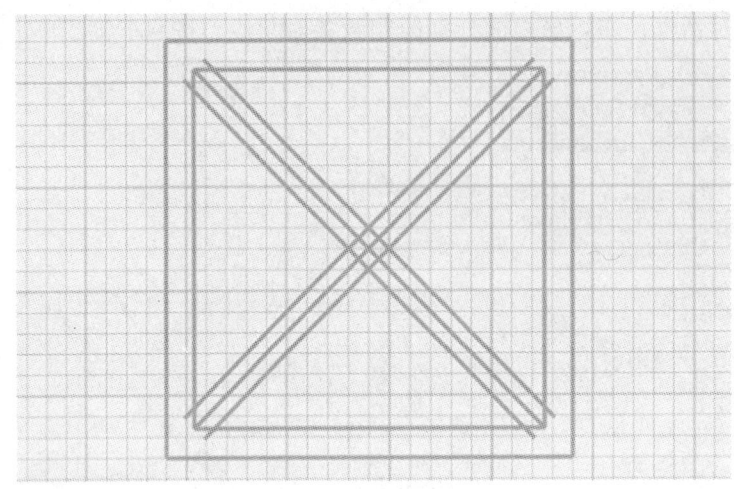

图25-7　偏移对角线

（6）单击命令工具栏中的"草图编辑"□命令，选择"单击修剪"命令，系统弹出"单击修剪"命令对话框，修剪多余的线，如图25-8所示。将所有线段修剪完毕，按回车键或单击✓按钮，如图25-9所示。

（7）单击命令工具栏中的"基本编辑"✥命令，选择"复制"命令，系统弹出"复制"命令对话框。用鼠标选择图形，起始点单击图形的左下角，目标点为图形的右侧，复制个数输入"4"，如图25-10所示。按回车键或单击✓按钮，复制完毕，如图25-11所示。

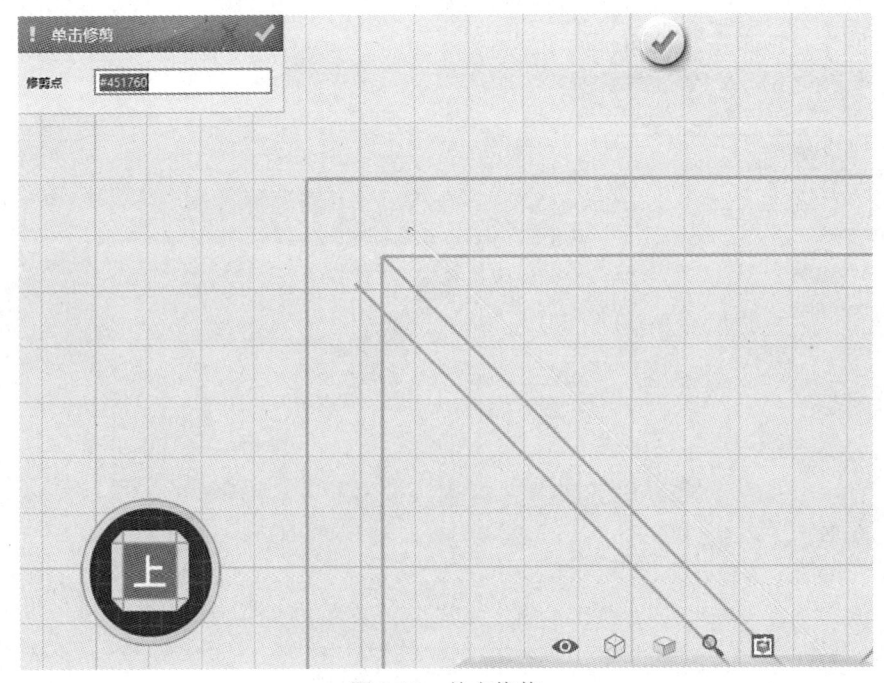

图25-8　单击修剪

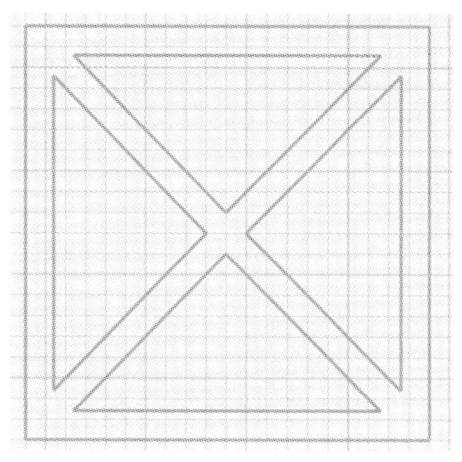

图 25-9　修剪完毕

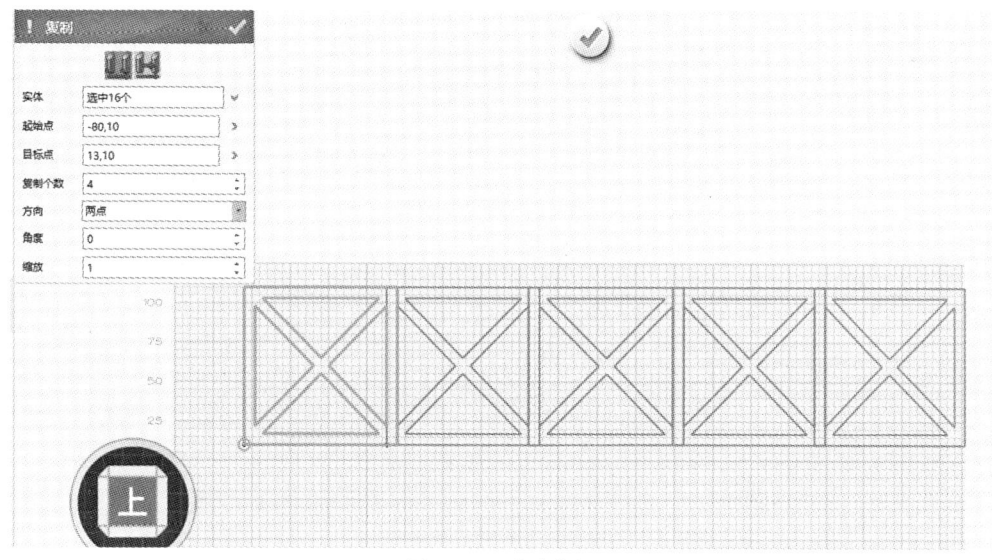

图 25-10　复制图形

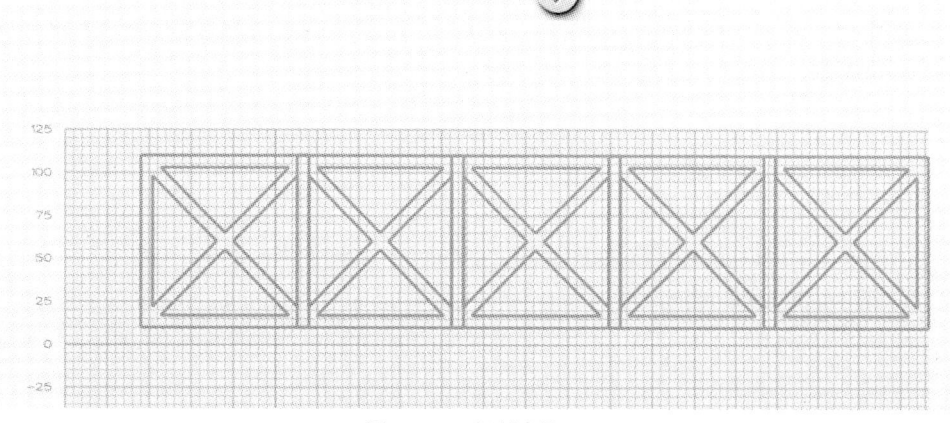

图 25-11　复制完毕

（8）单击命令工具栏中的"草图编辑" 命令，选择"单击修剪" 命令，系统弹出"单击修剪"命令对话框，修剪多余的线，如图25-12所示。将所有线段修剪完毕，按回车键或单击 按钮，如图25-13所示。

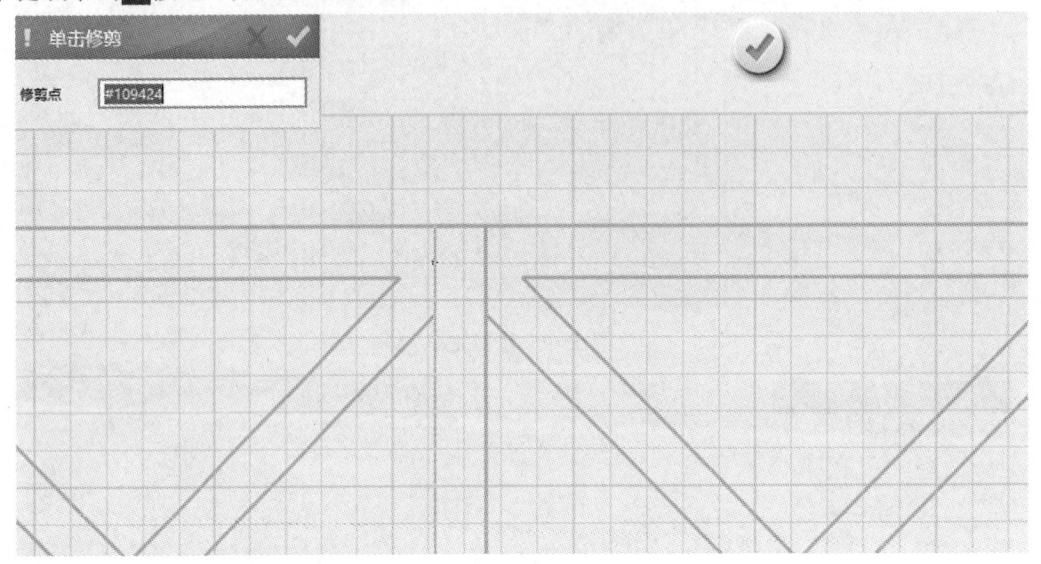

图 25-12　修剪多余线

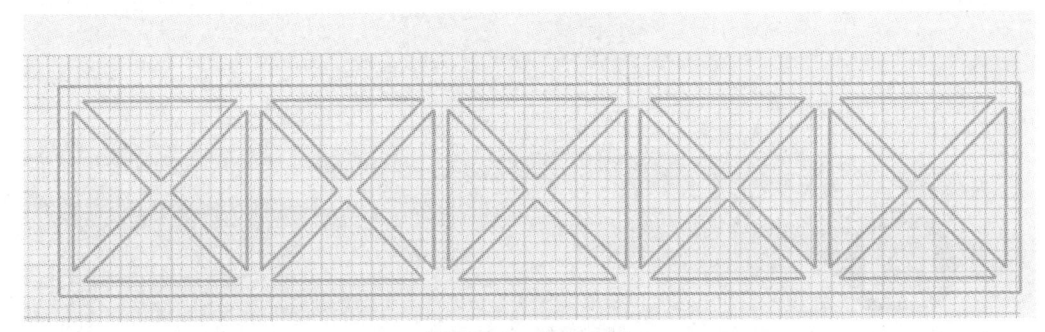

图 25-13　修剪完毕

（9）由于桁架桥左右为斜杆，所以需要进一步修剪，如图25-14所示。一些修剪过的部分需要继续用直线命令补充，如图25-15所示，补充完毕如图25-16所示。单击按钮 ，完成草图的绘制。

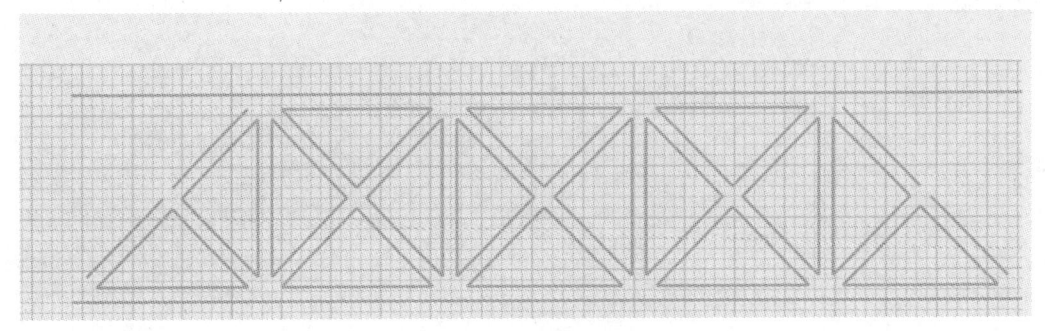

图 25-14　修剪成形

图 25-15 绘制直线

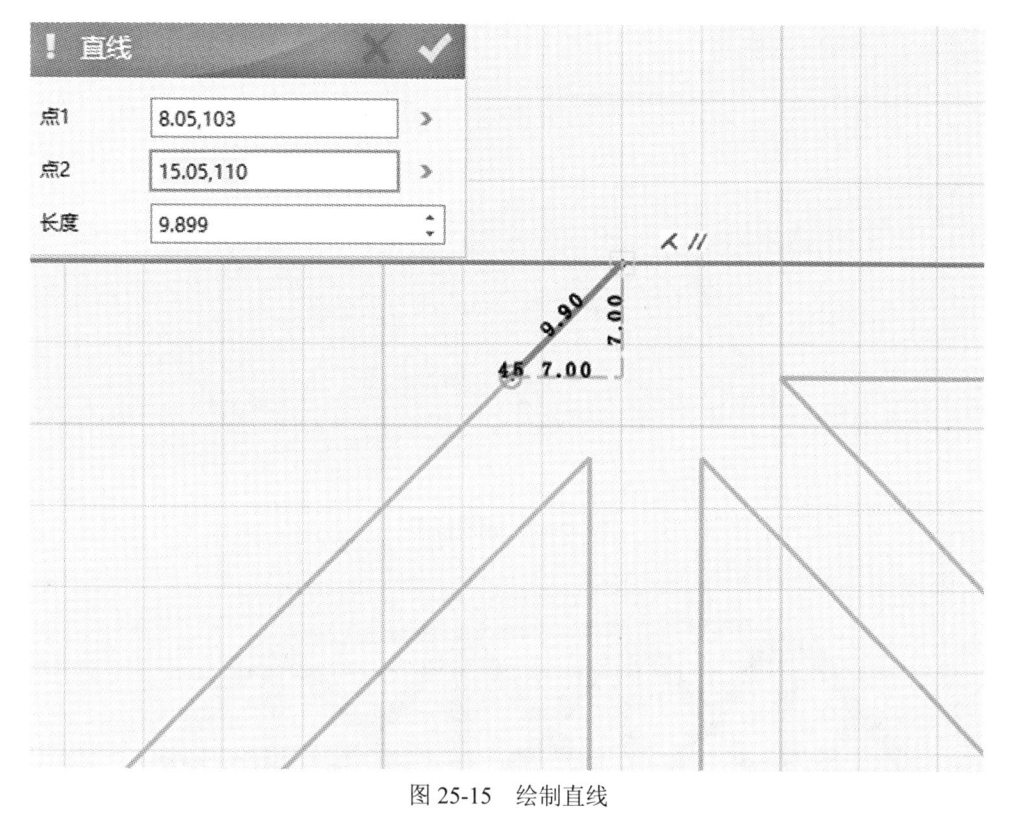

图 25-16 绘制完成

（10）单击命令工具栏中的"特征造型" 命令，选择"拉伸" 命令，系统弹出"拉伸"命令对话框，选择桁架，拉伸距离设置为"7"，如图25-17所示。按回车键或单击 按钮，完成桁架的拉伸。

（11）单击命令工具栏中的"基本实体" 命令组，选择"六面体" 命令，系统弹出"六面体"命令对话框，单击默认的六面体尺寸，长、宽、高分别输入"100"，如图25-18所示。

三维创意设计

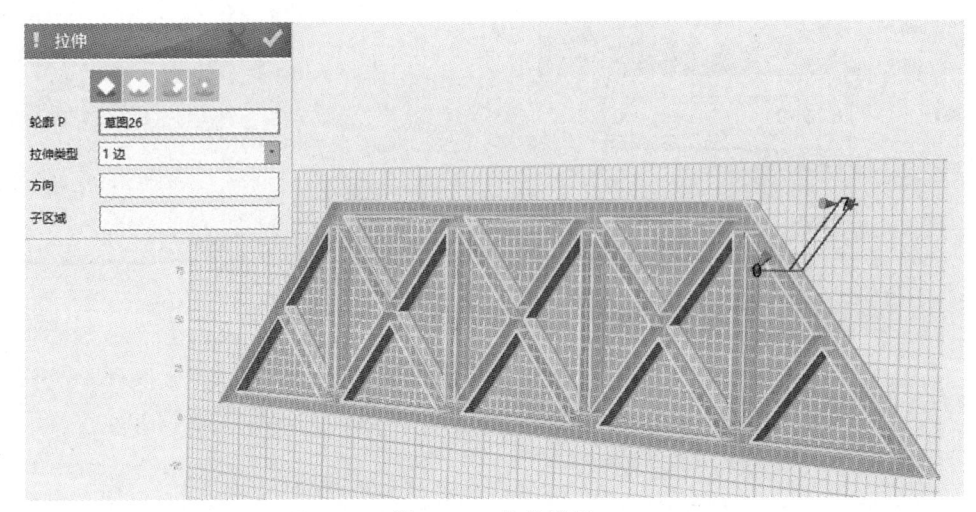

图 25-17 拉伸桁架

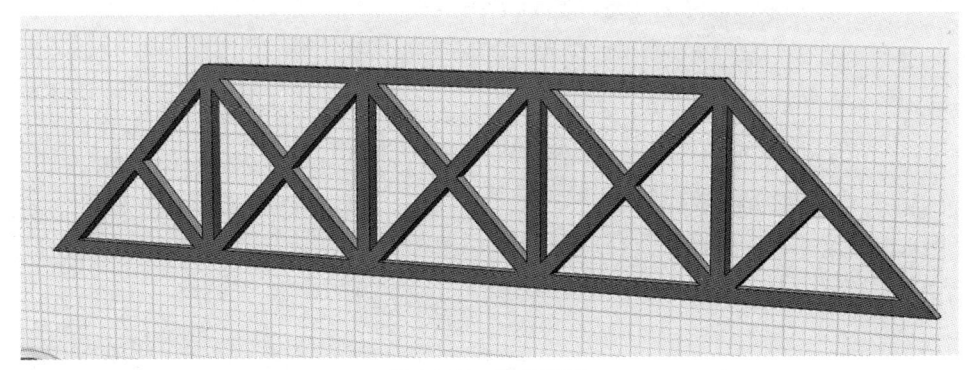

图 25-18 拉伸完毕

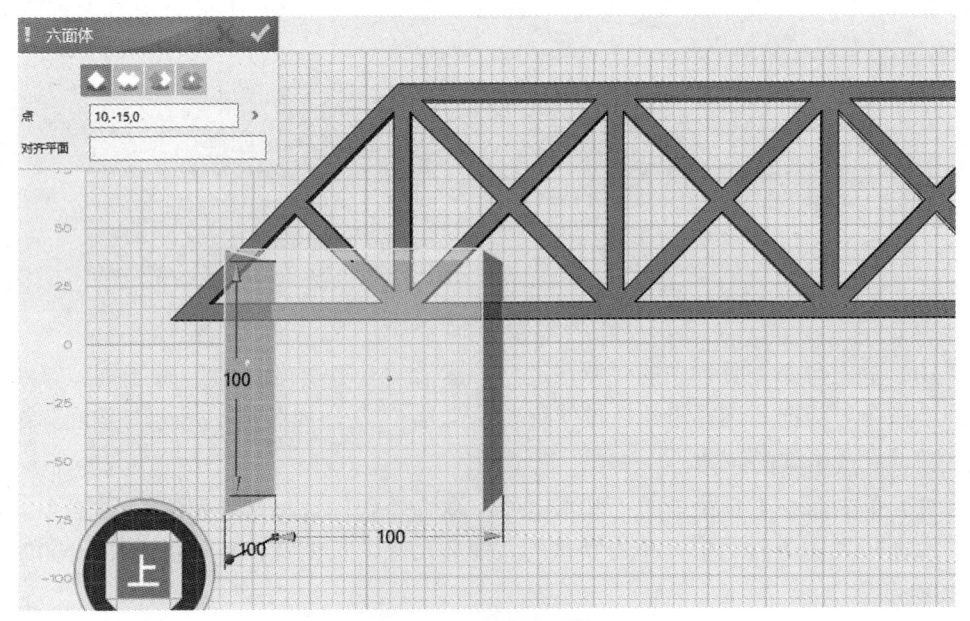

图 25-19 绘制六面体

300

（12）单击命令工具栏中的"基本编辑"✥命令，选择"移动"命令，系统弹出"移动"命令对话框，选择六面体的顶点，移动到桁架顶点，如图25-20所示。按回车键或单击✓按钮，完成六面体的移动。

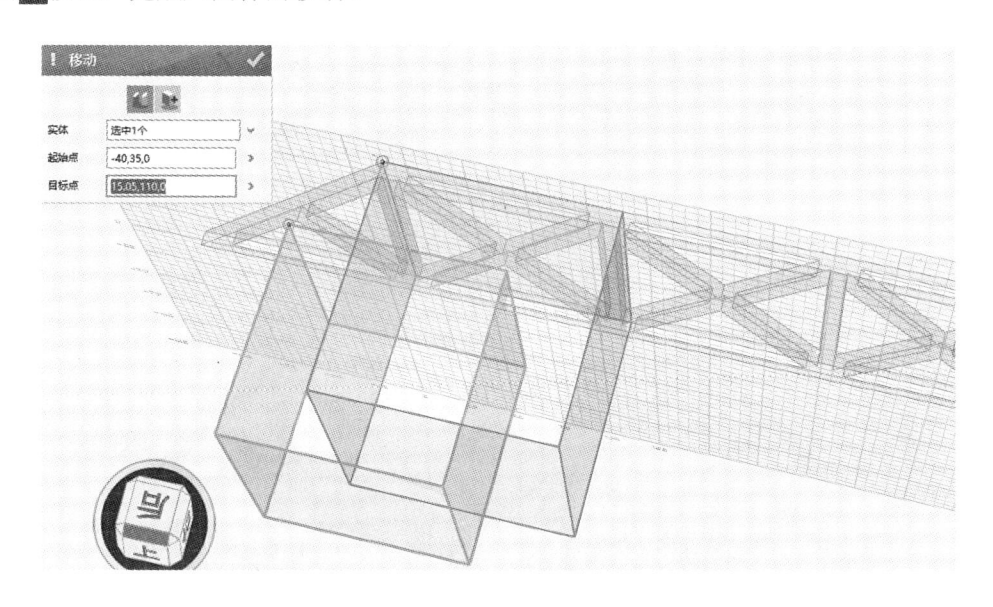

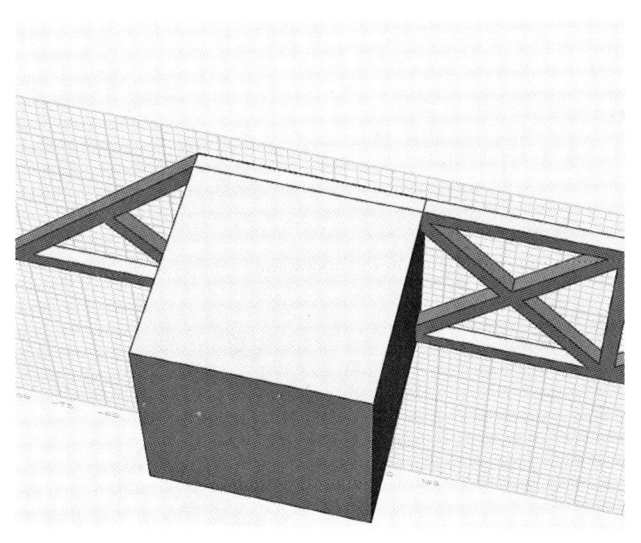

图 25-20　移动六面体

（13）单击命令工具栏中的"基本编辑"✥命令，选择"复制"命令，系统弹出"复制"命令对话框。用鼠标选择桁架，起始点单击桁架的左下角，目标点为立方体的左下角，如图25-21所示。

三维创意设计

图 25-21　复制桁架

（14）单击选择立方体，按键盘上的"Delete"键，删除六面体，如图25-22所示。

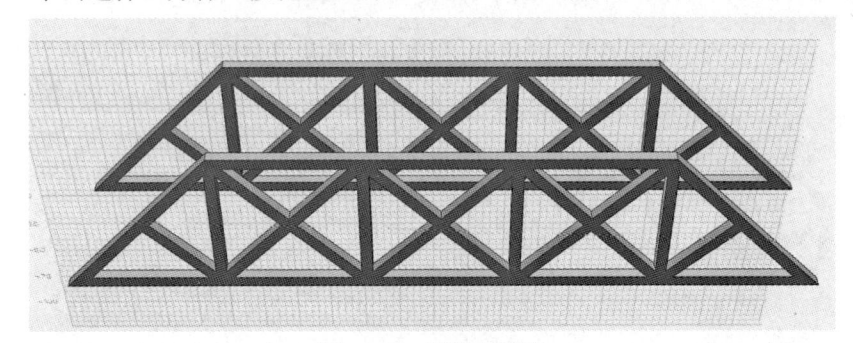

图 25-22　删除六面体

（15）单击命令工具栏中的"基本编辑"✥命令，选择"移动"命令，系统弹出"移动"命令对话框。为了从前视图中能看到桁架的主视图，所以单击"动态移动"命令，在图中移动手柄处输入"-90.000"，如图25-23所示。按回车键或单击✓按钮，完成桁架的旋转，如图25-24所示。

图 25-23　旋转桁架

302

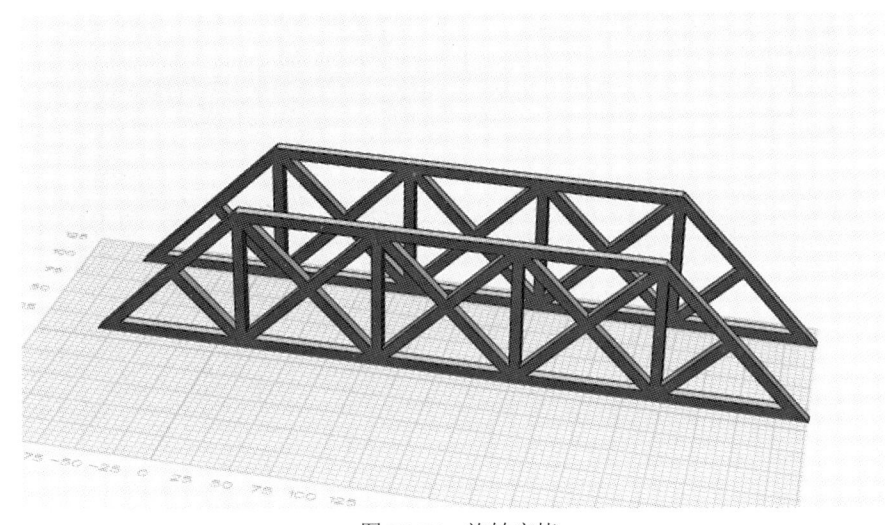

图 25-24　旋转完毕

（16）单击命令工具栏中的"基本实体"命令组，选择"六面体"命令，系统弹出"六面体"命令对话框，将鼠标光标移动到工作区，长、宽、高分别输入"100，7，7"，如图25-25所示，按回车键或单击按钮，完成绘制。

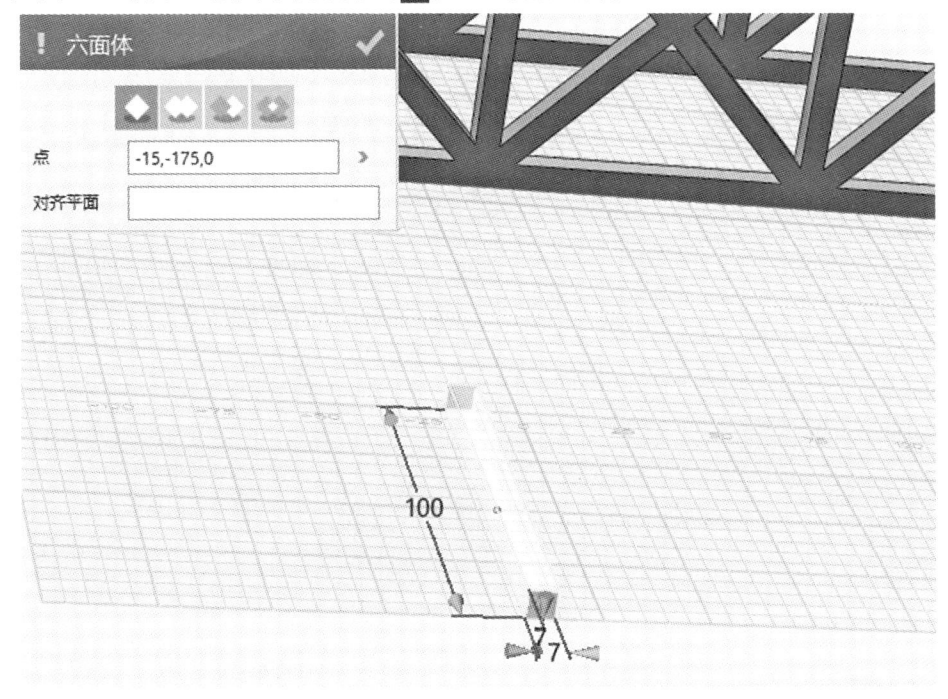

图 25-25　绘制长方体

（17）单击命令工具栏中的"基本编辑"命令，选择"移动"命令，系统弹出"移动"命令对话框，选择长方体的顶点，如图25-26所示。连续移动到如图25-27所示的桁架位置，按回车键或单击按钮，完成桁架的底部绘制，如图25-28所示。

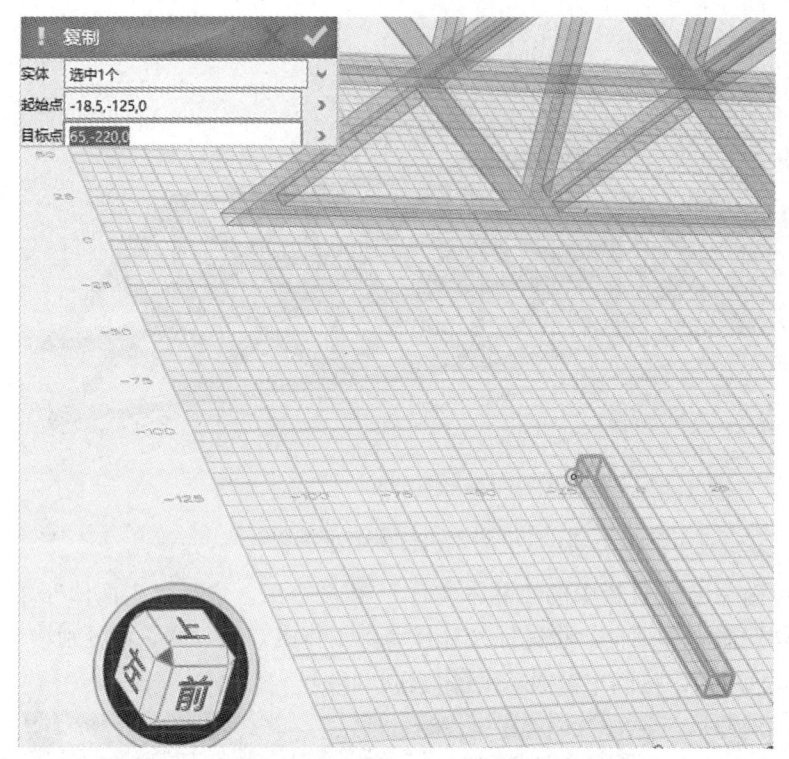

图 25-26　选择长方体的顶点

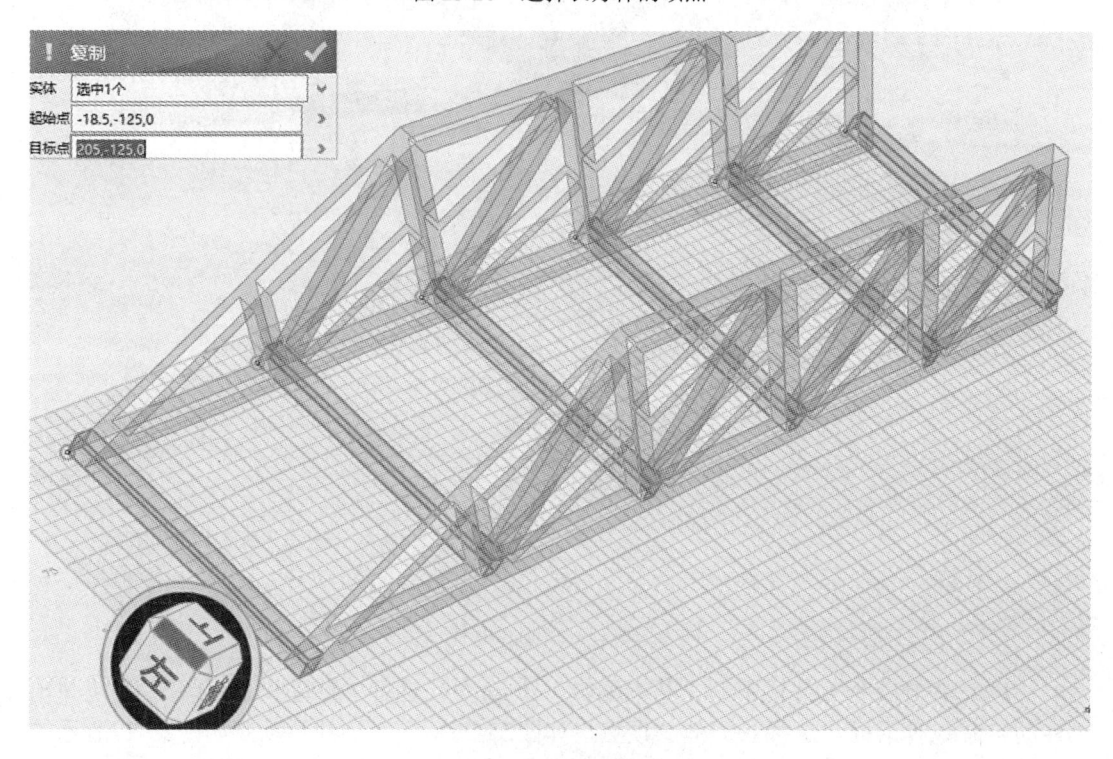

图 25-27　连续移动

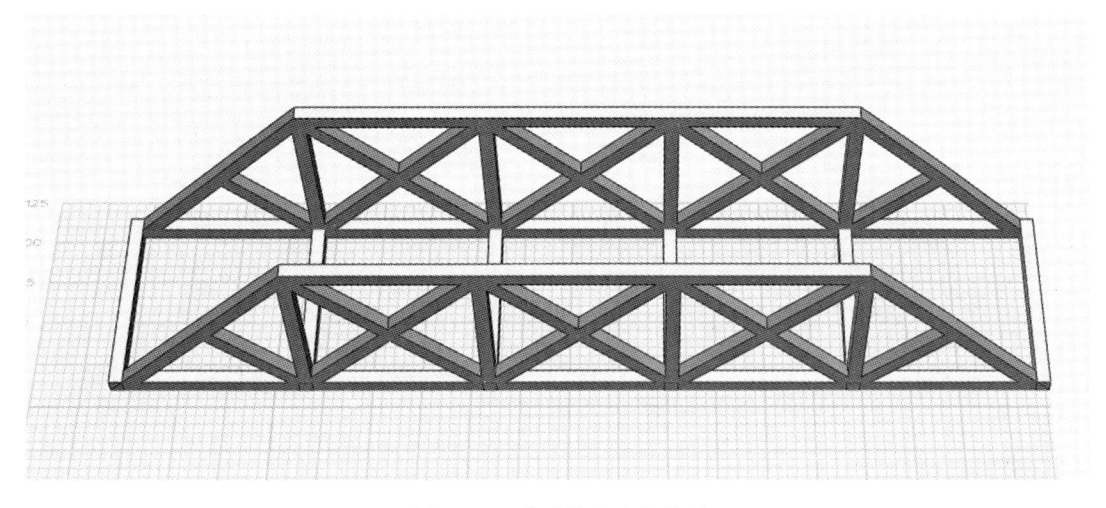

图 25-28　完成桁架底部绘制

（18）单击命令工具栏中的"基本编辑"✥命令，选择"移动"命令，系统弹出"移动"命令对话框。选择长方体的顶点，连续移动到如图25-29所示的桁架位置，将桁架顶部绘制完整，如图25-30所示。

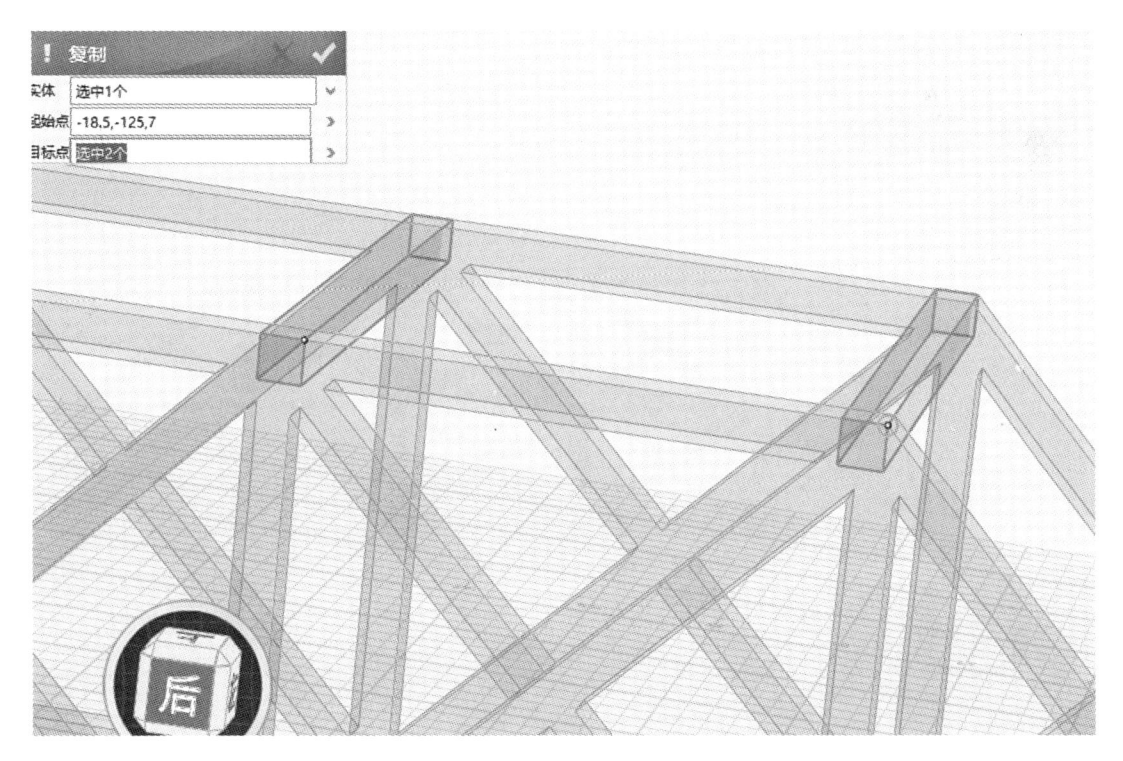

图 25-29　桁架位置

305

三维创意设计

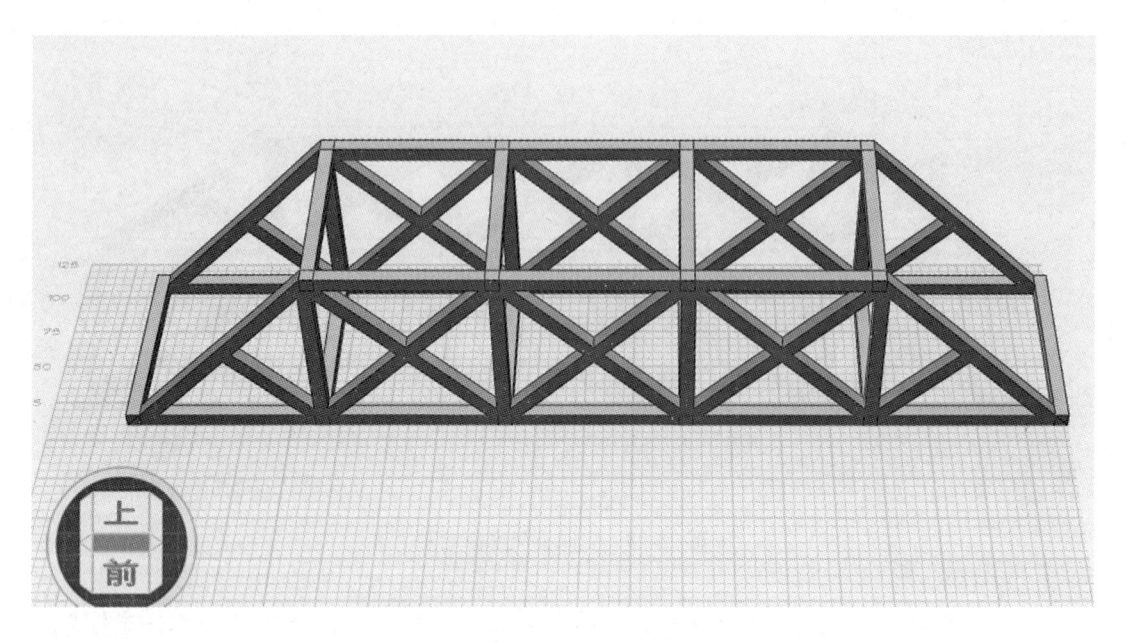

图 25-30　完成桁架顶部绘制

（19）单击命令工具栏中的"组合编辑" 命令，系统弹出"组合编辑"命令对话框，选择对话框中的加运算，基体选择桁架的一侧，如图25-31所示。合并体选择桁架的剩余部分，如图25-32所示，桁架整体组合完成，如图25-33所示。

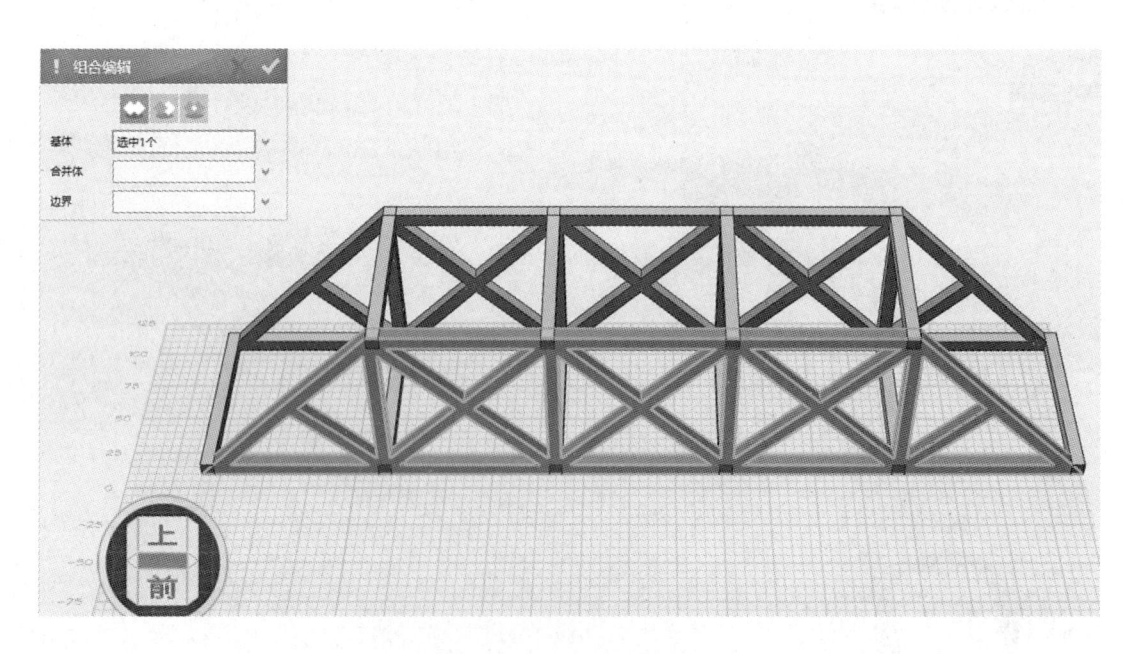

图 25-31　选择一侧桁架

306

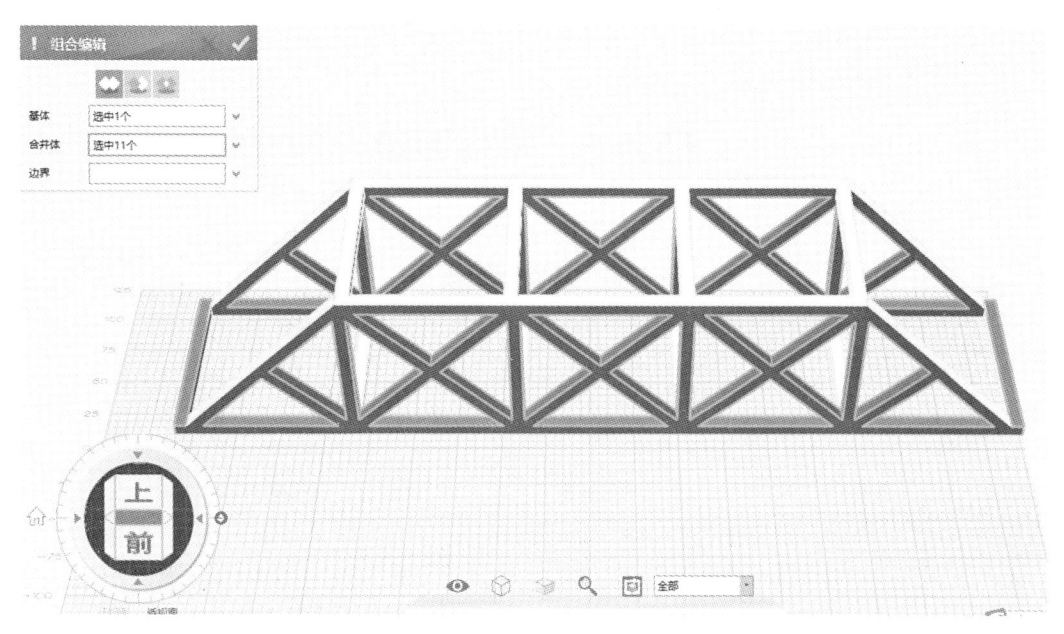

三维设计与通用技术——桁架桥 | 项目 25

图 25-32　合并桁架

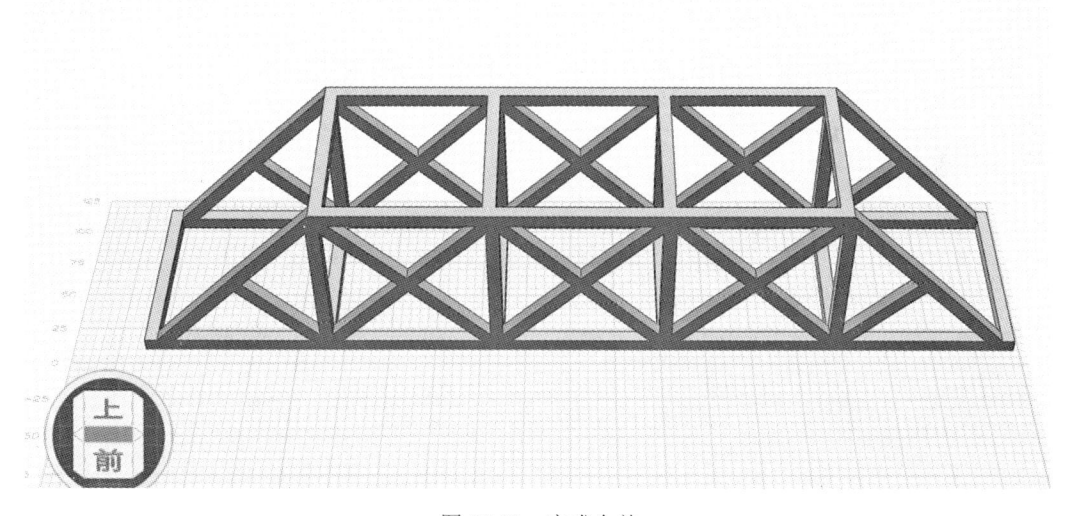

图 25-33　完成合并

步骤 3　导出"STL"文件

单击软件左上角的图标 3D One，系统弹出"文件基本操作"对话框,单击"导出"按钮,在"保存类型"文本框中选择"STL",单击"保存"按钮。

任务3 项目评价

项目评价量表

项目名称							
姓名		班级		评价日期			
		学号					
评价项目	考核内容		考核标准		配分	小组评分	教师评分	总评
任务完成情况评定（70分）	任务分析	信息搜索	正确 基本正确 不正确	10分 6分 0分	10分			
		方案制定	合理 基本合理 不合理	10分 6分 0分	10分			
		手绘草图	正确 基本正确 不正确	10分 6分 0分	10分			
	三维建模	命令使用	正确 基本正确 不正确	10分 6分 0分	10分			
		参数设置	正确 基本正确 不正确	10分 6分 0分	10分			
		模型设计	完成 基本完成 未完成	20分 15分 0分	20分			
情感态度评定（30分）	遵守课堂纪律，服从指导教师和组长的安排		遵守 基本遵守 不遵守	10分 6分 0分	10分			
	课堂参与度高，讨论积极主动		参与度高 参与度一般 参与度不高	10分 6分 0分	10分			
	组内互相配合，团队协作		配合度高 配合度一般 配合度不高	10分 6分 0分	10分			
总评成绩								

【知识链接】

福斯湾铁路桥 Forth Bridge

1890年建成的英国福斯湾铁路桥是当时工程领域的杰出代表，也是世界上第二长的多跨悬臂桥。这座大桥已经有130多年的历史，但至今仍在通行客货火车，成为桥梁设计和建筑史上的一个里程碑。

为了向市民解释悬臂桁架桥梁的原理，工程师进行了一个简易的示范试验。在该试验中，工程师用手臂作为桁架拉杆，钢棒作为压杆，并让两人坐在椅子上轻松地托起中间跨的重荷载（简支桁架段），如图25-34所示。

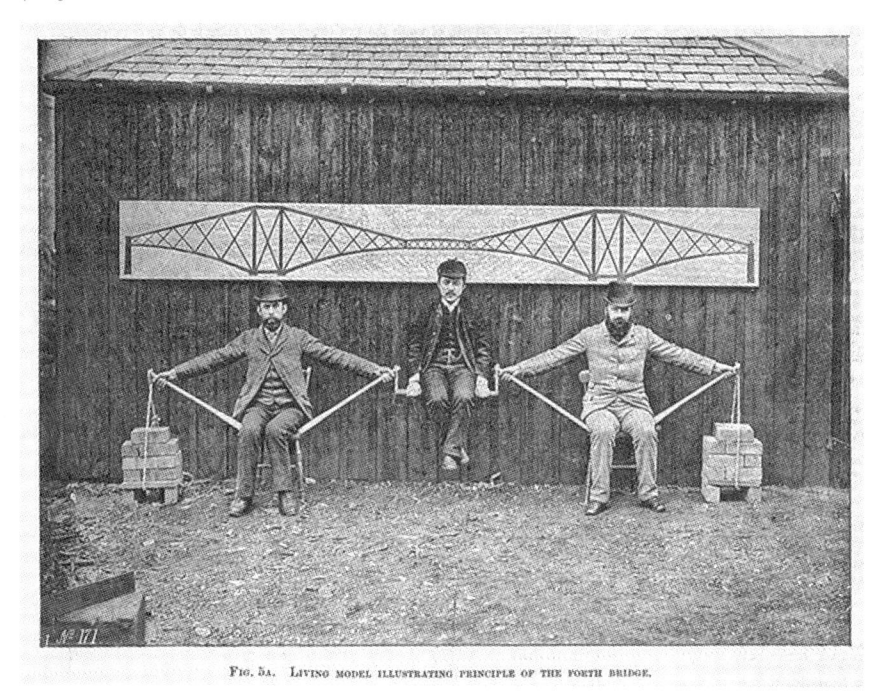

图25-34 悬臂桁架桥梁示范试验

参 考 文 献

[1] 卢秋红，牟艳娜.创客运动：点亮创新教育之灯——创客运动的教育启示[J].中小学信息技术教育，2014（4）：57-58.

[2] 王延庆，沈竞兴，吴海全.3D打印材料应用和研究现状[J].航空材料学报，2016.36（4）：89-98.

[3] 郑贤.基于STEAM的小学《3D打印》课程设计与教学实践研究[J].中国电化教育.2016（8）：82-86.

[4] 赵慧臣，陆晓婷.开展STEAM教育，提高学生创新能力——访美国STEAM教育知名学者格雷特·亚克门教授[J].开放教育研究，2016.22（05）：4-10.

[5] 韩奇，钟红，魏晓风.3D打印技术在中小学教育的应用研究[J].电脑知识与技术，2018（7）：141-144.

[6] 教育部印发《中小学综合实践活动课程指导纲要》[EB/OL].[2017-10-30]http://www.gov.cn/xinwen/2017-10/30/content_5235316.htm.

[7] 饶敏，胡小勇，张华阳，等.如何促进学生的创造力培养?——从设计型学习初始模式到设计型学习实践模式[J].现代教育技术，2018.28（09）：59-65.

[8] 王薇.指向问题解决能力发展的学习活动模型研究——基于情境学习理论的分析框架[J].教育学术月刊，2020（06）：88-95.

[9] 赵忠文."STEAM+"理念下高中物理创新实验校本课程的开发实践研究[J].学周刊，2021（32）：33-34.